VISUELLES WISSEN
PHYSIK

DK London / Delhi

Lektorat
Ben Morgan, Edward Aves, Steven Carton, Alexandra Di Falco,
Lisa Gillespie, Andrew Macintyre,
Liz Wheeler, Jonathan Metcalf, Virien Chopra, Bipasha Roy, Sukriti Kapoor,
Manjari Thakur, Kingshuk Ghoshal

Gestaltung und Bildredaktion
Michelle Staples, Adam Brackenbury, Gus Scott, Owen Peyton Jones, Karen Self,
Vikas Chauhan, Sanjay Chauhan, Sifat Fatima, Bhavnoor Kaur, Geetika Bhandari,
Taiyaba Khatoon, Govind Mittal, Vishal Bhatia, Syed Mohammad Farhan

Umschlaggestaltung
Akiko Kato, Sophia M.T.T.

Herstellung
Gillian Reid, Meskerem Berhane, Balwant Singh, Pankaj Sharma

Text und Fachberatung
Leo Ball, Ben Davies, Hilary Lamb, Penny Johnson, Ben Morgan, Robert Snedden,
Giles Sparrow, Steve Woolley, Rutuparna Das, Penny Johnson

Für die deutsche Ausgabe:
Projektbetreuung Dr. Kerstin Schlieker
Herstellungskoordination Claudia Rode
Herstellung Sophie Schiela

Titel der englischen Originalausgabe:
SuperSimple Physics

Übersetzung Dr. Margret Bodmann
Lektorat Dr. Stephan Matthiesen

ISBN 978-3-8310-4429-0
5902-314297-21791-07

Druck und Bindung Leo Paper Products, China

FSC MIX Papier | Fördert gute Waldnutzung FSC® C018179 www.fsc.org

www.dk-verlag.de

Hinweis
Die Informationen und Ratschläge in diesem Buch sind von den Autoren und vom Verlag sorgfältig erwogen und geprüft, dennoch kann eine Garantie nicht übernommen werden.

Eine Haftung der Autoren bzw. des Verlags und seiner Beauftragten für Personen-, Sach- und Vermögensschäden ist ausgeschlossen.

DK

VISUELLES WISSEN
PHYSIK

DER ANSCHAULICHE EINSTIEG IN ALLE THEMENBEREICHE

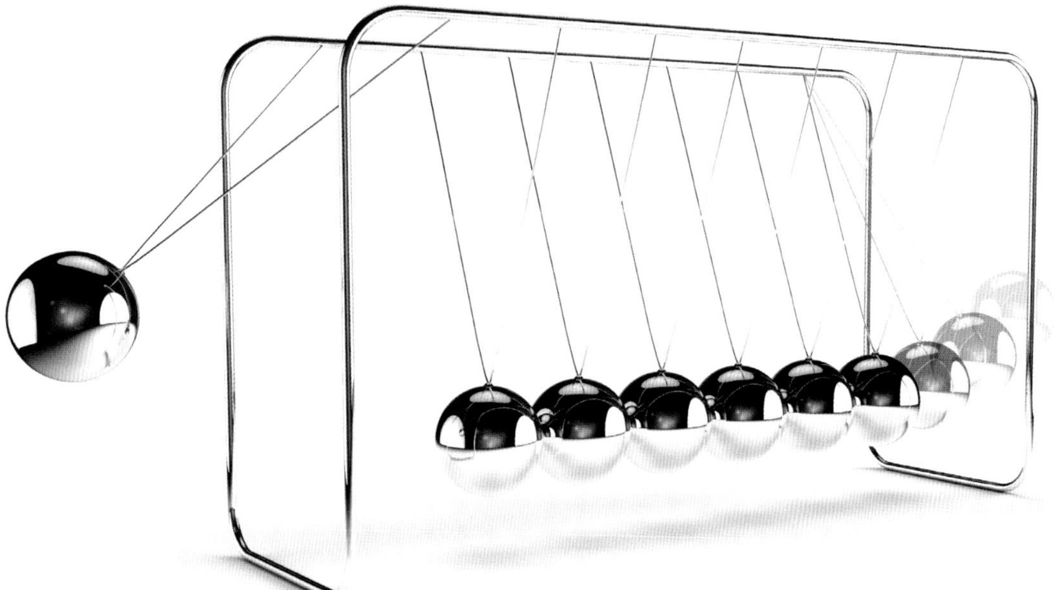

Inhalt

Wissenschaftlich arbeiten

Energie

Sicherheit und Aufsicht durch eine Lehrkraft

- **In diesem Buch sind Versuche und praktische Übungen enthalten. Bei der Durchführung müssen sowohl die Anleitungen auf jeder Seite als auch die grundsätzlichen Anweisungen des Kapitels „Sicher arbeiten“ auf Seite 17 genau befolgt werden.**
- **Einige Versuche, bei denen zusätzlich die Aufsicht durch eine Physiklehrkraft notwendig ist, sollten nur in der Schule unter Aufsicht durchgeführt werden. Solche Experimente sind mit diesem Symbol gekennzeichnet.**

Aufsicht durch Lehrkraft erforderlich

- **HAFTUNGSAUSSCHLUSS**: Der Verlag übernimmt keinerlei Haftung für Personen- und Sachschäden, die aufgrund der Experimente bei Nichtbeachtung der Anweisungen und/oder bei Durchführung ohne angemessene Aufsicht entstehen.

Bewegung beschreiben

Kräfte

Kraft und Bewegung

Wellen

Licht

Elektrische Stromkreise

Elektrizität verwenden

Statische Elektrizität

Magnetismus und Elektromagnetismus

Materie

Druck

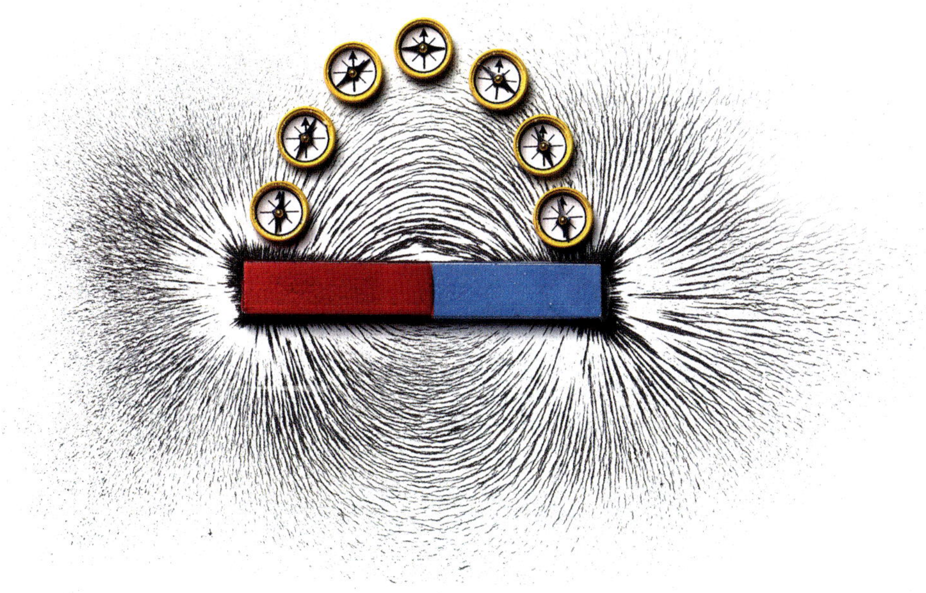

Atome und Radioaktivität

Weltraum

Wissenschaftlich arbeiten

Die wissenschaftliche Methode

Naturwissenschaftler möchten erklären, wie und warum etwas geschieht, z. B. wenn elektrischer Strom durch einen Draht fließt oder wann Sterne oder Planeten entstehen. Dazu gehen sie logisch Schritt für Schritt vor. Die hier beschriebenen Schritte werden in allen Naturwissenschaften verwendet.

1. Wissenschaftliche Fragestellung formulieren
Wissenschaftler sind neugierig und fragen oft danach, wie etwas funktioniert, z. B. warum es manchmal länger dauert, bis Wasser im Kessel siedet. Eine wissenschaftliche Frage kann durch das Sammeln von Daten (Informationen) beantwortet werden. „Welches Getränk schmeckt am besten?“ ist keine wissenschaftliche Frage.

2. Hypothese aufstellen
Der nächste Schritt ist, sich eine mögliche Erklärung zu überlegen, die überprüft werden kann. Das nennt man eine Hypothese. Man kann sie häufig mit den Worten „abhängig von“ formulieren. Unsere Hypothese könnte z. B. lauten: Die Zeitspanne bis zum Sieden des Wassers im Kessel ist abhängig von der Wassermenge.

Daten sammeln
Manche wissenschaftlichen Fragestellungen können nicht durch Experimente überprüft werden. Astronomen können nicht mit Planeten und Sternen experimentieren. Trotzdem können sie Hypothesen aufstellen und Vorhersagen treffen und diese anschließend durch Beobachtungen, bei denen sie Daten sammeln, überprüfen.

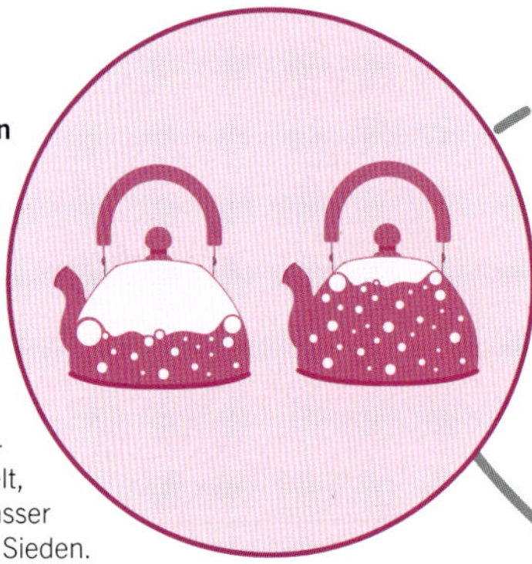

3. Vorhersage treffen
Um die Richtigkeit einer Hypothese zu prüfen, treffen wir eine Vorhersage. Eine Vorhersage kann man oft mit „Wenn … , dann … “ formulieren: Wenn man die Wassermenge verdoppelt, dann braucht das Wasser doppelt so lange zum Sieden.

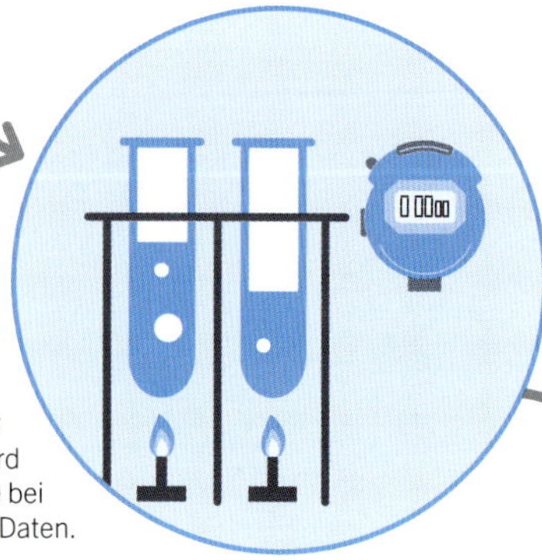

4. Daten sammeln
Hypothesen werden üblicherweise durch Versuche überprüft. In unserem Fall würden wir unterschiedliche Wassermengen erhitzen und die Zeit messen, die sie bis zum Sieden benötigen. Ein Versuch muss unter kontrollierten Bedingungen ablaufen, d. h. dass nur die Variable verändert wird, die untersucht wird (hier die Wassermenge). Die Informationen, die bei einem Versuch gesammelt werden, nennt man Daten.

7. Theorie
Wenn die Hypothese viele Male überprüft und niemals widerlegt worden ist, wird sie möglicherweise mit der Zeit als wissenschaftliche Theorie anerkannt.

Hypothese oder Versuch verfeinern
Wenn die Vorhersage falsch war, kann entweder die Hypothese falsch sein oder der Versuch hat nicht richtig funktioniert. Fehlgeschlagene Experimente sind keine Zeitverschwendung – manchmal führen sie zu neuen Entdeckungen.

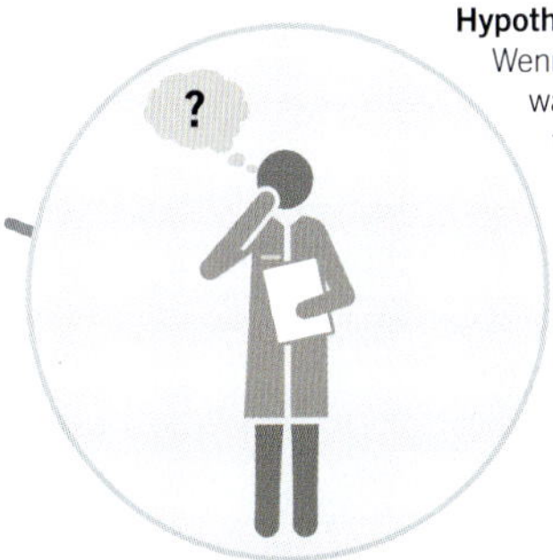

Viele Wissenschaftler wiederholen den Versuch.

Die Schlussfolgerung stützt die Hypothese nicht.

6. Begutachtung (Peer-Review)
Nach einem erfolgreichen Experiment verfassen Forscher häufig einen Bericht (eine sogenannte Veröffentlichung), sodass andere Wissenschaftler davon erfahren und die Details überprüfen können. Die Veröffentlichung erscheint dann in einer Fachzeitschrift und kann von allen Wissenschaftlern gelesen werden.

Die Schlussfolgerung stützt die Hypothese.

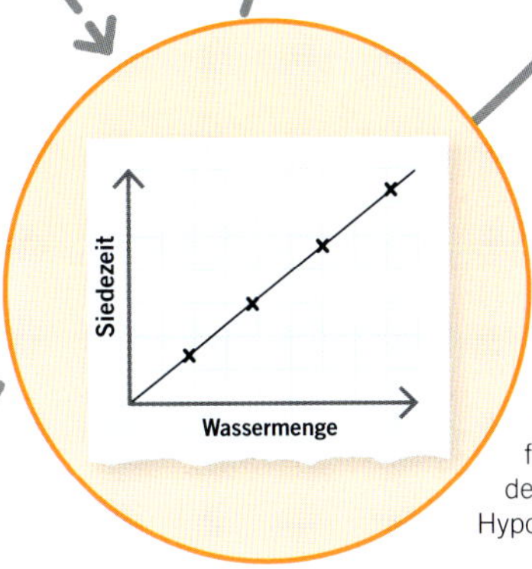

5. Analyse und Schlussfolgerung
Nach dem Sammeln der Daten werden diese sorgfältig analysiert, um mögliche Fehler zu finden und nach Mustern zu suchen. Mithilfe der Analyse wird entschieden, ob der Versuch die Hypothese stützt. Das bildet die Schlussfolgerung.

Auf einen Blick

- ✓ **Eine Hypothese ist eine überprüfbare wissenschaftliche Idee.**
- ✓ **Mithilfe der Hypothese wird der mögliche Ausgang eines Experiments vorhergesagt.**
- ✓ **Stützt ein Versuch eine Hypothese, kann sie Teil einer Theorie werden.**
- ✓ **Forschungsergebnisse werden durch andere Wissenschaftler überprüft.**

Wissenschaftliche Theorien

Manchmal sagen Leute, wenn sie etwas nicht glauben: „Es ist doch nur eine Theorie." Doch in den Naturwissenschaften ist eine Theorie eine Erklärung, die schon viele Male überprüft und allgemein als richtig anerkannt worden ist. Dass die Erde wie alle Planeten unseres Sonnensystems um die Sonne kreist, ist eine wissenschaftliche Theorie, die auf vielen sorgfältigen Beobachtungen und Vorhersagen basiert. Ohne Wissenschaft würden wir wahrscheinlich immer noch glauben, dass sich die Sonne um die Erde dreht.

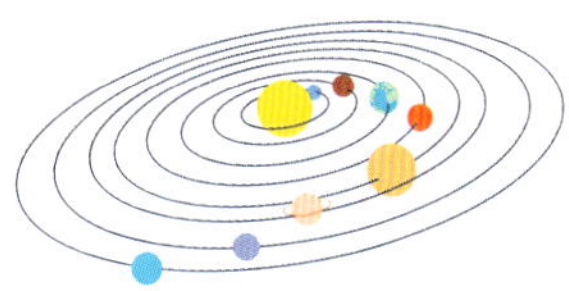

Sonnensystem

Wissensfortschritt

Wissenschaftliche Methoden und Theorien ändern sich im Laufe der Zeit. So änderte die Erfindung des Fernrohrs, wie die Menschen über das Sonnensystem dachten. Als die Teleskope leistungsfähiger wurden, setzten sich weitere neue Vorstellungen über die Sterne und das Weltall durch.

Auf einen Blick

- **Wissenschaftliche Theorien und Methoden ändern sich im Laufe der Zeit.**
- **Die Erfindung des Fernrohrs führte zu neuen Erkenntnissen über die Planeten, den Mond und die Sterne.**
- **Mit der Weiterentwicklung der Teleskope veränderten neue Entdeckungen unser Verständnis des Weltalls.**

Quadrant

Himmelsbeobachtung
Die ersten Menschen, die nachweislich den Nachthimmel studierten, waren die Mesopotamier (im heutigen Irak) vor ca. 5000 Jahren. Antike Astronomen benutzten einfache Instrumente, wie z. B. den Quadranten, um den Winkel zwischen Sternen oder Planeten und dem Horizont zu messen und Auf- und Untergangszeit von Sonne und Mond vorherzusagen.

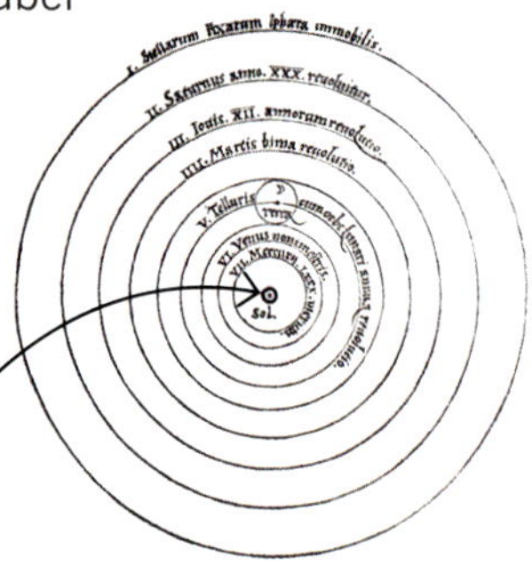

Sonne

Heliozentrisches Weltbild
Aufgrund von Beobachtungen mit bloßem Auge entwickelte der polnische Astronom Nikolaus Kopernikus ein neues Weltbild mit der Sonne im Mittelpunkt (heliozentrisch), um die sich die Planeten auf Kreisbahnen bewegen. Anfänglich wurde es abgelehnt, weil es mit den Beobachtungen nicht genau übereinstimmte.

Elliptische Umlaufbahnen
Etwa 80 Jahre nach Kopernikus' Tod schlug der deutsche Astronom Johannes Kepler ein heliozentrisches Weltbild mit elliptischen (ovalen) anstatt kreisförmigen Umlaufbahnen vor. Dies passte viel besser zu den Bewegungen der Planeten am Himmel als die älteren Modelle.

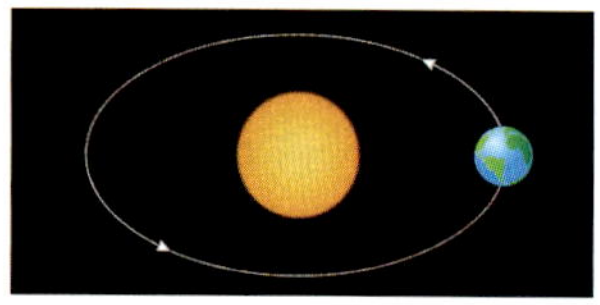

140 n. Chr. — **1543** — **1609** — **1610**

Die Erde im Mittelpunkt
Die Menschen in der Antike glaubten, dass sich die Sonne um die Erde drehe und die Erde der Mittelpunkt des Universums sei. Dies war die Grundlage des „geozentrischen Weltbilds" des griechischen Astronomen Ptolemäus. Geozentrisch bedeutet, dass die Erde der Mittelpunkt ist. Damit sein Weltbild zu der Beobachtung passte, dass sich die Planeten manchmal rückwärts am Himmel bewegen, beschrieb er die Bahn eines Planeten als kompliziertes System aus Kreisbahnen innerhalb von Kreisbahnen (Epizyklen).

Ptolemäus' Weltbild wird geozentrisch genannt, weil es die Erde in den Mittelpunkt stellt.

Fernrohre
Nach der Erfindung des Fernrohrs im frühen 17. Jahrhundert entdeckte der italienische Wissenschaftler Galileo Galilei Berge und Krater auf dem Mond und vier Jupitermonde. Seine Beobachtungen stützten das heliozentrische Weltbild.

Bei anderem Licht besehen

Sichtbares Licht ist nur ein Teil des elektromagnetischen Spektrums. Astronomen können mehr über Sterne und Galaxien erfahren, wenn sie andere Arten elektromagnetischer Wellen beobachten. Manche dieser Wellen werden von der Erdatmosphäre absorbiert, sodass Röntgen-, Ultraviolett- und Infrarotteleskope in den Weltraum gebracht werden müssen. Radioteleskope können auf der Erde gebaut werden. Auf diesen Bildern sieht man die Andromeda-Galaxie bei verschiedenen Wellenlängen.

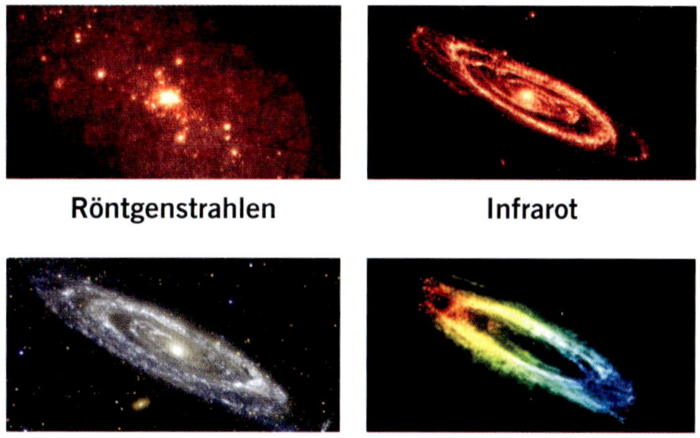

Röntgenstrahlen

Infrarot

Ultraviolett

Radiowellen

Theorie der Gravitation (Schwerkraft)
Inspiriert von Keplers elliptischen Umlaufbahnen veröffentlichte der englische Forscher Isaac Newton in einem Buch seine Grundgesetze der Bewegung und das Gravitationsgesetz. Diese mathematischen Modelle helfen beim Verständnis, wie die Planeten die Sonne und Monde Planeten umkreisen.

Newton erfand auch das Spiegelteleskop, das mit gekrümmten Spiegeln anstatt von Linsen arbeitet.

Andromeda-Galaxie

Entdeckung von Galaxien
1912 erarbeitete die US-amerikanische Astronomin Henrietta Swan Leavitt eine Methode zur Berechnung der Entfernung von der Erde zu veränderlichen Sternen (Sterne, deren Helligkeit schwankt). 1923 nutzte ein weiterer US-Amerikaner, Edwin Hubble, ihre Idee, um die Existenz anderer Galaxien neben unserer eigenen zu beweisen, und zeigte damit, dass das Weltall viel größer als bis dahin angenommen ist.

1687 **1781** **1908** **Gegenwart**

Verbesserte Teleskope
Als die Teleskope größer und besser wurden, entdeckten die Astronomen weiter entfernte Himmelskörper. Mit einem 12 Meter langen Teleskop entdeckte der in Deutschland geborene Astronom William Herschel den Uranus. Er identifizierte auch sehr viele Nebel: Wolken aus leuchtender Materie zwischen den Sternen.

Herschel konstruierte sein riesiges Teleskop zusammen mit seiner Schwester Caroline Herschel.

Moderne Beobachtungsmethoden
Heutzutage können Astronomen Teleskope ins All bringen oder solche zum Nachweis von Radiowellen oder anderen Formen elektromagnetischer Strahlung anstatt des sichtbaren Lichts bauen. Mithilfe der gesamten Informationen kann man erklären, wie Sterne entstehen und sterben, wie die Schwerkraft sie in Galaxien zusammenhält und wie das Universum entstanden sein könnte.

Radioteleskop

Wissenschaft und Gesellschaft

Manche wissenschaftlichen Entwicklungen werfen ethische Fragen auf, die sich nicht experimentell beantworten lassen. Doch das Sammeln von Daten hilft, fundierte Entscheidungen zu treffen. Die Antworten in den folgenden Beispielen hängen von Überzeugungen ab, nicht von der Wissenschaft.

Auf einen Blick

- ✓ **Einige wissenschaftliche Entwicklungen werfen ethische Fragen auf.**
- ✓ **Die Frage, was moralisch richtig oder falsch ist, kann nicht durch Experimente beantwortet werden, sondern hängt von den Überzeugungen der Menschen ab.**

Billiges Fleisch
Auslesezüchtungen erzeugen Nutztiere, die besseres Fleisch liefern, Kühe, die mehr Milch geben, oder Hennen, die mehr Eier legen. Doch Veränderungen, die die Kosten für die Bauern senken, können schädlich für die Tiere sein. Manche Hühner, die für schnelles Wachstum gezüchtet wurden, sind zu schwer zum Laufen. Was ist wichtiger: billiges Fleisch und größere Gewinne oder Tierschutz?

Saubere Energie
Das Klima verändert sich, weil die Menschen der Atmosphäre zu viel Kohlenstoffdioxid zuführen. Gezeitenkraftwerke erzeugen elektrischen Strom ohne Kohlenstoffdioxid, doch manchmal muss über eine Flussmündung ein Stauwehr gebaut werden, das die Fische bei ihrer Wanderung aufhält und natürliche Lebensräume verändert. Was ist wichtiger: saubere Energie oder der Schutz der Lebensräume?

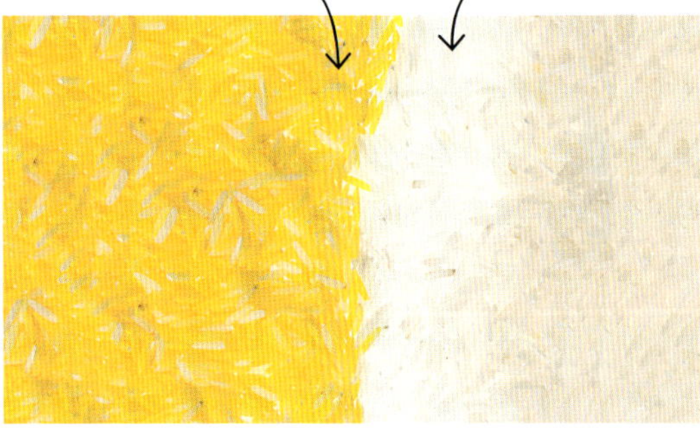

Gentechnik
Gentechnik kann Heilmittel für Krankheiten hervorbringen und Nutzpflanzen so verändern, dass sie mehr Nährstoffe enthalten. Dies verbessert das Leben vieler Menschen, doch genetisch veränderte Organismen sind nicht natürlich. Ist es falsch, Lebewesen so zu verändern?

Biobrennstoffe
Biobrennstoffe, die aus Nutzpflanzen hergestellt werden, reduzieren im Vergleich zu fossilen Brennstoffen die Kohlenstoffdioxidemissionen, da die Pflanzen beim Wachsen CO_2 absorbieren. Doch ihr Anbau verbraucht Ackerfläche, die für Nahrungsmittel genutzt werden könnte. Ist saubere Energie wichtiger als die Nahrungsmittelversorgung?

Nutzen und Risiken

Naturwissenschaft und Technik bringen Erfindungen hervor, die das Leben der Menschen verbessern, doch manche Technologien bergen auch Risiken. Nutzen und Risiken müssen gegeneinander abgewogen werden. Dabei muss man alle Fakten einbeziehen. Die Alternative, von der wir annehmen, dass sie gefährlicher sei, ist es häufig nicht.

Auf einen Blick

- ✓ **Moderne Technik kann von großem Nutzen sein, doch manche Technologien können auch schädlich sein.**
- ✓ **Risiken und Nutzen verschiedener Technologien müssen vor der Entscheidung, ob man sie nutzt oder nicht, bewertet werden.**

Kernkraft oder fossile Brennstoffe
Viele Menschen halten Kernkraft wegen des Risikos für nukleare Unfälle oder frei werdende Strahlung für gefährlich. Wissenschaftliche Studien deuten jedoch darauf hin, dass mit fossilen Brennstoffen betriebene Kraftwerke durch Umweltverschmutzung nicht nur mehr Krankheit und Tod verursachen, sondern auch mehr zum Klimawandel beitragen. Zudem geschehen häufiger Unfälle bei Ölbohrungen oder der Kohleförderung als bei der Herstellung von Nuklearbrennstoffen.

Zu Fuß gehen oder Auto fahren?
Was ist sicherer – gehen oder fahren? Unfallstatistiken ergeben, dass Fußgänger pro Kilometer häufiger tödlich verunglücken als Autofahrer. Doch das ist nicht der einzige Faktor. Gehen stellt zudem eine Form körperlicher Aktivität dar und Bewegung kann das Risiko für Erkrankungen wie Herzkrankheiten und Diabetes stark verringern.

Flugsicherheit
Flugzeugabstürze sorgen immer für Schlagzeilen und bewirken bei manchen Leuten Flugangst. Doch Autofahren ist viel gefährlicher. In den USA war es z. B. von 2000-2009 pro zurückgelegtem Kilometer über 60-mal wahrscheinlicher, dass ein Autofahrer tödlich verunglückte als ein Passagier auf einem Linienflug.

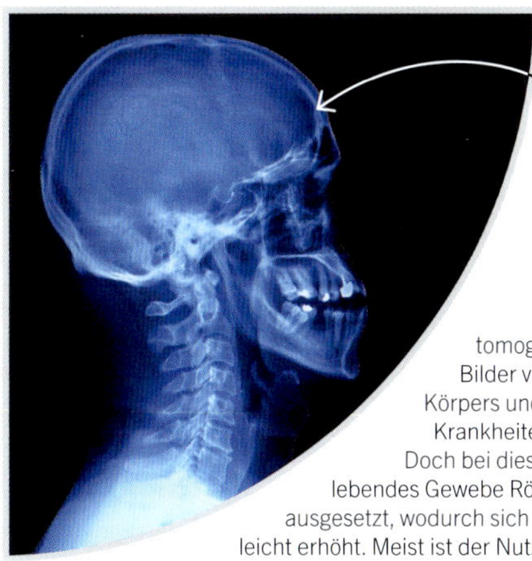

Röntgenbild vom Kopf

Röntgen
Röntgengeräte und Computertomografen erzeugen Bilder vom Inneren des Körpers und helfen Ärzten, Krankheiten zu erkennen. Doch bei dieser Technik wird lebendes Gewebe Röntgenstrahlung ausgesetzt, wodurch sich das Krebsrisiko leicht erhöht. Meist ist der Nutzen für die richtige Diagnose größer als das Risiko der Strahlung.

Wissenschaftliche Modelle

Modelle helfen uns, wissenschaftliche Vorstellungen besser zu verstehen. Wissenschaftliche Modelle können wie Hypothesen durch Versuche überprüft werden. Es gibt fünf Haupttypen: beschreibende, computergestützte, mathematische, räumliche und darstellende Modelle.

Auf einen Blick

- ✓ Modelle helfen dabei, wissenschaftliche Vorstellungen zu verstehen oder zu beschreiben.
- ✓ Mithilfe von Modellen können Vorhersagen gemacht werden, die dann in Versuchen überprüft werden können.
- ✓ In der Physik werden beschreibende, computergestützte, mathematische, räumliche und darstellende Modelle verwendet.

Beschreibende Modelle
Diese Modelle beschreiben etwas mithilfe von Wörtern und z. T. auch Schaubildern. Dieses Bild, das den Weg des elektrischen Stroms vom Kraftwerk zu Haushalten darstellt, ist ein beschreibendes Modell.

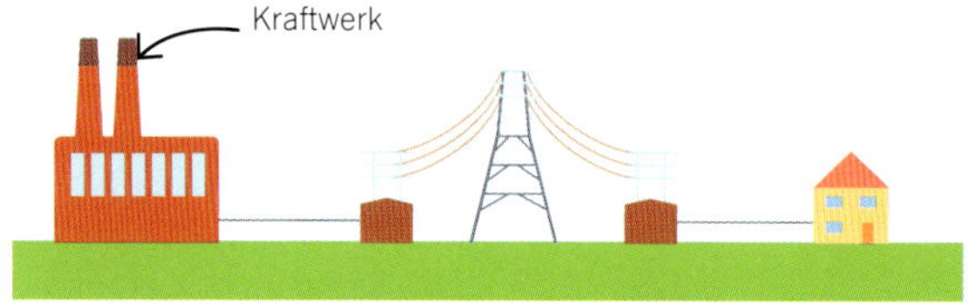

Computermodelle
Bei diesem Typ werden Computer verwendet, um komplexe Prozesse zu simulieren. Grundlage von Wettervorhersagen sind Computermodelle der Atmosphäre. Die Abbildung zeigt eine Wellenvorhersage für den Atlantik.

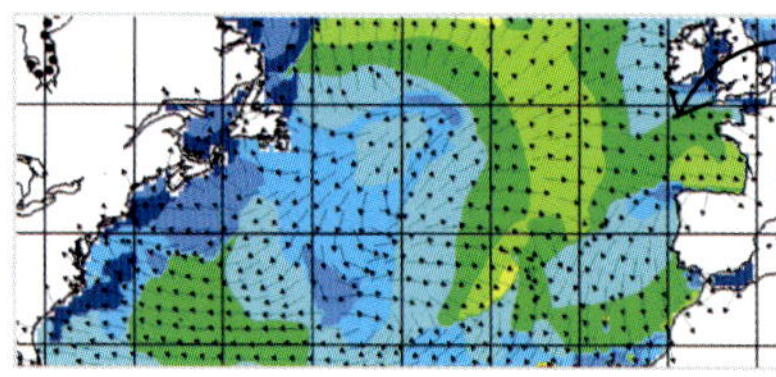

Mathematische Modelle
Diese Modelle beschreiben Abläufe aus der Wirklichkeit durch Gleichungen. Mit einer mathematischen Formel kann man z. B. den Temperaturabfall eines heißen Körpers, der Wärme an die Umgebung abgibt, modellieren. Die Ergebnisse mathematischer Modellrechnungen werden in Diagrammen dargestellt.

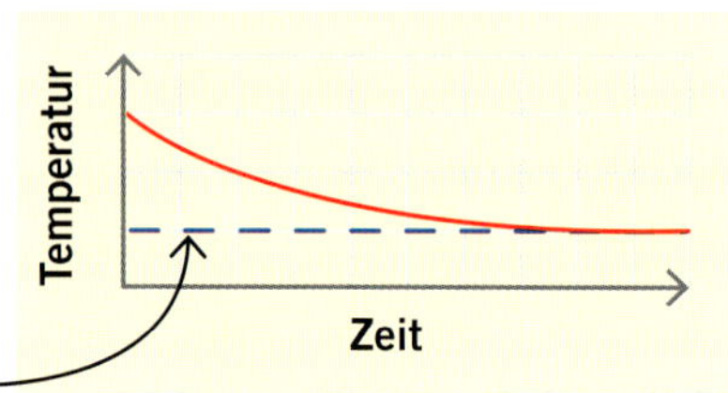

Räumliche Modelle
Ein räumliches Modell stellt die dreidimensionale Anordnung von Objekten dar, z. B. wie die Bestandteile des Ohres zusammenpassen. Dieses maßstabsgetreue Modell besitzt nicht dieselbe Größe wie ein reales menschliches Ohr, aber alle Teile haben die richtigen Größenverhältnisse zueinander.

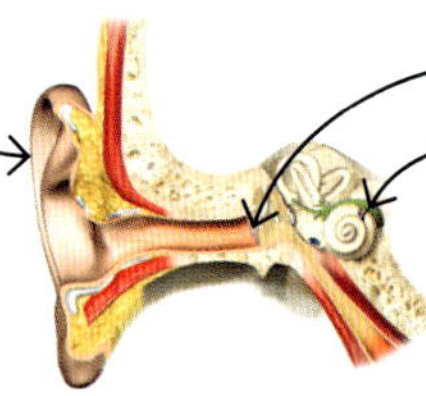

Darstellende Modelle
Bei diesen Modellen werden komplexere reale Objekte durch vereinfachte Formen und Symbole repräsentiert. Dieser elektrische Schaltplan erklärt beispielsweise, wie die Schaltung einer Taschenlampe funktioniert.

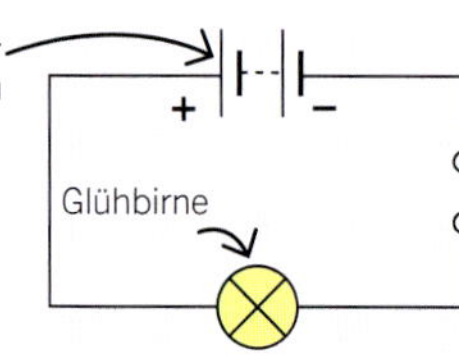

Sicher arbeiten

Da bei Physikversuchen mit elektrischem Strom, sich bewegenden Körpern und Hitze gearbeitet wird, besteht Verletzungsgefahr. Es ist sehr wichtig, dass die Durchführung der Untersuchungen sicher ist. Bitte halte dich an diese Vorsichtsmaßnahmen.

Schütze deine Augen
Spezielle ((Arbeits-))Brillen schützen deine Augen vor Flüssigkeitsspritzern oder kleinen Teilchen, z. B. Eisenfeilspänen. Du solltest sie ebenfalls beim Dehnen von Drähten oder Federn aufsetzen, falls der Draht reißt und dir ins Gesicht schlägt.

Wasser erhitzen
Vermeide beim Wassererhitzen Spritzer auf der Haut. Wenn du dich verbrannt hast, halte die Hautstelle so schnell wie möglich unter kaltes fließendes Wasser.

Schütze deine Füße
Bei manchen Versuchen können dir Gewichte auf die Füße fallen und dich verletzen. Ein Karton mit zerknülltem Papier fängt das Gewicht auf und sorgt dafür, dass deine Füße nicht am falschen Platz sind.

Ausrutschen und verschütten
Wenn du Wasser auf dem Boden verschüttest, wisch es sofort auf, damit niemand darauf ausrutscht.

Elektrischer Strom
Wenn du mit Strom arbeitest, schalte ihn immer aus oder ziehe den Stecker aus der Steckdose, bevor du eine Schaltung veränderst. Bitte deinen Lehrer, die Schaltung zu überprüfen, bevor du sie anschaltest.

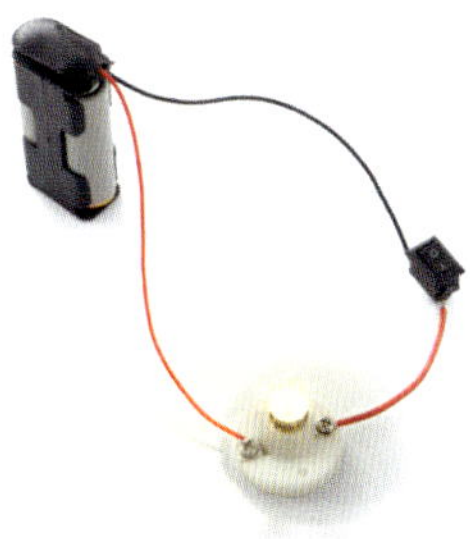

Gefahrstoffe
Einige wissenschaftliche Versuche erfordern radioaktive Stoffe oder gefährliche Chemikalien. Ausschließlich speziell dafür ausgebildete Personen mit geeigneter Schutzkleidung sollten diese Substanzen handhaben. Versuche mit gefährlichen Substanzen sollten nicht zu Hause durchgeführt werden.

Bunsenbrenner
Wenn du einen Bunsenbrenner benutzt, räume die Umgebung frei. Binde offenes Haar und lockere Kleidung zurück, damit sie nicht in die Nähe der Flamme kommen. Lass heiße Geräte abkühlen, bevor du sie berührst oder benutze hitzebeständige Handschuhe.

Vorsicht vor der Sonne
Bei Versuchen mit Licht sieh niemals direkt in die Sonne – dadurch könnten deine Augen dauerhaft geschädigt werden. Die Gefahr ist bei Benutzung von Ferngläsern oder einem Fernrohr sogar noch größer.

Versuchsplanung

Damit ein wissenschaftliches Experiment unter kontrollierten Bedingungen abläuft, darf immer nur eine Messgröße verändert werden, damit man ihren Einfluss auf eine andere Größe feststellen kann. Die Größe, die man gezielt verändert, nennt man unabhängige Variable. Die beeinflusste Größe ist die abhängige Variable und das, was konstant gehalten wird, sind Kontrollvariablen.

Wärmedämmung untersuchen

Bei der wissenschaftlichen Methode überprüft man eine Hypothese (Idee) durch ein Experiment. Luft ist z. B. ein schlechter Wärmeleiter, woraus man die Hypothese bilden könnte, dass Stoffe, die viel Luft enthalten, gute Dämmstoffe sind. Zur Überprüfung der Hypothese könnte man einen Versuch wie den hier abgebildeten durchführen. Drei Bechergläser mit heißem Wasser werden mit verschieden Materialien gedämmt und während des Abkühlens wird die Wassertemperatur in regelmäßigen Abständen gemessen.

Auf einen Blick

- ✓ **Ein kontrollierter Versuch muss sorgfältig geplant werden.**
- ✓ **Die bei einem Versuch veränderlichen Größen nennt man Variablen.**
- ✓ **Die unabhängige Variable ist die Größe, die verändert wird.**
- ✓ **Die abhängige Variable ist die Größe, die gemessen wird.**
- ✓ **Kontrollvariablen sind Größen, die für einen kontrollierten Versuch konstant gehalten werden.**

Kontrollversuche

Das nicht isolierte Becherglas ist ein Kontrollversuch. Man kann dadurch die Temperaturänderung mit und ohne Wärmedämmung vergleichen. Alle Unterschiede müssen auf die unabhängige Variable zurückgehen, und nicht auf Kontrollvariablen wie die Wassermenge oder die Becherglassorte.

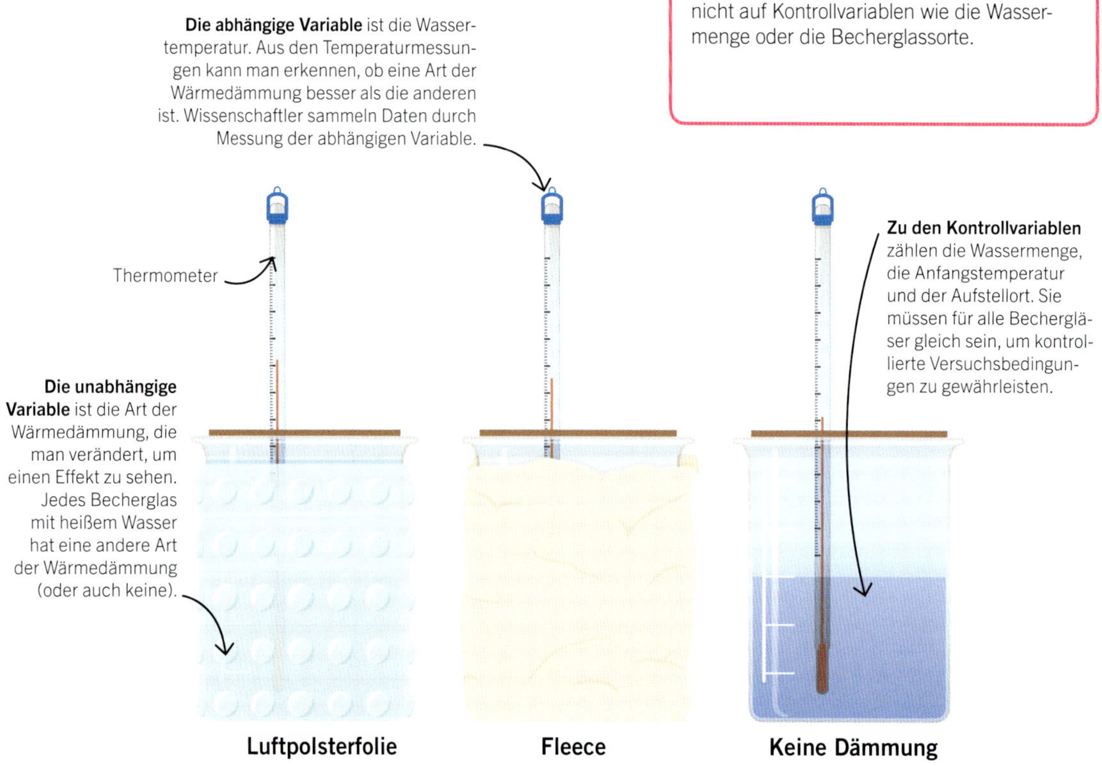

Der Planungsprozess
Versuche sollten vor der Durchführung immer sorgfältig geplant werden. Das Wichtigste bei der Planung ist die Auswahl der unabhängigen und der abhängigen Variable. Wichtig ist außerdem zu überlegen, welche Hilfsmittel benötigt werden und wie eine sichere Durchführung gewährleistet werden kann.

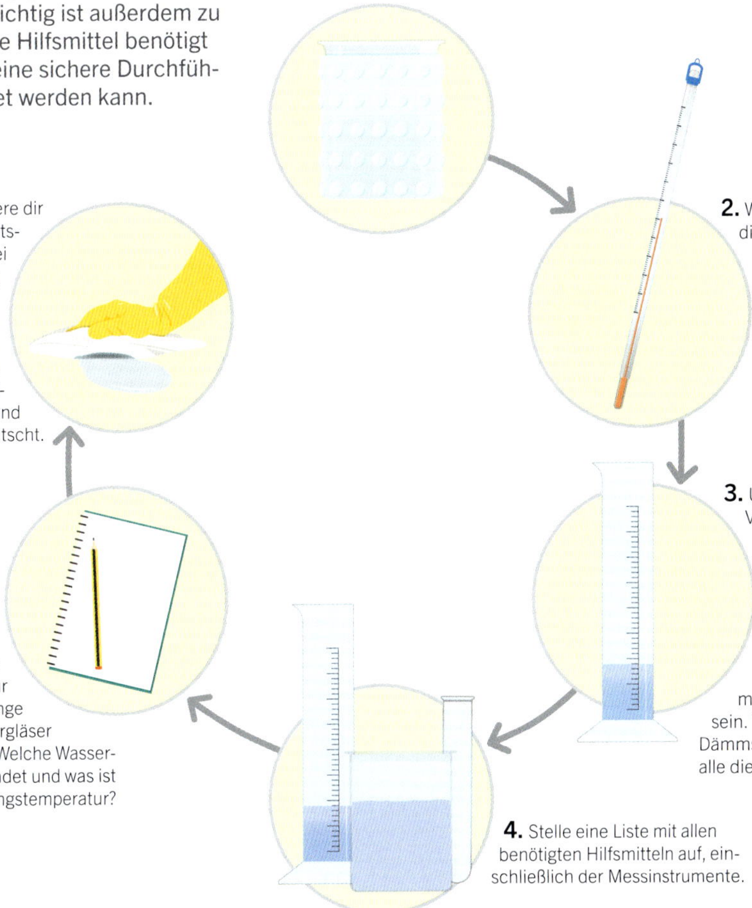

1. Entscheide zuerst, welche Variable du gezielt ändern willst. Das ist die unabhängige Variable. Im Wärmedämmungsversuch ist dies die Art des Dämmstoffs.

2. Wähle die Variable aus, die du messen willst, um einen Effekt zu sehen. In unserem Versuch ist die Wassertemperatur die abhängige Variable.

3. Überlege, welche Variablen du konstant halten musst, damit der Versuch kontrolliert ist. Das sind die Kontrollvariablen. Die Wassermenge in allen Bechergläsern und die Anfangstemperatur müssen z. B. immer gleich sein. Wenn du verschiedene Dämmstoffe vergleichst, sollten alle die gleiche Dicke haben.

4. Stelle eine Liste mit allen benötigten Hilfsmitteln auf, einschließlich der Messinstrumente.

5. Plane die einzelnen Versuchsschritte ganz genau. Wie oft wird die Temperatur gemessen? Wie lange werden die Bechergläser stehen gelassen? Welche Wassermenge wird verwendet und was ist die Anfangstemperatur?

6. Überlege und notiere dir die nötigen Sicherheitsvorkehrungen. Bei dieser Untersuchung muss man vorsichtig mit dem heißen Wasser umgehen und verschüttetes Wasser direkt aufwischen, damit niemand ausrutscht.

Daten sammeln

Bei allen Versuchen werden Daten gesammelt, anhand derer man entscheidet, ob eine Hypothese bestätigt wird oder nicht. Wichtig ist die genaue Planung, wie und wann man Daten sammelt. Bei diesem Experiment kann man durch die regelmäßige Temperaturmessung die Ergebnisse gut in einer Messkurve darstellen. Das Diagramm hilft sowohl dabei, mögliche Messfehler zu entdecken, als auch eine Schlussfolgerung zu ziehen.

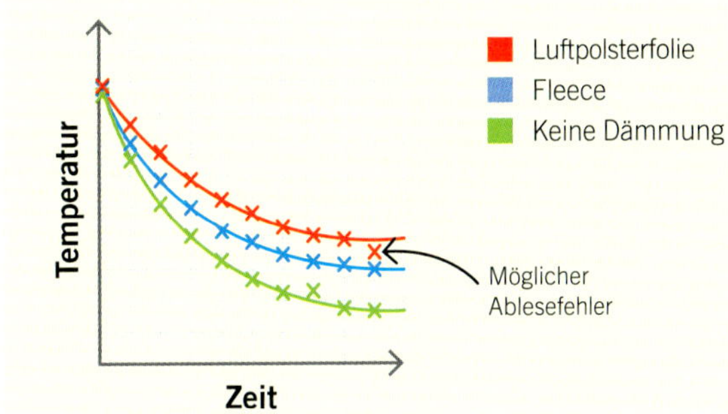

Messungen

Bei den meisten Versuchen werden physikalische Größen gemessen, z. B. Temperatur, Volumen, Masse oder Zeit. Um genaue Messwerte zur erhalten, sind Messinstrumente nötig, die zur Größenordnung der gemessenen Werte passen.

Auf einen Blick

- ✓ **Bei den meisten Versuchen werden physikalische Größen gemessen, z. B. Temperatur, Volumen, Masse oder Zeit.**
- ✓ **Messinstrumente, mit denen man große Werte messen kann, sind meist bei kleinen Werten ungenau.**

Länge und Weg

Verwende ein Maßband für größere Längen, z. B. um die Gehgeschwindigkeit über 10 m zu bestimmen.

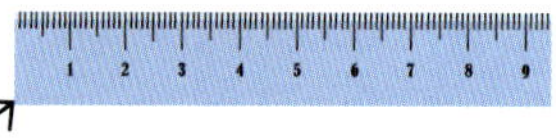

Verwende ein Lineal, um die Länge kleiner Objekte zu bestimmen.

Volumen

Verwende Bechergläser oder große Messzylinder, um große Flüssigkeitsvolumen abzumessen.

Verwende einen kleinen Messzylinder für kleine Flüssigkeitsmengen.

Zeit

Benutze eine Stoppuhr zum Messen von Zeitspannen, die größer als 10 s sind.

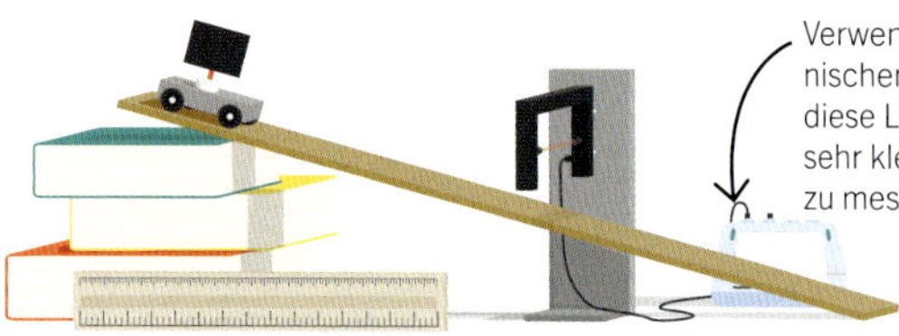

Verwende einen elektronischen Zeitmesser wie diese Lichtschranke, um sehr kleine Zeitintervalle zu messen.

Kraft

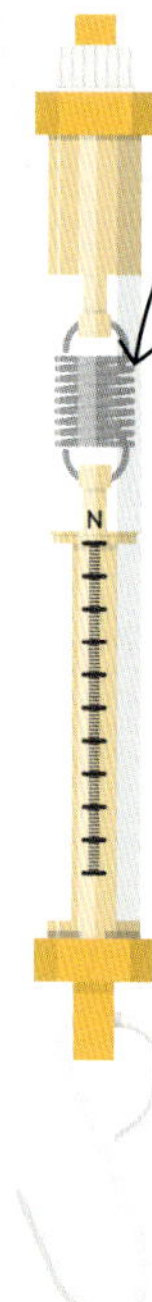

Dieser Federkraftmesser hat eine steife Feder und ist für Kräfte bis zu 50 N geeignet, ist aber bei sehr kleinen Kräften ungenau.

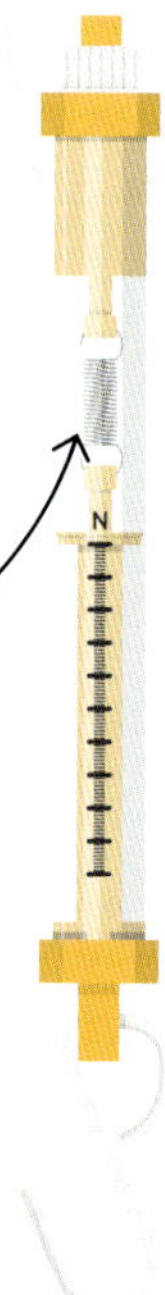

Dieser Federkraftmesser hat eine dehnbarere Feder und misst deshalb kleinere Kräfte genauer. Bei einer zu großen Kraft wird er beschädigt.

Elektronische Instrumente

Obwohl elektronische Instrumente häufig genauer als Handinstrumente sind, sind sie nicht immer besser. Sie sind teurer und werden leichter beschädigt, sodass sie nur in Versuchen verwendet werden sollten, bei denen eine höhere Genauigkeit erforderlich ist.

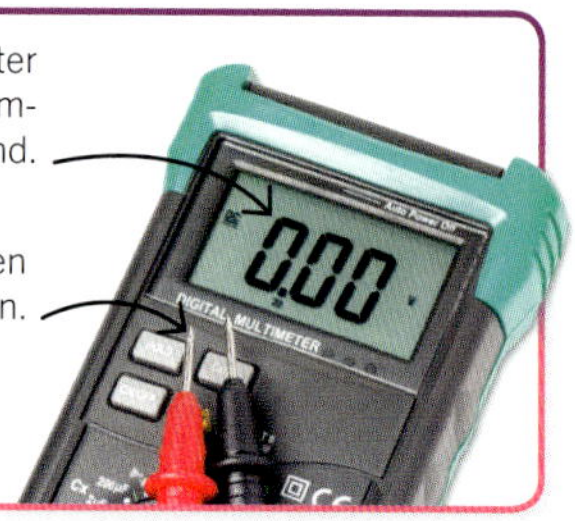

Mit einem Digitalmultimeter misst man Spannung, Stromstärke und Widerstand.

Die Messleitungen werden mit Schaltungen verbunden.

Signifikante Stellen

Die signifikanten Stellen einer Zahl sind die aussagekräftigen Ziffern. Genauere Messgeräte liefern Messwerte mit mehr signifikanten Stellen. Beim Datensammeln oder bei Berechnungen müssen wir Zahlen oft auf nur wenige signifikante Stellen auf- oder abrunden.

Daten erfassen
Die Anzahl der signifikanten Stellen ist abhängig vom verwendeten Messinstrument. Ein Lineal mit Zentimeterskala liefert weniger signifikante Stellen als eines mit Millimeterskala. Digitale Messgeräte liefern oft mehr signifikante Stellen als herkömmliche (Das bedeutet aber nicht notwendigerweise, dass sie genauer sind.).

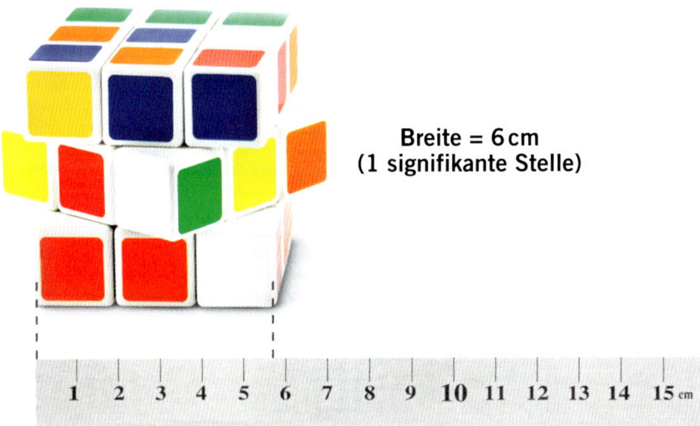

**Breite = 6 cm
(1 signifikante Stelle)**

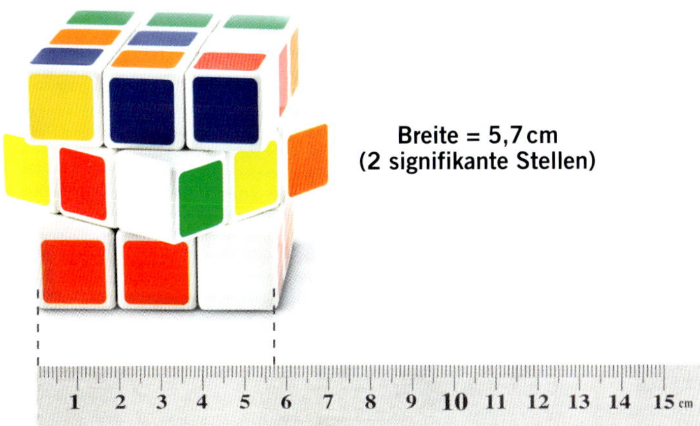

**Breite = 5,7 cm
(2 signifikante Stellen)**

Auf einen Blick

- ✓ **Genauere Messgeräte liefern Messwerte mit mehr signifikanten Stellen.**
- ✓ **Runde Lösungen beim Multiplizieren oder Dividieren auf genau so viele signifikante Stellen wie der ungenaueste Ausgangswert.**
- ✓ **Runde Lösungen beim Addieren oder Subtrahieren auf genau so viele Dezimalstellen wie der ungenaueste Ausgangswert.**

Taschenrechner

Der Taschenrechner zeigt oft mehr signifikante Stellen an, als sinnvoll ist. Beim Berechnen des Widerstands einer Glühbirne benutzt du die nachfolgende Formel. Die Anzeigen des Voltmeters und des Amperemeters haben je drei signifikante Stellen.

$$R = \frac{8{,}12\,\text{V}}{1{,}04\,\text{A}}$$

Die Taschenrechnerantwort ist 7,8076923.

Die Antwort so aufzuschreiben, hieße, dass du den Widerstand auf 8 signifikante Stellen genau kennst. Doch da die Instrumente nur auf 3 signifikante Stellen genau waren, sollte deine Antwort auch nur so viele haben:

$R = 7{,}81\,\Omega$ (3 signifikante Stellen)

Runde die Lösung beim Multiplizieren oder Dividieren auf genau so viele signifikante Stellen wie der ungenaueste Ausgangswert. Runde die Lösung beim Addieren oder Subtrahieren auf genau so viele Dezimalstellen wie der ungenaueste Ausgangswert.

Daten darstellen

Unter Daten versteht man die Informationen, die man bei Versuchen erhält. Sie bestehen oft aus Zahlen, wie z. B. Messwerten. Um sie besser zu verstehen und Muster zu erkennen, ist es hilfreich, sie in Tabellen oder Diagrammen darzustellen. Welcher Diagrammtyp am sinnvollsten ist, hängt von der Art der Daten ab.

Tabellen

Tabellen sind nützlich zur Strukturierung von Daten und für einfache Berechnungen, z. B. des Mittelwerts. In dieser Tabelle sind die Ergebnisse eines Versuchs aufgeführt, bei dem der Einfluss zusätzlicher Masse auf einem Wagen auf die Beschleunigung untersucht wurde.

Unabhängige Variable

Abhängige Variable

Zum Wagen zugefügte Masse (kg)	Beschleunigung (m/s²)			
	1. Fahrt	2. Fahrt	3. Fahrt	Mittelwert
0,5	9,9	10,2	10,1	10,1
1,0	6,8	8,8	6,6	6,7
1,5	5,2	4,8	5,1	5,0

„Ausreißer“ kann man gut aus Tabellen ablesen. Sie verhalten sich ganz anders als die anderen Messwerte und könnten Messfehler sein. Dieser Wert wurde bei der Berechnung des Mittelwerts außer Acht gelassen.

Kreisdiagramme

Man verwendet Kreisdiagramme, um prozentuale Anteile oder Bruchteile darzustellen. In diesem Kreisdiagramm sind Schätzwerte für verschiedene Hintergrundstrahlungsquellen angegeben, denen die Menschen weltweit ausgesetzt sind.

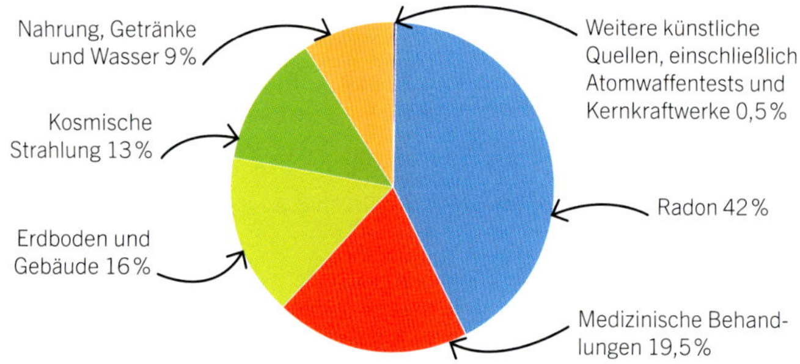

Säulendiagramme

Die Verwendung von Säulendiagrammen ist dann sinnvoll, wenn die unabhängige Variable aus diskreten (einzelnen) Kategorien besteht. Dieses Säulendiagramm zeigt beispielsweise, wie viel Energie Personen aus verschiedenen Altersgruppen täglich benötigen. Ein Säulendiagramm sollte auch dann verwendet werden, wenn die unabhängige Variable diskrete Werte annimmt, wie z. B. die Anzahl von Menschen oder Objekten (immer ganzzahlig).

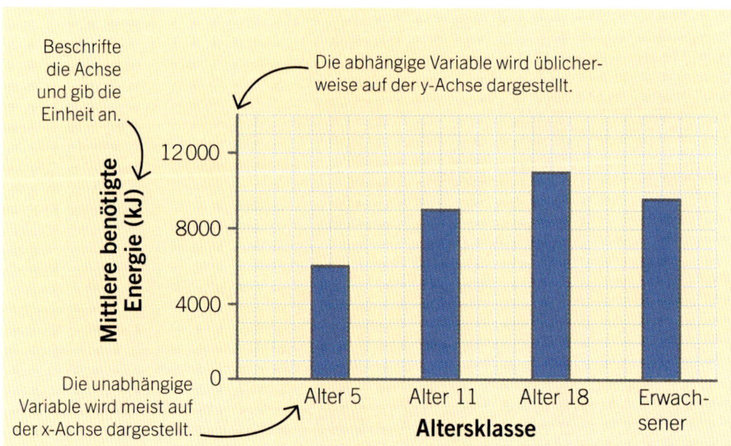

Stetige und diskrete Variablen

Diskrete Variablen können nur bestimmte Werte annehmen. So kann die Passagierzahl eines Flugzeugs nur eine ganze Zahl sein und die Wärmedämmung um ein Behältnis mit heißem Wasser kann nur aus bestimmten Materialien bestehen. Dagegen kann eine stetige Variable beliebige Werte annehmen und ist vielleicht keine ganze Zahl. Länge und Gewicht sind beispielsweise stetige Variablen.

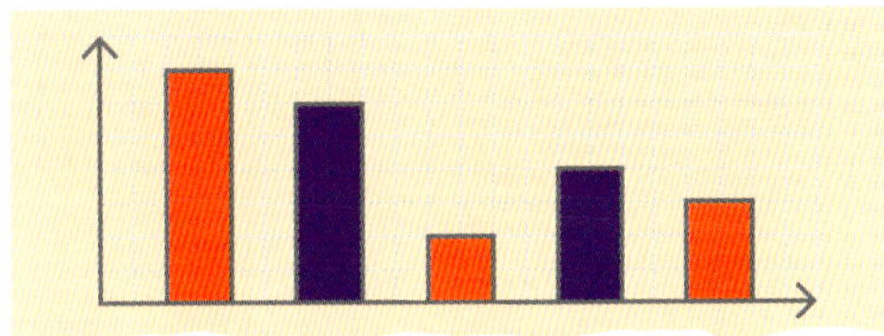

Diskrete Variable

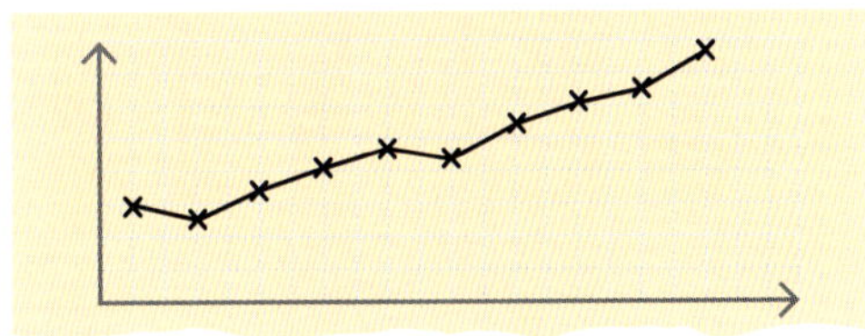

Stetige Variable

Liniendiagramme

Liniendiagramme werden verwendet, wenn auf beiden Achsen sich stetig verändernde Zahlenwerte anstatt diskrete (getrennte) Kategorien aufgetragen sind. Liniendiagramme sind besonders häufig, wenn eine Variable die Zeit ist. Diese Kurve stellt die Temperaturänderung von Eis bei Erwärmung dar.

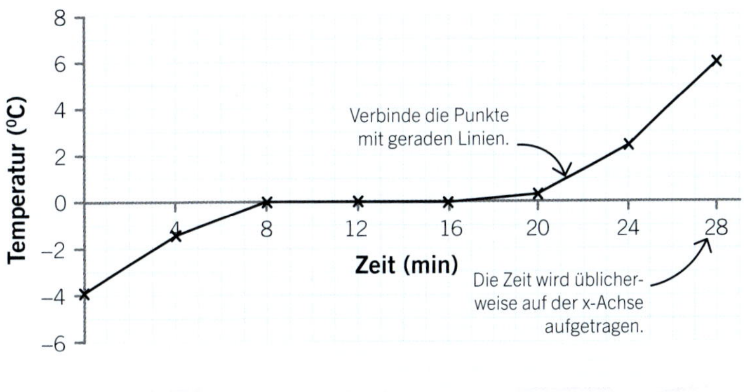

Streudiagramme

Zur Untersuchung der Beziehung zwischen zwei Variablen benutzt man Streudiagramme. Dieses Diagramm zeigt, wie sich die Stromstärke durch einen Widerstand bzw. durch eine Glühbirne in Abhängigkeit von der angelegten Spannung ändert. Wenn sich beim Einzeichnen der Datenpunkte ein deutliches Muster ergibt, wie beispielsweise eine Gerade, sagt man, dass die Variablen korreliert sind. In diesem Fall zeichnet man eine Ausgleichsgerade oder Ausgleichskurve durch die Punkte.

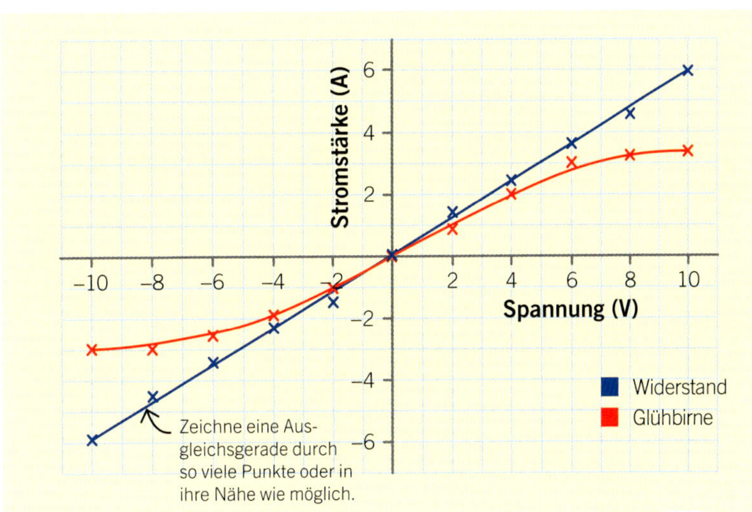

Datenmuster

Bei einigen Versuchen möchte man herausfinden, ob es eine Beziehung zwischen zwei Variablen gibt. Anders ausgedrückt: Wie beeinflusst die Veränderung der einen Variable die andere?

Auf einen Blick

- ✓ Eine Korrelation liegt vor, wenn sich bei Änderung einer Variablen die andere ebenfalls ändert.
- ✓ Eine Korrelation beweist nicht, dass eine Änderung die andere verursacht.
- ✓ Eine Beziehung zweier Variablen ist linear, wenn die Punkte in einem Diagramm eine Gerade ergeben.
- ✓ Eine proportionale Beziehung ergibt eine Gerade durch den Ursprung.

Korrelation
Zwei Variablen nennt man korreliert, wenn sie miteinander verknüpft zu sein scheinen. Korrelationen kann man gut mit Streudiagrammen erkennen. Eine Korrelation zwischen zwei Variablen bedeutet nicht, dass eine die Ursache für die andere ist. Eisverkäufe und Badeunfälle sind z. B. positiv korreliert, doch der Grund dafür ist, dass sowohl Eis als auch Baden bei heißem Wetter beliebt sind, und nicht, dass Eisessen Badeunfälle verursacht.

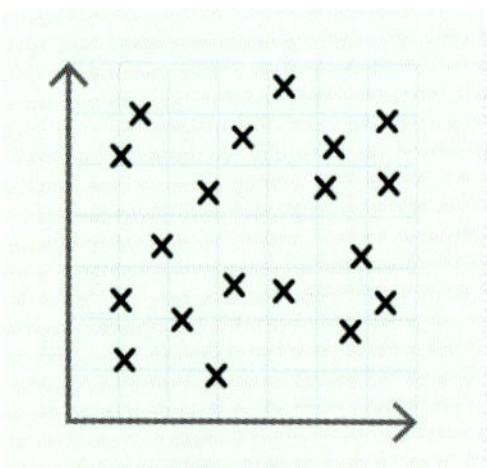

Keine Korrelation
Die Datenpunkte sind zufällig verteilt und ergeben kein Muster. Es existiert keine Korrelation zwischen den Variablen.

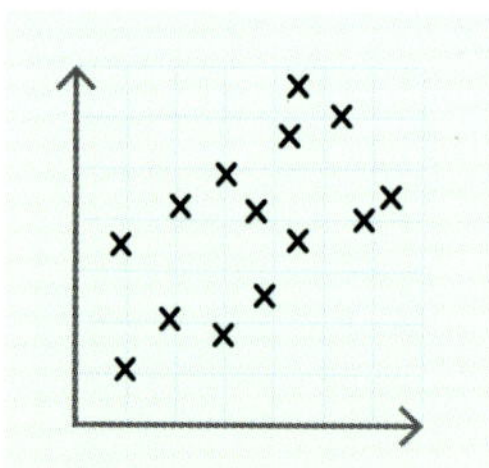

Schwache Korrelation
Diese Punkte könnten um eine Diagonale angeordnet sein. Die große Streuung bedeutet aber, dass sie nur schwach korreliert sind.

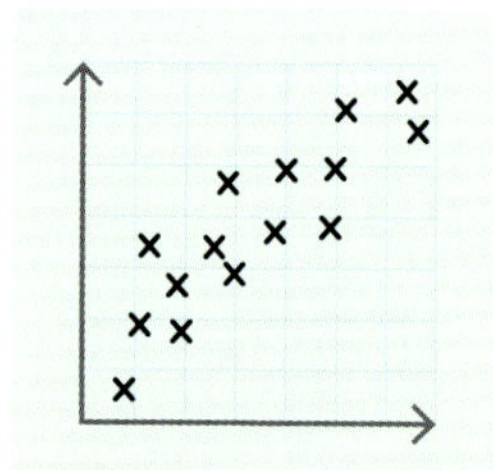

Stark positive Korrelation
Die Punkte bilden eine Diagonale, aus der deutlich wird, dass sich bei Vergrößerung der einen Variable die andere ebenfalls vergrößert.

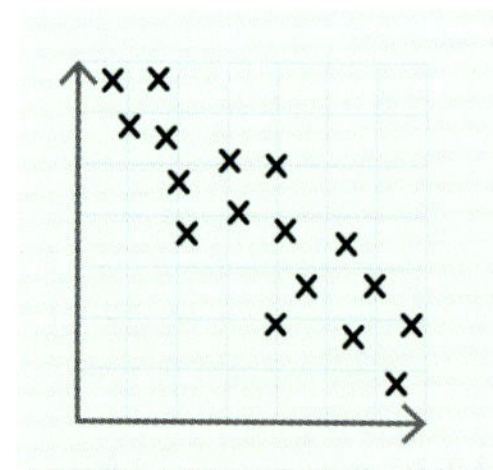

Stark negative Korrelation
Die durch die Punkte gebildete Gerade zeigt, dass bei Vergrößerung der einen Variable die andere kleiner wird.

Lineare und proportionale Beziehungen
Abhängig von ihrer Form können Kurven, bei denen eine Korrelation erkennbar ist, weitere Beziehungen offenbaren.

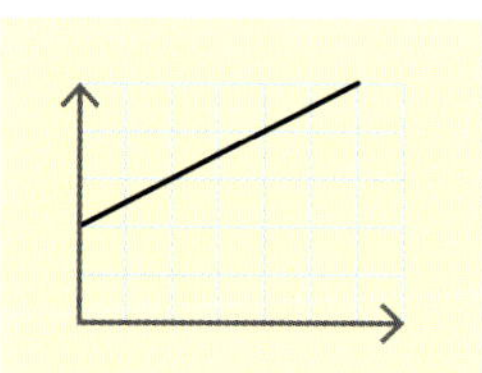

Linear
Eine Korrelation, bei der die Punkte auf einer Geraden liegen, bezeichnet man als linear.

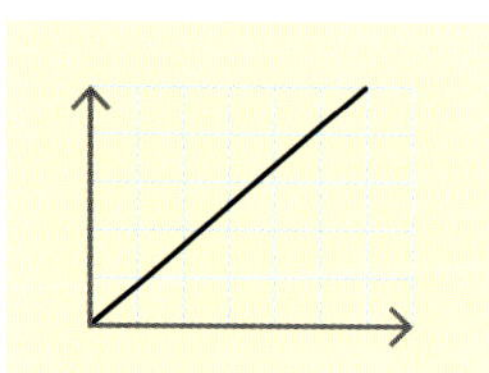

Proportional
Liegen die Punkte auf einer Geraden durch den Ursprung (x und y beide Null), bezeichnet man dies als proportionale Beziehung, d. h. dass sich bei Verdopplung einer Variablen die andere ebenfalls verdoppelt.

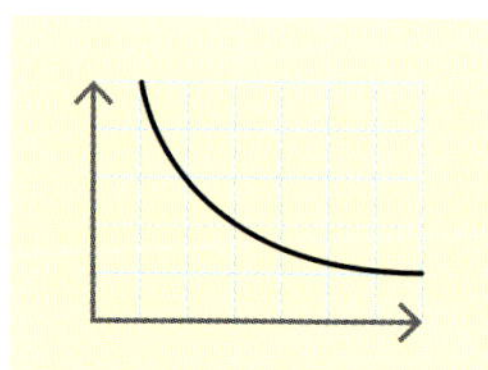

Umgekehrt proportional
Bei einer umgekehrt proportionalen Beziehung wird eine Variable halbiert, wenn man die andere verdoppelt. Dies ergibt eine gekrümmte Kurve.

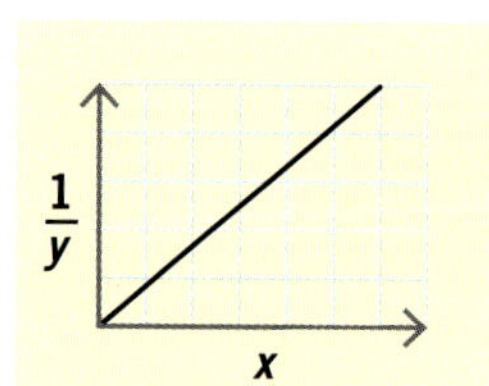

Überprüfung
Zur Überprüfung, ob eine Beziehung umgekehrt proportional ist, trägt man die eine Variable über dem Kehrwert (1 durch den Wert) der anderen auf. Es sollte sich eine Ursprungsgerade ergeben.

Schlussfolgerungen

In der Schlussfolgerung zu einem Versuch beschreibt man, was man herausgefunden hat, wie man die Ergebnisse interpretiert und ob der Versuchsausgang mit der Vorhersage übereinstimmt.

Ein Versuch zur Elektrizität
Drei Schüler führen einen Versuch zur Überprüfung der Vorhersage durch, dass der Strom durch eine Glühbirne proportional zur anliegenden Spannung ist. Mit einem Amperemeter zur Stromstärkemessung und einem Voltmeter zur Spannungsmessung an der Glühbirne erhielten sie die im Diagramm dargestellten Ergebnisse. Ihre Schlussfolgerungen sind unten aufgeführt.

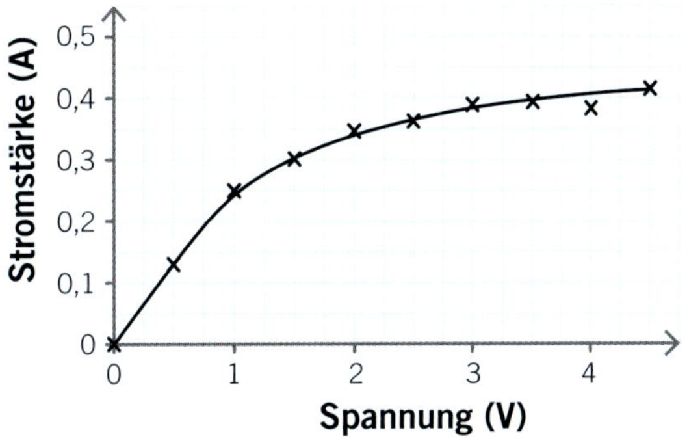

Schlussfolgerung 1
„Der Strom steigt tatsächlich mit steigender Spannung an. Also war die Vorhersage richtig."

Eine falsche Schlussfolgerung
Die Beschreibung ist nicht sehr ausführlich und das Diagramm zeigt keine proportionale Beziehung, bei der sich eine Gerade ergeben würde.

Schlussfolgerung 2
„Der Strom steigt mit steigender Spannung an, aber die Kurve ist gekrümmt. Eine proportionale Beziehung müsste eine Gerade ergeben, daher ist die Vorhersage falsch."

Eine bessere Schlussfolgerung
Die Beschreibung ist ausführlicher und die abschließende Folgerung ist korrekt.

Schlussfolgerung 3
„Das Diagramm zeigt, dass der Strom mit der Spannung ansteigt. Bei niedrigeren Spannungen könnte die Beziehung proportional sein, da die ersten Messpunkte auf einer Geraden liegen. Jedoch wird bei höheren Spannungen der Stromzuwachs bei jeder Spannungssteigerung kleiner. Daraus ergibt sich, dass der Widerstand ansteigt. Die Vorhersage war teilweise richtig, da der Strom mit steigender Spannung ansteigt, doch die Beziehung ist nicht proportional."

Eine hervorragende Schlussfolgerung
Diese Beschreibung ist sehr viel ausführlicher. Die Schülerin hat ihr Wissen über den Zusammenhang zwischen Stromstärke, Widerstand und Spannung benutzt, um eine mögliche Ursache für die Formänderung der Kurve vorzuschlagen.

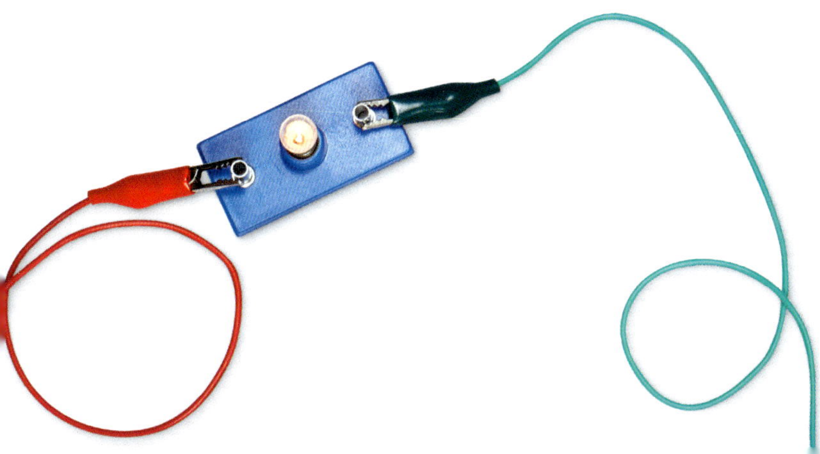

Genauigkeit und Präzision

Bei der Planung und Auswertung eines Versuches muss man sich Gedanken über Genauigkeit und Präzision der Messungen machen. Die Begriffe „genau“ und „präzise“ haben in der Naturwissenschaft spezielle Bedeutungen.

Auf einen Blick

- ✓ Genaue Messungen liegen nahe beim tatsächlichen Messwert.
- ✓ Präzise Messungen ergeben denselben (oder einen sehr ähnlichen) Wert bei Wiederholung der Messung.
- ✓ Messfehler können zufällig oder systematisch sein.

Genau oder präzise?

Eine Messung wird als genauer angesehen, wenn sie näher am tatsächlichen Messwert liegt als andere Messungen. Sie ist präzise, wenn mehrmaliges Wiederholen der Messung exakt gleiche oder sehr nahe beieinander liegende Messwerte liefert. Zum Verständnis des Unterschieds ist es hilfreich, wenn man sich die Messungen als Würfe auf eine Dartscheibe vorstellt.

Ungenau und unpräzise
Die Messungen sind ungenau, weil sie nicht in der Nähe des Mittelpunkts liegen, und unpräzise, weil sie nicht nahe nebeneinander liegen.

Präzise, aber ungenau
Diese Messungen sind präzise, da sie alle in der Nähe eines Werts liegen, doch ungenau, da sie nicht in der Nähe der Mitte liegen.

Genau, aber unpräzise
Diese Werte liegen um den Mittelpunkt herum, aber nicht nahe beieinander. Daher sind sie genau, aber unpräzise.

Genau und präzise
Diese Messungen sind sowohl genau als auch präzise.

Messfehler

Systematische Fehler
Die Genauigkeit einiger Messinstrumente hängt von der Benutzung ab. Bei Waagen sollte der Nullpunkt immer mit einem Gefäß eingestellt werden, damit man nur die Masse des Inhalts bestimmt. Wenn eine Waage nicht richtig austariert ist, weichen alle Messungen um denselben Betrag ab. Dies nennt man einen systematischen Fehler, der die Genauigkeit der Messungen verringert.

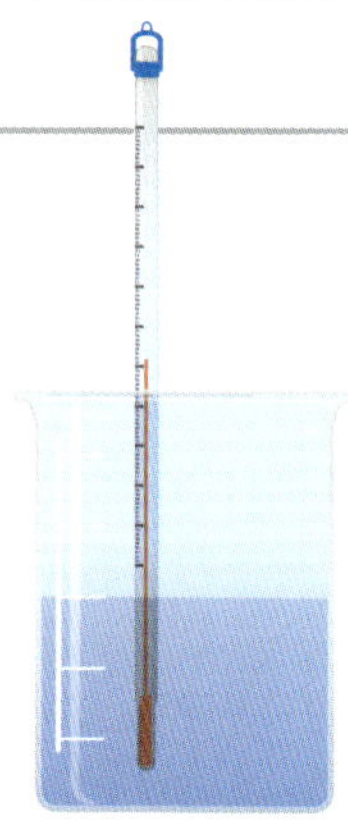

Zufällige Fehler
Zufällige Fehler sind bei jeder Messung unterschiedlich groß. Wenn man z. B. die Wassertemperatur in einem Becherglas misst, könnte das Thermometer bei jedem Eintauchen in einen anderen Wasserbereich einen etwas anderen Wert anzeigen. Dies verringert die Präzision der Messung.

Evaluation

Experimente werden häufig bewertet, um zu entscheiden, ob und wie vertrauenswürdig die Ergebnisse sind. Ein Versuch muss gültig und kontrolliert sein und die Schlussfolgerungen müssen auf qualitativ hochwertigen Daten beruhen. Eine Evaluation könnte auch Vorschläge für eine Verbesserung der Untersuchungsmethode ergeben.

Ist das Experiment gültig?
Ein Experiment ist gültig, wenn man alle diese Fragen mit Ja beantworten kann.

War es kontrolliert?
Wurden alle Variablen außer der unabhängigen Variablen und der abhängigen, die gemessen wurde, konstant gehalten?

Ist es reproduzierbar?
Wenn eine andere Person das Experiment mit anderen Hilfsmitteln durchführt, erhält sie dieselben Ergebnisse?

Ist es wiederholbar?
Wenn dieselbe Person das Experiment mit denselben Hilfsmitteln wiederholt, erhält sie dieselben Ergebnisse?

Wurde die Hypothese überprüft?
Wurde eine Vorhersage aus der Hypothese abgeleitet? War das Experiment zur Überprüfung der Hypothese gut geeignet?

Datenqualität
Gute Daten sind genau und präzise. Man kann die Datenqualität durch Wiederholung eines Experiments beurteilen, doch manchmal reicht es, die Ergebnisse sorgfältig zu betrachten. Die nachfolgenden Diagramme stammen von einem Versuch, bei dem die Verlängerung einer Feder bei verschiedenen angehängten Gewichten gemessen wurde.

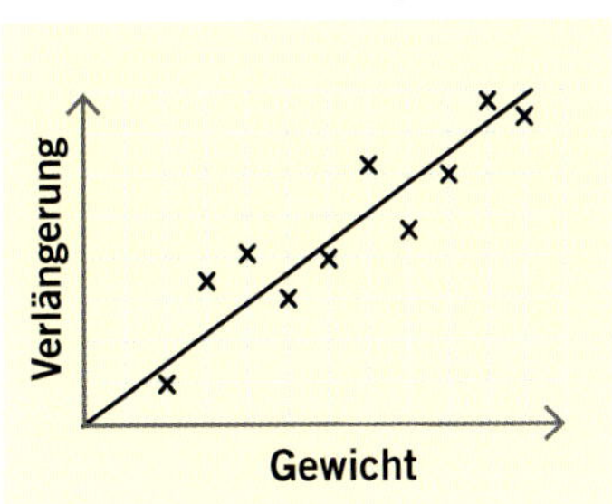

Die Datenpunkte streuen um die Ausgleichsgerade. Die Daten sind nicht präzise.

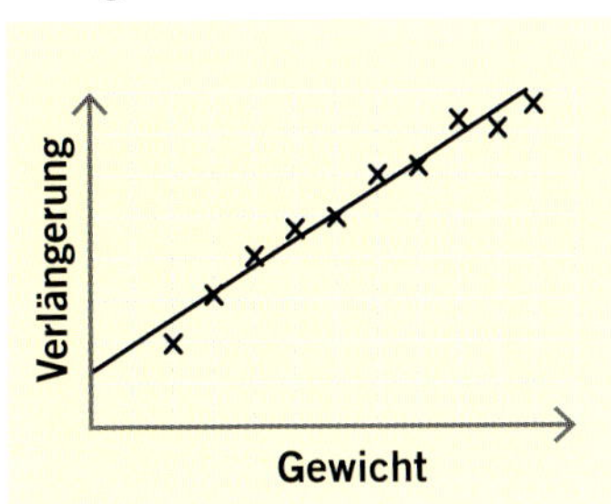

Da die Punkte näher an der Geraden liegen, sind die Daten präzise. Jedoch sollte die Verlängerung ohne Gewicht Null sein und die Gerade durch den Ursprung verlaufen. Ursache für die ungenauen Daten könnte ein systematischer Fehler (s. S. 26) sein.

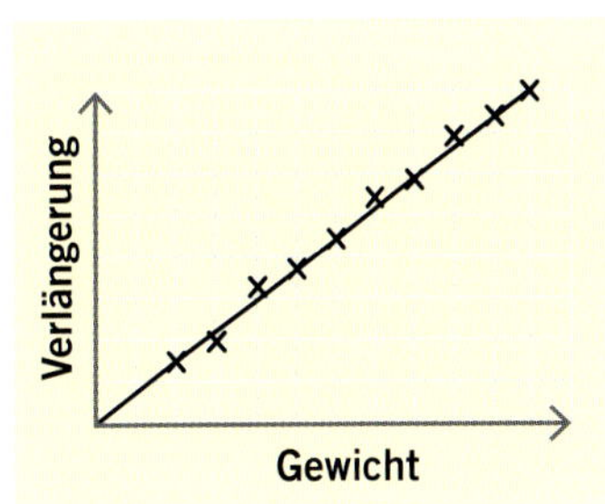

Diese Daten kommen der Ausgleichsgeraden sehr nahe und die Gerade geht wie erwartet durch den Ursprung. Diese Daten sind sowohl genau als auch präzise.

Mathematische Modelle

Mathematische Modelle verwenden Gleichungen, um Abläufe in der Wirklichkeit zu beschreiben. Manchmal kann man mathematische Modelle aus einer Messkurve ableiten. Oder man benutzt Gleichungen, um ein Ergebnis vorherzusagen.

Auf einen Blick

- ✓ **Mathematische Modelle verwenden Gleichungen, um Abläufe in der Wirklichkeit zu beschreiben.**
- ✓ **Mithilfe mathematischer Modelle können Messkurven beschrieben werden.**
- ✓ **Zur Bestimmung bestimmter Größen können Gleichungen umgestellt werden.**

Lineare Gleichungen
Wenn sich aus einer Beziehung zwischen zwei Variablen in einem Diagramm eine Gerade ergibt, nennt man die Beziehung linear. Lineare Beziehungen können durch Gleichungen wie diese beschrieben werden: $y = mx + c$. Dieses Diagramm zeigt beispielsweise die Längenänderung einer Feder bei verschiedenen angehängten Gewichten. Wenn man die ursprüngliche Länge der Feder und die Steigung der Geraden kennt, kann man das Diagramm oder die Gleichung benutzen, um die Federlänge für jedes beliebige Gewicht zu berechnen.

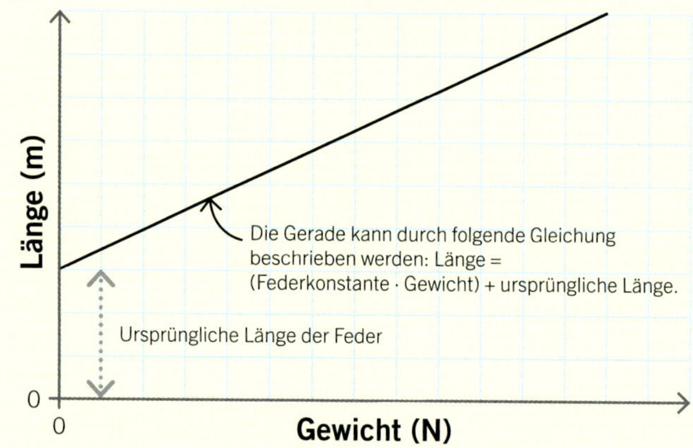

Gleichungen umstellen
Manchmal muss man eine Gleichung umstellen, bevor man eine Berechnung durchführt. Die Gleichung $F = m \cdot a$ gibt an, wie man die Kraft bei bekannter Masse und Beschleunigung berechnet. Doch was, wenn man die Kraft kennt und die Beschleunigung berechnen soll? Dann muss man die Formel nach a auflösen. Dies erreicht man, indem man beide Seiten durch m dividiert. Denk daran, dass man denselben Rechenschritt immer auf beiden Seiten der Gleichung durchführen muss.

$$F = m \cdot a$$

1. $F = m \cdot a$
2. $\frac{F}{m} = \frac{m \cdot a}{m}$ — Dividiere beide Seiten durch m.
3. $\frac{F}{m} = \frac{\cancel{m} \cdot a}{\cancel{m}}$ — Die beiden m können gekürzt werden.
4. $\frac{F}{m} = a$
5. $a = \frac{F}{m}$

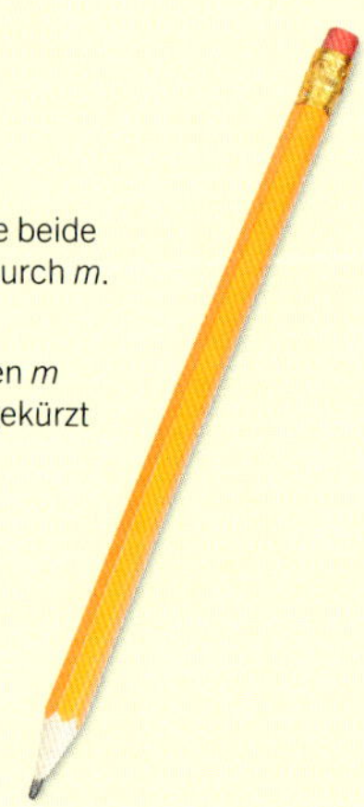

Normdarstellung

Der Saturn ist ca. 1 400 000 000 000 Meter von der Sonne entfernt. Ein Bakterium hat einen Durchmesser von ca. 0,000 001 Metern. Man macht bei Zahlen mit so vielen Nullen leicht Rechenfehler, daher vereinfacht man sie zur sogenannten Normdarstellung. Dabei wird eine lange Zahl als viel kürzere Zahl (von 1 bis 9) mit einer Zehnerpotenz multipliziert. Um die Zehnerpotenz zu bestimmen, zählt man, wie oft das Dezimalkomma verschoben werden muss.

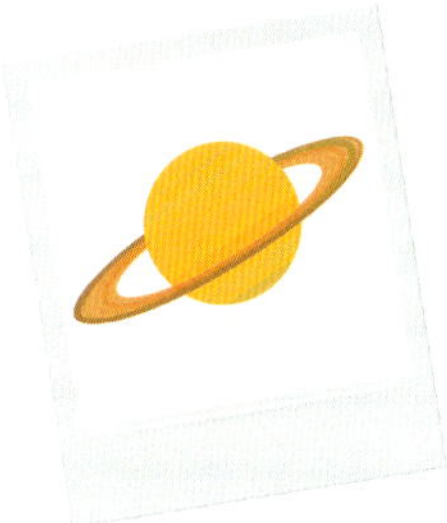

So oft wird das Dezimalkomma verschoben.

12 11 10 9 8 7 6 5 4 3 2 1

$$1\,400\,000\,000\,000\,\mathrm{m} = 1{,}4 \cdot 10^{12}\,\mathrm{m}$$

Der zweite Teil ist eine Zehnerpotenz.

Der erste Teil ist eine Zahl mit nur einer Ziffer vor dem Dezimalkomma.

1 2 3 4 5 6

$$0{,}000\,001\,\mathrm{m} = 1{,}0 \cdot 10^{-6}\,\mathrm{m}$$

Das Minuszeichen zeigt an, dass das Dezimalkomma nach rechts gewandert ist.

Prozentangaben berechnen

Eine Prozentangabe ist die Darstellung einer Zahl als Bruchteil von 100. Um einen beliebigen Bruch in eine Prozentangabe umzurechnen, berechnet man den Bruch mit einem Taschenrechner, multipliziert das Ergebnis mit 100 und fügt ein Prozentzeichen hinzu. Beispiel: Eine 30-Watt-Lampe wandelt 18 Watt Leistung in Licht um und gibt die anderen 12 Watt als Wärme ab. Wie groß ist der Wirkungsgrad in Prozent?

$$\text{Wirkungsgrad (\%)} = \frac{\text{nutzbringende Leistung (W)}}{\text{gesamte zugeführte Leistung (W)}} \cdot 100$$

$$= \frac{18\,\mathrm{W}}{30\,\mathrm{W}} \cdot 100$$

$$= 0{,}6 \cdot 100$$

$$= 60\,\%$$

SI-Einheiten

Wissenschaft ist international. Forscher aus vielen Ländern arbeiten gemeinsam an denselben Problemen. Daher ist es hilfreich, wenn alle dieselben Maßeinheiten benutzen. Auf der ganzen Welt wird das internationale Einheitensystem (SI, frz. *Système International*) verwendet.

Basiseinheiten

Alle SI-Einheiten basieren auf wenigen Basiseinheiten. Die fünf Basiseinheiten, die in diesem Buch verwendet werden, sind in der nachfolgenden Tabelle aufgeführt:

Größe	SI-Basiseinheit	Symbol
Zeit	Sekunde	s
Länge	Meter	m
Masse	Kilogramm	kg
Stromstärke	Ampere	A
Temperatur	Kelvin	K

Ein Temperaturunterschied von 1 K ist genauso groß wie 1 °C, aber die Kelvin- und die Celsiusskala beginnen bei verschiedenen Punkten.

Abgeleitete Einheiten

Die meisten SI-Einheiten sind aus den Basiseinheiten abgeleitet. Beispielsweise basiert die Einheit für die Fläche (m^2) auf dem Meter.

Größe	SI-Einheit
Fläche	Quadratmeter (m^2)
Volumen	Kubikmeter (m^3)
Geschwindigkeit	Meter pro Sekunde (m/s)
Beschleunigung	Meter pro Sekunde im Quadrat (m/s^2)
Frequenz	Hertz (Hz) ← 1 Hz =1 pro Sekunde
Kraft	Newton (N)
Impuls	Kilogramm mal Meter pro Sekunde (kg m/s)
Druck	Pascal (Pa) ← 1 Pa = 1 N/m^2
Energie	Joule (J)
Leistung	Watt (W) ← 1 W = 1 J/s
Ladung	Coulomb (C)
Potenzialdifferenz (Spannung)	Volt (V)
Widerstand	Ohm (Ω)

SI-Präfixe

Meter ist keine vernünftige Einheit für den Durchmesser eines Atoms oder die Entfernung zum Mars. Deshalb stellt man Vorsätze (Präfixe) vor die Basiseinheiten, um größere oder kleinere Einheiten zu bilden.

Präfix	Multipliziert mit	Beispiel
Nano (n)	10^{-9}	1 Nanometer (nm) = 0,000 000 001 m
Mikro (µ)	10^{-6}	1 Mikrosekunde (µs) = 0,000 001 s
Milli (m)	10^{-3}	1 Milligramm (mg) = 0,001 g
Zenti (c)	10^{-2}	1 Zentimeter (cm) = 0,01 m
Kilo (k)	10^{3}	1 Kilogramm (kg) = 1000 g
Mega (M)	10^{6}	1 Megahertz (MHz) = 1 000 000 Hz
Giga (G)	10^{9}	1 Gigawatt (GW) = 1 000 000 000 W
Tera (T)	10^{12}	1 Terawatt (TW) = 1 000 000 000 000 W

Energie

Energie

Energie ist die Fähigkeit, etwas geschehen zu lassen. Sie bewegt unsere Arme und Beine, lädt das Handy, versorgt den Fernseher mit Strom und lässt die Sonne scheinen. Energie liegt in verschiedenen Formen vor und kann zwischen diesen Energieformen umgewandelt werden. Sie kann aber niemals vernichtet werden.

Auf einen Blick

- **Energie kann in vielen verschiedenen Formen vorhanden sein.**
- **Energie kann von einer Energieform in eine anderen umgewandelt werden.**
- **Energie kann nicht vernichtet werden.**
- **Bewegungsenergie heißt auch kinetische Energie.**

Je schneller der Roboter geht, umso größer ist seine kinetische Energie.

Energieformen
Energie kann in verschiedenen Formen vorhanden sein. Die Energie eines Körpers in Bewegung nennt man kinetische Energie. Je schneller sich ein Körper bewegt, umso größer ist seine kinetische Energie.

Licht überträgt Energie von einer Glühbirne auf die Umgebung.

Energieumwandlung
Energie kann von einer Energieform in eine andere überführt werden. Wenn man eine Lampe einschaltet, überträgt die Glühbirne Energie in Form von Licht und Wärme an die Umgebung.

Energie und Nahrung

Unsere Nahrung versorgt unseren Körper mit Energie. Die Energiemenge in Nahrungsmitteln wird in der Einheit Kilojoule gemessen.

Auf einen Blick

- Die wissenschaftliche Einheit für Energie ist Joule (J).
- Die Energie in Lebensmitteln wird oft in Kilojoule (1 kJ = 1000 J) angegeben.
- Der tägliche Energiebedarf einer Person hängt von Alter, Größe und körperlicher Aktivität ab.

Energie in verschiedenen Lebensmitteln
Verschiedene Lebensmittel speichern verschiedene Energiemengen. Manchmal wird diese Energie in Kalorien angegeben, aber die wissenschaftliche Einheit für Energie ist Joule. Da Lebensmittel Tausende Joule enthalten, verwenden wir als Einheit Kilojoule (1 kJ = 1000 J). Die Tabelle zeigt, wie lange man laufen muss, um die Energie in verschiedenen Lebensmitteln zu verbrauchen.

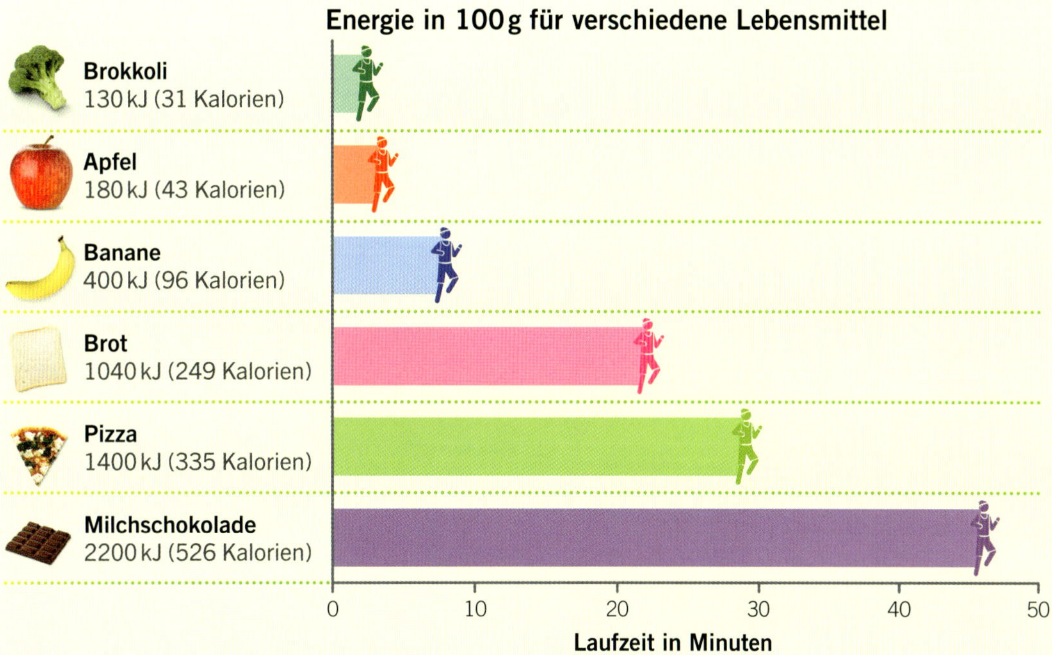

Energie und Bewegung

Ein Erwachsener benötigt täglich im Durchschnitt etwa 10 000 kJ, doch dieser Wert ist bei jedem und an jedem Tag verschieden. Im Allgemeinen braucht jemand umso mehr Energie, je mehr Masse er hat – deshalb brauchen Erwachsene mehr als Kinder. Wie viel Energie der Körper braucht, hängt auch davon ab, wie viel man sich körperlich bewegt.

Spazieren gehen
800–1700 kJ
pro Stunde

Schwimmen
1200–3000 kJ
pro Stunde

Joggen
1900–4000 kJ
pro Stunde

Energieformen

Energie ist in verschiedenen Formen in unterschiedlichen Objekten gespeichert, z. B. als kinetische Energie eines fahrenden Autos oder als Lageenergie eines Turmspringers. Wenn sie die Form ändert, nennt man das Energieumwandlung, und wenn sie von einem Objekt auf ein anderes übergeht, nennt man das Energieübertragung.

Auf einen Blick

- ✓ Energie tritt in verschiedenen Formen auf, darunter thermische Energie, chemische Energie, Lageenergie, kinetische Energie, elastische Energie und Kernenergie.
- ✓ Energie kann von einer Form in eine andere umgewandelt und von einem Objekt auf ein anderes übertragen werden.

Thermische Energie
Wenn Energie in heißen Objekten gespeichert ist, wird dies als Wärmeenergie oder thermische Energie bezeichnet. Erhitzt man Wasser für Tee oder Kaffee, nimmt seine thermische Energie zu.

Kinetische Energie
Ein Körper, der sich bewegt, besitzt kinetische Energie. Je schneller er sich bewegt oder je größer seine Masse ist, umso höher ist seine kinetische Energie.

Chemische Energie
Die Energie, die in chemischen Bindungen gespeichert ist, heißt chemische Energie, z. B. die in Batterien und Lebensmitteln gespeicherte Energie. Spreng- und Brennstoffe speichern große Mengen an chemischer Energie, die bei der Verbrennung zu thermischer Energie wird.

Elastische Energie (potenzielle Energie)
Wenn man ein Gummiband auseinanderzieht oder eine Feder zusammendrückt, speichern sie elastische Energie, bis man sie wieder loslässt. Auch beim Quetschen oder Verdrehen von Körpern wird in ihnen elastische Energie gespeichert.

Kernenergie
Die Energie, die im Inneren von Atomen gespeichert ist, nennt man Kern- oder Atomenergie. Kernreaktoren, Atombomben und die Sonne werden durch diese Form von gespeicherter Energie angetrieben.

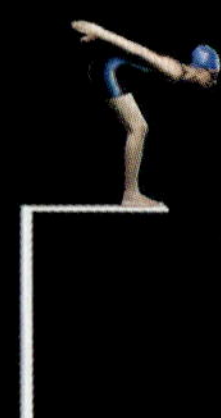

Lageenergie (potenzielle Energie)
Objekte oder Personen, die auf eine erhöhte Position gebracht werden, speichern Lageenergie. Wenn ein Turmspringer herunterspringt, wird seine Lageenergie in kinetische Energie umgewandelt.

Wasserkraft

Wasserkraftwerke nutzen Lageenergie zur Stromerzeugung. Man baut einen Staudamm, der einen Fluss in einem Tal staut. So entsteht ein tiefer künstlicher See. Wasser aus dem See fließt durch Rohre im Damm ins Tal und bringt dabei Turbinen genannte Maschinen dazu, sich zu drehen und Stromgeneratoren anzutreiben. In den Turbinen wird Lageenergie in kinetische Energie und schließlich in elektrische Energie umgewandelt, die unsere Haushalte mit Strom versorgt.

Energieübertragung

Wenn man das Licht anschaltet, Fahrrad fährt, Essen kocht oder überhaupt etwas tut, überträgt man Energie von einen Körper zum anderen und wandelt dabei oft ihre Form um. Alles, was geschieht, beruht auf Energieübertragungen und Energieumwandlungen.

Energieübertragung durch Erhitzen

Beim Erhitzen eines Körpers wird Energie in Form von Wärme auf ihn übertragen. Dadurch wird er entweder wärmer oder ändert seinen Aggregatzustand. Hier wird chemische Energie, die im Brennstoff gespeichert ist, in Wärmeenergie umgewandelt und an das Wasser im Kessel übertragen. Das heiße Wasser kühlt schließlich ab, weil Energie entweicht, doch die Gesamtenergiemenge von Brennstoff, Gaskocher, Kessel, Wasser und Umgebung bleibt konstant. Dies nennt man den Energieerhaltungssatz.

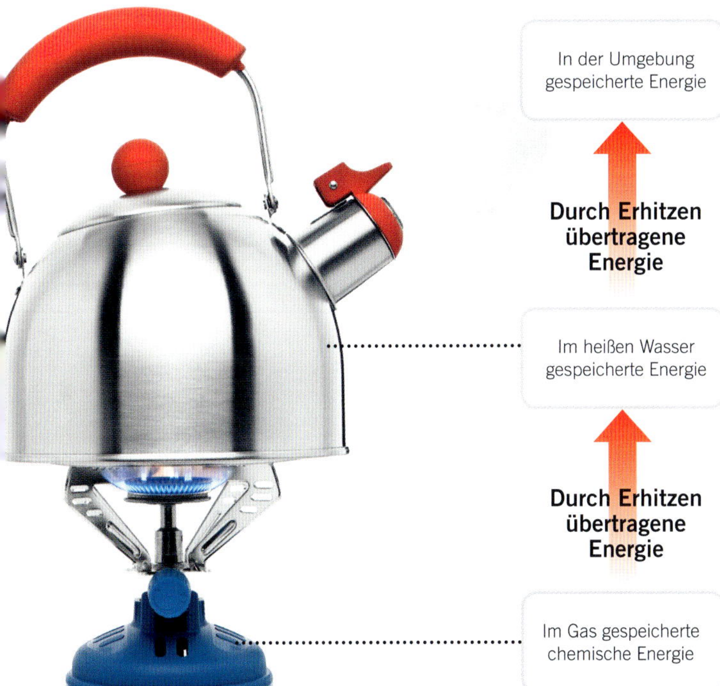

Energiediagramme

Energieübertragungen kann man in einfachen Diagrammen darstellen. Gaskocher, Kessel und Umgebung bilden ein abgeschlossenes System: eine Gruppe von Körpern, die weder Materie noch Energie mit dem Äußeren austauschen.

Auf einen Blick

- ✓ Energie kann von einem Objekt auf ein anderes übertragen werden.
- ✓ Die Gesamtenergiemenge in einem abgeschlossenen System ändert sich durch Energieumwandlung und Energieübertragung nicht. Dies nennt man den Energieerhaltungssatz.
- ✓ Energie kann auf viele Arten übertragen werden: durch Wärme, Kräfte, Elektrizität, Strahlung und Schall.

Energieübertragungsarten

Erhitzen ist nicht der einzige Weg, um Energie zu übertragen. Dies kann auch durch Kräfte, Elektrizität, Strahlung und Schall geschehen.

Durch Kräfte
Wenn eine Kraft auf einen Körper wirkt und ihn dabei z. B. bewegt, überträgt sie auf ihn Energie. Diese Art der übertragenen Energie heißt Arbeit.

Durch Elektrizität
Immer wenn man ein elektrisches Gerät anschaltet, wird durch Elektrizität Energie durch die Kabel übertragen.

Durch Strahlung
Verschiedene Strahlungsarten, z. B. sichtbares Licht, Röntgenstrahlen oder Mikrowellen, übertragen Energie unvorstellbar schnell. Die Erde erhält den Großteil ihrer Energie auf diese Art von der Sonne.

Durch Schall
Wie alle Wellenarten übertragen Schallwellen bei ihrer Ausbreitung Energie. Treffen Schallwellen auf unsere Ohren, wird die Energie auf das Trommelfell übertragen, das dann vibriert.

Erneuerbare Energiequellen

Energiequellen, die nie erschöpft sein werden, nennt man erneuerbare Energiequellen. Sie werden immer häufiger verwendet, da sie viel weniger zum Klimawandel beitragen als fossile Brennstoffe. Alle erneuerbaren Energiequellen haben Vor- und Nachteile.

Auf einen Blick

- ✓ **Energiequellen, die nie versiegen werden, nennt man erneuerbar.**
- ✓ **Erneuerbare Energiequellen tragen viel weniger zum Klimawandel bei als fossile Brennstoffe.**
- ✓ **Zu den erneuerbaren Energiequellen zählen Sonnenenergie, Biokraftstoffe, Wind, Wasserkraft, Gezeiten- und Wellenenergie sowie Erdwärme.**

Sonnenenergie
In einem Solarkraftwerk wird Strom aus Sonnenenergie erzeugt. Bei einem Sonnenwärmekraftwerk sind Spiegel kreisförmig angeordnet und fokussieren das Sonnenlicht auf den Empfänger in der Mitte, wo die Hitze Wasser zum Sieden bringt. Der entstehende Wasserdampf treibt einen Generator an. Elektrischer Strom kann auch direkt in Solarzellen (fotovoltaischen Zellen) erzeugt werden. Solarkraftwerke und Solarzellen funktionieren am besten in sonnigem Klima. Nachts können sie keinen Strom erzeugen.

Biokraftstoffe
In einigen Teilen der Welt fahren Autos häufiger mit Biokraftstoffen als mit Benzin oder Diesel. Biokraftstoffe können aus schnell wachsenden Nutzpflanzen wie Zuckerrohr hergestellt werden. Durch Fermentieren wird der Zucker zu Ethanol umgewandelt, der in Automotoren verbrannt werden kann. Biokraftstoffe tragen zwar weniger zur globalen Erwärmung bei als fossile Brennstoffe, doch ihre Produktion verbraucht Ackerland und führt zur Abholzung tropischer Wälder.

Windenergie
Die Luft in der Erdatmosphäre wird durch die Sonne erwärmt und ist dadurch ständig in Bewegung. Diese kinetische Energie kann von Windrädern eingefangen und zur Stromerzeugung genutzt werden. Um gut zu funktionieren, brauchen Windräder passendes Wetter und müssen sich hoch über dem Land oder dem Meer befinden. Viele Windparks werden im Meer vor der Küste (man sagt auch: „offshore“) gebaut, wo sie die Landschaft nicht beeinträchtigen.

Wasserkraft

Bei Wasserkraftwerken stauen Dämme Flüsse auf, um künstliche Seen zu bilden. Wasser aus dem See fließt durch Rohre zu Turbinen am Fuß des Staudammes. Die Turbinen treiben Generatoren an, die elektrischen Strom erzeugen. Ein Nachteil der Wasserkraft ist, dass der natürliche Lebensraum im Tal verloren geht, wenn es zur Bildung des Sees überflutet wird.

Wellen- und Gezeitenenergie

Wellen- und Gezeitenkraftwerke nutzen die Bewegung des Meerwassers, um im Wasser verlegte Turbinen anzutreiben. Wellenkraftwerke sind bisher noch im Versuchsstadium. Der Bau von Gezeitenkraftwerken ist schwierig und teuer, aber sie können große Mengen an elektrischem Strom zu vorhersehbaren Zeiten produzieren, jedoch nicht gleichmäßig. Von Nachteil ist, dass sie die Gezeitenmuster flussaufwärts verändern können, was der Tier- und Pflanzenwelt dort schadet.

Erdwärme (Geothermie)

Bei einem Erdwärmekraftwerk wird kaltes Wasser tief unter die Erde gepumpt, wo es durch die Energie des Erdinneren erhitzt wird und verdampft. Der Wasserdampf treibt dann Stromgeneratoren an. Erdwärmekraftwerke verschmutzen die Umwelt kaum, funktionieren jedoch am besten in vulkanisch aktiven Gebieten.

Kraftwerke

Die meisten Kraftwerke verwenden dieselbe Methode zur Stromerzeugung. Energie aus Brennstoffen oder von der Sonne erzeugt aus Wasser Wasserdampf, der durch Rohre geleitet wird und Laufräder dreht, die man Turbinen nennt. Die Turbinen treiben Generatoren an, die elektrischen Strom erzeugen. In Windparks, Wasserkraftwerken und Gezeiten- oder Wellenkraftwerken versetzen strömendes Wasser oder Luft die Turbinen direkt in Rotation.

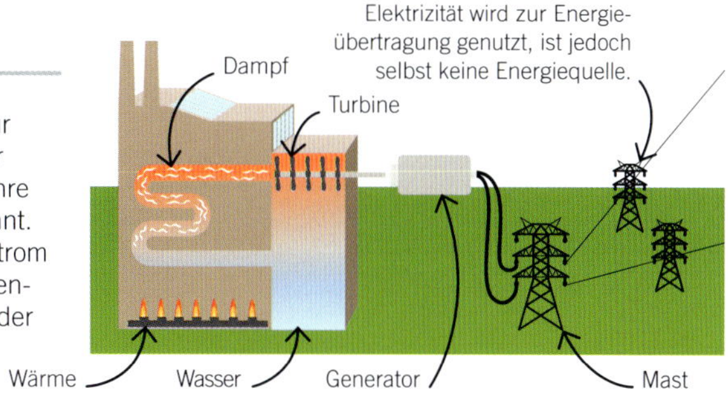

Endliche Energie

In der modernen Welt verbrauchen wir viel Energie für alles Mögliche: von Autos und Flugzeugen bis zu den Geräten im Haushalt. Unsere Energie kommt vor allem von endlichen Ressourcen (die irgendwann versiegen werden), wie z. B. fossilen Brennstoffen.

Auf einen Blick

- ✓ Endliche Energie stammt von Energieressourcen, die irgendwann erschöpft sind.
- ✓ Unsere Energie kommt vor allem von endlichen Quellen.
- ✓ Das Verbrennen fossiler Brennstoffe verschmutzt die Atmosphäre und verursacht den Klimawandel.

Fossile Brennstoffe

Fossile Brennstoffe entstanden aus den Überresten von Pflanzen und Algen, die vor langer Zeit lebten. Diese Organismen wandelten Millionen Jahre lang Energie aus Sonnenlicht in gespeicherte chemische Energie um. Diese Brennstoffe sind sehr nützlich, da eine kleine Menge davon eine große Menge Energie speichert. Das Verbrennen fossiler Brennstoffe erzeugt jedoch das Treibhausgas Kohlenstoffdioxid und ist damit die Hauptursache für den Klimawandel.

Erdöl
Erdöl kommt von winzigen versteinerten Meereslebewesen. Man gewinnt Rohöl aus unterirdischen Quellen und stellt daraus Benzin, Diesel und Kerosin (ein flüssiger Treibstoff für Flugzeugtriebwerke) her. Diese Treibstoffe können leicht gelagert, transportiert, in Tanks gefüllt und in Motoren verbrannt werden.

Kohle
Dieser feste Brennstoff entstand aus den versteinerten Überresten von Bäumen und anderen Pflanzen. Kohle wird in Kraftwerken verbrannt und erzeugt einen großen Teil des elektrischen Stroms auf der Welt. Wenn Kohle verbrennt, entsteht außer Kohlenstoffdioxid auch der Schadstoff Schwefeldioxid, der sauren Regen verursacht.

Erdgas
Erdgas wird in Kraftwerken zur Stromerzeugung und in Haushalten zum Heizen oder Kochen verbrannt. Erdgas gibt etwa doppelt so viel Energie pro Kilogramm ab wie Kohle, d. h. es setzt beim Verbrennen nur halb so viel Kohlenstoffdioxid frei und verursacht so weniger Umweltverschmutzung.

Kernenergie

Kernkraftwerke benutzen die Energie, die in den Atomkernen von radioaktiven Elementen (z. B. Uran) gespeichert ist. Kernbrennstoffe sind endlich, aber sie speichern riesige Mengen Energie und setzen keine Treibhausgase wie Kohlenstoffdioxid frei. Nachteile von Kernkraft sind die Erzeugung von radioaktiven Abfällen, die für Tausende von Jahren gefährlich bleiben und tief unter der Erde gelagert werden müssen, und die Gefahr einer großflächigen atomaren Umweltverseuchung bei einem Atomunfall.

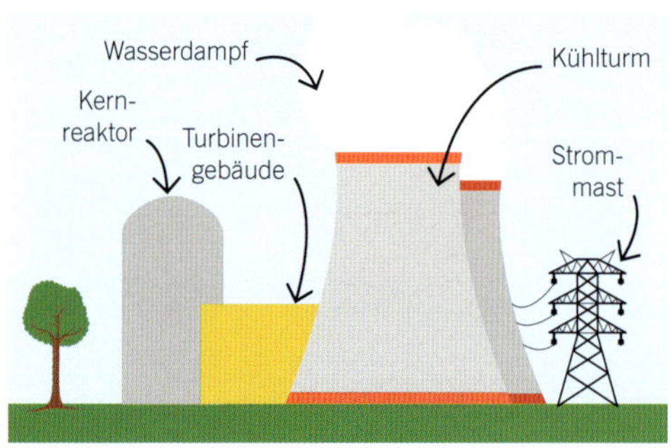

Klimawandel

Ein großer Teil der Energie, die wir verbrauchen, stammt von fossilen Brennstoffen, die beim Verbrennen Kohlenstoffdioxidgas (CO_2) abgeben. CO_2 ist ein Treibhausgas – es hält Wärme in der Erdatmosphäre zurück. Mit dem Anstieg des CO_2-Gehalts in der Atmosphäre verändert sich das Klima der Erde.

Auf einen Blick

- Durch den Verbrauch fossiler Brennstoffe als Energiequellen wird Kohlenstoffdioxid (CO_2) in der Atmosphäre freigesetzt.
- Der steigende Gehalt von CO_2 und anderen Treibhausgasen in der Luft verursacht den Treibhauseffekt und damit den Klimawandel.

Der Treibhauseffekt

Die Hauptursache des Klimawandels ist die Verschmutzung der Atmosphäre mit Treibhausgasen, wie z. B. CO_2 aus fossilen Brennstoffen und Methan aus der Landwirtschaft. Diese Gase nehmen Wärme auf, die von der Erdoberfläche abgestrahlt wird, und strahlen wiederum etwas Wärme zur Erdoberfläche zurück: Ähnlich wie das Glas im Treibhaus verringern sie so das Entweichen der Wärme ins All. Ganz ohne Treibhauseffekt wäre die Erde zu kalt für die meisten Lebewesen. Doch durch die menschliche Aktivität wird dieser Effekt zu stark.

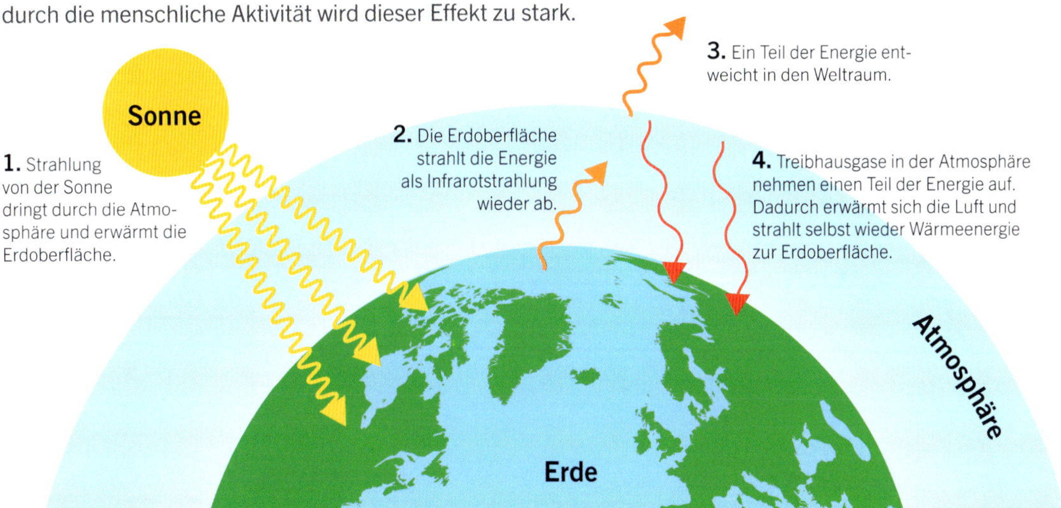

CO_2 in der Atmosphäre

Messungen zeigen, dass der CO_2-Gehalt der Atmosphäre zurzeit steil ansteigt. Man kann auch den CO_2-Gehalt aus der fernen Vergangenheit messen. Dazu untersucht man Luftblasen, die in uralten Eisschichten eingeschlossen sind. Dabei stellt sich heraus, dass der CO_2-Gehalt bis vor ca. 200 Jahren stabil war, als der Verbrauch fossiler Brennstoffe rasch zu steigen begann.

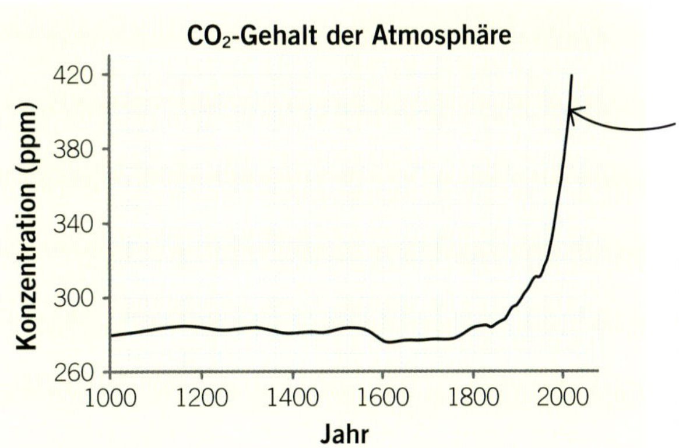

Den CO_2-Gehalt misst man in ppm (engl. *parts per million*), der Zahl der Teilchen pro Million Luftteilchen (1 ppm = 0,0001 %)

Energienutzung

Unser Energieverbrauch – besonders von fossilen Brennstoffen – hat in den letzten 200 Jahren dramatisch zugenommen. Da fossile Brennstoffe endlich und umweltschädlich sind, versuchen viele Länder nun, ihren Verbrauch an erneuerbaren Energien zu erhöhen.

Auf einen Blick

- Der Verbrauch fossiler Brennstoffe ist in den letzten 200 Jahren drastisch gestiegen.
- Die Nutzung fossiler Brennstoffe ist eine der Ursachen für den Klimawandel.
- Viele Länder versuchen, weniger fossile Brennstoffe zu verbrauchen und mehr erneuerbare Energien zu nutzen.

Energieverbrauch

Das Diagramm zeigt, wie sich der Verbrauch verschiedener Energieträger seit dem Jahr 1800, als die Industrialisierung der Welt begann, erhöht hat. Die gestiegene Nutzung fossiler Brennstoffe hat zu einem Anstieg des Kohlendioxidgehalts der Atmosphäre geführt – der Hauptursache des Klimawandels.

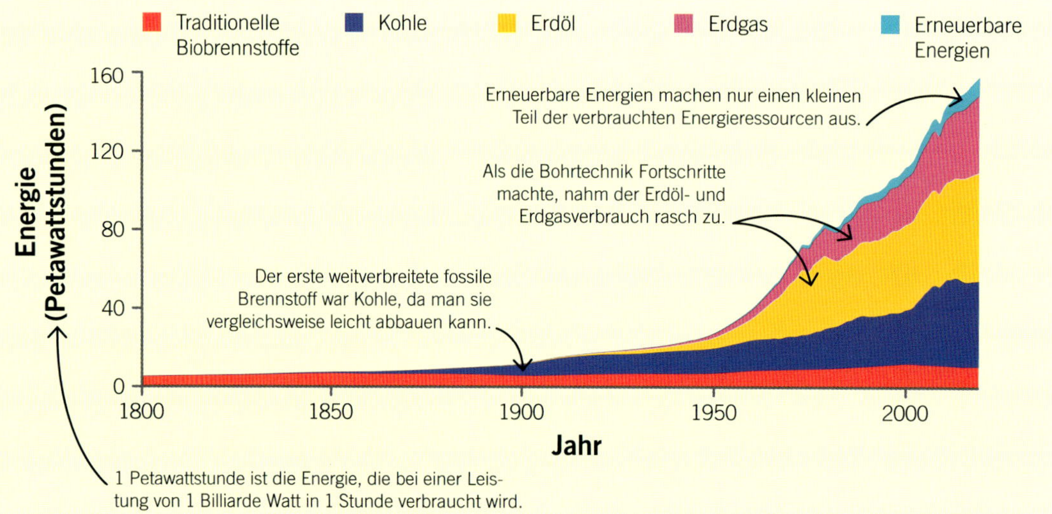

CO_2-Abscheidung und -Speicherung

Die Hauptursache für den Klimawandel ist das Kohlenstoffdioxid, das beim Verbrennen fossiler Brennstoffe frei wird. Eine Idee, diese Emissionen zu verringern, ist die CO_2-Abscheidung und -Speicherung. Dabei lässt man CO_2 in den Abgasen von Kraftwerken mit Chemikalien reagieren, die Amine genannt werden. Es entsteht eine Flüssigkeit, die unterirdisch gespeichert werden kann. So könnten Kraftwerke ihre Emissionen um 90 % senken, aber der elektrische Strom würde dadurch teurer.

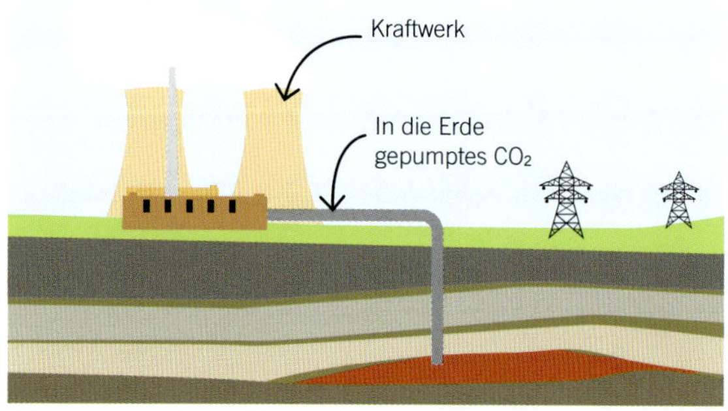

Energieeffizienz

Wenn man eine Lampe anschaltet, wird nicht die gesamte Energie als Licht ausgestrahlt, sondern ein Teil heizt die Luft auf. Das ist Energieverschwendung. Ein energieeffizientes Gerät verschwendet nur einen kleinen Anteil der Energie, die es überträgt.

Auf einen Blick

- Bei einem energieeffizienten Gerät geht nur ein geringer Prozentsatz der Energie, die es nutzbringend überträgt, verloren.
- Sankey-Diagramme stellen die Energieeffizienz dar.
- Mithilfe energieeffizienter Geräte können wir unseren Energieverbrauch senken.

Sankey-Diagramme
Mit einem Sankey-Diagramm kann man die Energieeffizienz eines Geräts darstellen. Die Diagramme hier zeigen, dass altmodische Glühfadenlampen eine sehr geringe Energieeffizienz haben, da der größte Teil der Energie als Wärme an die Umgebung abgegeben wird. Im Gegensatz dazu wandelt eine LED-Lampe den Großteil ihrer elektrischen Energie in Licht um und nur ein kleiner Teil geht als Wärme verloren.

Die Breite des Pfeils stellt die übertragene Energiemenge dar.

Glühfadenlampe

Dieser dünne Pfeil zeigt, dass nur eine kleine Energiemenge in Licht umgewandelt wird.

Der große Pfeil zeigt, dass die meiste Energie als Wärme verloren geht.

Der Großteil der Energie, die einer LED-Lampe zugeführt wird, wird in Licht umgewandelt.

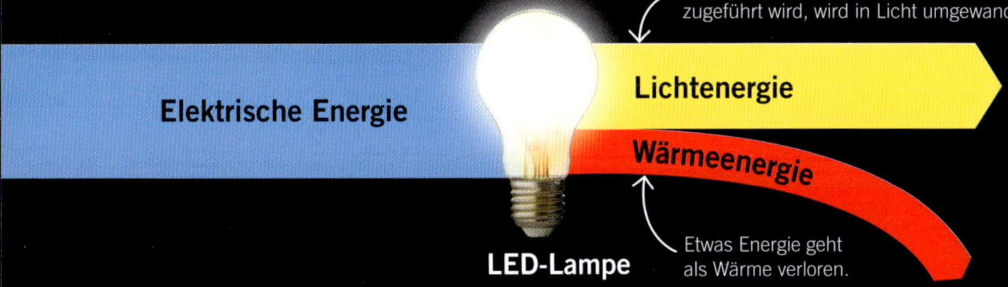

Etwas Energie geht als Wärme verloren.

LED-Lampe

Die Gesamtenergiemenge, die von der Lampe abgegeben wird, ist genauso groß wie die Energiemenge, die ihr zugeführt wird.

Energieeffizienz verbessern

Alle Maschinen und Geräte verschwenden Energie, die schließlich als Wärme in die Umgebung entweicht. Bei Fahrrädern geht z. B. Energie durch Reibung der beweglichen Teile verloren. Dies kann man verringern, indem man die Kette und andere bewegliche Teile regelmäßig schmiert. Wenn wir zu Hause energieeffiziente Elektrogeräte benutzen, verschwenden wir weniger Energie und reduzieren so unseren Verbrauch an fossilen Brennstoffen. Und das ist gut für die Umwelt.

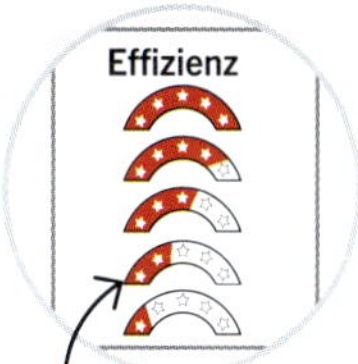

Viele Haushaltsgeräte haben Energielabels, die den Menschen beim Auswählen der effizientesten Produkte helfen.

Wärmeübertragung

Warum werden heiße Getränke kalt? Gespeicherte thermische Energie (Wärme) bleibt nie an einem Ort – sie geht immer von heißen auf kältere Objekte über. Dies kann auf unterschiedliche Art geschehen.

Auf einen Blick

- ✓ **Wärme wird immer von heißen auf kältere Objekte übertragen, bis alle dieselbe Temperatur haben (thermisches Gleichgewicht).**
- ✓ **Thermische Energie wird auf drei Arten übertragen: durch Wärmeleitung, Konvektion und Strahlung.**

Wasser erhitzen

Wenn Wasser mit einer Gasflamme erhitzt wird, wird Energie auf drei Arten übertragen: durch Wärmeleitung, Konvektion und Strahlung.

Thermisches Gleichgewicht

Wenn man ein heißes Getränk stehen lässt, kühlt es ab, bis es dieselbe Temperatur wie die Umgebung hat. Genauso erwärmt sich ein kaltes Getränk. Der Grund dafür ist, dass Energie ständig von heißeren auf kältere Objekte übertragen wird, bis alle dieselbe Temperatur haben. Dann sagt man, dass sie im thermischen Gleichgewicht sind.

Strahlung

Wenn man seine Hand nahe an eine heiße Teekanne hält, spürt man, wie die Haut warm wird. Denn die Haut kann etwas wahrnehmen, das die Augen nicht sehen können: Infrarotstrahlung. Jeder Körper emittiert Infrarotstrahlung, doch je heißer ein Körper ist, umso mehr Strahlung sendet er aus.

Auf einen Blick

- ✓ Heißere Körper emittieren mehr Infrarotstrahlung als kältere Körper.
- ✓ Wenn Infrarotstrahlung auf einen Körper trifft, überträgt sie ihre Energie auf ihn und die in ihm gespeicherte Wärmeenergie nimmt zu.
- ✓ Matte schwarze Oberflächen können Infrarotstrahlung besser absorbieren und emittieren als glänzende oder weiße Oberflächen.

Wärmebilder

Obwohl Infrarotstrahlung für unsere Augen unsichtbar ist, können Wärmebildkameras sie erkennen. Dieses Wärmebild zeigt die Strahlung, die von heißem Tee in einer Tasse und einer Kanne ausgestrahlt wird. Infrarotstrahlung ist wie sichtbares Licht eine Form elektromagnetischer Strahlung und kann sich im Weltraum fortbewegen. Wenn sie auf einen Körper trifft, wird ein Teil der Strahlung absorbiert und überträgt Energie auf den Körper, der dadurch wärmer wird. Man kann diese Wärme auf der Haut spüren, wenn man die Hand in die Nähe einer heißen Tasse hält, ohne sie zu berühren.

Absorbieren und reflektieren

Die Energiemenge, die ein Körper an Infrarotstrahlung absorbiert, hängt von der Farbe und der Beschaffenheit seiner Oberfläche ab. Matte (nicht glänzende) und schwarze Oberflächen können Infrarotstrahlung gut absorbieren und abstrahlen. Weiße oder glänzende Oberflächen dagegen reflektieren Strahlung, sodass sie relativ wenig Wärmeenergie absorbieren.

Schwarz absorbiert und emittiert Infrarotstrahlung gut.

Weiß reflektiert Infrarotstrahlung gut.

Strahlung untersuchen

Mit diesem Versuch kann man die Geschwindigkeiten vergleichen, mit denen schwarze, weiße und glänzende Oberflächen Infrarotstrahlung absorbieren. Man kann denselben Versuchsaufbau verwenden, um zu untersuchen, wie unterschiedliche Oberflächen Strahlung emittieren.

Strahlungsabsorption
Infrarotstrahlung von der Sonne überträgt Energie auf die Dosen und erhitzt das Wasser darin. Matte schwarze Oberflächen absorbieren Infrarotstrahlung stärker als weiße oder glänzende Oberflächen, sodass sich das Wasser in der schwarzen Dose am schnellsten erhitzen sollte.

Durchführung

1. Leere und spüle drei Getränke- oder Konservendosen aus. Streiche eine Dose matt schwarz an, eine weiß und die dritte silberglänzend. Die Farbe der Dose ist die unabhängige Variable in diesem Versuch.
2. Fülle dieselbe Menge kaltes Wasser in die Dosen. Stelle ein Thermometer hinein und schließe die Öffnung mit etwas Watte, um den Wärmeverlust zu verringern.
3. Stelle die Dosen an einem sonnigen Tag nach draußen. Die Wassermenge in den Dosen und die Wärmemenge, die sie von der Sonne erhalten, sind beides Kontrollvariablen.
4. Notiere die Temperatur des Wassers in jeder Dose. Die Temperatur ist die abhängige Variable in diesem Versuch.
5. Lasse die Dosen 90 min in der Sonne stehen und protokolliere die Wassertemperatur alle 10 min.

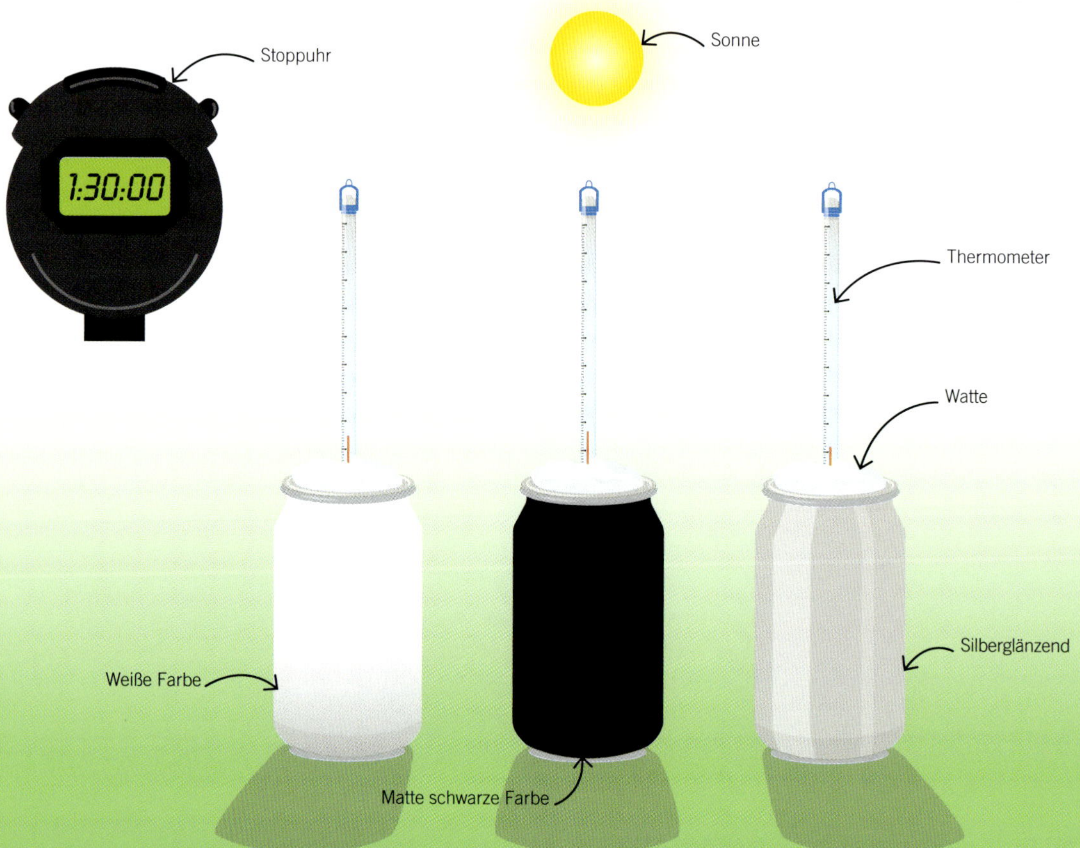

Ergebnisse

Trage die Messwerte in eine Tabelle ein und zeichne die Ergebnisse in ein Diagramm. Die Messkurven zeigen, dass die Temperatur in allen drei Dosen schnell angestiegen ist, aber in der schwarzen Dose am schnellsten und höchsten. Die silberfarbene und die weiße Dose zeigen ähnliche Ergebnisse.

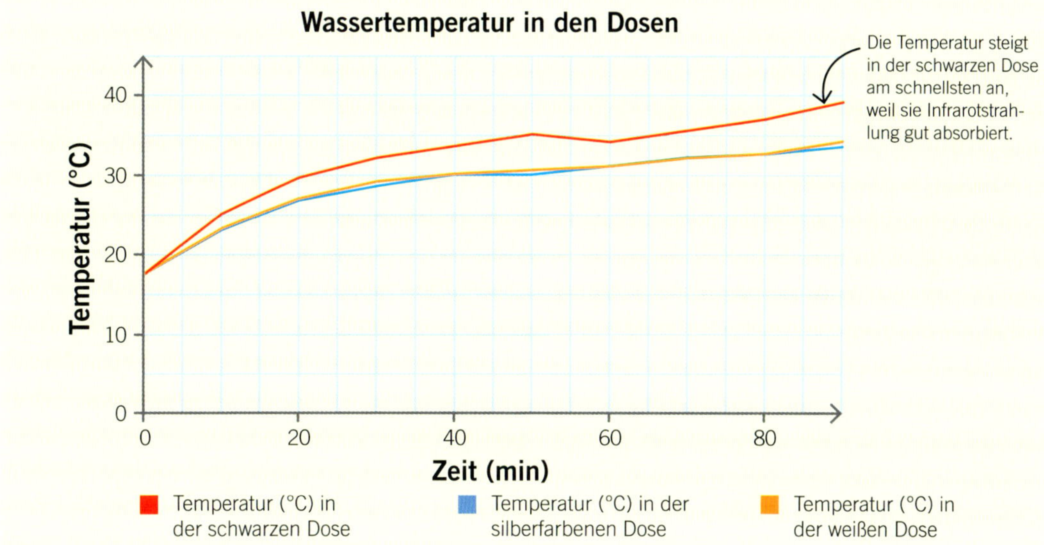

Schlussfolgerung

Die schwarze Dose hat mehr Strahlung absorbiert als die weiße und die silberfarbene Dose. Der einzige Unterschied zwischen den Dosen war die Farbe, d. h. Schwarz absorbiert Strahlung leichter als Weiß oder Silber. Die Temperatur des Wassers ist nicht kontinuierlich angestiegen. Der Grund hierfür könnte ein Luftzug oder eine Wolke vor der Sonne gewesen sein. Die Temperatur und die Strahlung, die auf die Dosen trifft, könnten im Haus besser kontrolliert werden, mit einer Wärmelampe anstatt der Sonne.

Strahlungsemission

Zur Untersuchung, wie heiße Körper durch Strahlung Energie an die Umgebung abgeben, kann man denselben Versuchsaufbau verwenden. Dieser Versuch läuft viel schneller ab, sodass man immer nur eine Dose verwenden sollte. Fülle genau 300 ml 50 °C heißes Wasser in die erste Dose, stelle ein Thermometer hinein und gib etwas Watte darum. Warte ab, bis die Temperatur 45 °C erreicht hat und protokolliere die Temperatur 10 min lang alle 30 s. Wiederhole den Versuch mit den beiden anderen Dosen. Achte darauf, dass sich die Raumtemperatur nicht verändert und stelle die Ergebnisse in einem Diagramm dar.

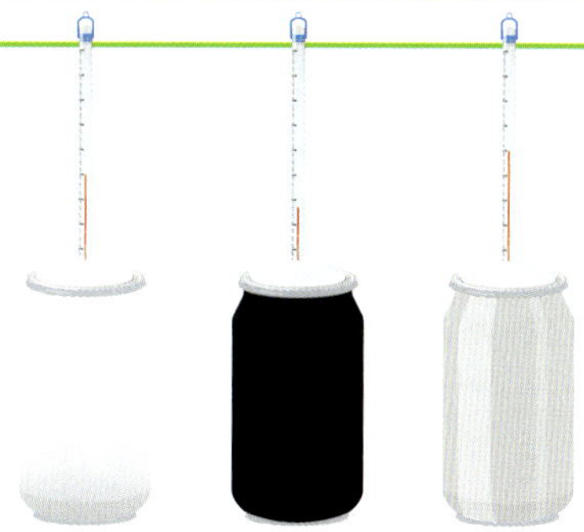

Wärmeleitung

Körper aus Metall fühlen sich bei Berührung oft kalt an, weil Metalle Energie gut von unserem Körper wegführen. Die Ausbreitung thermischer Energie bei direktem Kontakt wird Wärmeleitung genannt.

Auf einen Blick

- ✓ Wärmeleitung ist die Übertragung von Wärmeenergie durch direktem Kontakt oder innerhalb eines Körpers.
- ✓ Metalle sind gute Wärmeleiter, weil die Teilchen in einem Gitter sitzen und Elektronen frei beweglich sind.
- ✓ Stoffe, die Wärme schlecht leiten, nennt man Dämmstoffe oder Wärmeisolatoren.

Wärmeleitung in Metallen

Wenn eine Metallstange erhitzt wird, lässt die zusätzliche Energie die Teilchen stärker schwingen. Da die Teilchen in Metallen in einem festen Gitter angeordnet sind, breiten sich Schwingungen von den Teilchen zu den Nachbarn aus. Die dabei übertragene kinetische Energie bewirkt, dass sich Wärme durch den Körper ausbreitet. Metalle leiten Wärme auch deshalb so gut, weil sich einige ihrer Elektronen frei bewegen können, wodurch ebenfalls kinetische Energie übertragen wird.

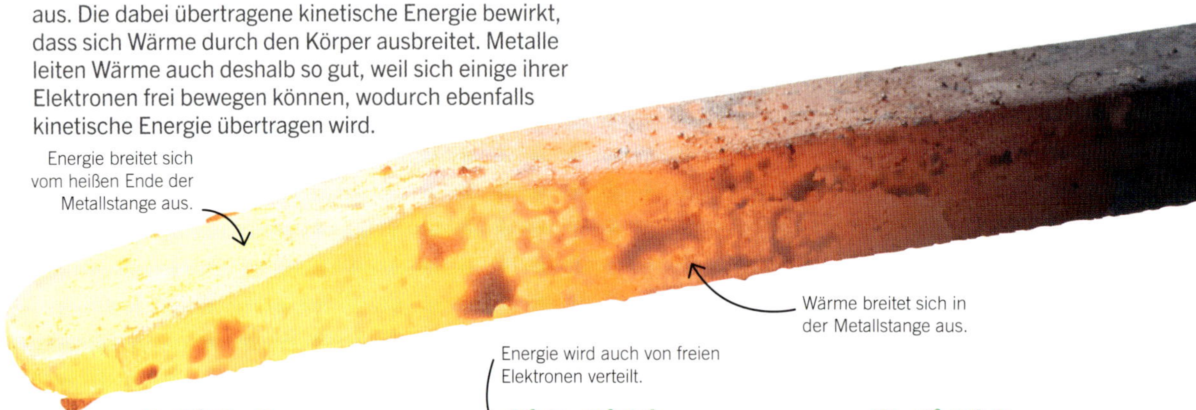

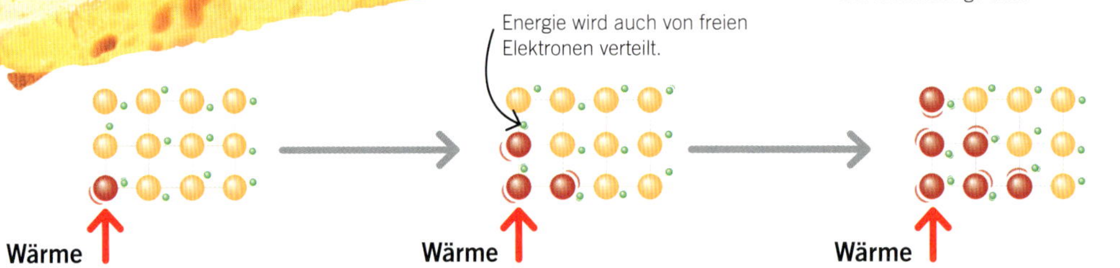

1. Erhitzen überträgt Energie auf die Teilchen und erhöht dabei ihre kinetische Energie.

2. Die Teilchen schwingen und bringen die Nachbarteilchen ebenfalls zum Schwingen.

3. Energie breitet sich weiter durch die Metallstange aus.

Wärmeleiter und Dämmstoffe

Festkörper, die dicht und kristallin sind, wie z. B. Metalle, sind gute Wärmeleiter, da die Teilchen dicht gepackt sind und fest in einem Gitter sitzen. Dadurch können sie Energie leicht an ihre Nachbarn übertragen. Luft ist dagegen ein sehr schlechter Wärmeleiter, da die Teilchen weit voneinander entfernt sind. Körper, in denen viel Luft eingeschlossen ist, z. B. Wollpullover oder Styroporbecher, sind ebenfalls schlechte Wärmeleiter. Man nennt sie Dämmstoffe und verwendet sie, um die Übertragung von thermischer Energie zu verlangsamen. Einer der besten Dämmstoffe ist Aerogel, das auf Silicium basiert und zu mehr als 99 % aus Luft besteht.

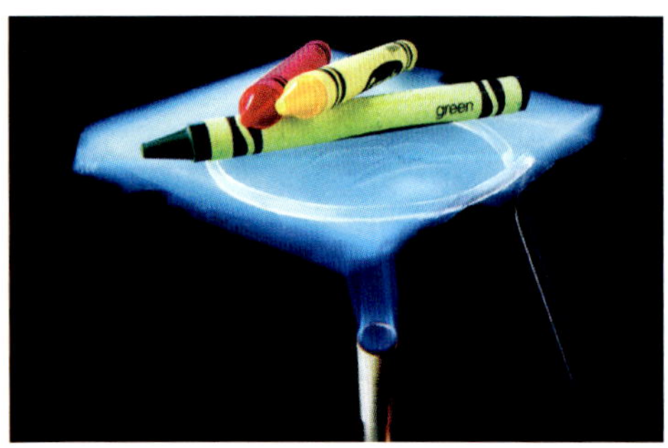

Aerogel hält die Hitze einer Flamme ab.

Dämmstoffe untersuchen

Manche Stoffe, wie z. B. Metalle, leiten thermische Energie gut. Andere Stoffe sind schlechte Wärmeleiter (gute Dämmstoffe). Diese Stoffe werden verwendet, um die von einem heißen Körper auf seine Umgebung übertragene Energie zu verringern oder um etwas kühl zu halten, indem man die Übertragung von Energie darauf verringert.

Durchführung

1. Baue die Versuchsapparatur wie auf dem Bild unten auf. Alle Bechergläser müssen gleich groß sein und die Dicke der Dämmung sollte, wenn möglich, ebenfalls gleich sein.
2. Wenn alles vorbereitet ist, fülle aus einem Wasserkessel dasselbe Volumen heißes Wasser in jedes Becherglas. Stelle die Thermometer hinein und starte die Stoppuhr.
3. Schreibe die Anfangstemperaturen und dann 10 min lang einmal pro Minute die Temperaturen in allen Bechergläsern auf.

Wärmedämmung untersuchen
Man kann die isolierenden Eigenschaften verschiedener Stoffe untersuchen, indem man sie zum Dämmen von Bechergläsern mit heißem Wasser benutzt. Der beste Dämmstoff ist der, der das Wasser am längsten warm hält. Man muss zudem messen, wie schnell die Temperatur ohne Dämmung fällt.

Aufsicht durch Lehrkraft erforderlich

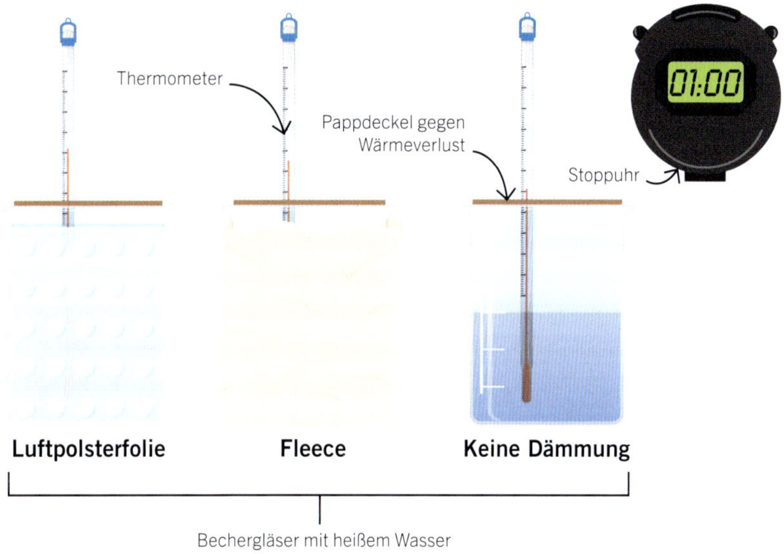

Ergebnisse

Trage die Messwerte für alle drei Bechergläser in dasselbe Diagramm ein. Zeichne für jedes Becherglas eine glatte Kurve durch die Messpunkte. Die Kurven sollten ergeben, dass das Wasser sowohl mit der Luftpolsterfolie als auch mit dem Fleecestoff wärmer geblieben ist als ohne Wärmedämmung und dass die Luftpolsterfolie das Wasser am besten warmgehalten hat. Diese Untersuchung wäre einfacher gewesen, wenn wir nur die Anfangs- und die Endtemperatur notiert hätten. Hätten wir dann aber wie bei diesem Diagramm einen Wert falsch abgelesen, hätten wir vielleicht die falsche Schlussforderung gezogen, dass Luftpolsterfolie und Fleece gleich gut Wärme dämmen.

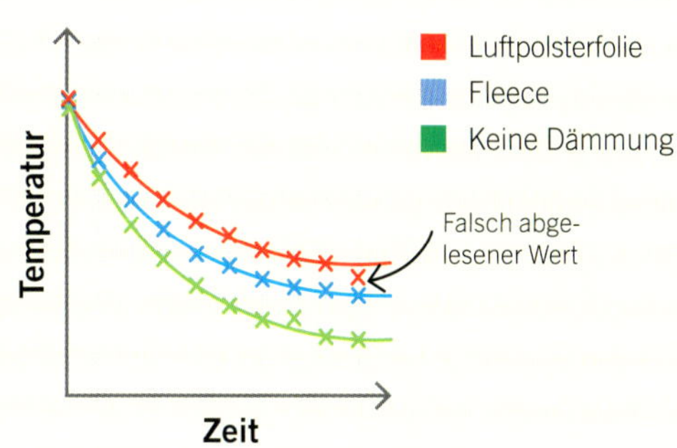

Konvektion

Konvektion ist die Übertragung thermischer Energie durch Ströme, die sich in einem Fluid (einer Flüssigkeit oder einem Gas) bewegen. Wenn ein Luft- oder Wasserbereich erhitzt wird, wird er weniger dicht als das umgebende Fluid und steigt auf. Dadurch entsteht ein Konvektionsstrom.

Auf einen Blick

- ✓ Konvektion ist Wärmeübertragung durch Strömungen in einem Fluid.
- ✓ Konvektion tritt auf, weil beim Erhitzen ein Teil des Fluids weniger dicht als das umgebende Fluid wird.
- ✓ Thermik besteht aus aufsteigenden warmen Luftsäulen, die durch Konvektion entstehen.

Konvektion in Wasser

Man kann zusehen, wie Konvektion abläuft, wenn man vor dem Erhitzen einen Farbstoff ins Wasser gibt. Beim hier gezeigten Versuch wird die Farbe auf den Boden des Becherglases gegeben und löst sich allmählich auf. Wird das Wasser über der Flamme erhitzt, wird es weniger dicht als das umgebende Wasser und steigt auf.

Wie Heizkörper funktionieren

Bei modernen Zentralheizungen wird Konvektion zum Heizen der Luft in Häusern verwendet. Heißes Wasser in Heizkörpern überträgt Energie auf die Luft, die sich erwärmt und weniger dicht wird. Die warme Luft steigt hoch und wird durch kühlere ersetzt. Schließlich kühlt sich die warme Luft ab und sinkt wieder ab. So schließt sich der Kreislauf. Diese Luftzirkulation ist ein Konvektionsstrom.

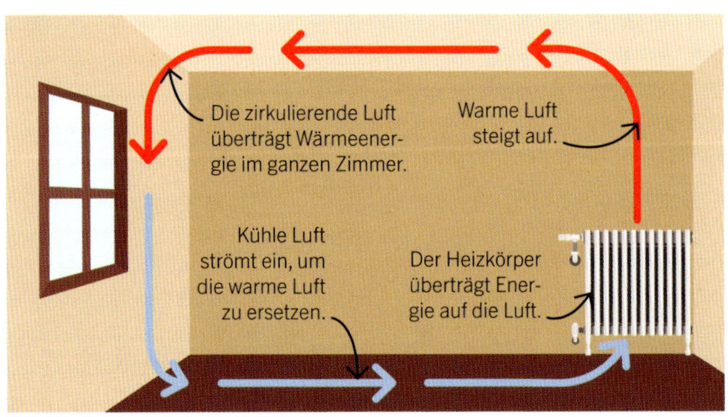

Wie Thermik funktioniert

Straßen, Gebäude und Flächen mit dunklem Untergrund (z. B. gepflügte Felder) heizen sich schneller in der Sonne auf als Vegetationsflächen. Sie übertragen Energie an die darüberliegende Luft und erzeugen so Säulen aus warmer Luft, die man Thermik nennt und die oft von flauschigen weißen Kumuluswolken gekrönt werden. Gleitsegler können lange Zeit in der Luft bleiben, wenn sie sich in einer Luftsäule hochschrauben und dann den Wolken folgen, um eine andere Säule zu finden.

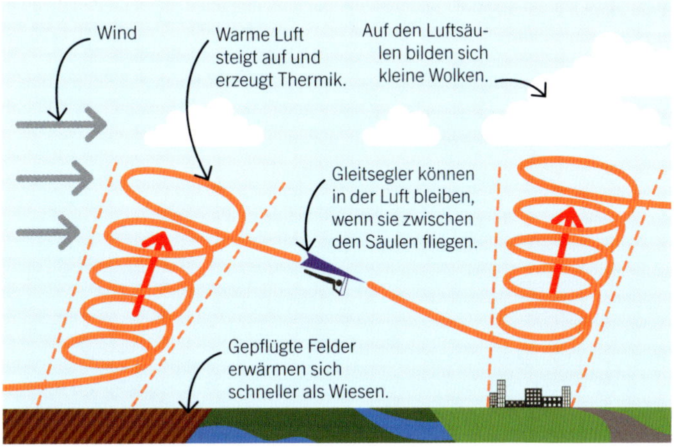

Thermik
Dieser Hängegleiter braucht keinen Motor, um in der Luft zu bleiben. Er bekommt genügend Auftrieb durch die Thermik – Konvektionsströme, die vom sonnengewärmten Boden aufsteigen.

Energieübertragung vermindern

Ein Haus zu heizen, kann teuer sein. Deshalb werden moderne Gebäude so geplant, dass die Energieübertragung an die Umgebung möglichst gering wird. Gebäude mit guter Wärmedämmung verringern zusätzlich unseren Bedarf an fossilen Brennstoffen zum Heizen.

Häuser dämmen

Häuser können durch Wärmeleitung, Konvektion und Strahlung Wärme an die Umwelt übertragen, sodass Planer moderner Gebäude versuchen, alle drei zu reduzieren. Mit einer guten Wärmedämmung bleiben Häuser nicht nur warm im Winter, sondern auch kühler im Sommer und damit behaglicher.

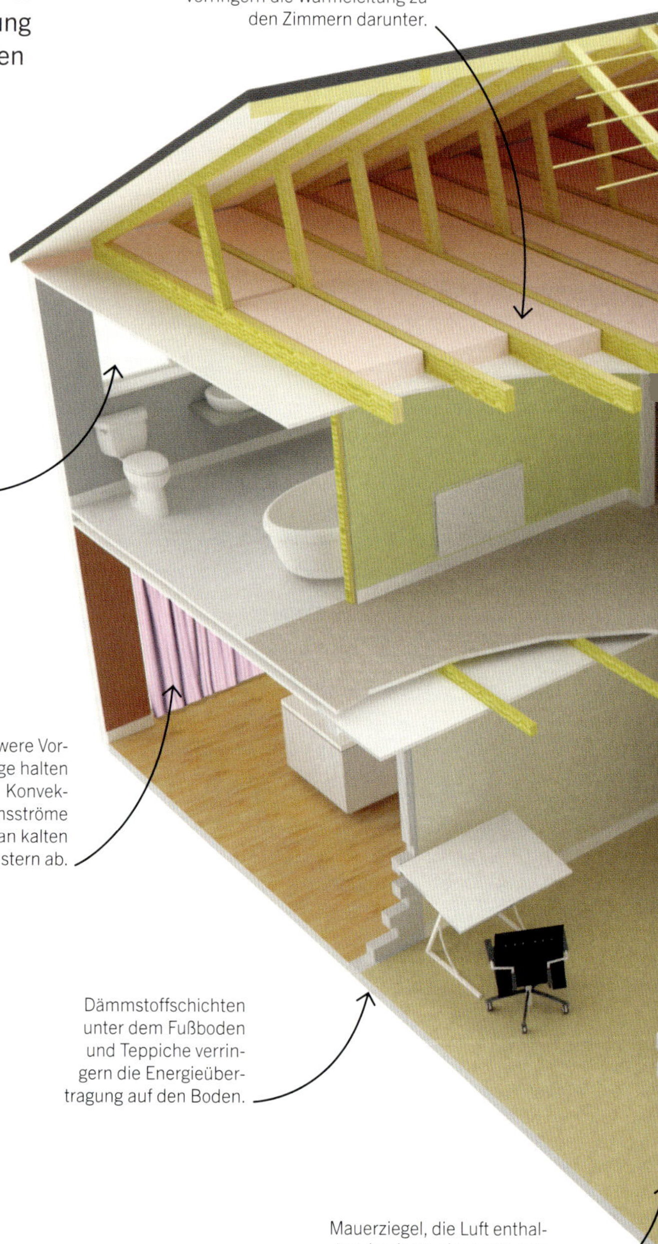

Wärmeverlust

Normalerweise verliert ein Haus die meiste Energie durch das Dach und die Wände, doch es verliert auch Wärme durch Fenster, Türen und Boden. Je größer der Temperaturunterschied zwischen drinnen und draußen ist, umso schneller geht Energie verloren.

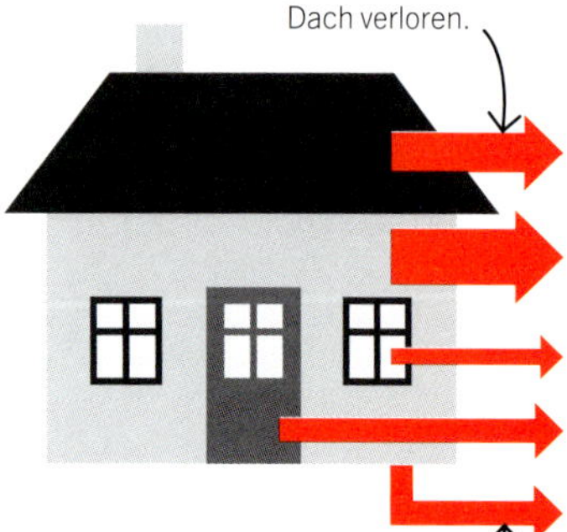

Auf einen Blick

- ✓ **Energie kann vom Inneren eines Hauses durch Wärmeleitung, Konvektion und Strahlung auf die Umgebung übertragen werden.**
- ✓ **Eine gute Wärmedämmung verringert die Heizkosten und den Verbrauch an fossilen Brennstoffen.**

Thermosflasche

Thermosflaschen wurden 1892 vom schottischen Chemiker James Dewar zum Kühlen von Chemikalien erfunden. Heute benutzt man sie häufiger zum Warmhalten von Getränken. Die Innenflasche aus Glas oder Aluminium ist doppelwandig. Zwischen den beiden Wänden befindet sich ein Vakuum, das die Energieübertragung durch Wärmeleitung oder Konvektion reduziert. Die silbrige Innenfläche reflektiert Strahlung.

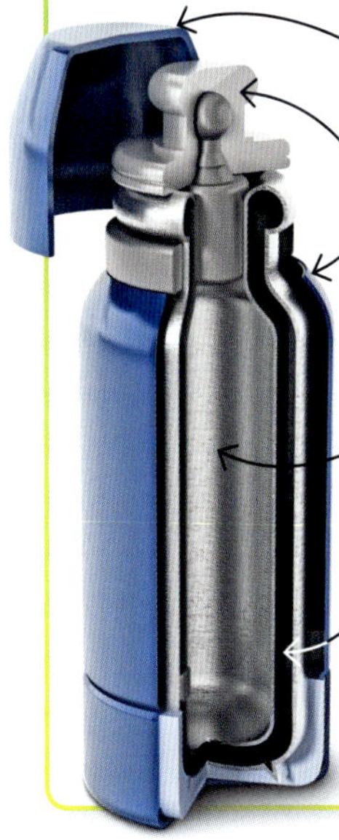

Kinetische und potenzielle Energie

Wenn ein Achterbahnwagen hinauf- und herunterrast, wird Energie zwischen kinetischer Energie (E_{kin}) und potenzieller Energie (E_{pot}) umgewandelt. Die Gleichungen auf dieser Seite zeigen dir, wie man beide Größen berechnet.

Kinetische Energie
Ein Körper, der sich bewegt, besitzt kinetische Energie. Wenn er schneller wird, nimmt seine kinetische Energie zu, und wenn er langsamer wird, nimmt sie ab. Je schneller sich ein Körper bewegt oder je größer seine Masse ist, umso größer ist seine kinetische Energie. Diese Gleichung gibt an, wie man die kinetische Energie berechnet.

$$\text{kinetische Energie (J)} = \frac{1}{2} \cdot \text{Masse (kg)} \cdot \text{Geschwindigkeit}^2\ (\text{m/s})^2$$

$$E_{kin} = \frac{1}{2} \cdot m \cdot v^2$$

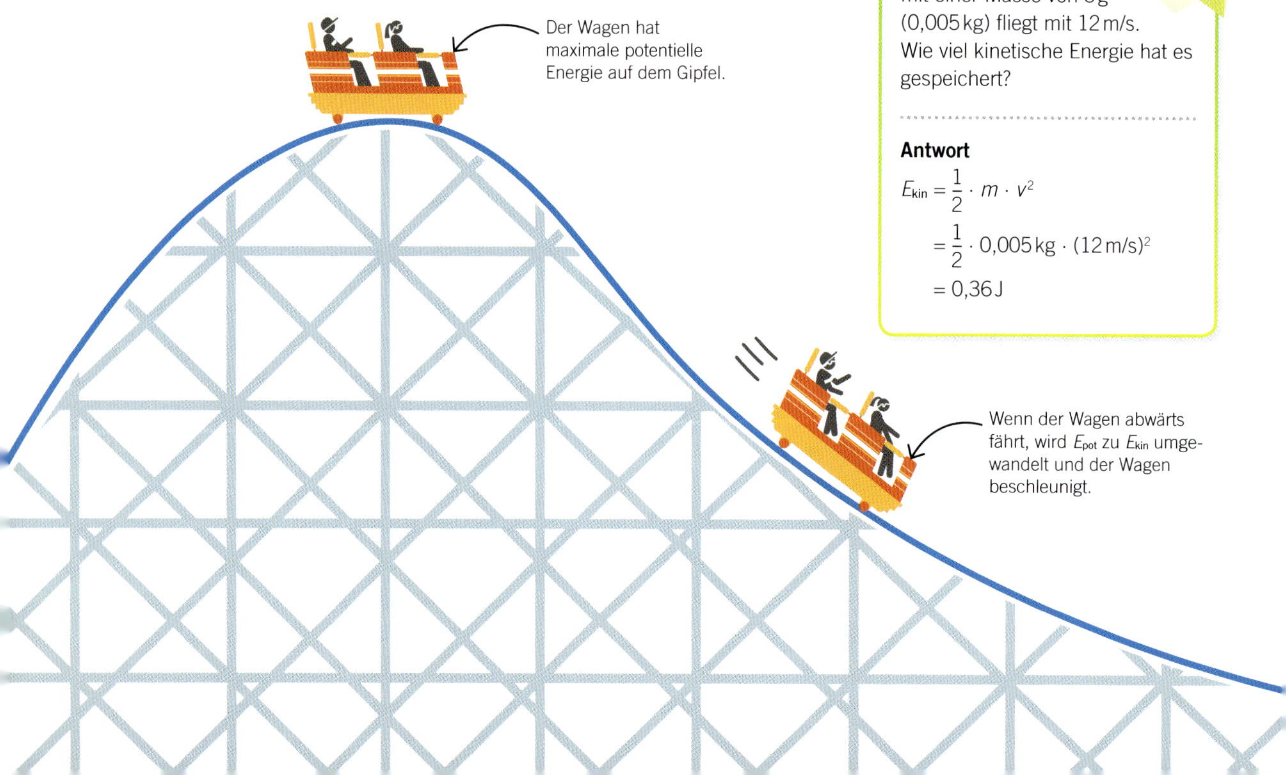

Auf einen Blick

- ✓ Je schneller sich ein Körper bewegt oder je größer seine Masse ist, umso höher ist seine kinetische Energie (E_{kin}).
- ✓ Je höher sich ein Körper befindet oder je größer seine Masse ist, umso größer ist seine potenzielle Energie (Lageenergie, E_{pot}).
- ✓ Beschleunigt ein Achterbahnwagen abwärts, wird seine potenzielle Energie in kinetische Energie umgewandelt.

Kinetische Energie berechnen

Frage
Ein Papierflugzeug mit einer Masse von 5 g (0,005 kg) fliegt mit 12 m/s. Wie viel kinetische Energie hat es gespeichert?

Antwort

$$E_{kin} = \frac{1}{2} \cdot m \cdot v^2$$
$$= \frac{1}{2} \cdot 0{,}005\,\text{kg} \cdot (12\,\text{m/s})^2$$
$$= 0{,}36\,\text{J}$$

Potenzielle Energie (Lageenergie)
Wenn man einen Körper hochhebt, verrichtet die Kraft beim Heben Arbeit und erhöht dabei die Lageenergie des Körpers. Je höher sich ein Körper befindet oder je größer seine Masse ist, umso höher ist seine gespeicherte potenzielle Energie (E_{pot}). Mit dieser Gleichung kann man die Änderung der Lageenergie E_{pot} eines Körpers bei einer Höhenänderung berechnen.

Auf der Erde ist sie ca. 10 N/kg. Auf dem Mond ist sie nur ein Sechstel dieses Wertes.

Änderung der Lageenergie (J) = Masse (kg) · Gravitationsfeldstärke (N/kg) · Höhenänderung (m)

$$\Delta E_{pot} = m \cdot g \cdot \Delta h$$

Der griechische Buchstabe Delta bedeutet „Änderung von".

Lageenergie berechnen

Frage
Eine Frau mit einer Masse von 70 kg klettert 30 m hoch auf eine Klippe. Wie viel Lageenergie gewinnt sie hinzu?

Antwort

$$\Delta E_{pot} = m \cdot g \cdot \Delta h$$
$$= 70\,kg \cdot 10\,N/kg \cdot 30\,m$$
$$= 21\,000\,J$$

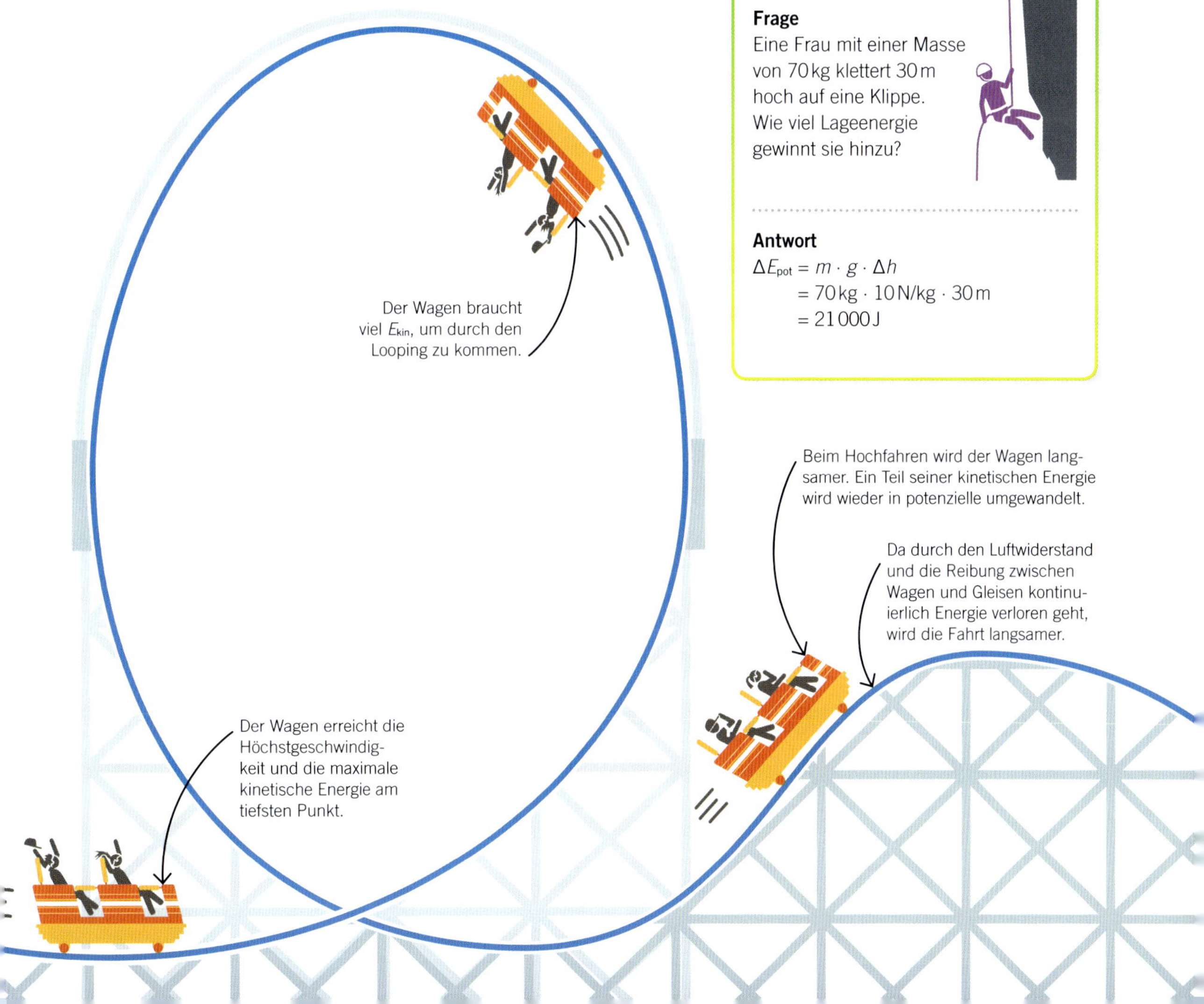

Energieerhaltung

Energie kann umgewandelt oder übertragen, doch niemals erzeugt oder vernichtet werden. Die Gesamtenergiemenge in einem abgeschlossenen System bleibt vor und nach Energieübertragungen gleich. Dies nennt man den Energieerhaltungssatz.

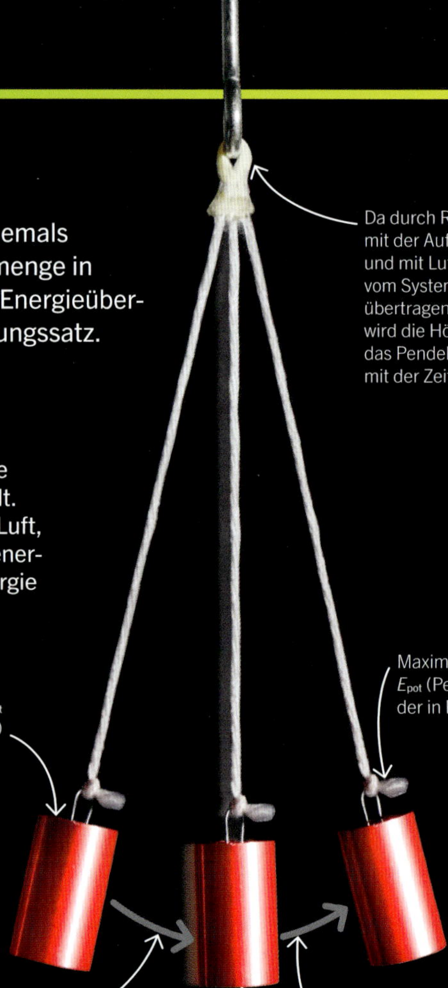

Energieübertragung bei einem Pendel

Eine Pendel ist eine Masse, die frei an einem festen Punkt aufgehängt ist. Beim Schwingen werden kinetische Energie (E_{kin}) und potenzielle Energie (E_{pot}) ineinander umgewandelt. Wenn mehrere Objekte, wie hier Pendel, Aufhängung und Luft, zusammenwirken, nennt man sie ein System. Die Gesamtenergie in einem abgeschlossenen System (eines, bei dem Energie weder dazukommt, noch abgegeben wird) ist konstant.

Auf einen Blick

- ✓ **Energie kann umgewandelt, übertragen oder gespeichert, doch niemals erzeugt oder vernichtet werden.**
- ✓ **Die Gesamtenergiemenge in einem abgeschlossenen System bleibt vor und nach einer Energieumwandlung oder -übertragung gleich.**
- ✓ **Wenn ein Pendel schwingt, werden kinetische Energie und potenzielle Energie ineinander umgewandelt.**

Harmonische Schwingung

Die wiederholte Hin- und Herbewegung des Pendels ist eine sogenannte harmonische Schwingung (wenn der Auslenkwinkel nicht zu groß ist). Da alle Schwingungen gleich lang dauern, nutzt man Pendel als Zeitmesser in mechanischen Uhren. Wenn man den Auslenkwinkel des Pendels auf der *y*-Achse eines Koordinatensystems über der Zeit aufträgt, ergibt sich ein Muster, das man Sinuskurve nennt. Stellt man E_{pot} und E_{kin} grafisch dar, ergeben sich eine Cosinusquadrat- und eine Sinusquadratkurve. Addiert man die beiden Kurven, ergibt sich eine gerade Linie. Dies zeigt, dass die Energie zwar zwischen den beiden Formen umgewandelt wird, aber insgesamt erhalten bleibt.

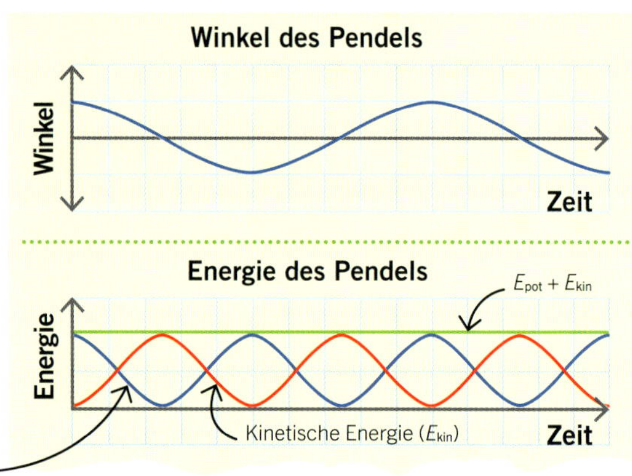

Energieübertragung durch Kräfte

Energie ist nötig, um Autos anzutreiben, Flugzeuge fliegen zu lassen oder Fahrrad zu fahren. Wenn eine Kraft einen Körper bewegt, nennt man die übertragene Energie Arbeit.

Verrichtete Arbeit
Wissenschaftlich bedeutet „Arbeit" etwas anderes als im Alltag. Schiebt man ein Objekt, verrichtet die Kraft Arbeit zum Bewegen des Objekts und überträgt Energie auf das Objekt, dessen kinetische Energie zunimmt. Da verrichtete Arbeit ein Maß für Energie ist, ist die Einheit der Arbeit Joule (J). Man berechnet die gesamte übertragene Energie, indem man die Kraft mit dem zurückgelegten Weg (in Richtung der Kraft) multipliziert.

$$\text{Arbeit (J)} = \text{Kraft (N)} \cdot \text{Weg (m)}$$

$$W = F \cdot s$$

Wenn man z. B. einen vollen Einkaufswagen 4 m mit einer konstanten Kraft von 14 N anschiebt, hat man 56 J Arbeit verrichtet.

$$\begin{aligned} W &= F \cdot s \\ &= 14\,\text{N} \cdot 4\,\text{m} \\ &= 56\,\text{J} \end{aligned}$$

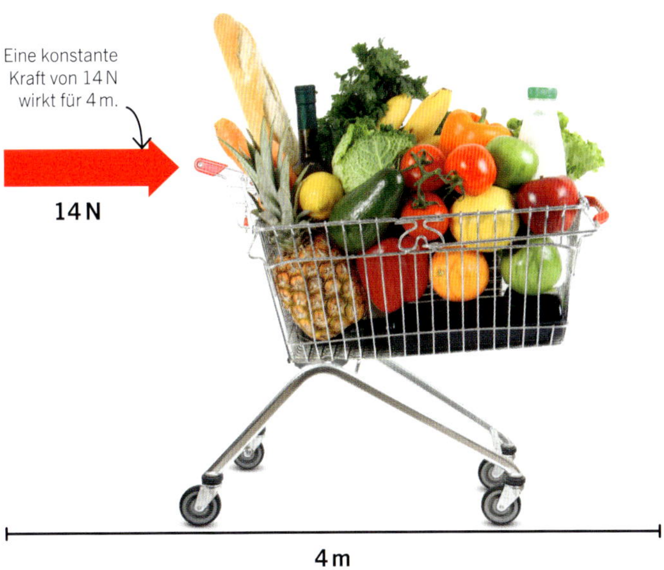

Auf einen Blick

- Bewegt eine Kraft einen Körper, wird die dabei übertragene Energie Arbeit genannt.
- Da verrichtete Arbeit ein Maß für Energie ist, ist die Einheit für Arbeit die Energieeinheit, Joule (J).
- Verrichtete Arbeit ist gleich Kraft mal zurückgelegter Weg in Kraftrichtung.

Beispiele für Arbeit

Arbeit wird immer dann verrichtet, wenn Energie übertragen wird.

Wenn man auf dem Fahrrad bremst, verrichtet die Reibungskraft zwischen den Bremsen und dem Rad negative Arbeit. Reibung wandelt kinetische Energie des Fahrrads in thermische Energie um, sodass das Fahrrad abbremst.

Wenn man einen Ball fallen lässt, verrichtet die Schwerkraft Arbeit und Energie wird auf den Ball als kinetische Energie übertragen, sodass er beschleunigt.

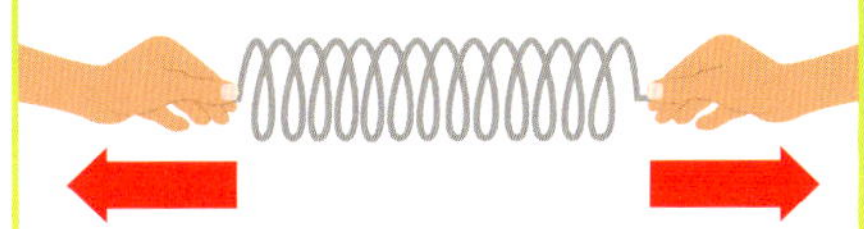

Wenn man eine Feder auseinanderzieht, überträgt die Kraft Energie auf die Feder, deren elastische Energie dabei zunimmt. Die benötigte Kraft erhöht sich in dem Maße, wie es schwerer wird, die Feder auseinanderzuziehen (s. S. 82).

Energie und Leistung

Leistung ist ein Maß dafür, wie schnell Energie übertragen wird (wie schnell Arbeit verrichtet wird). Je mehr Energie pro Sekunde übertragen wird, umso größer die Leistung.

Auf einen Blick

- ✓ Leistung ist ein Maß dafür, wie schnell Energie übertragen wird (wie schnell Arbeit verrichtet wird).
- ✓ Leistung = übertragene Energie / benötigte Zeit.
- ✓ Leistung wird in der Einheit Watt (W) gemessen. 1 W = 1 J/s.

Hubleistung

Zwei Kräne verwenden motorbetriebene Flaschenzüge, um schwere Lasten von einem Schiff zu heben. Beide Lasten haben dieselbe Masse, sodass dieselbe Energie benötigt wird, um sie einen bestimmten Weg zu heben. Der orangefarbene Kran hebt die Ladung doppelt so hoch wie der gelbe Kran, jedoch in derselben Zeit. Die Leistung seines Motors ist doppelt so groß.

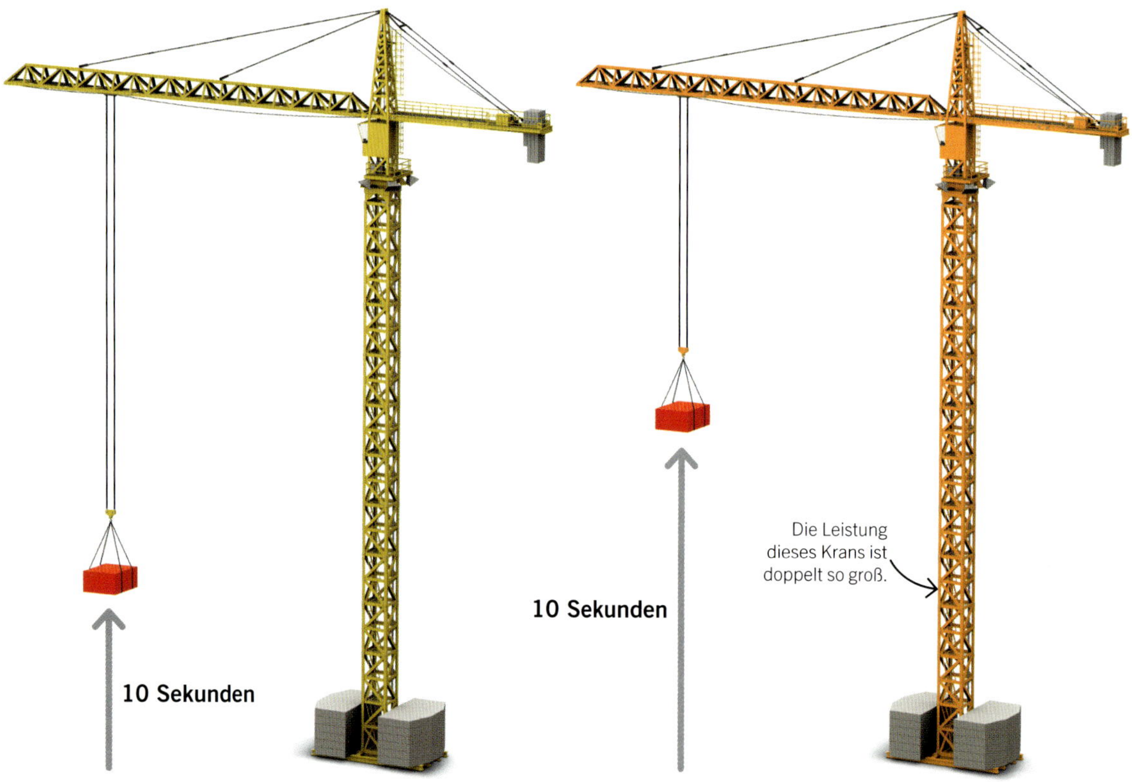

Gleichung für die Leistung

Mit dieser Formel kann man die Leistung berechnen. Leistung wird in der Einheit Watt (W) gemessen. Eine Leistung von 1 Watt bedeutet, dass 1 Joule Energie in 1 Sekunde übertragen wird.

$$\text{Leistung (W)} = \frac{\text{übertragene Energie (J)}}{\text{Zeit (s)}}$$

$$P = \frac{E}{t}$$

Leistung berechnen

Frage

Ein Junge, der 400 N wiegt, steigt in 4 s 2,6 m auf einer Leiter hoch. Benutze die Formel Arbeit = Kraft · Weg, um auszurechnen, wie viel Energie übertragen wurde. Wie groß war die Leistung des Jungen?

Antwort

Berechne die übertragene Energie (verrichtete Arbeit).

$E = F \cdot s$

$= 400\,\text{N} \cdot 2{,}6\,\text{m}$

$= 1040\,\text{J}$

Rechne dann mit der Formel für die Leistung seine Leistung aus.

$P = \frac{E}{t}$

$= \frac{1040\,\text{J}}{4\,\text{s}}$

$= 260\,\text{W}$

Energie berechnen

Frage

Ein Mikrowellenherd mit einer Leistung von 800 W erhitzt 3 min lang eine Schüssel Suppe. Wie viel Energie hat die Mikrowelle verbraucht?

Antwort

Löse zuerst die Formel für die Leistung nach der Energie auf und setze dann die Zahlen ein. Vergiss nicht, die Minuten in Sekunden umzurechnen (3 min = 180 s).

$P = \frac{E}{t}$

$E = P \cdot t$

$= 800\,\text{W} \cdot 180\,\text{s}$

$= 144\,000\,\text{J}$

Leistung einer Rakete

Um die Schwerkraft der Erde zu überwinden und die Umlaufbahn zu erreichen, benötigen riesige Raketen Triebwerke mit bis zu 60 Gigawatt (60 Milliarden Watt) Leistung.

Wirkungsgrad berechnen

Effiziente Geräte können gut Energie in eine nutzbringende Form umwandeln. Eine effiziente Glühbirne überträgt Energie hauptsächlich als Licht, anstatt die Energie als Wärme zu verschwenden. Der Wirkungsgrad eines Geräts ist der prozentuale Anteil der nutzbringend übertragenen Energie.

Auf einen Blick

- Der Wirkungsgrad eines Geräts ist der prozentuale Anteil der nutzbringend übertragenen Energie.
- Der Wirkungsgrad kann entweder aus der Energie oder der Leistung berechnet werden.

Gleichung für den Wirkungsgrad
Dieser alte laute Rasenmäher ist ineffizient. Er wandelt den Großteil der zugeführten Energie in Schall und Wärme um. Nur 30 % der Energie ist nutzbar zum Rasenmähen. Daher ist sein Wirkungsgrad 30 %. Man kann den Wirkungsgrad eines Geräts mit der nachfolgenden Gleichung berechnen.

$$\text{Wirkungsgrad (\%)} = \frac{\text{nutzbringende Energie (J)}}{\text{zugeführte Gesamtenergie (J)}} \cdot 100$$

Durch Multiplizieren mit 100 erhält man das Ergebnis in Prozent.

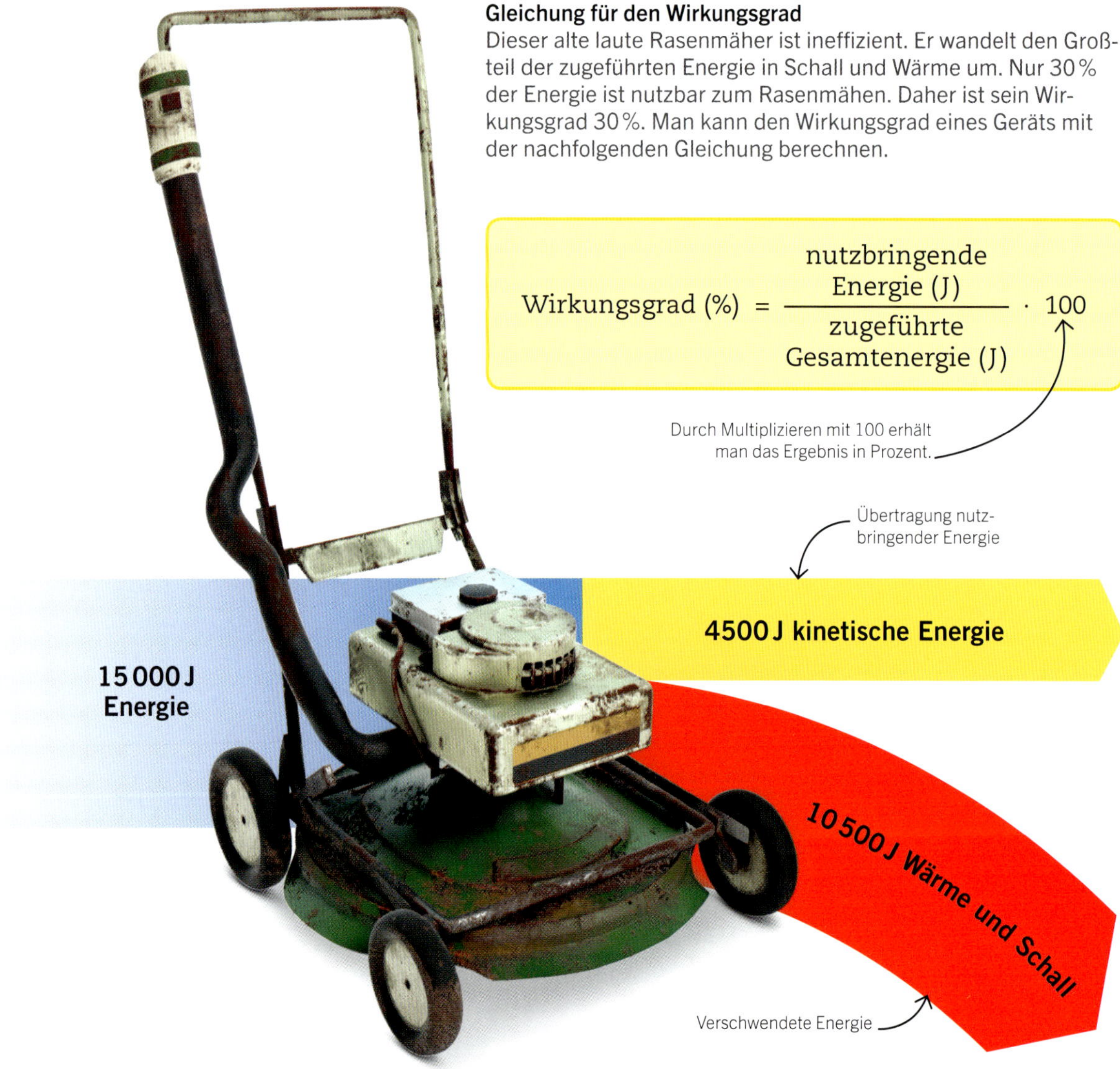

Wirkungsgrad und Leistung
Man kann den Wirkungsgrad auch berechnen, wenn man die gesamte zugeführte Leistung und die nutzbare Leistung eines Geräts kennt. Dann benutzt man diese Gleichung.

$$\text{Wirkungsgrad (\%)} = \frac{\text{nutzbare Leistung (W)}}{\text{zugeführte Gesamtleistung (W)}} \cdot 100$$

Mit dem Wirkungsgrad rechnen

Frage 1
Ein Ventilator mit 75 Watt läuft 1 min lang und überträgt dabei 4500 J Energie. 200 J werden in thermische Energie umgewandelt, 700 J in Schallwellen und der Rest in nutzbare kinetische Energie. Welchen Wirkungsgrad hat der Ventilator?

Antwort 1

$$\text{Nutzbringende Energie} = 4500\,\text{J} - (200\,\text{J} + 700\,\text{J}) = 3600\,\text{J}$$

Verschwendete Energie: $(200\,\text{J} + 700\,\text{J})$

$$\text{Wirkungsgrad} = \frac{3600\,\text{J}}{4500\,\text{J}} \cdot 100 = 80\,\%$$

Gesamte übertragene Energie: $4500\,\text{J}$

Überprüfe, ob deine Ergebnisse sinnvoll sind. Nichts kann einen Wirkungsgrad von mehr als 100 % haben, deshalb muss deine Antwort kleiner als 100 sein.

Frage 2
Eine 5-Watt-Birne hat einen Wirkungsgrad von 60 %. Wie groß ist ihre nutzbringende Leistung?

Antwort 2
Forme die zweite Wirkungsgradgleichung nach der nutzbringenden Leistung um.

$$\text{Nutzbringende Leistung} = \text{Wirkungsgrad} \cdot \text{gesamte zugeführte Leistung} = \frac{60}{100} \cdot 5\,\text{W} = 3\,\text{W}$$

Wirkungsgrad verbessern
Maschinen mit beweglichen Teilen erzeugen Reibungskräfte, die Energie in nutzlose Energieformen umwandeln, wie z. B. Schall und Wärme. Schmiermittel wie Öl verringern die Reibung und erhöhen damit den Wirkungsgrad. Kein Gerät hat einen Wirkungsgrad von 100 %, da immer ein Teil der Energie durch Wärme, Licht, Schall oder andere Energieübertragungen verloren geht.

Bewegung beschreiben

Geschwindigkeit

Geschwindigkeit ist ein Maß dafür, wie schnell sich etwas bewegt. Sie beschreibt, wie lang der in einer bestimmten Zeitspanne zurückgelegte Weg ist. Sie wird normalerweise in Metern pro Sekunde (m/s) oder Kilometern pro Stunde (km/h) angegeben. Die Geschwindigkeit ist eine Vektorgröße mit einem Betrag und einer Richtung. Hier wollen wir nur den Betrag betrachten. Um den Geschwindigkeitsvektor geht es auf S. 67.

Auf einen Blick

- ✓ **Die Geschwindigkeit beschreibt, welcher Weg in einer bestimmten Zeitspanne zurücklegt wird.**
- ✓ **Die Geschwindigkeit ist eine Vektorgröße mit einem Betrag und einer Richtung.**

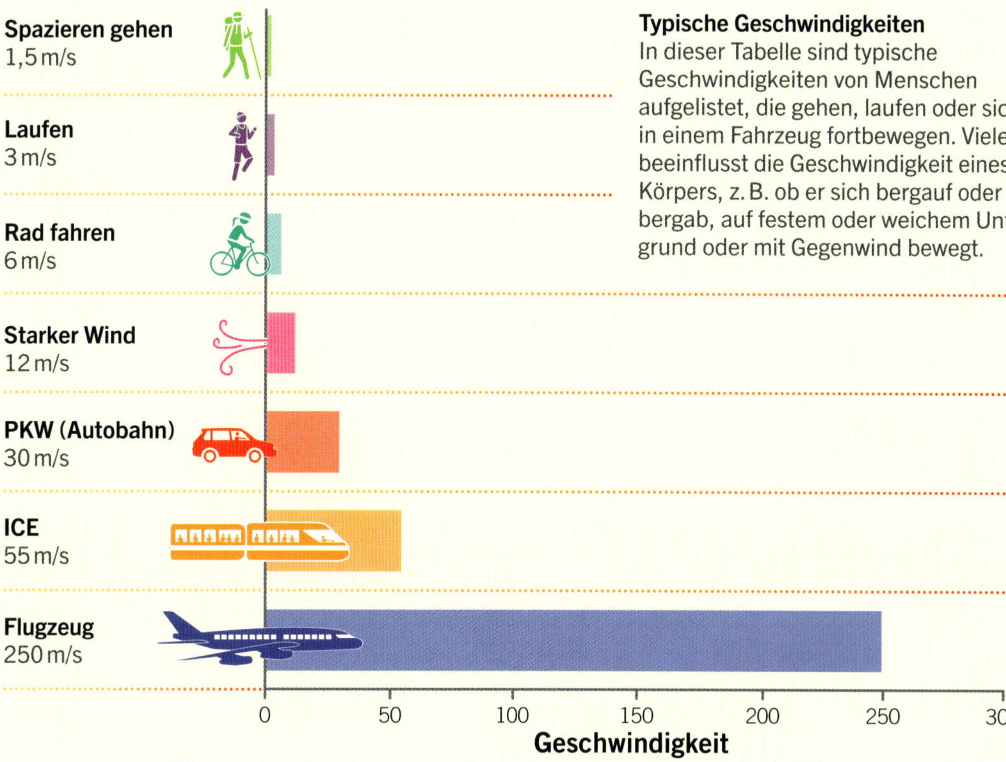

Typische Geschwindigkeiten
In dieser Tabelle sind typische Geschwindigkeiten von Menschen aufgelistet, die gehen, laufen oder sich in einem Fahrzeug fortbewegen. Vieles beeinflusst die Geschwindigkeit eines Körpers, z. B. ob er sich bergauf oder bergab, auf festem oder weichem Untergrund oder mit Gegenwind bewegt.

Geschwindigkeit messen

Wissenschaftler messen die Geschwindigkeit normalerweise in Metern pro Sekunde, doch die Geschwindigkeitsanzeiger in Verkehrsmitteln zeigen andere Einheiten an. Bei Autos verwendet man Kilometer pro Stunde, bei Schiffen und Flugzeugen meist Knoten (nautische Meilen pro Stunde).

Dieser Autotachometer zeigt die Geschwindigkeit in Kilometern pro Stunde (km/h).

Geschwindigkeitsformel

Um die Geschwindigkeit eines Körpers zu berechnen, dividiert man den zurückgelegten Weg durch die benötigte Zeit. Als Durchschnittsgeschwindigkeit bezeichnet man den Gesamtweg durch die gesamte benötigte Zeit. Die Momentangeschwindigkeit gibt an, wie schnell etwas in einem bestimmten Augenblick ist.

Auf einen Blick

- Die Durchschnittsgeschwindigkeit ist der zurückgelegte Gesamtweg dividiert durch die benötigte Gesamtzeit.
- Die Momentangeschwindigkeit gibt an, wie schnell sich etwas zu einem bestimmten Augenblick bewegt.

Durchschnitts- und Momentangeschwindigkeit
Eine Sprinterin läuft einen Hundertmeterlauf. Beim Start ist sie noch langsam, aber schon bald wird sie schneller. Gegen Ende könnte sie müde sein und etwas langsamer werden. Obwohl sich ihre Momentangeschwindigkeit während des Rennens verändert hat, können wir ihre Durchschnittsgeschwindigkeit mit der nachfolgenden Formel berechnen.

$$\text{Durchschnittsgeschwindigkeit (m/s)} = \frac{\text{Gesamtweg (m)}}{\text{Gesamtzeit (s)}}$$

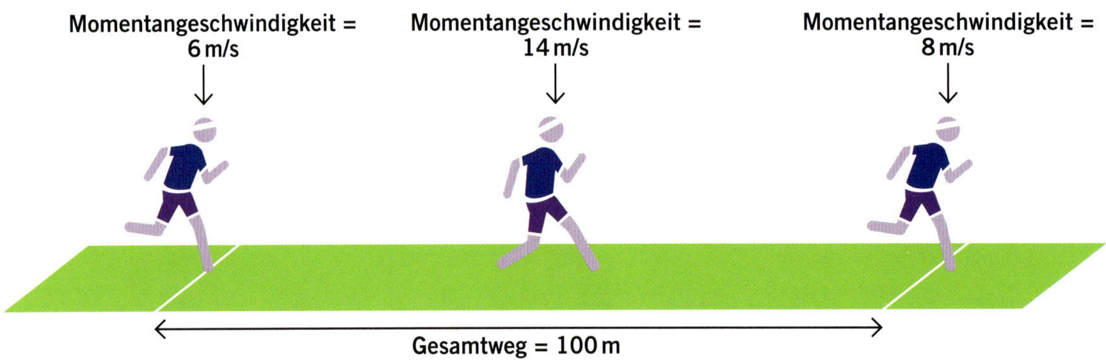

Geschwindigkeit berechnen

Frage
Eine Sprinterin braucht 12,5 s für einen Hundertmeterlauf. Wie hoch ist ihre Durchschnittsgeschwindigkeit?

Antwort

$$\text{Durchschnittsgeschwindigkeit} = \frac{\text{Gesamtweg}}{\text{Gesamtzeit}} = \frac{100\,\text{m}}{12{,}5\,\text{s}} = 8\,\text{m/s}$$

Weg berechnen

Frage
Ein Fahrradfahrer fährt in einem Rennen 25 s lang mit einer Durchschnittsgeschwindigkeit von 12 m/s. Wie weit fährt er?

Antwort
Stelle die Gleichung nach dem zurückgelegten Weg um:

$$\text{Gesamtweg} = \text{Durchschnittsgeschwindigkeit} \cdot \text{Gesamtzeit} = 12\,\text{m/s} \cdot 25\,\text{s} = 300\,\text{m}$$

Geschwindigkeit messen

Um die Geschwindigkeit zu messen, muss man den zurückgelegten Weg eines Körpers und die benötigte Zeit messen. Zu den Instrumenten zum Messen des Wegs gehören Lineal und Maßband. Zum Zeitmessen benutzt man z. B. Stoppuhren und Lichtschranken.

Auf einen Blick

- ✓ Lineal und Maßband gehören zu den Instrumenten zum Messen des Wegs.
- ✓ Stoppuhren und Lichtschranken gehören zu den Instrumenten zum Messen der Zeit.
- ✓ Lichtschranken verwenden für eine sehr genaue Zeitmessung einen Lichtstrahl.

Lichtschranken

Mit einer Lichtschranke kann man die Geschwindigkeit schneller Körper bestimmen. Sie misst sehr kurze Zeitintervalle viel genauer als ein Mensch mit einer Stoppuhr. Bei diesem Versuch unterbricht eine Karte auf einem Wagen den Lichtstrahl für den Bruchteil einer Sekunde. Um die Geschwindigkeit des Wagens in diesem Moment zu bestimmen, dividiert man die Länge der Karte durch das gemessene Zeitintervall.

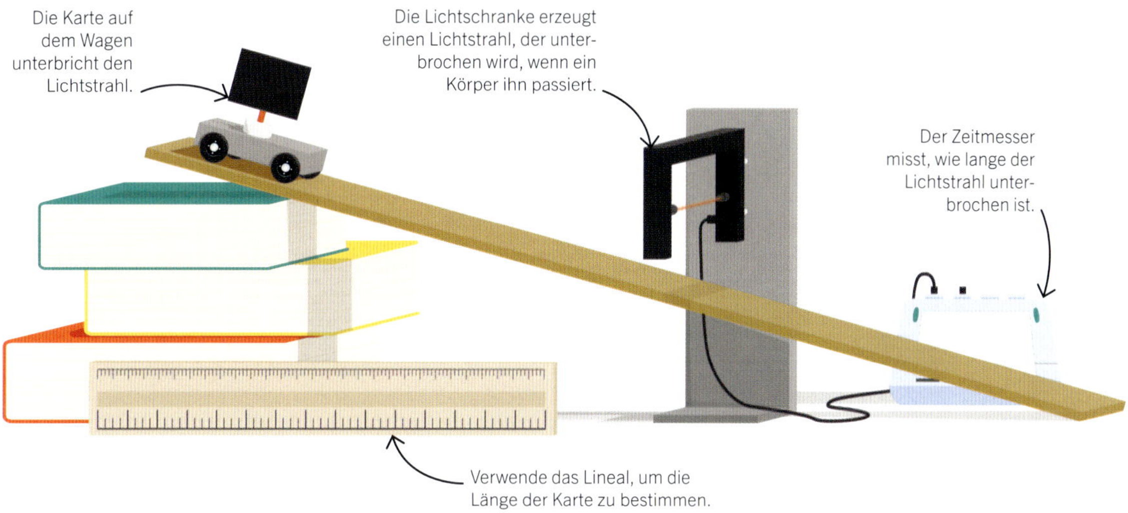

Radarpistolen

Die Radarpistolen, mit denen die Polizei überprüft, ob jemand zu schnell fährt, verwenden Radiowellen. Wenn die ausgesendeten Wellen von einem sich nähernden Fahrzeug reflektiert werden, ändern sich Frequenz und Wellenlänge. Je schneller das Auto, umso größer die Frequenz der reflektierten Wellen. Die Radarpistole erkennt die zurückkommenden Wellen und berechnet aus der Frequenz die Fahrzeuggeschwindigkeit.

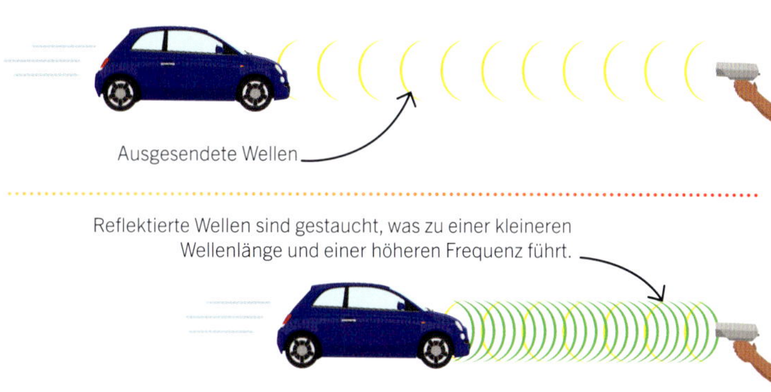

Weg-Zeit-Diagramme

In einem Weg-Zeit-Diagramm wird der Verlauf der Bewegung eines Körpers als Kurve dargestellt. Aus der Neigung (Steigung) der Kurve kann man erkennen, wie schnell der Körper ist und wann er beschleunigt, abbremst oder stillsteht.

Auf einen Blick

- **In einem Weg-Zeit-Diagramm ist dargestellt, wie weit und wie schnell sich ein Körper zu verschiedenen Zeitpunkten fortbewegt hat.**
- **Die Steigung gibt die Geschwindigkeit des Körpers an: je größer die Steigung, umso schneller ist er.**
- **Mit einem Weg-Zeit-Diagramm kann die Geschwindigkeit eines Körpers zu jedem Zeitpunkt berechnet werden.**

Weg-Zeit-Diagramme verstehen

Jede der Kurven in diesem Weg-Zeit-Diagramm zeigt einen ganz anderen Verlauf. Je steiler die Kurve, umso schneller bewegt sich der Körper. Eine gekrümmte Linie hat eine veränderliche Steigung, d. h. der Körper ändert die Geschwindigkeit. Eine horizontale Linie bedeutet, dass der Körper in Ruhe ist.

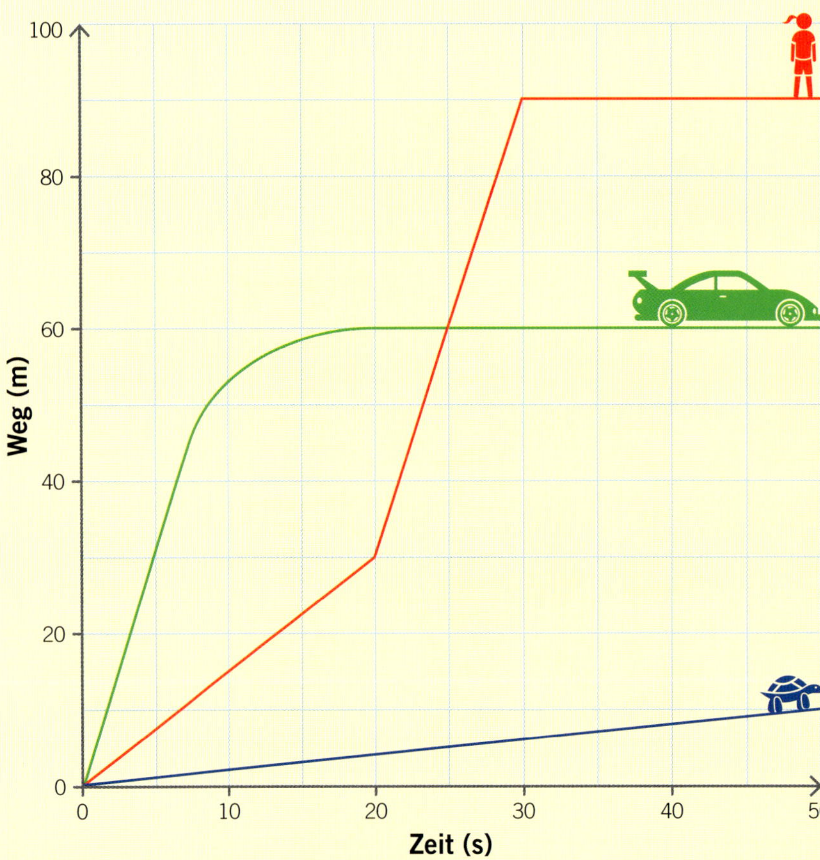

Diese Person geht zu Anfang mit einer konstanten Geschwindigkeit, aber nach 20 s beschleunigt sie plötzlich – sie rennt wohl. Als sie 10 s gerannt ist, hält sie an und die Kurve ist nun waagerecht.

Zuerst fährt das Auto schnell mit konstanter Geschwindigkeit, doch dann wird es allmählich langsamer. Ab einem Weg von 60 m ändert sich der zurückgelegte Weg nicht mehr, d. h. das Auto hat angehalten.

Die geringe Steigung der Kurve für die Schildkröte zeigt an, dass sie sehr langsam geht. Die Kurve ist ganz geradlinig, was bedeutet, dass sich die Geschwindigkeit nicht ändert.

Die Geschwindigkeit aus der Steigung berechnen

Frage

Dies ist ein Weg-Zeit-Diagramm für eine Autofahrt. Welche Geschwindigkeit hatte das Auto während der letzten 40 s der Fahrt?

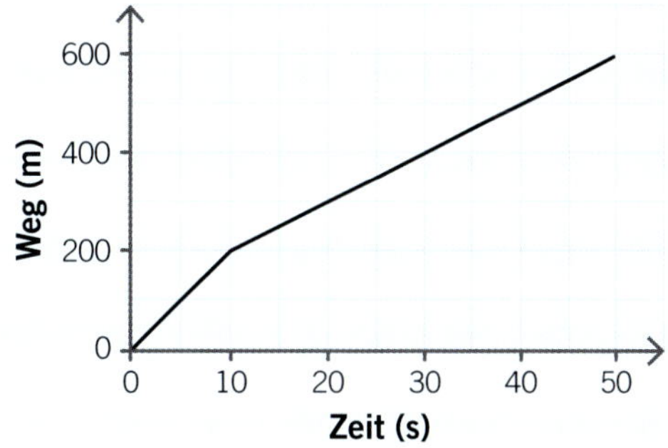

Antwort

1. Um die Geschwindigkeit zu bestimmen, muss man die Steigung der Gerade berechnen. Zeichne ein rechtwinkliges Dreieck unter einen beliebigen Bereich der Gerade. Die senkrechte Seite des Dreiecks ist die Wegänderung. Die waagerechte Seite ist die Zeitänderung.
2. Rechne beide Werte aus.
   Wegänderung = 400 m − 200 m = 200 m
   Zeitänderung = 30 s − 10 s = 20 s
3. Dividiere die Wegänderung durch die Zeitänderung und du erhältst die Geschwindigkeit.

$$\text{Geschwindigkeit} = \frac{\text{Wegänderung}}{\text{Zeitänderung}} = \frac{200\,\text{m}}{20\,\text{s}} = 10\,\text{m/s}$$

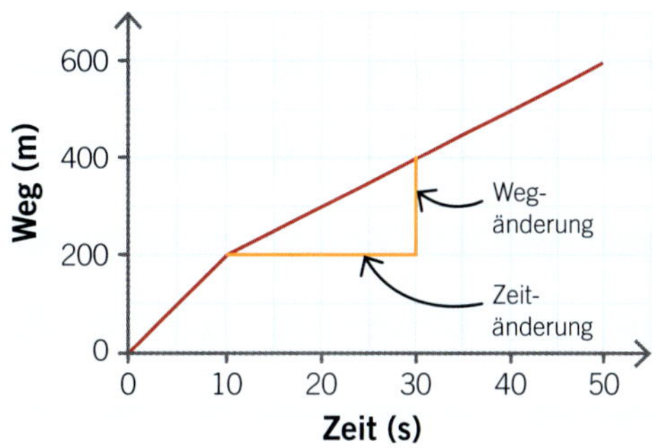

Eine Tangente zeichnen

Manchmal muss man die Steigung bei einem gekrümmten Teil der Kurve bestimmen. Das ist einfach – man muss nur eine Tangente zeichnen. Eine Tangente ist eine Gerade, die die Kurve in einem bestimmten Punkt berührt, ohne sie zu schneiden, und die in diesem Punkt genau dieselbe Steigung wie die Kurve hat. Nach dem Zeichnen der Tangente vervollständige sie wie oben beschrieben zu einem rechtwinkligen Dreieck und berechne daraus die Wegänderung dividiert durch die Zeitänderung.

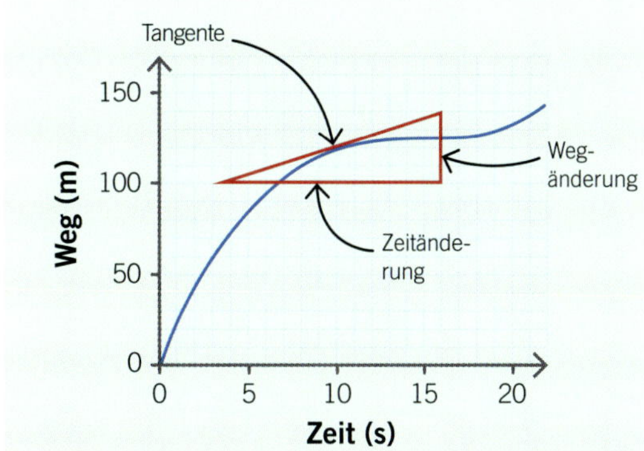

Skalare und Vektoren

Physikalische Messgrößen sind entweder skalare Größen oder Vektorgrößen. Während Skalare nur einen Betrag (Zahlenwert) haben, besitzen Vektoren einen Betrag und eine Richtung.

Zurückgelegter Weg und Verschiebung

Auf der Karte unten ist die Route eines Joggers im Park gezeigt. Wie weit hat er sich fortbewegt? Zum einen kann man die Länge des gewundenen Wegs messen, den er zurückgelegt hat. Dies ist eine skalare Größe, da sie keine bestimmte Richtung hat. Zum anderen kann man seine Verschiebung messen – den Abstand und die Richtung ausgehend vom Startpunkt in einer geraden Linie. Die Verschiebung ist eine Vektorgröße, da sie sowohl Richtung als auch Betrag hat.

Auf einen Blick

- Skalare Größen haben einen Betrag.
- Vektorgrößen haben einen Betrag und eine Richtung.
- Der zurückgelegte Weg ist ein Skalar, die Verschiebung ein Vektor.

Vektorgrößen

Kräfte haben immer eine Richtung, daher sind alle Kräfte Vektoren. Dein Gewicht ist eine Kraft, die nach unten in Richtung Erde wirkt, daher ist das Gewicht ein Vektor. Dagegen ist deine Masse (aus wie viel Materie dein Körper besteht) eine skalare Größe.

Die Geschwindigkeit besteht aus Betrag und Richtung, in die sich ein Körper bewegt. Fährt ein Auto mit 50 km/h um die Ecke, ist der Betrag konstant, aber die Richtung ändert sich, sodass sich der Geschwindigkeitsvektor ebenfalls ändert.

Beschleunigung bedeutet im Alltag, dass etwas schneller wird. Wissenschaftler bezeichnen mit Beschleunigung eine Geschwindigkeitsänderung. Die Beschleunigung ist eine Vektorgröße, die beschreibt, ob ein Körper schneller oder langsamer wird oder die Richtung ändert.

Der Impuls eines Körpers ist das Produkt aus Masse und Geschwindigkeitsvektor. Da man ihn aus der Geschwindigkeit berechnet, ist der Impuls ebenfalls ein Vektor.

Geschwindigkeitsvektor

Die Geschwindigkeit ist eine Vektorgröße, d. h. sie hat sowohl einen Betrag als auch eine Richtung, und beschreibt, wie schnell sich etwas in eine bestimmte Richtung bewegt.

Auf einen Blick

- ✓ **Die Geschwindigkeit gibt an, wie schnell sich ein Körper in eine bestimmte Richtung bewegt.**
- ✓ **Die Geschwindigkeit ist eine Vektorgröße – sie besitzt Betrag und Richtung.**
- ✓ **Der Betrag gibt an, wie schnell sich der Körper bewegt.**

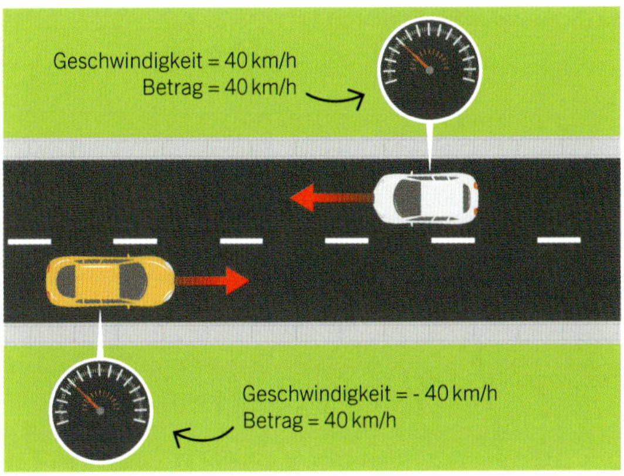

Geschwindigkeit: Betrag und Richtung
Wenn zwei Autos gleich schnell, aber in entgegengesetzter Richtung fahren, haben sie unterschiedliche Geschwindigkeitsvektoren. Zum Beispiel fährt das gelbe Auto mit 40 km/h nach Osten, das weiße mit 40 km/h nach Westen. In der Physik benutzen wir das Minuszeichen, um anzuzeigen, dass etwas in entgegengesetzter Richtung abläuft. Auf diesem Bild soll Ost die positive Richtung sein, daher hat das weiße Auto eine Geschwindigkeit von -40 km/h.

Geschwindigkeitsänderungen
Wenn ein Auto um die Kurve fährt, ändert sich seine Richtung, d. h. dass sich auch der Geschwindigkeitsvektor ändert. Dieses Auto ist einmal um einen Kreisel gefahren, die ganze Zeit gleich schnell. Der Betrag der Geschwindigkeit war daher konstant, aber die Richtung des Geschwindigkeitsvektors hat sich ständig geändert. Der durchschnittliche Geschwindigkeitsvektor bei der Fahrt um den Kreisel hat den Betrag 0 km/h.

Bezugssysteme

Stell dir vor, du stehst in einem Zug, der sich mit 50 m/s in Richtung Osten bewegt, und wirfst einen Ball in Fahrtrichtung mit 10 m/s. Wie groß ist die Geschwindigkeit des Balls? Die Geschwindigkeit relativ zu dir ist 10 m/s, doch für einen Beobachter neben den Gleisen ist sie 60 m/s. Wenn du den Ball entgegen der Fahrtrichtung mit 10 m/s wirfst, bewegt er sich für den Beobachter mit 40 m/s in Fahrtrichtung. Alle Werte sind richtig, doch abhängig vom Standpunkt. Diese verschiedenen Standpunkte nennt man Bezugssysteme.

Beschleunigung

Die Beschleunigung ist die zeitliche Änderung der Geschwindigkeit eines Körpers. Damit ist nicht nur das Schnellerwerden gemeint. Abbremsen und die Richtung ändern sind ebenfalls Beschleunigungsarten.

Formel für die Beschleunigung

Man kann die Beschleunigung mit der unten stehenden Formel berechnen. Die Einheit für die Beschleunigung ist m/s^2 (Meter pro Sekunde im Quadrat).

$$\text{Beschleunigung } (m/s^2) = \frac{\text{Geschwindigkeitsänderung } (m/s)}{\text{benötigte Zeit } (s)}$$

$$a = \frac{v - u}{t}$$

Endgeschwindigkeit (v) – Anfangsgeschwindigkeit (u)

Beschleunigung berechnen

Um die Geschwindigkeitsänderung auf der rechten Seite der Formel auszurechnen, braucht man zwei Größen: die End- und die Anfangsgeschwindigkeit. Gib acht, dass du die beiden richtig herum benutzt. Als Beispiel beschleunigt ein Auto mit einer Geschwindigkeit von 13 m/s in 10 s auf 25 m/s. Wie groß ist seine Beschleunigung?

$$a = \frac{v - u}{t} = \frac{25\,m/s - 13\,m/s}{10\,s} = 1{,}2\,m/s^2$$

Setze die Endgeschwindigkeit vorne und die Anfangsgeschwindigkeit hinten ein.

Beschleunigung wird in Metern pro Sekunde im Quadrat (Meter pro Sekunde pro Sekunde) gemessen.

Auf einen Blick

- Die Beschleunigung ist die zeitliche Änderung der Geschwindigkeit.
- Die Einheit für Beschleunigung ist m/s^2.
- Die gleichförmige Beschleunigung (g) eines fallenden Körpers zur Erdoberfläche ist $9{,}8\,m/s^2$.

Fallbeschleunigung

Wenn ein Körper fällt, bewirkt die Schwerkraft an der Erdoberfläche eine gleichförmige Beschleunigung von etwa $9{,}8\,m/s^2$. Das heißt, dass sich in jeder Sekunde die Geschwindigkeit um 9,8 m/s erhöht. Dieser Wert wird so häufig gebraucht, dass er eine eigene Abkürzung hat: g. In Wirklichkeit beschleunigen Körper nicht immer gleichförmig mit $9{,}8\,m/s^2$, da der Luftwiderstand eine nach oben gerichtete Kraft erzeugt.

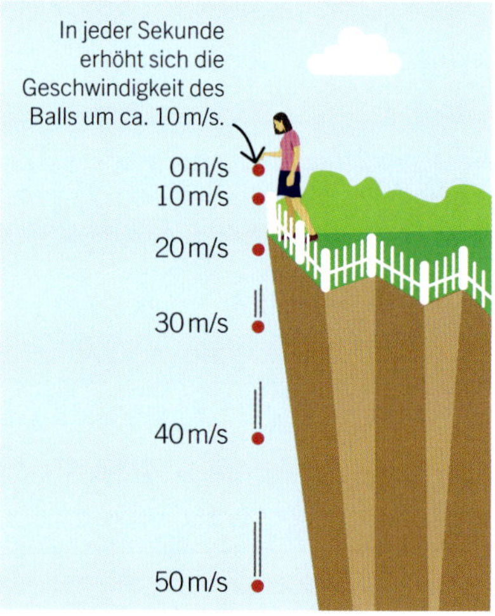

Bremsschirm
Einige Hochgeschwindigkeitsflugzeuge müssen sehr schnell abbremsen (verzögern), um auf engem Raum zu landen. Dazu kann man einen Bremsschirm verwenden – eine Art kleiner Fallschirm, der den Luftwiderstand drastisch erhöht.

Abbremsen

Frage
Wenn ein Körper abbremst, ist seine Beschleunigung negativ. Ein Motorradfahrer fährt mit 30 m/s auf einer Landstraße. Er kommt in eine Stadt und der Fahrer bremst in 25 s auf 10 m/s ab. Wie groß war die mittlere Beschleunigung?

30 m/s — 10 m/s

25 Sekunden

Antwort

$$a = \frac{v - u}{t}$$

$$= \frac{10\,\text{m/s} - 30\,\text{m/s}}{25\,\text{s}}$$

$$= -0{,}8\,\text{m/s}^2$$

Die Beschleunigung hat ein negatives Vorzeichen, da das Motorrad gebremst hat.

Mit dem Weg rechnen
Manchmal muss man die Beschleunigung aus einer Geschwindigkeitsänderung während eines bestimmten Wegs anstatt einer bestimmten Zeitspanne berechnen. Man benutzt dazu die nachfolgende Gleichung.

$$v^2 - u^2 = 2as$$

Zurückgelegter Weg (s); Endgeschwindigkeit (v); Anfangsgeschwindigkeit (u)

Beschleunigung bestimmen

Frage
Ein Zug fährt aus einem Bahnhof und beschleunigt gleichförmig für 1350 m, bis er eine Geschwindigkeit von 55 m/s erreicht. Wie groß ist seine Beschleunigung?

Antwort
Löse die Formel nach a auf.

$$a = \frac{v^2 - u^2}{2s}$$

$$= \frac{(55\,\text{m/s})^2 - (0\,\text{m/s})^2}{2 \cdot 1350\,\text{m}}$$

$$= \frac{3025}{2700}\,\text{m/s}^2$$

$$= 1{,}12\,\text{m/s}^2$$

Geschwindigkeit-Zeit-Diagramme

Ein Geschwindigkeit-Zeit-Diagramm stellt dar, wie sich die Geschwindigkeit eines Körpers in Abhängigkeit von der Zeit ändert. Die Steigung der Kurve ist ein Maß für die Beschleunigung oder Verzögerung (negative Beschleunigung) des Körpers. Das Diagramm zeigt auch, ob die Beschleunigung gleichförmig war.

Auf einen Blick

- Ein Geschwindigkeit-Zeit-Diagramm zeigt, wie sich die Geschwindigkeit eines Körpers mit der Zeit ändert.
- Auf den Achsen sind die Zeit und die Geschwindigkeit aufgetragen.
- Man kann die Beschleunigung aus der Steigung der Kurve bestimmen.
- Die Fläche unter der Kurve entspricht dem gesamten zurückgelegten Weg.

Geschwindigkeit-Zeit-Diagramme verstehen
Dieses Geschwindigkeit-Zeit-Diagramm stellt zwei verschiedene Fahrten dar. Geraden entsprechen einer gleichförmigen Beschleunigung, gekrümmte Kurven dagegen einer Beschleunigungsänderung. Waagerechte Geraden stehen für eine konstante Geschwindigkeit.

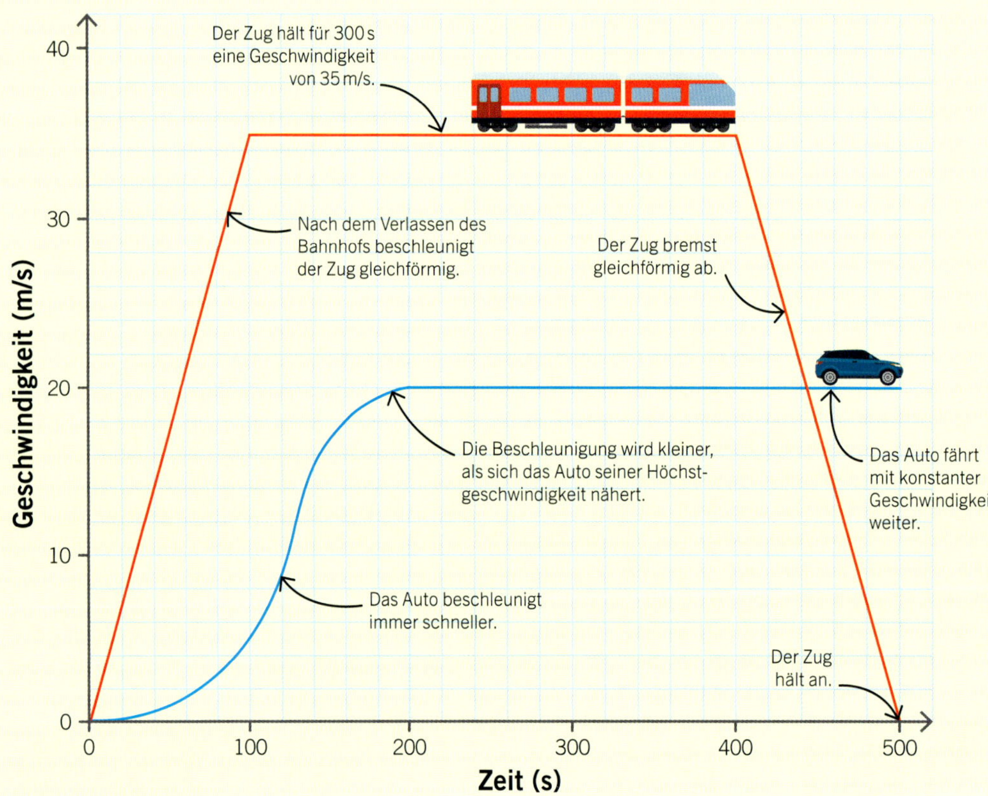

Beschleunigung berechnen

Frage
Dieses Diagramm zeigt eine Autofahrt. Wie groß war die Beschleunigung des Autos zwischen 10 s und 30 s?

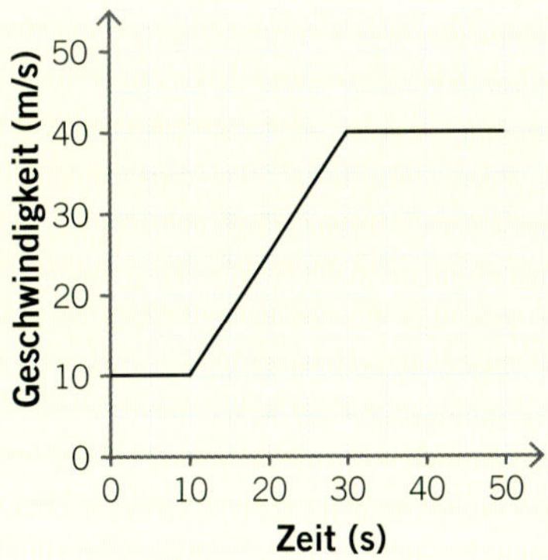

Antwort

1. Beschleunigung ist Geschwindigkeitsänderung dividiert durch benötigte Zeit. Bestimme beides mithilfe eines Dreiecks unter dem schrägen Teil der Kurve.

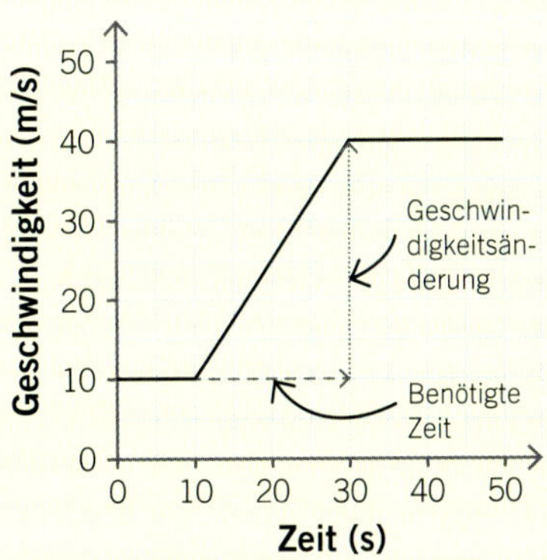

2. Geschwindigkeitsänderung = Endgeschwindigkeit – Anfangsgeschwindigkeit
$= 40\,\text{m/s} - 10\,\text{m/s}$
$= 30\,\text{m/s}$
3. Benötigte Zeit $= 30\,\text{s} - 10\,\text{s}$
$= 20\,\text{s}$
4. Beschleunigung $= \frac{30\,\text{m/s}}{20\,\text{s}}$
$= 1{,}5\,\text{m/s}^2$

Zurückgelegten Weg berechnen

Man kann ein Geschwindigkeit-Zeit-Diagramm verwenden, um den gesamten zurückgelegten Weg eines bewegten Körpers auszurechnen. Dazu bestimmt man die Fläche unter der Kurve. Das funktioniert, weil gilt: Zurückgelegter Weg = Geschwindigkeit · Zeit.

Frage
Die Kurve zeigt eine 50 s lange Zugfahrt.
Wie weit ist der Zug gefahren?

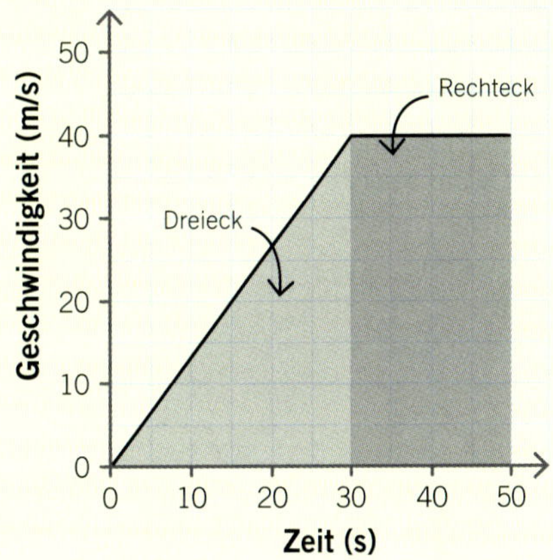

Antwort

1. Unterteile die Fläche unter der Kurve zunächst in ein Dreieck und ein Rechteck.
2. Benutze dann die Formel für die Fläche eines Dreiecks, um die Dreiecksfläche auszurechnen:
$$\text{Fläche} = \frac{\text{Grundseite} \cdot \text{Höhe}}{2} = \frac{30\,\text{s} \cdot 40\,\text{m/s}}{2} = 600\,\text{m}$$
Die Einheit ist Meter, da die Fläche unter der Kurve für einen Weg steht.
3. Berechne nun die Fläche des Rechtecks:
Fläche = Grundseite · Höhe
$= 20\,\text{s} \cdot 40\,\text{m/s}$
$= 800\,\text{m}$
4. Addiere beide Werte, um den Gesamtweg zu erhalten:
Zurückgelegter Weg $= 600\,\text{m} + 800\,\text{m}$
$= 1400\,\text{m}$

Kräfte

Kräfte

Eine Kraft ist ein Schub oder Zug, der den Bewegungszustand oder die Gestalt eines Körpers ändert. Es gibt zahlreiche Kraftarten. Bei manchen ist direkter Kontakt notwendig, z. B. wenn man einen Ball kickt. Andere, wie Schwerkraft und Magnetismus, sind berührungslose Kräfte mit Fernwirkung.

Angreifende Kräfte
Es können mehrere Kräfte gleichzeitig an einem Körper angreifen. Auf diesem Bild sind die Hauptkräfte eingezeichnet, die an einem sich abseilenden Bergsteiger angreifen. Jede Kraft wird durch einen weißen Pfeil dargestellt, der die Richtung der Kraft anzeigt – Kräfte sind Vektorgrößen (s. S. 66). Die Länge des Pfeils gibt den Betrag der Kraft an.

Auf einen Blick

- ✓ **Eine Kraft ist ein Schub oder Zug.**
- ✓ **Eine Kraft kann die Geschwindigkeit, die Bewegungsrichtung oder die Gestalt eines Körpers ändern.**
- ✓ **Es gibt Kontaktkräfte und berührungslose Kräfte.**
- ✓ **Die Einheit der Kraft heißt Newton (N).**
- ✓ **Kräfte sind Vektorgrößen.**

Kraftwirkungen

Eine Kraft kann verschiedene Auswirkungen auf einen Körper haben. Viele Kräfte beeinflussen den Bewegungszustand eines Körpers, z. B. indem sie ihn beschleunigen, verzögern oder seine Richtung ändern. Außerdem können Kräfte einen Körper verformen.

Eine auf einen ruhenden Körper wirkende Kraft kann ihn in Bewegung versetzen.

Bewegt sich ein Körper bereits, führt eine Kraft in dieselbe Richtung zu einer Beschleunigung.

Eine Kraft kann auch eine Richtungsänderung bei einem sich bewegenden Körper bewirken.

Eine Kraft, die entgegen der Bewegungsrichtung eines Körpers wirkt, lässt ihn langsamer werden oder anhalten.

Kräfte können einen Körper auch vorübergehend oder dauerhaft verformen.

Arten von Kräften

Kontaktkräfte	Berührungslose Kräfte

Kontaktkräfte

Schub und Zug sind die Kontaktkräfte, mit denen etwas bewegt wird, z. B. ein Ball getreten oder auf einer Tastatur getippt wird.

Reibung ist eine der Bewegung entgegengesetzte Kraft bei Körpern, die aneinander reiben oder gleiten. Haftreibung wirkt auf ruhende Körper. Sie muss überwunden werden, um den Körper in Bewegung zu setzen. Gleitreibung ist die Kraft zwischen Körpern in Bewegung. Sie ist schwächer als Haftreibung.

Luft- und Wasserwiderstand sind Kräfte, die von Körpern überwunden werden müssen, die sich in Luft und Wasser bewegen. Sie werden durch den Schub von Luft und Wasser, die im Weg sind, hervorgerufen. Wie Reibung sind diese Kräfte immer entgegengesetzt zur Bewegungsrichtung.

Berührungslose Kräfte

Schwerkraft ist eine Anziehungskraft zwischen Körpern, die eine Masse besitzen. Die Schwerkraft der Erde lässt Körper in Richtung Erde fallen.

Die Coulombkraft ist die anziehende oder abstoßende Kraft zwischen elektrisch geladenen Körpern.

Elektrostatisch aufgeladenes Haar führt dazu, dass sich die Haare gegenseitig abstoßen und dadurch vom Kopf abstehen.

Magnetismus ist die Kraft auf ein magnetisches Material in der Nähe eines Magneten.

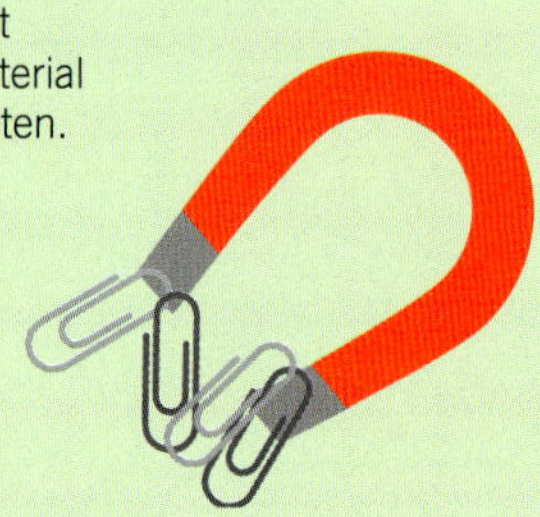

Gegenkräfte

Zu jeder Kraft (Actio) tritt eine Gegenkraft (Reactio) mit gleichem Betrag, aber entgegengesetzter Richtung auf. Schiebt ein Skateboarder den anderen an, bewegen sich beide, da der Schub eine Gegenkraft in die Gegenrichtung hervorruft.

Newton

Die Einheit für die Kraft hat man Newton (N) nach dem englischen Wissenschaftler Isaac Newton benannt. 1 Newton ist ungefähr das Gewicht eines Apfels. Wissenschaftlich definiert ist das Newton als Kraft, die benötigt wird, um 1 kg um 1 m/s^2 zu beschleunigen.

Kraft von 1 N

Kräftegleichgewicht

Wirken auf einen Körper zwei Kräfte mit gleichem Betrag, aber entgegengesetzter Richtung, nennt man dies Kräftegleichgewicht. Dabei heben sich die Kräfte gegenseitig auf. Eine Bewegungsänderung des Körpers geschieht nur dann, wenn die auf ihn wirkenden Kräfte nicht im Gleichgewicht sind.

Auf einen Blick

- ✓ Zwei einen Körper angreifende Kräfte sind im Gleichgewicht, wenn sie gleich groß und entgegengesetzt gerichtet sind.
- ✓ Kräfte im Gleichgewicht heben sich auf und ändern die Bewegung des Körpers nicht.
- ✓ Sind die Kräfte nicht im Gleichgewicht, ändern sie den Bewegungszustand des Körpers.

Kräfte im Gleichgewicht

Bei diesem Tauziehen ziehen beide Teams gleich stark. Die Kräfte sind im Gleichgewicht und heben sich gegenseitig auf, sodass es keine Bewegung gibt.

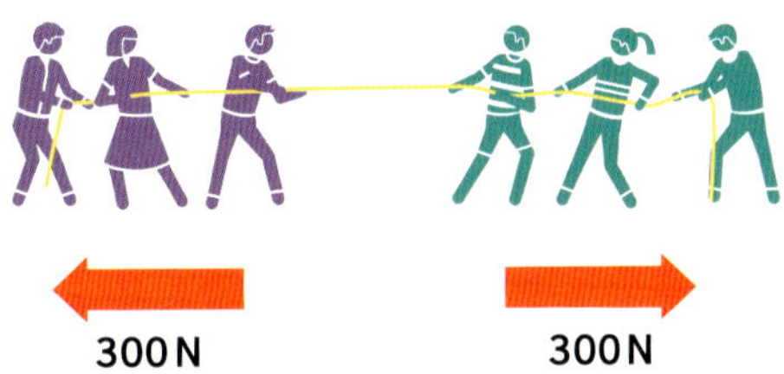

Kräfte im Ungleichgewicht

Wenn das violette Team stärker zieht, entsteht insgesamt eine Kraft in diese Richtung und die Teams beginnen sich zu bewegen.

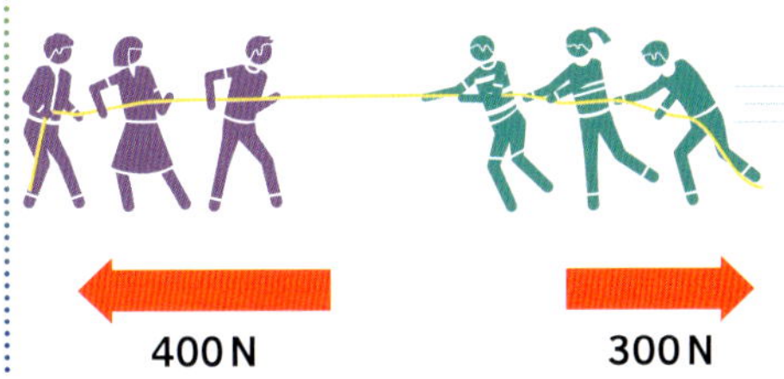

Bewegt sich ein Körper mit konstanter Geschwindigkeit, sind die an ihm angreifenden Kräfte im Gleichgewicht. Die Zugkraft des Hundes ist im Gleichgewicht mit der entgegengesetzten Reibung zwischen Schlitten und Schnee. Hund und Schlitten bewegen sich mit konstanter Geschwindigkeit.

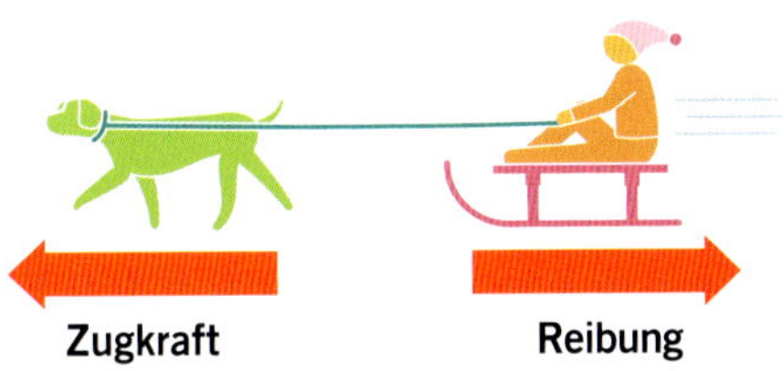

Wenn der Hund stoppt, entsteht ein Ungleichgewicht der Kräfte, sodass eine Kraft entgegengesetzt zur Richtung des Schlittens wirkt, der sich dadurch verlangsamt. Eine seitwärts gerichtete resultierende Kraft (z. B. starker Wind) würde die Bewegungsrichtung ändern.

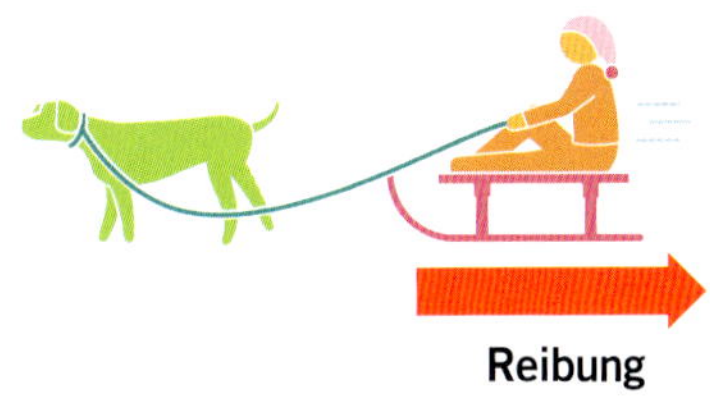

Erstes Newtonsches Gesetz

Im 18. Jahrhundert beschrieb der englische Forscher Isaac Newton die Wirkung von Kräften auf Bewegung mit dem ersten Newtonschen Gesetz der Bewegung. Dies besagt: Ein Körper bleibt in Ruhe oder bewegt sich geradlinig mit konstanter Geschwindigkeit, außer eine resultierende Kraft wirkt auf ihn ein. Wenn man z. B eine Murmel schnippt, rollt sie weiter, auch wenn die Kraft längst aufgehört hat.

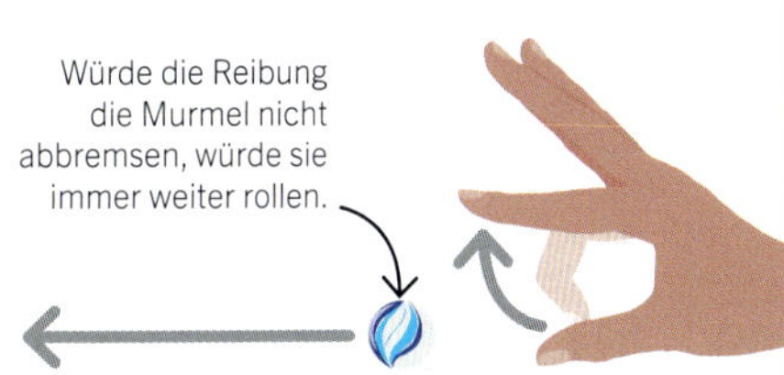

Resultierende Kräfte

Wenn mehrere Kräfte gleichzeitig an einem Körper angreifen, wirken sie alle gemeinsam, als ob es nur eine einzige Kraft gäbe (resultierende Kraft oder Resultierende genannt). Die Resultierende wird bestimmt, indem alle Kräfte als Pfeile in ein Diagramm eingezeichnet werden.

Die Resultierende bestimmen

Am Schlitten greifen mehrere Kräfte an. Das Gewicht des Schlittens, das ihn auf den Boden drückt, steht im Gleichgewicht mit einer Gegenkraft, die vom Boden aus aufwärts wirkt (eine solche Kraft senkrecht zu einer Fläche nennt man Normalkraft). Die Hunde erzeugen eine Zugkraft entlang der Seile, doch die Reibung mit dem Untergrund erzeugt eine entgegengesetzt gerichtete Kraft. Ist die Zugkraft größer als die Reibungskraft, ergibt sich eine Resultierende, die eine Bewegungsänderung hervorruft: eine Beschleunigung des Schlittens.

Auf einen Blick

- **Greifen mehrere Kräfte an einem Körper an, wirken alle gemeinsam, als ob es nur eine einzige Kraft gäbe (resultierende Kraft oder Resultierende).**
- **Auf einen Körper wirkende Kräfte können in einem Freikörperbild dargestellt werden.**
- **Wirken zwei Kräfte in dieselbe Richtung, ist der Betrag der Resultierenden die Summe der Beträge.**
- **Sind zwei Kräfte entgegengesetzt gerichtet, ist der Betrag der Resultierenden die Differenz der Beträge.**

Das Gewicht des Schlittens und die Normalkraft sind entgegengesetzt gleich, sodass die resultierende Kraft in senkrechter Richtung Null ist.

Eine Kraft von 750 N zieht den Schlitten vorwärts, eine Reibungskraft von 400 N ist rückwärts gerichtet. Daraus ergibt sich eine vorwärts gerichtete Resultierende von 750 N – 400 N = 350 N.

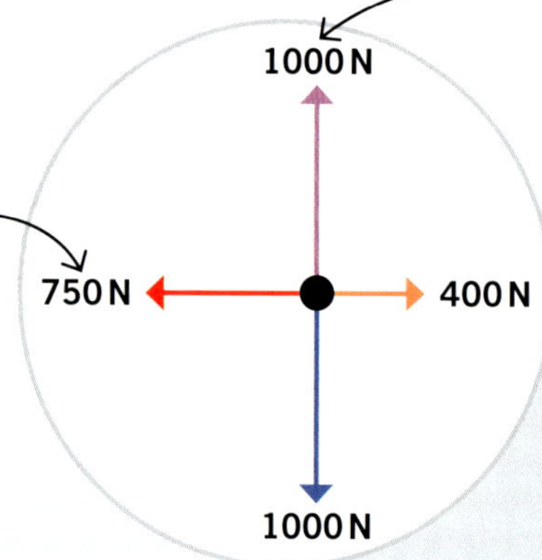

Freikörperbild

Da es eine Resultierende in diese Richtung gibt, beschleunigt der Schlitten.

Freikörperbilder

In einem Freikörperbild werden die Kräfte dargestellt, die an einem Körper angreifen. Man kann den Körper als Punkt oder Quadrat und die Kräfte als davon ausgehende, beschriftete Pfeile zeichnen. Hier sieht man ein Buch, das auf einem Tisch liegt. Gezeigt werden nur die auf das Buch wirkenden Kräfte. (Die auf den Tisch wirkenden Kräfte werden weggelassen.)

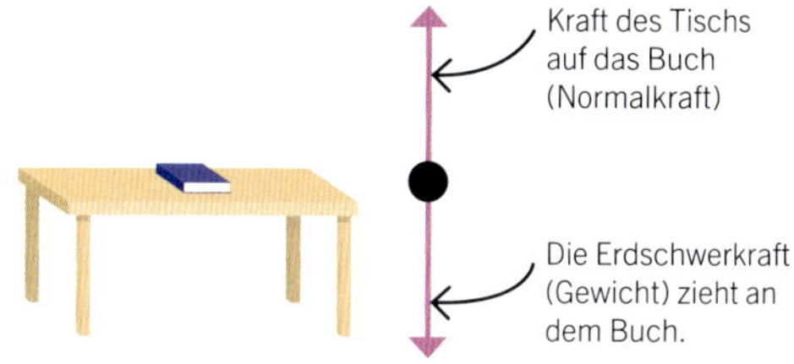

Resultierende Kräfte berechnen

Frage 1
Jemand drückt einen Flügel mit einer Kraft von 100 N, doch eine andere Person drückt mit 150 N in die entgegengesetzte Richtung. Bestimme die Resultierende!

Antwort 1

1. Zeichne in einem Freikörperbild die auf den Flügel wirkenden Kräfte ein.

2. Berechne die Lösung durch Subtrahieren.
   Resultierende = 150 N – 100 N
   = 50 N nach links

Frage 2
Zwei Personen versuchen, eine schwere Kiste zu verschieben. Die eine Person drückt mit einer Kraft von 100 N, die andere im rechten Winkel dazu mit einer Kraft von 120 N. Bestimme die Resultierende!

Antwort 2
Wenn Kräfte (oder andere Vektorgrößen) nicht entlang einer Geraden wirken, addiert man sie in einem maßstabsgetreuen Diagramm.

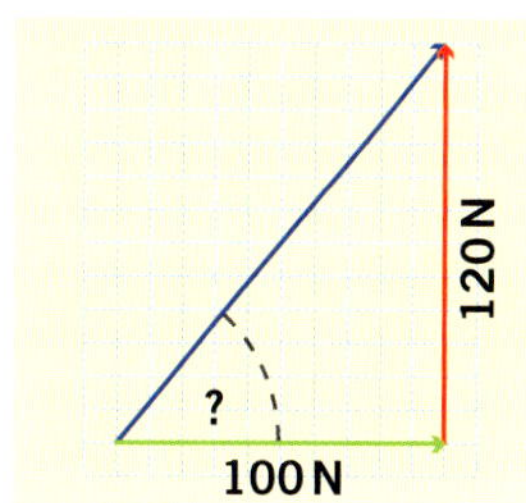

1. Zeichne die zweite Kraft ans Ende der ersten, sodass sich ein Dreieck ergibt. In diesem Diagramm gilt: 1 cm = 10 N.
2. Miss die schräge Seite des Dreiecks mit einem Lineal ab, um den Betrag der Kraft zu bestimmen.
3. Miss den Winkel mit einem Geodreieck, um die Richtung der Kraft zu bestimmen.
4. Gib in der Antwort sowohl Betrag als auch Richtung an.
   Kraft = 156 N bei einem Winkel von 50°.

Kräfte zerlegen

Kraftwirkungen sind am leichtesten zu verstehen, wenn die Kräfte senkrecht aufeinander stehen, doch eine Kraft kann in beliebigem Winkel angreifen. Dann ist es hilfreich, die Kraft in zwei Komponenten aufzuteilen, die zueinander senkrecht stehen, zusammen jedoch dieselbe Wirkung haben. Das nennt man Zerlegung von Kräften.

Auf einen Blick

- ✓ **Eine einzelne Kraft kann in zwei senkrecht zueinander stehende Kraftkomponenten zerlegt werden.**
- ✓ **Man zerlegt Kräfte in einem maßstabsgetreuen Diagramm oder mithilfe von Trigonometrie.**

Zugkraft
Dieser Entdecker zieht schwere Ausrüstung über einen Gletscher. Dabei wendet er eine Kraft von 50 N in einem Winkel von 30° zum Boden auf. Es ist zweckmäßig, diese Kraft in eine waagerechte und eine senkrechte Komponente zu zerlegen, da man dann aus der waagerechten Komponente die Beschleunigung des Schlittens berechnen kann. Um die Kraft zu zerlegen, zeichne ein maßstabsgetreues Dreieck. Dabei entspricht 1 cm einer Kraft von 1 N. Miss die waagerechte und die senkrechte Seite des Dreiecks ab, um die zwei Komponenten zu erhalten.

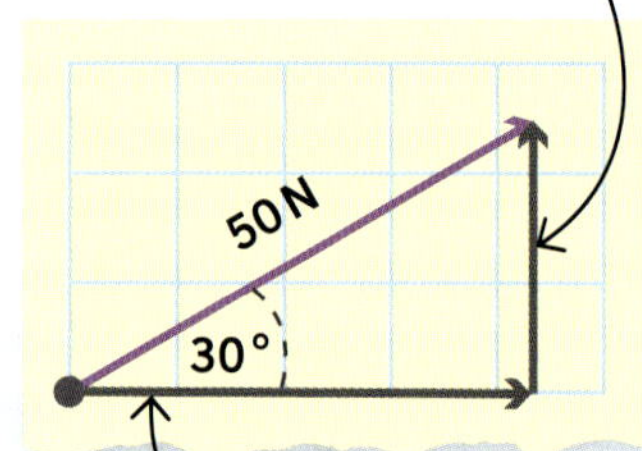

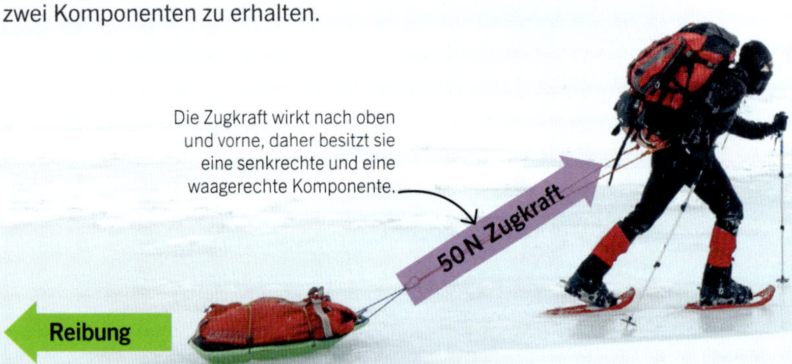

Kräftezerlegungen berechnen

Man kann Kräfte geometrisch mithilfe einer maßstabsgetreuen Zeichnung zerlegen, doch schneller und genauer ist die Trigonometrie. Um z. B. die senkrechte Komponente zu bestimmen, also die Zugkraft im Seil, verwendet man die Formel für den Sinus (s. rechts), mit der man die Höhe eines rechtwinkligen Dreiecks berechnet, wenn der Winkel (θ) und die Länge der Hypotenuse (schräge Strecke) bekannt sind.

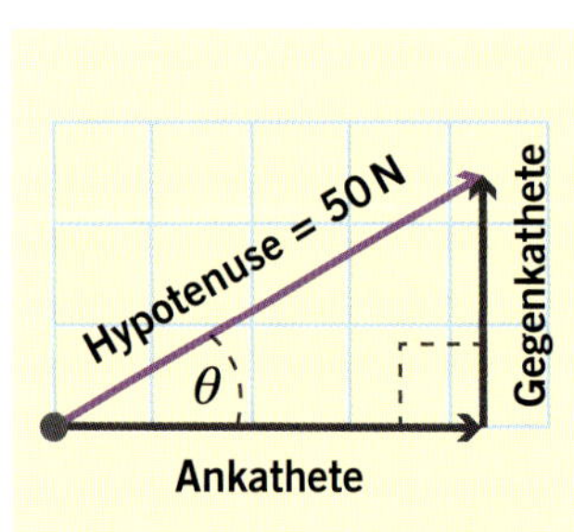

$$\sin\theta = \frac{\text{Gegenkathete}}{\text{Hypotenuse}}$$

Löse die Formel nach der Gegenkathete auf:

$$\text{Gegenkathete} = \text{Hypotenuse} \cdot \sin\theta$$
$$= 50\,\text{N} \cdot \sin(30°)$$
$$= 25\,\text{N}$$

Benutze den Taschenrechner.

Masse und Gewicht

Die meisten Leute kennen ihr Gewicht in Kilogramm, doch in den Naturwissenschaften wird die Masse in Kilogramm gemessen, nicht das Gewicht. Masse und Gewicht sind nicht dasselbe. Masse ist ein Maß für die Menge an Materie, die ein Körper besitzt. Gewicht ist die Schwerkraft, die auf einen Körper wirkt. Es ist eine Kraft und wird deshalb in Newton gemessen.

Auf einen Blick

- ✓ Gewicht ist die Kraft auf einen Körper infolge der Schwerkraft.
- ✓ Masse wird in Kilogramm, Gewicht in Newton gemessen.
- ✓ Das Gewicht kann man mit einem Kraftmesser messen.
- ✓ Das Gewicht kann aus der Masse und der Schwerefeldstärke berechnet werden.

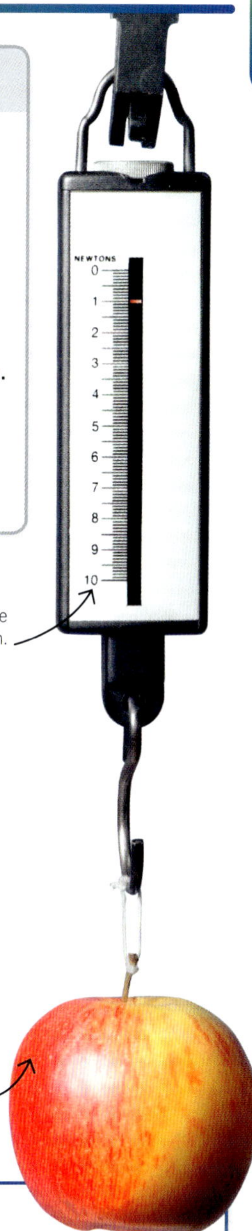

Die Skala zeigt die Kraft in Newton (N) an.

Ein Apfel mit einer Masse von 0,1 kg wird aufgrund der Erdschwerkraft mit einer Kraft von 1 N angezogen.

Gewicht messen

Man kann das Gewicht eines Körpers mit einem Kraftmesser messen. Dieser besitzt eine Feder, die sich entlang der Skala ausdehnt, wenn sich die am Haken ziehende Kraft vergrößert. Man kann das Gewicht auch mit der unten stehenden Formel berechnen. Diese berücksichtigt die Stärke der Schwerkraft, die auf verschiedenen Planeten unterschiedlich ist. Während das Gewicht eines Körpers von der Stärke der Schwerkraft abhängt, ist seine Masse überall gleich.

$$\text{Gewicht (N)} = \text{Masse (kg)} \cdot \text{Schwerefeldstärke (N/kg)}$$

$$G = m \cdot g$$

Auf der Erdoberfläche ist die Schwerefeldstärke $g = 10\,\text{N/kg}$.

Gewicht berechnen

Frage

Curiosity ist ein Marsfahrzeug. Seine Masse beträgt 899 kg und die Schwerefeldstärke auf dem Mars 3,7 N/kg. Berechne das Gewicht von *Curiosity* auf dem Mars. Wie viel wiegt es auf der Erde?

Antwort

$$\text{Gewicht (Mars)} = m \cdot g = 899\,\text{kg} \cdot 3{,}7\,\text{N/kg} = 3326\,\text{N} \approx 3300\,\text{N}$$

$$\text{Gewicht (Erde)} = m \cdot g = 899\,\text{kg} \cdot 10\,\text{N/kg} = 8990\,\text{N} \approx 9000\,\text{N}$$

(jeweils auf 2 signifikante Stellen gerundet)

Federn

Wenn man eine Feder dehnt oder staucht, ist die Längenänderung proportional zur angelegten Kraft. Diese Beziehung nennt man Hookesches Gesetz.

Hookesches Gesetz

Hängt man ein Gewicht an eine Feder, wird sie ein wenig länger. Hängt man ein doppelt so großes Gewicht daran, verdoppelt sich auch die Verlängerung. Die Verlängerung (bzw. Stauchung) von Federn und anderen elastischen Körpern ist proportional zur angelegten Kraft. Diese Beziehung wird durch die unten stehende Formel ausgedrückt. Bei Kraftmessern wird dieses Prinzip verwendet – wenn man am Haken eines Kraftmessers zieht, verlängert sich die innen liegende Feder.

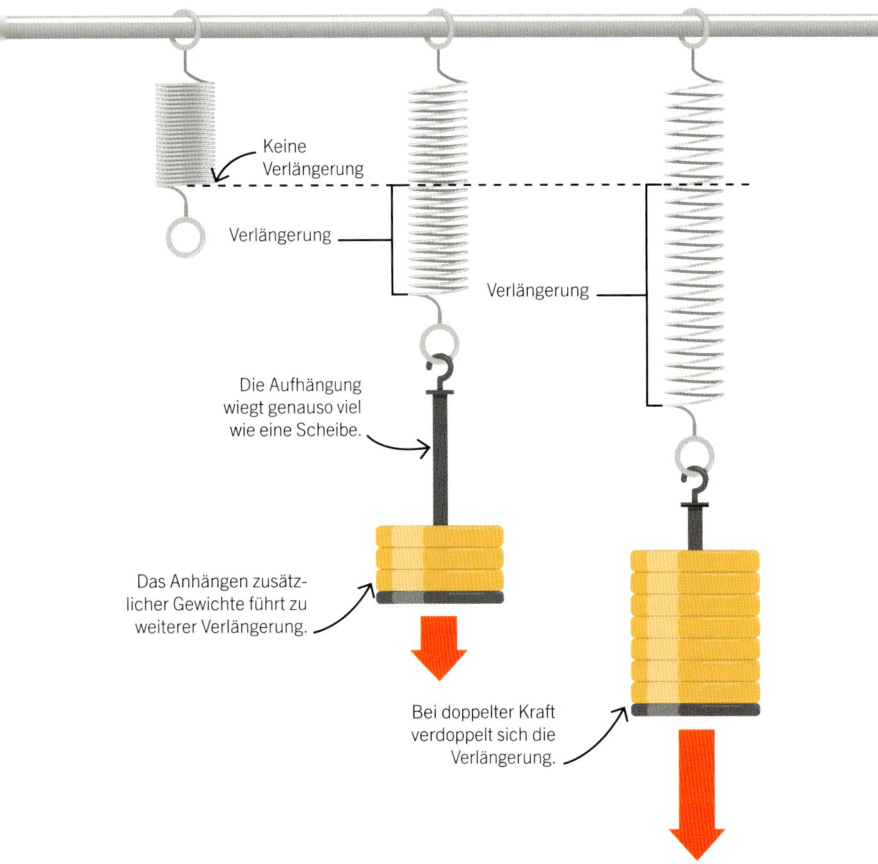

Kraft (N) = Federkonstante (N/m) · Verlängerung (m)

$$F = D \cdot s$$

Auf einen Blick

- **Hookesches Gesetz: Die Verlängerung einer Feder ist direkt proportional zur angelegten Kraft.**
- **Elastische Verformungen sind umkehrbare Formänderungen.**
- **Inelastische Verformungen sind nicht umkehrbare Formänderungen.**
- **Das Hookesche Gesetz gilt bis zur sogenannten Proportionalitätsgrenze.**
- **Bei der Verformung einer Feder wird Arbeit verrichtet und elastische Energie gespeichert.**

Federkonstante berechnen

Der Wert *D*, die Federkonstante, ist bei verschiedenen Federn unterschiedlich. Je höher *D*, um so steifer ist die Feder.

Frage
Eine Feder wird durch eine Kraft von 2 N gedehnt und verlängert sich dabei um 5 cm. Berechne die Federkonstante.

Antwort
Löse die Formel nach *D* auf. Beachte, dass du die Verlängerung in Meter umrechnen musst.

$$D = \frac{F}{s}$$

$$D = \frac{2\,\text{N}}{0{,}05\,\text{m}}$$

$$D = 40\,\text{N/m}$$

Proportionalitätsgrenze

Das Hookesche Gesetz ist nur bis zu einem bestimmten Punkt gültig, der sogenannten Proportionalitätsgrenze. Jenseits davon ist die Beziehung nicht linear. Wenn ein elastischer Körper weiter gedehnt bzw. gestaucht wird, kann er beschädigt werden und nicht mehr in seine Ausgangsform zurückkehren. Diesen Punkt nennt man Elastizitätsgrenze. Ihr Wert ist abhängig vom Material.

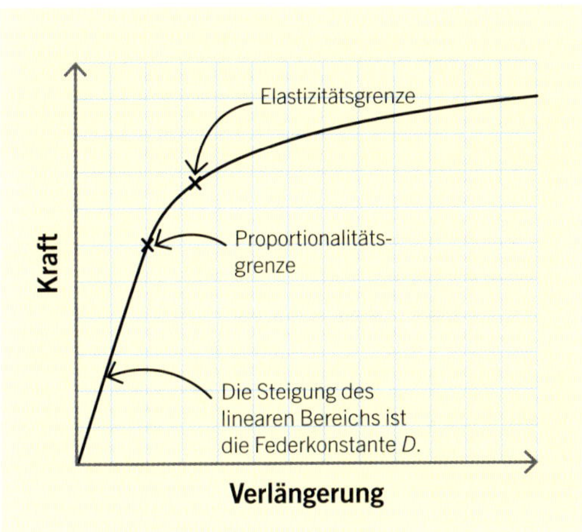

Elastische/inelastische Verformung

Lässt man eine gedehnte Feder los, kehrt sie in ihre Ausgangsform zurück. Das nennt man elastische Verformung. Dehnt man die Feder dagegen über die Elastizitätsgrenze hinaus, ändert sich ihre Form dauerhaft (inelastische Verformung). Unterschiedliche Materialien können unterschiedlich hohe elastische Verformungen aushalten, bevor sie die Elastizitätsgrenze erreichen.

Ein Tennisball kann fast ganz flach zusammengepresst werden, ohne seine Elastizitätsgrenze zu erreichen, und springt dann in die Ausgangsform zurück.

Eine Getränkedose hat eine niedrige Elastizitätsgrenze. Wenn man sie mit genug Kraft zerdrückt, nimmt sie nicht wieder die vorherige Form an.

Glas hat eine hohe Elastizitätsgrenze. Deshalb springen Murmeln wieder hoch. Doch bei einer zu hohen Kraft zerspringt das Glas.

Knetgummi erreicht seine Elastizitätsgrenze beinahe sofort, wenn eine Kraft angelegt wird. Deshalb ist es ideal zum Modellieren.

Elastische Energie

Eine Kraft, die einen elastischen Körper dehnt oder staucht, verrichtet Arbeit und speichert elastische Energie im Körper. Wird dieser entlastet, kehrt er zu seiner Ausgangsform zurück und die elastische wird zu kinetischer Energie umgewandelt. Daher fliegt ein gespanntes Gummi durch das ganze Zimmer, wenn man es loslässt, und ein Bungeespringer schnellt nach dem Fallen wieder hoch. Dies ist die Gleichung für elastische Energie:

$$\textbf{Elastische Energie (J)} = \frac{1}{2} \cdot \textbf{Federkonstante (N/m)} \cdot \textbf{Verlängerung im Quadrat (m}^2\textbf{)}$$

$$E = \frac{1}{2} \cdot D \cdot s^2$$

Frage
Ein Bungeeseil hat eine Federkonstante von 90 N/m und eine Verlängerung von 8 m, wenn der Bungeejumper zur Ruhe gekommen ist. Wie viel elastische Energie speichert das Seil nun?

Antwort

$E = \frac{1}{2} \cdot 90\,\text{N/m} \cdot 8\,\text{m} \cdot 8\,\text{m}$

$E = 2880\,\text{J}$

Federn untersuchen

Kräfte können Körper verformen, z. B. wenn man an einer Feder zieht. Beim Untersuchen der Auswirkung einer Zugkraft auf eine Feder ergibt sich, dass die Federverlängerung direkt proportional zur angelegten Kraft ist.

Auf einen Blick

- Das Anlegen einer Kraft an eine Feder verursacht eine Dehnung oder Stauchung.
- Die Vergrößerung der Länge eines Körpers bezeichnet man als Verlängerung.
- Die Verlängerung einer Feder ist direkt proportional zur angelegten Kraft.

Versuchsaufbau

Bei dieser Untersuchung werden immer größere Massen an eine Feder gehängt, die von einer Klemme herabhängt. Die resultierende Federverlängerung – ausgehend von der Ausgangslänge der Feder – wird mit einem Lineal abgemessen und notiert. Um die Beziehung zwischen Kraft und Verlängerung zu untersuchen, werden die Ergebnisse in ein Diagramm eingezeichnet.

Aufsicht durch Lehrkraft erforderlich

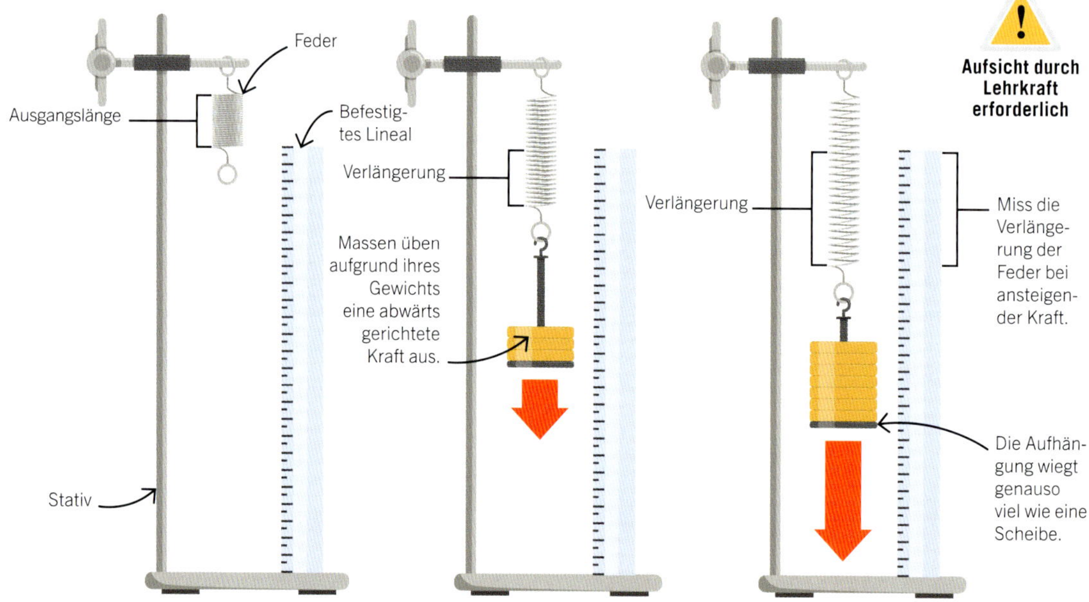

Ergebnisse

Zeichne die Ergebnisse in ein Diagramm mit der Kraft in Newton auf der y-Achse und der Federverlängerung auf der x-Achse. Beim Verbinden der Messpunkte sollte sich eine Gerade ergeben, die beweist, dass es sich um eine lineare Beziehung handelt. Die Gerade sollte zudem durch den Ursprung (0; 0) verlaufen, d. h. dass die Verlängerung direkt proportional zur Kraft ist (doppelte Kraft – doppelte Verlängerung). Wenn man jedoch zu viele Massestücke anhängt und die Feder überlastet, wird die Beziehung zwischen Kraft und Verlängerung nicht linear und die Gerade geht in eine gekrümmte Kurve über.

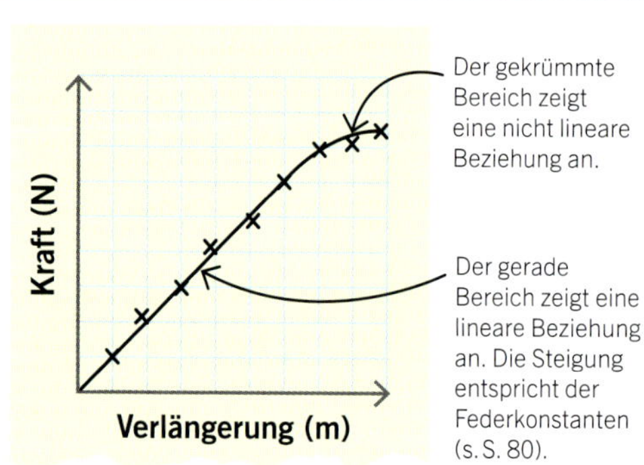

Verformung

Kräfte bewirken bei Körpern nicht nur Bewegungs-, sondern auch Gestaltänderungen. Diese bezeichnet man als Verformungen. Um die Form eines ruhenden Körpers zu verändern, werden zwei oder mehr Kräfte benötigt, die in unterschiedliche Richtungen wirken.

Auf einen Blick

- Eine Gestaltänderung aufgrund von Kräften wird Verformung genannt.
- Um die Gestalt eines Körpers zu ändern, werden zwei oder mehr Kräfte benötigt, die in unterschiedliche Richtungen wirken.
- Die Art der Verformung, die ein Körper erfährt, hängt von der Richtung und den Angriffspunkten der Kräfte ab.

Verformungsarten

Dehnung, Stauchung, Biegung und Torsion – oder Kombinationen dieser Verformungen – sind die Arten, wie Körper ihre Gestalt ändern können. Wie sich ein Körper verformt, hängt von der Anzahl und der Richtung der angreifenden Kräfte ab.

Stauchung

Wenn ein Kräftepaar einen Körper in entgegengesetzte Richtungen drückt, erzeugt dies eine Stauchung und der Körper wird zusammengedrückt. Spielzeuge wie ein Hüpfball erfahren eine elastische Stauchung bei jedem Hüpfer, bevor sie in ihre Ausgangsform zurückkehren.

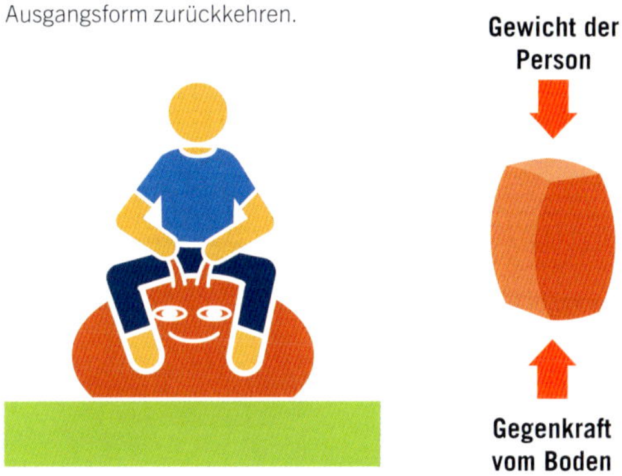

Dehnung

Wenn ein Kräftepaar an einem Körper in entgegengesetzte Richtungen zieht, erzeugt dies eine Zugkraft, wodurch der Körper gedehnt wird. Während eines Bungeesprungs erfährt das Seil eine abwärts gerichtete Kraft aufgrund des Gewichts des Springers und eine aufwärts gerichtete Kraft von der Plattform, an der das Seil befestigt ist.

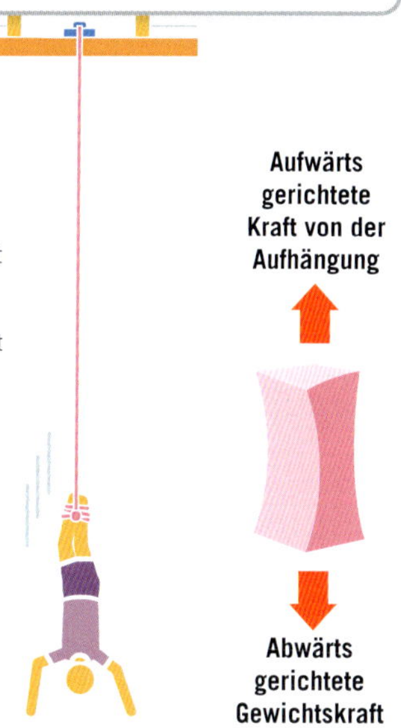

Biegung

Wenn zwei oder mehr Kräfte in verschiedenen Richtungen auf einen Körper einwirken, können sie eine Biegung verursachen. Die Holme beim Barren oder Reck – die eine geringe elastische Verformung zulassen – biegen sich durch, wenn das Gewicht des Turners in der Mitte angreift und aufwärts gerichtete Kräfte von der Aufhängung an den Enden angreifen.

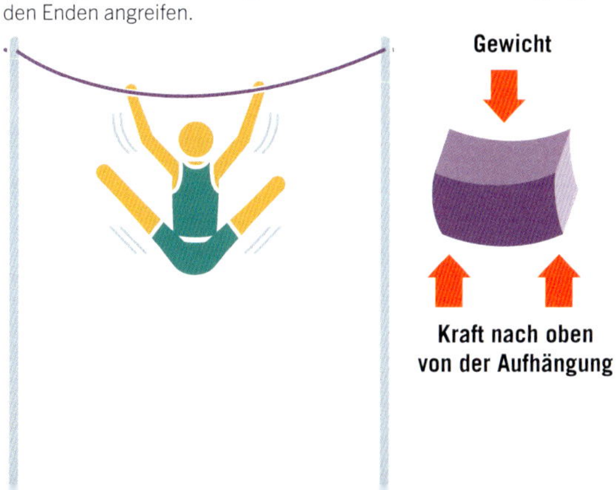

Torsion

Ein Paar Drehkräfte, die an verschiedenen Angriffspunkten eines Körpers in entgegengesetzte Richtung angreifen, können eine Torsion (Verdrehung) verursachen. Die Torsion ist eine Form von Scherung: einer Verformung durch Kräftepaare, die nicht auf einer Linie liegen („Scherkräfte").

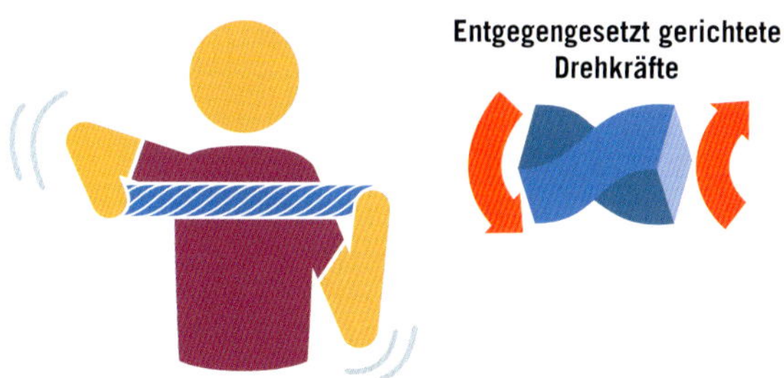

Drehmomente

Für die meisten Leute bedeutet ein „Moment" ein paar Sekunden, doch der physikalische Begriff „Drehmoment" hat nichts mit Zeit zu tun. Ein Drehmoment ist die von einer Kraft verursachte Drehwirkung, die einen Körper zur Rotation um einen festen Punkt (den Drehpunkt) bringt. Drehmomente treten ständig auf: bei der Türklinke, der Fahrradpedale oder beim Armbeugen.

Auf einen Blick

- **Ein Drehmoment ist die Drehwirkung einer Kraft.**
- **Die Gleichung für das Drehmoment ist Drehmoment = Kraft · Hebelarm.**
- **Werkzeuge wie Schraubenschlüssel und Hebel funktionieren durch die Erzeugung großer Drehmomente.**

Wie Schraubenschlüssel funktionieren

Wenn man mit einem Schraubenschlüssel eine Mutter löst, erzeugt die Kraft der Hand eine Drehwirkung, d.h. ein Drehmoment, das die Mutter dreht. Je länger der Schraubenschlüssel, umso größer das Drehmoment und umso leichter das Lösen einer festsitzenden Mutter. Die Einheit des Drehmoments ist Newtonmeter (Nm). Mit dieser Formel kann man Drehmomente berechnen.

$$\text{Drehmoment (Nm)} = \text{Kraft (N)} \cdot \text{Hebelarm (m)}$$

$$M = F \cdot r$$

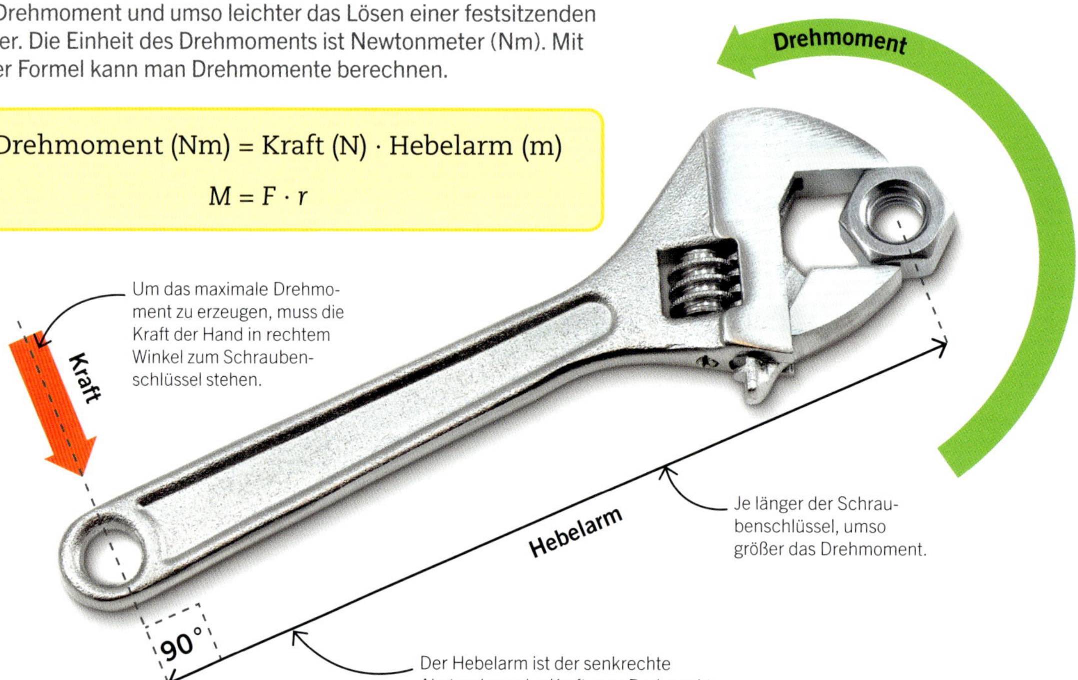

Um das maximale Drehmoment zu erzeugen, muss die Kraft der Hand in rechtem Winkel zum Schraubenschlüssel stehen.

Je länger der Schraubenschlüssel, umso größer das Drehmoment.

Der Hebelarm ist der senkrechte Abstand von der Kraft zum Drehpunkt.

Drehmomente berechnen

Frage

Eine Schraube wird mit einem 20cm langen Schraubenschlüssel gelöst. Wenn man an das Ende des Schraubenschlüssels eine Kraft von 30N anlegt, wie groß ist dann das Drehmoment in Nm (Newtonmeter)?

Antwort

Der Hebelarm muss in Meter umgerechnet werden: 20cm = 0,2m.

$M = F \cdot r$

$= 30\,N \cdot 0{,}2\,m$

$= 6\,Nm$

Drehmomentensatz

Ist die Summe der Drehmomente im Uhrzeigersinn gleich der Summe der Drehmomente im Gegenuhrzeigersinn, dreht sich der Körper nicht. Dies wird als Drehmomentensatz bezeichnet und ist wichtig für Körper im Gleichgewicht. Bei einem Turmkran wird der Drehmomentensatz benutzt, damit der Kran im Gleichgewicht bleibt. Ein Gegengewicht an der Rückseite erzeugt ein entgegengesetzt gerichtetes Drehmoment zu dem von der Last erzeugten Drehmoment.

Turmkran

Im Gleichgewicht bleiben

Frage

Diese Wippe ist im Gleichgewicht. Wie groß ist das Gewicht (in Newton) der Person auf der rechten Seite?

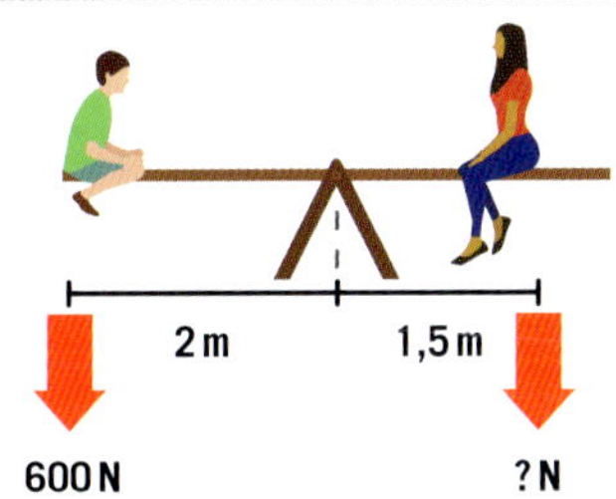

Antwort

1. Berechne zunächst das Drehmoment im Gegenuhrzeigersinn, das die Person links erzeugt.

$$M = F \cdot r$$
$$= 600\,\text{N} \cdot 2\,\text{m}$$
$$= 1200\,\text{Nm}$$

2. Die Wippe ist im Gleichgewicht, daher ist das Drehmoment im Uhrzeigersinn ebenfalls 1200 Nm. Um die Lösung zu erhalten, löse die Drehmomentgleichung nach der Kraft auf.

$$F = \frac{M}{r}$$
$$= \frac{1200\,\text{Nm}}{1{,}5\,\text{m}}$$
$$= 800\,\text{N}$$

Schwerpunkt

Das Gewicht eines Körpers (oder jede andere Kraft) kann man sich als an einem einzigen Punkt angreifend denken: dem Schwerpunkt. Ob ein Körper stabil ist, hängt von der Lage seines Schwerpunkts ab.

Der Schwebevogel

Dieser Spielzeugvogel sieht nicht so aus, als könnte er auf seinem Schnabel balancieren. Doch weil sich seine Flügelspitzen nach vorne ausbreiten und beschwert sind, befindet sich der Schwerpunkt des Vogels im Schnabel. Sowohl die schweren Flügel als auch der hintere Teil des Körpers erzeugen Drehmomente, die sich jedoch ausgleichen, genau wie bei einer Wippe.

Auf einen Blick

- ✓ Das Gewicht eines Körpers kann man sich als an einem einzigem Punkt angreifend denken: dem Schwerpunkt.
- ✓ Der Schwerpunkt kann sich, abhängig von der Gestalt, innerhalb oder außerhalb eines Körpers befinden.
- ✓ Ein Körper ist stabil, wenn sein Schwerpunkt über seiner Grundfläche liegt, und instabil, wenn er außerhalb der Grundfläche liegt.

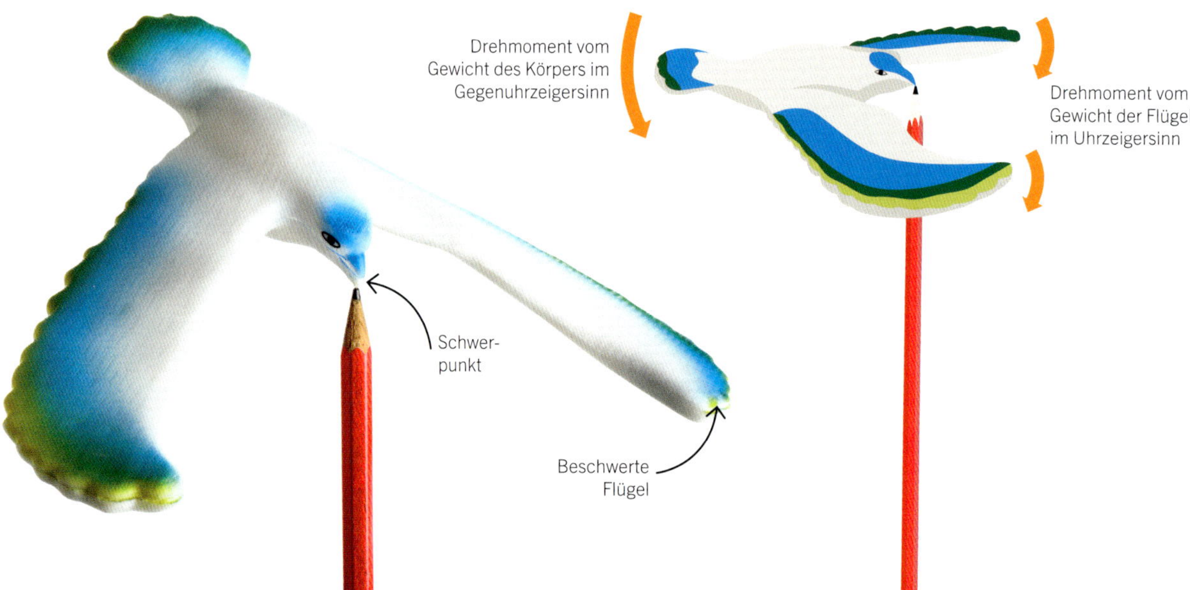

Stabilität

Ein Körper ist stabil, wenn sich sein Schwerpunkt über seiner Grundfläche befindet. Hohe Körper mit einer schmalen Grundfläche kippen leicht, da bereits eine kleine Bewegung den Schwerpunkt außerhalb der Grundfläche bringen kann. Stabile Körper haben meistens einen niedrigen Schwerpunkt und eine große Grundfläche.

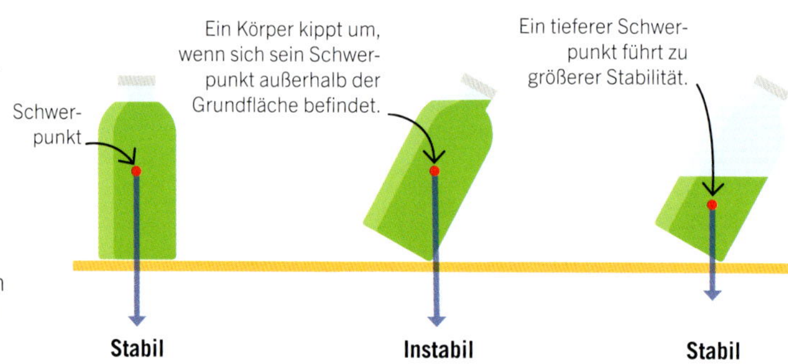

Den Schwerpunkt bestimmen

Um bei einer unregelmäßigen zweidimensionalen Form (ebenen Schicht) den Schwerpunkt zu bestimmen, hängt man sie frei drehbar an eine senkrechte Oberfläche. Wenn die Form in Ruhe ist, hängt man an die Nadel ein Lot (ein Gewicht an einem Faden), entlang dessen man eine senkrechte Linie auf dem Körper einzeichnet. Dann hängt man die Form an zwei weiteren Drehpunkten auf. Der Schnittpunkt der Linien ist der Schwerpunkt.

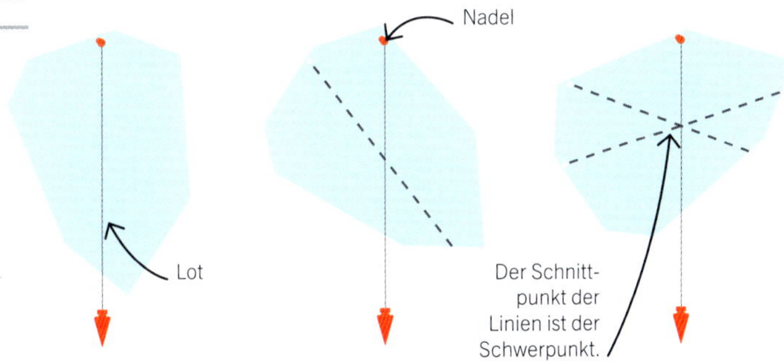

Stabilität im Gelände
Geländewagen sind so konstruiert, dass sie einen sehr niedrigen Schwerpunkt und eine große Spurweite haben, sodass sie steilen oder holprigen Untergrund bewältigen können, ohne instabil zu werden.

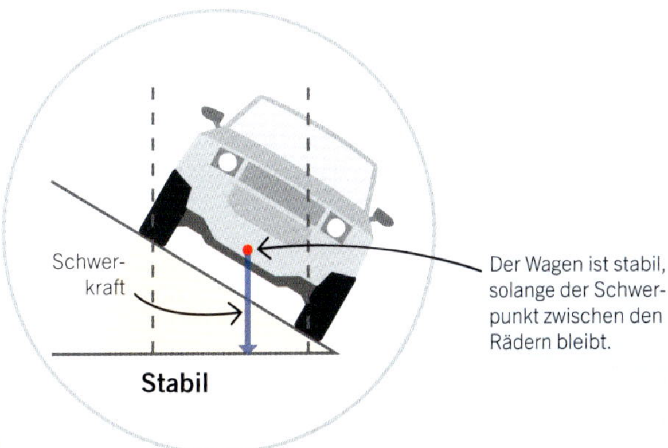

Hebel

Hebel sind einfache Maschinen, die Kraftwirkungen vergrößern oder verringern. Man benutzt sie ständig, oft sogar unbemerkt. Scheren, Schubkarren, Türklinken und sogar unsere Arme und Beine nutzen die Hebelwirkung.

Wie Hebel funktionieren

Eine Schubkarre ist ein Hebel, der das Heben von Lasten erleichtert. Wie alle Hebel dreht sie sich um eine Drehachse bzw. einen Drehpunkt, in diesem Fall das Rad. Wird eine Kraft an die Griffe angelegt, um die Schubkarre anzuheben, wird eine vergrößerte Kraft erzeugt, die die Last in der Karre übertrifft. Je weiter die angreifende Kraft von der Last entfernt ist, umso stärker ist die Kraftvergrößerung.

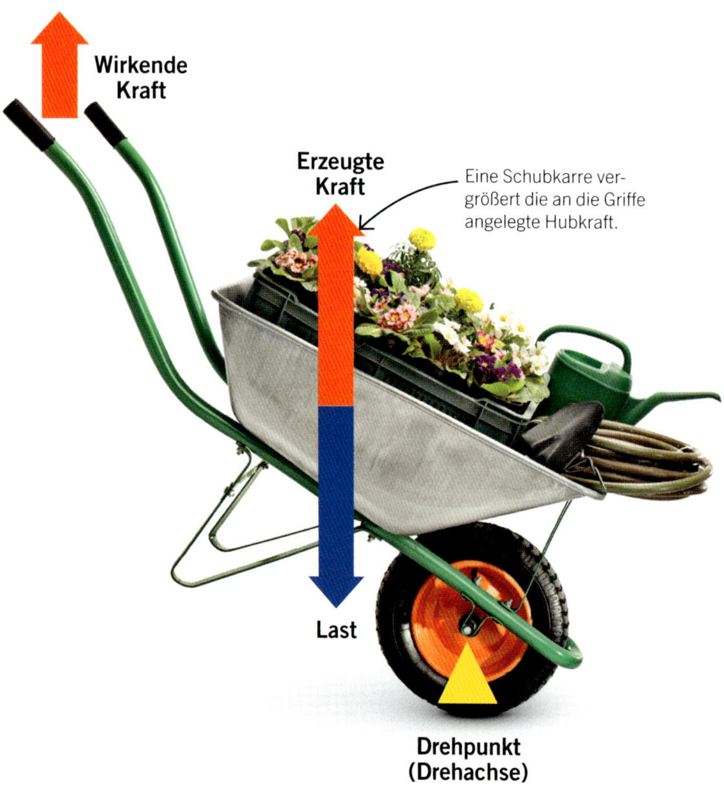

Auf einen Blick

- ✓ **Ein Hebel ist ein starrer Körper, der um einen festen Drehpunkt (Drehachse) rotieren kann.**
- ✓ **Hebel können Kraftwirkungen vergrößern oder verringern.**
- ✓ **Hebel, die eine Kraft vergrößern, verringern den Weg der Last.**
- ✓ **Hebel, die eine Kraft verringern, vergrößern den Weg der Last.**

Wirkende Kraft berechnen

Frage
Eine mit Erde gefüllte Schubkarre wiegt 450 N. Der Abstand ihres Schwerpunkts vom Rad beträgt 0,5 m. Wenn der Abstand der Griffe zum Rad 1,8 m beträgt, wie groß ist Kraft, die zum Heben der gefüllten Schubkarre benötigt wird?

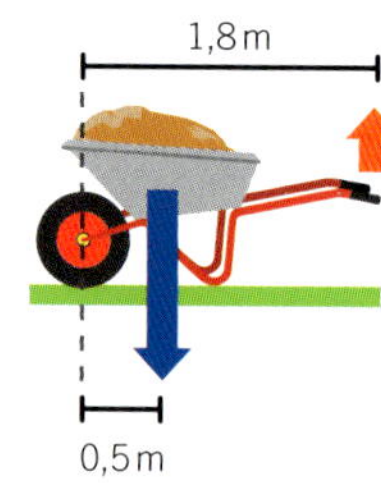

Antwort
Verwende zuerst die Drehmomentgleichung (s. S. 84), um das Drehmoment aufgrund der Last zu berechnen.

Drehmoment (Nm) = Kraft (N) · Hebelarm (m)
= 450 N · 0,5 m
= 225 Nm

Berechne dann die Kraft, die ein gleich großes Drehmoment an den Griffen erzeugt. Stelle die Formel nach der Kraft um.

$$F = \frac{M}{r} = \frac{225\,\text{Nm}}{1{,}8\,\text{m}} = 125\,\text{N}$$

Arten von Hebeln

Man unterscheidet einseitige und zweiseitige Hebel, je nachdem, wie Kraft, Last und Drehpunkt zueinander angeordnet sind. Ist der Abstand Kraft-Drehpunkt größer als der Abstand Last-Drehpunkt, vergrößert der Hebel die Kraft. Ist der Abstand Kraft-Drehpunkt kleiner, verringert er die Kraft und vergrößert den Weg.

Zweiseitig

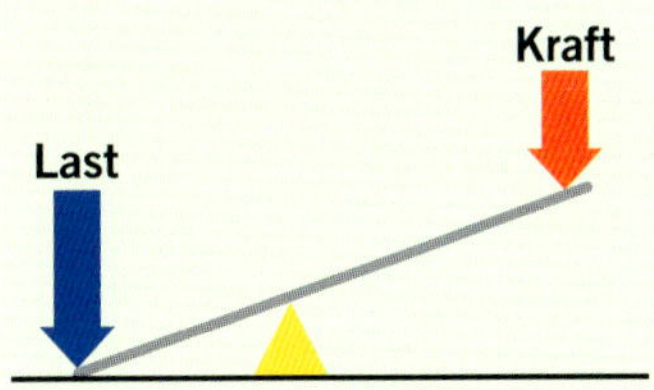

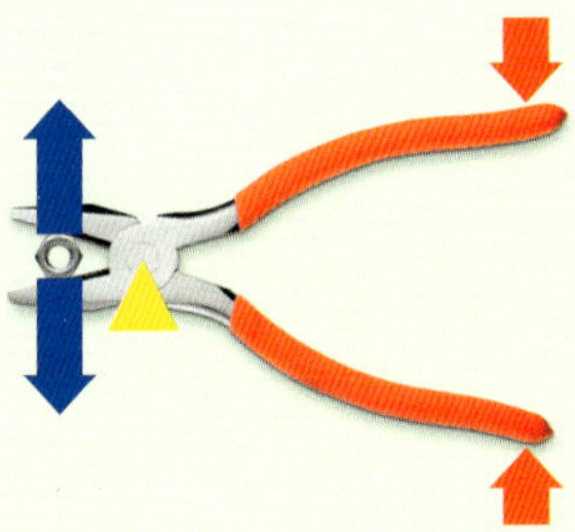

Bei zweiseitigen Hebeln liegt der Drehpunkt zwischen Kraft und Last. Zweiseitige Hebel können Kräfte vergrößern oder verkleinern. Zangen vergrößern Kräfte, sodass kleine Objekte fest gegriffen werden können.

Einseitig mit Kraftgewinn

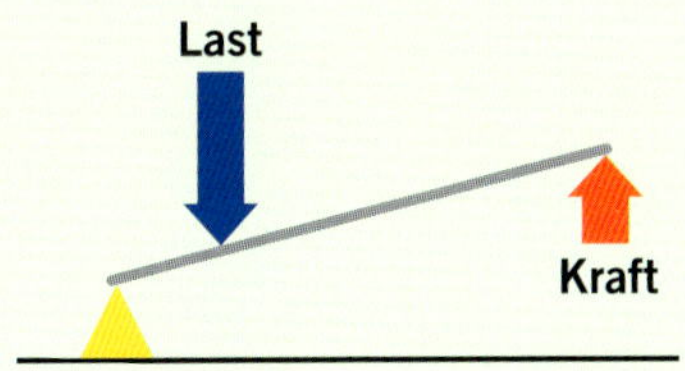

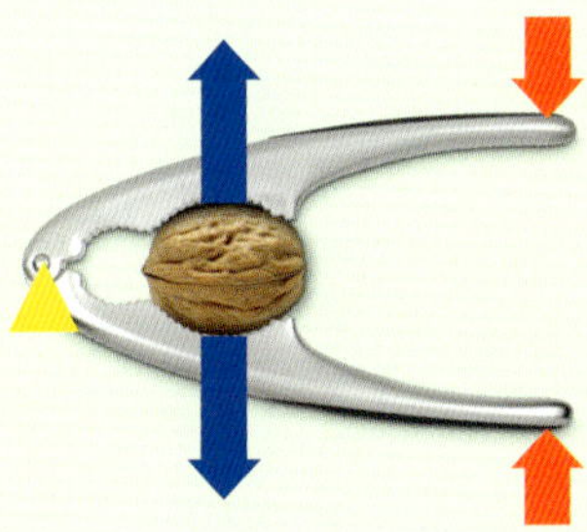

Einseitige Hebel, bei denen sich die Last zwischen Drehpunkt und angreifender Kraft befindet, vergrößern die eingesetzte Kraft. So erleichtert beispielsweise ein Nussknacker die Mühe.

Einseitig mit Weggewinn

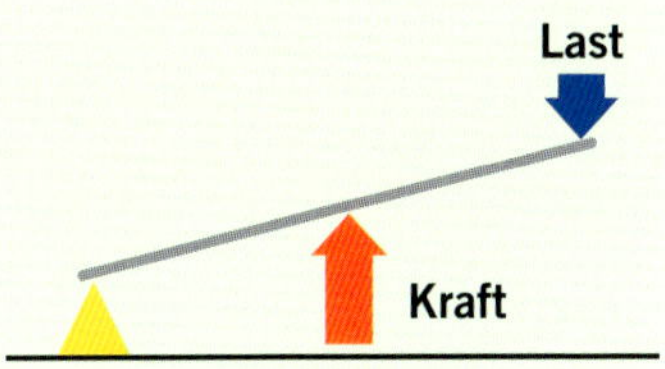

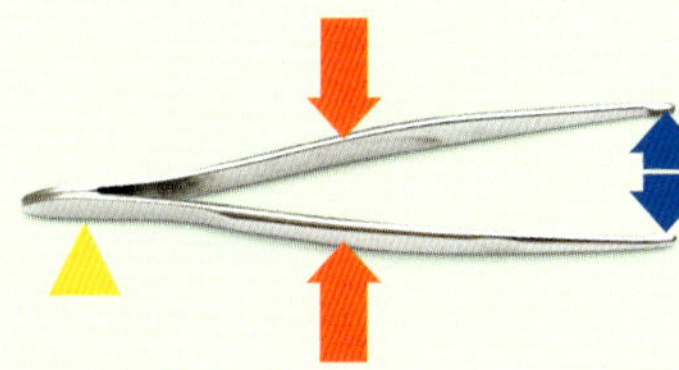

Einseitige Hebel, bei denen sich die Kraft zwischen Drehpunkt und Last befindet, verringern die eingesetzte Kraft. Mit einer Pinzette und ähnlichen Hebeln kann man empfindliche Objekte vorsichtiger greifen.

Maschinen

Mechanische Geräte, die Kräfte vergrößern oder verringern bzw. die Kraftrichtung verändern, nennt man Maschinen. Einfache Maschinen, wie z. B. Hebel, sind häufig Teil komplexerer Maschinen mit mehreren beweglichen Teilen. Bei diesem Bild ist ein Hebel über ein Getriebe mit einer Zahnstange verbunden, die sich nach unten bewegt, wenn der Hebel gedrückt wird. Dadurch wird die Kraft des Nutzers beim Orangenpressen vergrößert.

Drehpunkt

Hebel

Die Saftpresse bewegt sich langsamer nach unten als der Hebel, aber mit viel stärkerer Kraft.

Zahnräder

Zahnräder sind Räder mit gezähnter Kante, die beim Ineinandergreifen Drehkräfte übertragen. Wie Hebel können sie Drehmomente vergrößern oder verringern.

Auf einen Blick

- ✓ Ein Zahnrad ist ein Rad mit einer gezähnten Kante.
- ✓ Zahnräder übertragen Drehkräfte.
- ✓ Wenn das Abtriebsrad größer als das Antriebsrad ist, dreht sich Ersteres langsamer, doch mit größerem Drehmoment (stärkerer Drehkraft).
- ✓ Wenn das Abtriebsrad kleiner als das Antriebsrad ist, dreht sich Ersteres schneller, doch mit kleinerem Drehmoment (geringerer Drehkraft).

Wie Zahnräder funktionieren

Ein Zahnrad überträgt Drehkräfte, wenn seine Zähne in die Zähne eines weiteren Zahnrads eingreifen. Die Kräfte, die an den Zähnen wirken, sind bei beiden Zahnrädern gleich groß, doch die Drehmomente (die auf die Achsen ausgeübten Drehkräfte) sind unterschiedlich, wenn verbundene Zahnräder unterschiedlich viele Zähne haben.

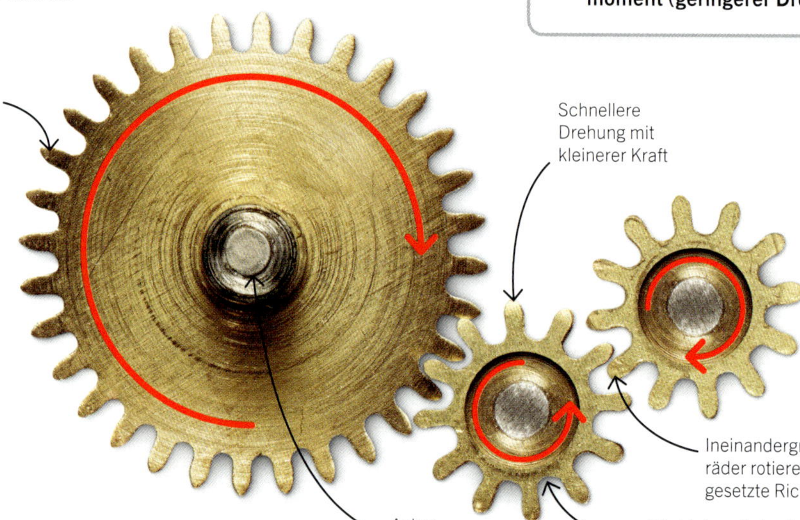

Verwendung

Zahnräder vergrößern entweder das Drehmoment oder sie erhöhen die Drehgeschwindigkeit. Das hängt davon ab, ob das antreibende Zahnrad größer oder kleiner als das angetriebene Zahnrad ist.

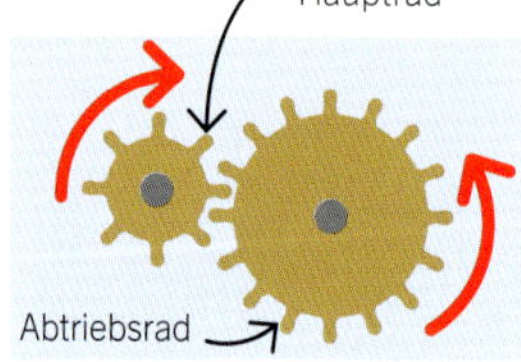

Ist das angetriebene Zahnrad (Abtriebsrad) größer als das Antriebsrad, erzeugt der größere Abstand zwischen den Zähnen und der Achse ein größeres Drehmoment. Diese Anordnung vergrößert die Drehkraft.

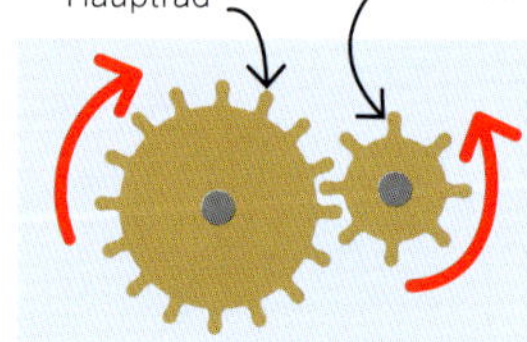

Ist das Abtriebsrad kleiner als das Antriebsrad, erzeugt es ein kleineres Drehmoment auf die Achse, aber rotiert schneller. Diese Anordnung vergrößert die Geschwindigkeit.

Bei einem Fahrrad sind die Zahnräder durch die Kette verbunden. Wählt man vorne ein kleines und hinten ein großes Zahnrad, ist das Drehmoment groß – ideal zum Bergauffahren. Bei einem großen Zahnrad vorne und einem kleinen hinten fährt man schneller.

Weitere einfache Maschinen

Hebel und Zahnräder sind nicht die einzigen einfachen Maschinen, die Kräfte vergrößern oder verringern können. Jede der hier vorgestellten einfachen Maschinen macht durch Kraftänderung die Arbeit leichter.

Auf einen Blick

- **Einfache Maschinen können Kräfte vergrößern, verringern oder die Kraftrichtung verändern. Dadurch erleichtern sie die Arbeit.**
- **Einfache Maschinen sind z. B. Hebel, Zahnräder, schiefe Ebenen, Keile, Schrauben, Wellräder und Seilrollen.**

Keile

Ein Keil besitzt ein dickes und ein dünnes Ende. Übt man eine abwärts gerichtete Kraft auf das dicke Ende aus, vergrößert das dünne Ende die Kraft und treibt den Keil seitwärts ein. So wird der Körper gespalten.

Schiefe Ebenen

Die Neigung einer schiefen Ebene erleichtert es, schwere Körper anzuheben. Je flacher die Neigung, umso kleiner die benötigte Kraft. Der Weg der Last ist jedoch länger, sodass die verrichtete Arbeit zum Anheben des Körpers gleich bleibt.

Wellräder

Ein Wellrad funktioniert wie ein kreisförmiger Hebel und kann ebenso Kräfte vergrößern oder verringern. Wird eine Kraft auf den Rand des Rades ausgeübt, wie beim Lenkrad, wird die Drehkraft am Umfang der Welle vergrößert. Wird eine Kraft auf die Welle ausgeübt, ist die Kraft am Rand des Rades kleiner, aber der Rand bewegt sich schneller als der Umfang der Achse, z. B. beim Fahrrad.

Schrauben

Eine Schraube ist eine schiefe Ebene, die um einen Zylinder gewickelt ist. Jede Drehung des Schraubendrehers treibt die Schraubenspitze eine kleine Strecke vorwärts, doch mit größerer Kraft, als der Schraubendreher auf die Schraube ausübt.

Seilrollen

Eine Seilrolle ist ein Seil oder Kabel, das über ein oder mehrere Rollen läuft. Wird nur eine einzelne Rolle benutzt, ändert die Seilrolle lediglich die Kraftrichtung. Werden jedoch zwei Rollen wie dargestellt angeordnet, verdoppelt die Seilrolle die Hubkraft. Eine Seilrolle mit drei Rollen kann die Hubkraft verdreifachen.

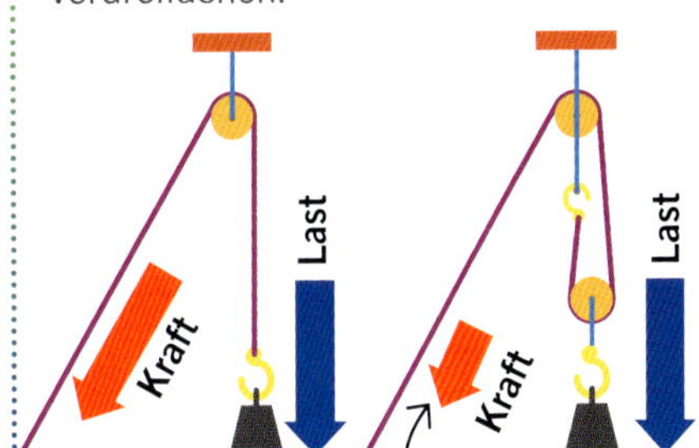

Eine Seilrolle mit zwei Rollen halbiert die zum Heben der Last benötigte Kraft.

Kraft und Gegenkraft

Der englische Forscher Isaac Newton erkannte, dass Kräfte immer als Paare auftreten. Er erklärte, dass jede Kraft („Actio") eine entgegengesetzt gleiche Gegenkraft („Reactio") erzeuge. Das ist das dritte Newtonsche Gesetz.

Auf einen Blick

- Das dritte Newtonsche Gesetz besagt, dass jede Kraft von einer gleich großen, aber entgegengesetzt gerichteten Kraft begleitet ist.
- Kraft-Gegenkraft-Paare bestehen immer aus derselben Kraftart und wirken zwischen zwei Körpern.
- Kraft und Gegenkraft sollte man nicht mit Kräften im Gleichgewicht verwechseln.

Actio und Reactio

Dieser Hund zieht an einem Handtuch, doch das Handtuch übt auch eine Zugkraft auf den Hund aus. Die beiden Kräfte werden als Kraft und Gegenkraft bezeichnet und sind unabhängig davon vorhanden, ob der Hund in Bewegung oder in Ruhe ist. Zusätzlich übt der Hund seine Gewichtskraft auf den Boden aus. Dazu gehört ebenfalls eine Gegenkraft: Der Boden drückt aufwärts auf den Hund. Kraft- und Gegenkraftpaare unterscheiden sich von Kräften im Gleichgewicht. Diese wirken auf denselben Körper, während Kraft- und Gegenkraftpaare zwischen zwei Körpern wirken.

Wirkung von Kraft und Gegenkraft

Kraft und Gegenkraft sind beides echte Kräfte, die zu Bewegungs- oder Formänderungen bei den beteiligten Körpern führen können. Drückt z. B. eine Skateboarderin gegen eine Wand, übt sie eine Kraft auf die Wand aus, welche gleichzeitig eine gegengleiche Kraft auf sie ausübt. Die Wand bewegt sich nicht, doch die Skateboarderin erhält einen entgegengesetzt gerichteten Stoß. Stößt sie einen anderen Skateboardfahrer an, bewegen sich beide in entgegengesetzte Richtungen.

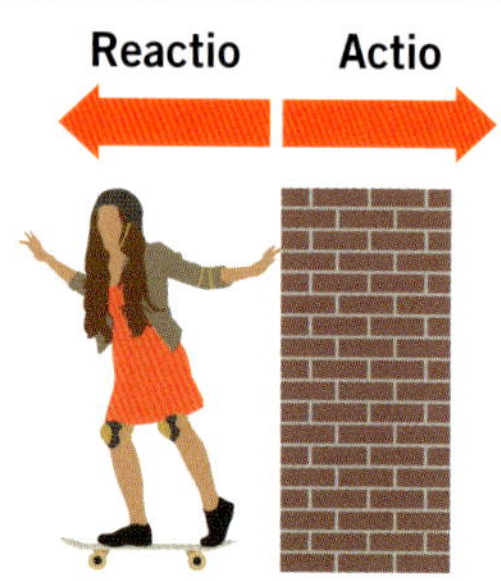

Die Skateboarderin bewegt sich.

Beide bewegen sich, aber in entgegengesetzte Richtungen.

Felder

Nicht bei allen Kräften ist direkter Kontakt nötig. Manche Kräfte wie die Schwerkraft wirken aus der Ferne. Bei diesen berührungslosen Kräften ist ein sogenanntes Feld vorhanden: ein Bereich um einen Körper, in dem der Körper Kräfte ausüben kann.

Fernwirkung
Gravitation, Magnetismus und die Anziehung bzw. Abstoßung von geladenen Teilchen sind Kräfte, die durch ein Feld vermittelt werden. Alle Körper mit Masse sind von Gravitationsfeldern umgeben, doch die Gravitationskraft ist nur in der Nähe sehr massiver Körper, wie z. B. der Erde, spürbar. Die Stärke einer berührungslosen Kraft auf einen Körper hängt von der Feldstärke, von der Lage des Körpers im Feld und von seinen Eigenschaften ab. So ist die Anziehungskraft der Erde auf Körper umso größer, je näher diese ihr sind und je mehr Masse sie besitzen.

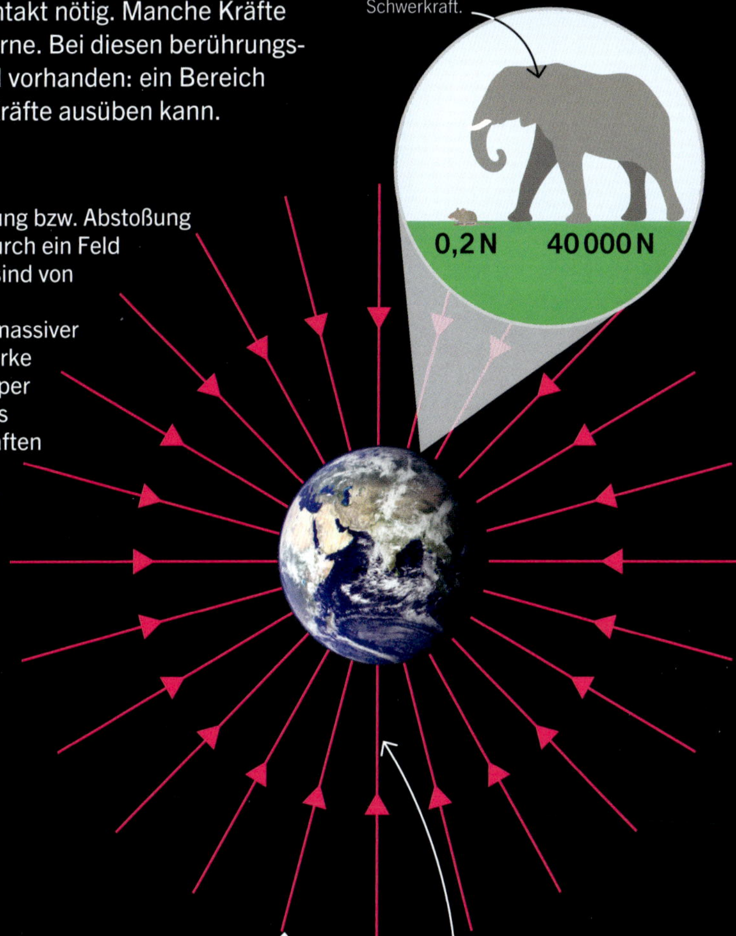

Auf einen Blick

- ✓ Berührungslose Kräfte wirken durch ein Feld.
- ✓ Ein Feld ist der Bereich um einen Körper, in dem der Körper Kräfte ausüben kann.
- ✓ Die Höhe einer Kraft hängt von der Feldstärke, der Lage des Körpers im Feld und seinen Eigenschaften ab.

Drittes Newtonsches Gesetz

Das dritte Newtonsche Gesetz besagt, dass zu jeder Kraft eine gleichgroße Gegenkraft in gegengesetzter Richtung existiert. Dies gilt auch für berührungslose Kräfte, die durch Felder vermittelt werden. Beispielsweise übt die Erde eine Gravitationskraft auf einen Menschen auf der Erdoberfläche aus. Doch dieser Mensch besitzt ebenfalls ein eigenes Gravitationsfeld und übt eine entgegengesetzt gleiche Kraft auf die Erde aus. Da jedoch die Erdmasse so gewaltig ist, ist die Wirkung dieser Gegenkraft nicht wahrnehmbar.

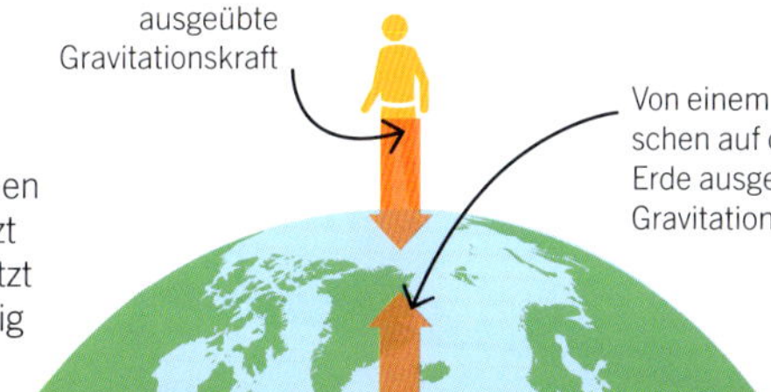

Gravitationsgesetz

Alle Körper, die eine Masse haben, von Galaxien bis zu Atomen, üben durch ihre Gravitationsfelder eine anziehende Kraft auf andere Körper mit Masse aus. Die Größe der Kraft zwischen zwei Körpern kann man mit dem Newtonschen Gravitationsgesetz berechnen, das der englische Forscher Isaac Newton aufstellte.

Auf einen Blick

- Jeder Körper mit Masse ist von einem Gravitationsfeld umgeben, in dem andere Körper mit Masse angezogen werden.
- Die Gravitationskraft zwischen zwei Körpern ist proportional zum Produkt ihrer Massen.
- Die Gravitationskraft zwischen zwei Körpern ist umgekehrt proportional zum Quadrat ihres Abstands.

Erde und Mond

Newton verwendete Mond- und Planetenbeobachtungen, um sein Gravitationsgesetz zu entwickeln. Er erkannte, dass die Gravitationskraft zwischen zwei beliebigen Körpern proportional zum Produkt ihrer Massen ist. Doch die Gravitation verringert sich, wenn sich die Körper voneinander entfernen, und zwar proportional zum Quadrat des Abstandes ihrer Schwerpunkte. Diese Beziehung kann als Gleichung geschrieben werden.

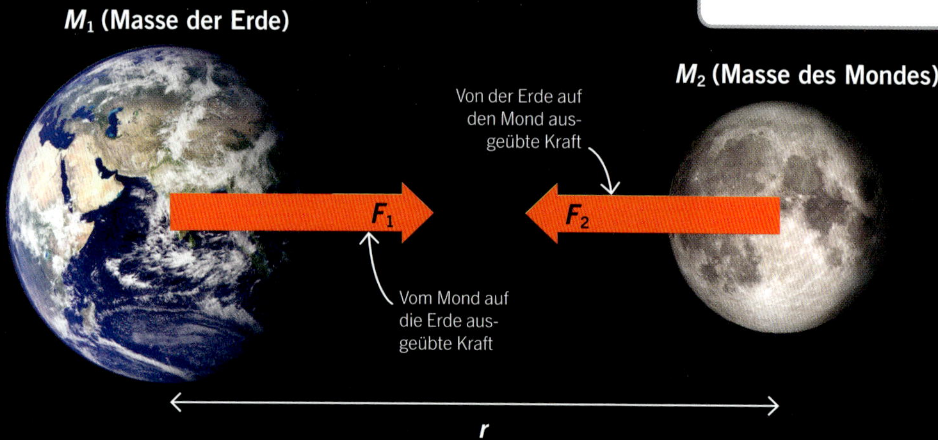

Der Buchstabe G steht für eine Zahl, die man Gravitationskonstante nennt.

$$F_1 = F_2 = G\,\frac{M_1 \cdot M_2}{r^2}$$

r ist der Abstand der Schwerpunkte der beiden Körper.

Das quadratische Abstandsgesetz

Das Newtonsche Gravitationsgesetz entspricht einem Muster, das man das quadratische Abstandsgesetz nennt: Vergrößert sich der Abstand zwischen zwei Körpern, nimmt die gegenseitige Gravitationskraft mit dem Quadrat ihres Abstands ab. In der Natur gibt es viele Beispiele für Eigenschaften, die diesem Muster folgen, u.a. die Lichtintensität und die Coulombkraft zwischen geladenen Körpern.

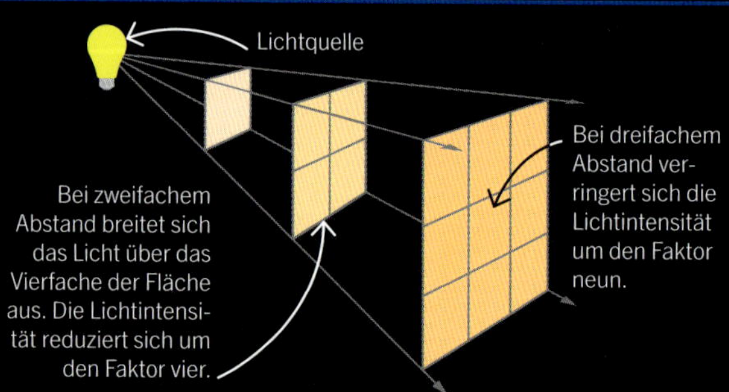

Kraft und Bewegung

Kreisbewegung

Viele Körper bewegen sich auf gekrümmten oder kreisförmigen Bahnen, angefangen vom Mond bei seiner Bahn um die Erde bis zu den Fahrgästen auf einem Karussell. Die Kraft, die Körper zu einer kreisförmigen Bewegung bringt, wird Zentripetalkraft genannt.

Auf einen Blick

- ✓ **Eine Kreisbewegung wird durch eine nach innen gerichtete Zentripetalkraft verursacht.**
- ✓ **Ohne Zentripetalkraft bewegt sich ein Körper geradlinig.**
- ✓ **Die Zentrifugalkraft ist eine Scheinkraft, die Körper auf gekrümmten Bahnen erfahren.**
- ✓ **Die für eine Kreisbahn notwendige Kraft nimmt mit steigender Masse und Geschwindigkeit des Körpers zu und mit steigendem Radius ab.**

Zentripetalkraft

Beim Hammerwurf lässt der Werfer eine schwere Kugel kreisen, bevor er sie loslässt. Der Geschwindigkeitsvektor der Kugel ändert sich beim Kreisen ständig, d.h. der Ball wird beschleunigt. Jede Beschleunigung wird durch eine Kraft hervorgerufen, in diesem Fall ist dies ein Zug im Stahldraht. Das ist ein Beispiel für eine Zentripetalkraft. Wenn die Zentripetalkraft plötzlich nicht mehr wirkt, fliegt der Körper geradlinig fort.

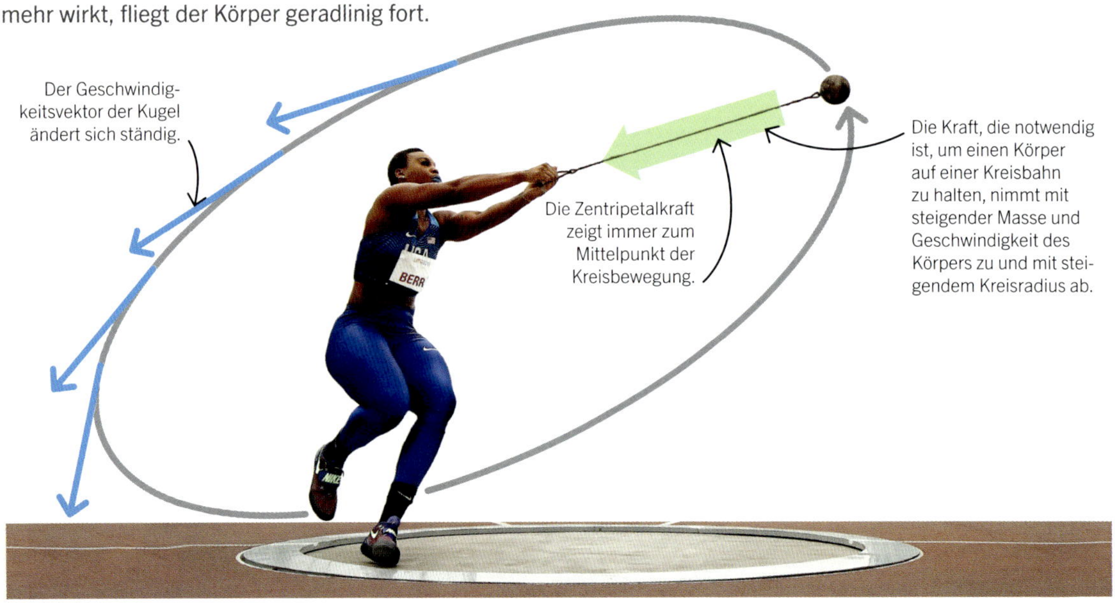

Zentrifugalkraft

Auf einem Karussell spürt man so etwas wie eine Kraft. Man wird nach außen gezogen und der Sitz steigt hoch. Das ist die sogenannte Zentrifugalkraft, aber es ist keine echte Kraft. Sie fühlt sich nur vom Standpunkt des Fahrgasts so an, daher bezeichnet man sie als Scheinkraft. Sie ist eine Folge davon, dass die Zentripetalkraft den Fahrgast zum Zentrum zieht, während seine Masse aufgrund ihrer Trägheit versucht, sich geradlinig zu bewegen.

Zweites Newtonsches Gesetz

Greift eine Kraft, die nicht im Gleichgewicht ist, an einem Körper an, wird der Körper beschleunigt. Der englische Forscher Isaac Newton stellte eine Beziehung zwischen der Größe der Kraft, der Masse des Körpers und seiner Beschleunigung auf, das zweite Newtonsche Gesetz.

Kraft, Masse und Beschleunigung

Ein Kleinbus mit sehr viel Gepäck beschleunigt aufgrund seiner größeren Masse langsamer als ein Bus ohne Gepäck. Je größer die Masse, umso geringer die Beschleunigung. Fahrzeuge mit stärkeren Motoren beschleunigen schneller, weil sie größere Antriebskräfte erzeugen können. Je größer die Kraft, umso größer die Beschleunigung. Die Beziehung zwischen Kraft, Masse und Beschleunigung wird durch diese Gleichung beschrieben.

$$\text{Kraft (N)} = \text{Masse (kg)} \cdot \text{Beschleunigung (m/s}^2\text{)}$$

$$F = m \cdot a$$

Der Bus ohne Gepäck beschleunigt schneller.

Auf einen Blick

- ✓ Je größer die Kraft auf einen Körper, umso größer die Beschleunigung.
- ✓ Je größer die Masse eines Körpers, umso geringer die Beschleunigung.
- ✓ Das zweite Newtonsche Gesetz kann als Gleichung geschrieben werden: Kraft = Masse · Beschleunigung.
- ✓ Die träge Masse ist ein Maß dafür, wie schwierig es ist, die Geschwindigkeit eines Körpers zu ändern.

Träge Masse

Es ist schwierig, massereiche Körper in Bewegung zu bringen und wieder zu stoppen. Man sagt, dass sie eine große Trägheit besitzen. Die träge Masse ist ein Maß dafür, wie schwierig es ist, die Geschwindigkeit eines Körpers zu ändern. Sie ist definiert als Verhältnis von Kraft zu Beschleunigung.

$$m = \frac{F}{a}$$

Beschleunigung berechnen

Frage

Ein Wagen mit 500 kg Masse wird mit einer Kraft von 90 N geschoben. Wie groß ist die Beschleunigung?

Antwort

Löse die Formel nach der Beschleunigung auf.

$$a = \frac{F}{m}$$

$$= \frac{90\,\text{N}}{500\,\text{kg}}$$

$$= 0{,}18\,\text{m/s}^2$$

Beschleunigung untersuchen

Dieser Versuch demonstriert die Wirkung von Kraft und Masse auf den Bewegungszustand. Man verwendet hängende Gewichte dazu, einen Wagen über eine schiefe Ebene zu ziehen. Es zeigt sich, dass die Beschleunigung direkt proportional zur Kraft (doppelte Kraft, doppelte Beschleunigung) und umgekehrt proportional zur Masse (doppelte Masse, halbe Beschleunigung) ist.

Auf einen Blick

- ✓ **Eine Erhöhung der Kraft auf einen bewegten Körper erhöht seine Beschleunigung.**
- ✓ **Die Beschleunigung ist direkt proportional zur Kraft.**
- ✓ **Die Beschleunigung ist umgekehrt proportional zur Masse.**

Beschleunigter Wagen
Für den Versuch kann ein Aufbau wie der nachfolgend dargestellte verwendet werden. Lichtschranken messen die Geschwindigkeit des Wagens an zwei Stellen auf der schiefen Ebene und ein Datenlogger berechnet die Beschleunigung aus den beiden Geschwindigkeiten und der Zeit zwischen den Messungen. Die Neigung der schiefen Ebene gleicht die Reibung aus.

Aufsicht durch Lehrkraft erforderlich

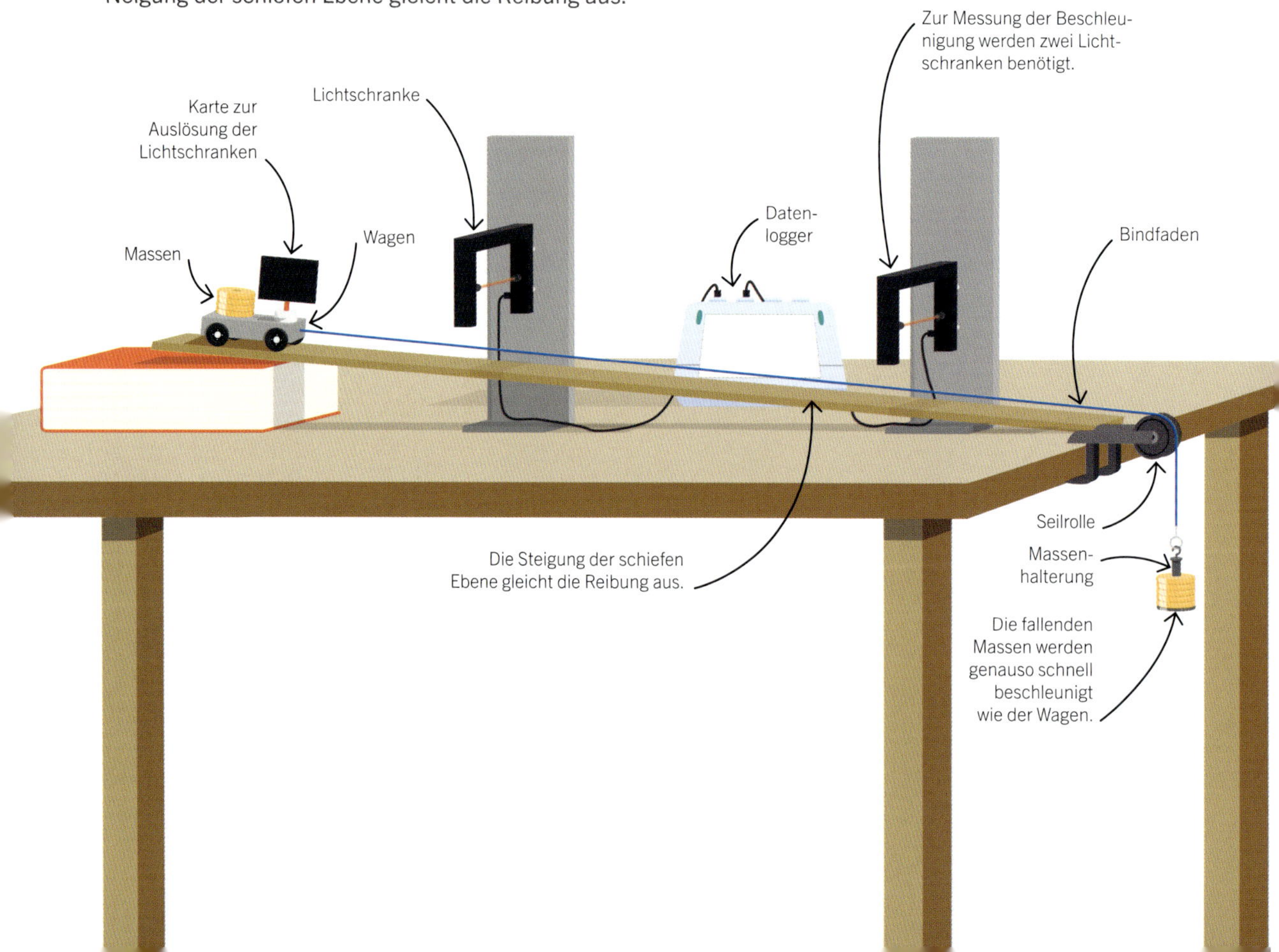

Durchführung

Teil 1: Einfluss der Kraft auf die Beschleunigung

1. Baue den Versuch entsprechend der Abbildung auf und stelle den Datenlogger zur Berechnung der Beschleunigung ein.
2. Stelle die Steigung der schiefen Ebene so ein, dass ein unbeladener Wagen bei leichtem Stoß mit konstanter Geschwindigkeit rollt.
3. Befestige eine Masse am Fadenende und neun auf dem Wagen. Wenn der Halter eine gleich große Masse wie ein Massenstück hat, nimm den Halter als erste Masse. Notiere die Gesamtmasse des Systems (Wagen plus alle Massen).
4. Lass den Wagen oben auf der Ebene los und notiere die Beschleunigung. Wiederhole dies zweimal und berechne den Mittelwert der drei Beschleunigungsmessungen.
5. Zur Erhöhung der Kraft nimm eine Masse vom Wagen und hänge sie an den Faden. Wiederhole Schritt 4. Wiederhole den Versuch, bis 10 Massen am Faden sind. Notiere die Daten in einer Tabelle.

Teil 2: Einfluss der Masse auf die Beschleunigung

1. Verwende denselben Aufbau wie zuvor, befestige zu Beginn jedoch 5 Massen am Fadenende und keine auf dem Wagen.
2. Lass den Wagen die schiefe Ebene herunterrollen. Notiere die Gesamtmasse (Wagen und Massen) und die Beschleunigung. Lass den Wagen noch zweimal herunterrollen und berechne den Mittelwert der drei Beschleunigungsmessungen.
3. Lege eine zusätzliche Masse auf den Wagen und wiederhole Schritt 2. Wiederhole mit zusätzlichen Massen, bis 5 Massen auf dem Wagen liegen.

Ergebnisse

Ergebnis 1

Verwende die Daten des ersten Versuchs, um in einem Diagramm die Beschleunigung über der Kraft aufzutragen. Da die Beschleunigung die abhängige Variable ist, gehört sie auf die y-Achse. Die Punkte sollten eine Gerade durch den Ursprung ergeben (0; 0), d. h. dass die Beschleunigung direkt proportional zur Kraft ist.

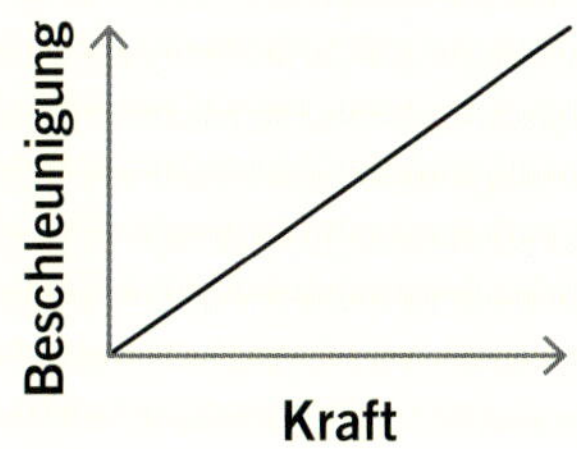

Ergebnis 2

Trage in einem Diagramm die Beschleunigung über der Masse ein. Dabei sollte sich eine fallende Kurve ergeben, die eine umgekehrt proportionale Beziehung nachweist (doppelte Masse, halbe Beschleunigung).

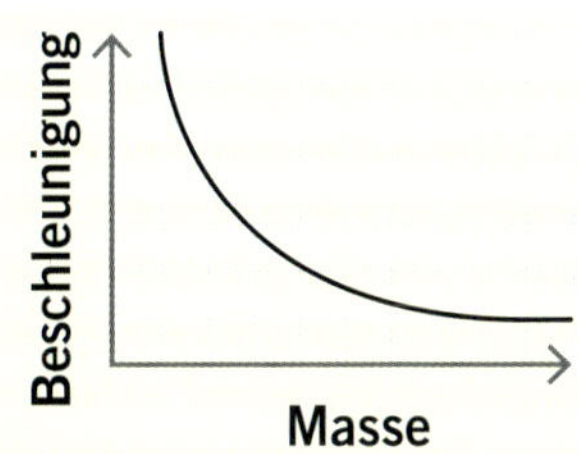

Ariel Atom
Bei der Konstruktion einiger Sportwagen wird die Masse minimiert, damit sie bei gleicher Motorleistung so schnell wie möglich beschleunigen können. Der Ariel Atom hat eine unverkleidete Karosserie ohne Dach, Türen oder Fenster, sodass er nur eine halb so große Masse wie ein Wagen mit Fließheck hat.

Impuls

Wenn Körper zusammenstoßen, hängt die Wirkung des einen Körpers auf den anderen von einer Größe namens Impuls ab. Je größer die Masse eines sich bewegenden Körpers ist oder je schneller er sich bewegt, umso größer ist sein Impuls und umso größer ist seine mögliche Wirkung.

Auf einen Blick

- **Je größer die Masse oder die Geschwindigkeit eines Körpers ist, umso mehr Impuls besitzt er.**
- **Impuls = Masse · Geschwindigkeit.**
- **Das Gesetz der Impulserhaltung besagt, dass bei einem System, das nicht von äußeren Kräften beeinflusst wird, der Gesamtimpuls im System vor und nach einem Stoß gleich bleibt.**
- **Der Impuls ist ein Vektor. Daher muss bei Berechnungen die Bewegungsrichtung des Körpers berücksichtigt werden.**

Impulserhaltung

Ein Kugelstoßpendel ist eine Vorrichtung, die das Gesetz der sogenannten Impulserhaltung veranschaulicht. Laut diesem Gesetz ändert sich bei einem System, das nicht von äußeren Kräften beeinflusst wird, der Gesamtimpuls im System vor und nach einem Stoß nicht. Wenn man eine Metallkugel anhebt und loslässt, trifft sie auf die anderen und ihr Impuls wandert von Kugel zu Kugel. Dadurch schwingt die letzte Kugel hoch und der Vorgang wiederholt sich.

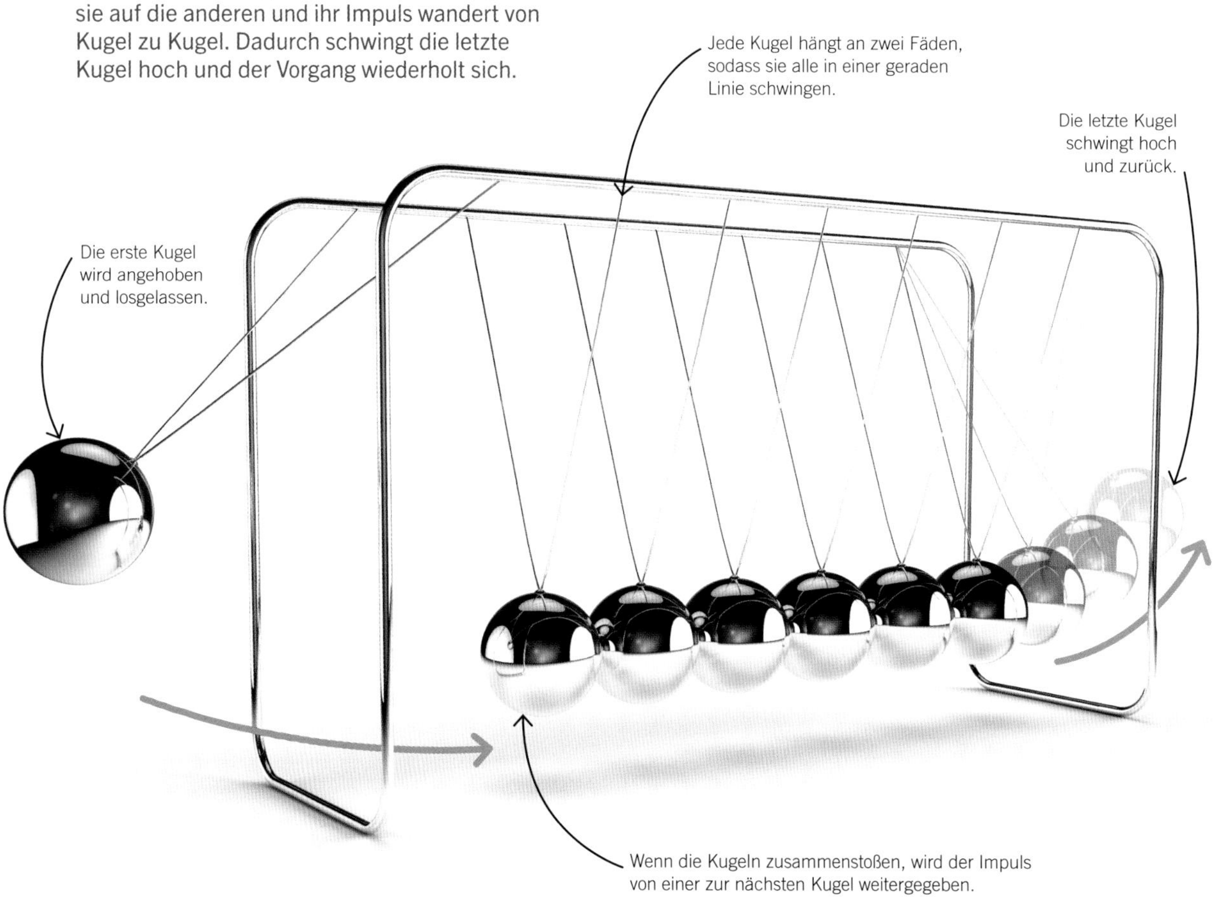

Formel für den Impuls

Sowohl die Geschwindigkeit als auch die Masse beeinflussen den Impuls eines Körpers, wie die unten stehende Gleichung zeigt. Sternschnuppen sind häufig nicht größer als ein Sandkorn, doch aufgrund ihrer hohen Geschwindigkeit besitzen sie einen großen Impuls. Große Fahrzeuge wie beispielsweise Güterzüge besitzen durch ihre große Masse einen riesigen Impuls und können gefährliche Zusammenstöße verursachen, selbst wenn sie langsam sind. Der Impuls ist ein Vektor. Daher muss bei Berechnungen die Bewegungsrichtung des Körpers berücksichtigt werden.

$$\text{Impuls (kg m/s)} = \text{Masse (kg)} \cdot \text{Geschwindigkeit (m/s)}$$

$$p = m \cdot v$$

Impuls berechnen

Frage 1

Ein Nashorn hat eine Masse von 1000 kg und läuft mit 15 m/s. Wie groß ist sein Impuls?

Antwort 1

$p = m \cdot v$

$= 1000\,\text{kg} \cdot 15\,\text{m/s}$

$= 15\,000\,\text{kg m/s}$

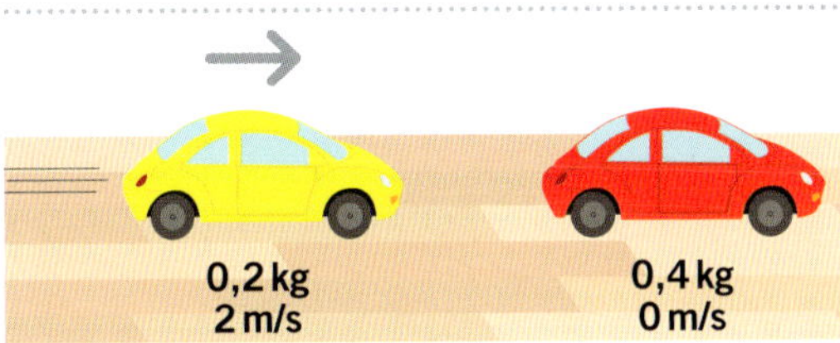

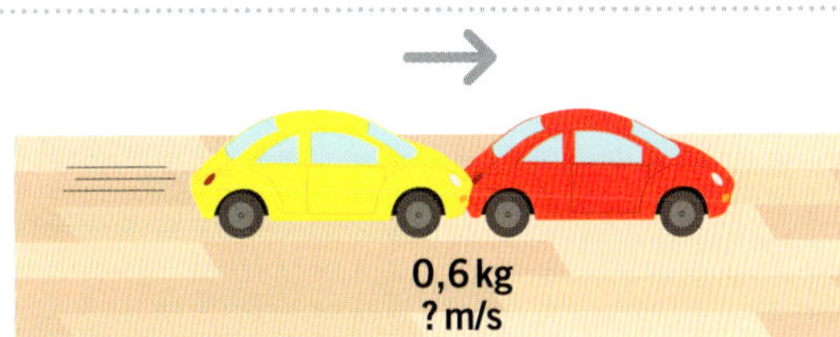

Frage 2

Ein Spielzeugauto mit einer Masse von 0,2 kg und einer Geschwindigkeit von 2 m/s fährt auf ein stehendes Auto mit einer Masse von 0,4 kg auf. Die beiden haften aneinander und bewegen sich zusammen weiter in dieselbe Richtung. Wie groß ist ihre gemeinsame Geschwindigkeit?

Antwort 2

Da der Gesamtimpuls erhalten ist, verwende die nachfolgende Gleichung:

Impuls vor dem Stoß = Impuls nach dem Stoß

Impuls vor dem Stoß = (0,2 kg · 2 m/s) + (0,4 kg · 0 m/s)
= 0,4 kg m/s

Impuls nach dem Stoß = 0,4 kg m/s

$v = \frac{p}{m}$

$= \frac{0{,}4\,\text{kg m/s}}{0{,}2\,\text{kg} + 0{,}4\,\text{kg}}$

$= 0{,}67\,\text{m/s}$

Elastische und inelastische Stöße

Wenn Körper zusammenstoßen, bleibt der Gesamtimpuls vor und nach dem Stoß erhalten (s. S. 100). Dies muss jedoch nicht für die kinetische Energie gelten. Ob die kinetische Energie erhalten bleibt, hängt davon ab, ob ein Stoß elastisch oder inelastisch ist.

Auf einen Blick

- ✓ Stöße können elastisch oder inelastisch sein.
- ✓ Die gesamte kinetische Energie wird bei einem elastischen Stoß erhalten und bei einem inelastischen Stoß nicht erhalten.
- ✓ Der Gesamtimpuls ist vor und nach dem Stoß gleich.

Elastische Stöße
Während eines elastischen Stoßes verformen sich die stoßenden Körper zwar, sie kehren jedoch in ihre Ausgangsform zurück und trennen sich voneinander. Die gesamte kinetische Energie der Körper ist vor und nach dem Stoß gleich. In der Realität gibt es nur wenige vollkommen elastische Stöße, da normalerweise immer etwas kinetische Energie verloren geht. Wenn z. B. ein Fuß einen Ball tritt, wird etwas kinetische Energie in Schall umgewandelt.

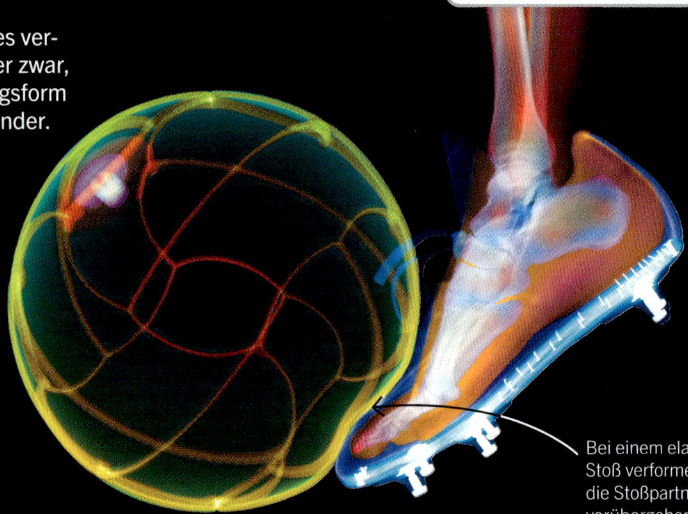

Bei einem elastischen Stoß verformen sich die Stoßpartner vorübergehend.

Kinetische Energie berechnen

Bei den meisten Stößen geht kinetische Energie verloren. Die Höhe des Verlusts kann bestimmt werden, indem man die kinetische Energie vor und nach dem Stoß berechnet.

Frage
Bei einem Billardspiel stößt eine weiße Kugel (Masse 0,17 kg, Geschwindigkeit 1,5 m/s) auf eine ruhende rote Kugel (Masse 0,16 kg). Die rote Kugel rollt mit 1,2 m/s vorwärts, die weiße mit 0,37 m/s. Wie viel kinetische Energie ist verloren gegangen?

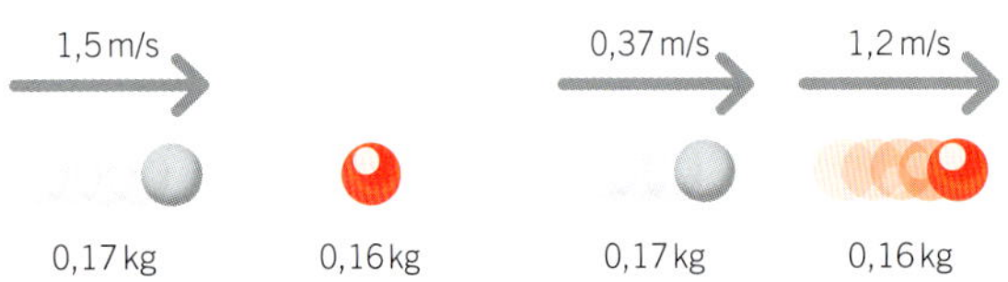

Antwort
Wende die Gleichung für kinetische Energie auf Seite 52 ($E_{kin} = \frac{1}{2} \cdot m \cdot v^2$) zur Berechnung der kinetischen Energie vor und nach dem Stoß an.

Kinetische Energie vor dem Stoß
$= \frac{1}{2} \cdot 0{,}17\,\text{kg} \cdot (1{,}5)^2\,(\text{m/s})^2 = 0{,}19\,\text{J}$

Kinetische Energie nach dem Stoß
$= (\frac{1}{2} \cdot 0{,}17\,\text{kg} \cdot (0{,}37)^2\,(\text{m/s})^2)$
$+ (\frac{1}{2} \cdot 0{,}16\,\text{kg} \cdot (1{,}2)^2\,(\text{m/s})^2)$
$= 0{,}13\,\text{J}$

Energieverlust $= 0{,}19\,\text{J} - 0{,}13\,\text{J}$
$= 0{,}06\,\text{J}$

Inelastische Stöße
Bei einem inelastischen Stoß können sich die stoßenden Körper dauerhaft verformen und zusammenbleiben. Kinetische Energie wird in Schall, innere Energie und andere Energieformen umgewandelt. Der auf dem Bild gezeigte Zusammenstoß ist beispielsweise inelastisch. Anstatt wie ein Fußball vom Schuh abzuprallen, verlieren beide Fahrzeuge ihre gesamte kinetische Energie und kommen zum Stehen. Die Gestalt der Autos ist dauerhaft verändert.

Explosionen

Bei einer Explosion wird der Impuls erhalten, die Energie jedoch nicht. Eine noch nicht explodierte Bombe in Ruhe besitzt keine kinetische Energie, doch die kinetische Energie der explodierenden Trümmer ist riesig. Der Impuls bleibt jedoch erhalten. Sowohl der Gesamtimpuls der ruhenden Bombe als auch der Trümmer ist Null (Der Impuls ist eine Vektorgröße und die Trümmer fliegen nach außen in verschiedene Richtungen.).

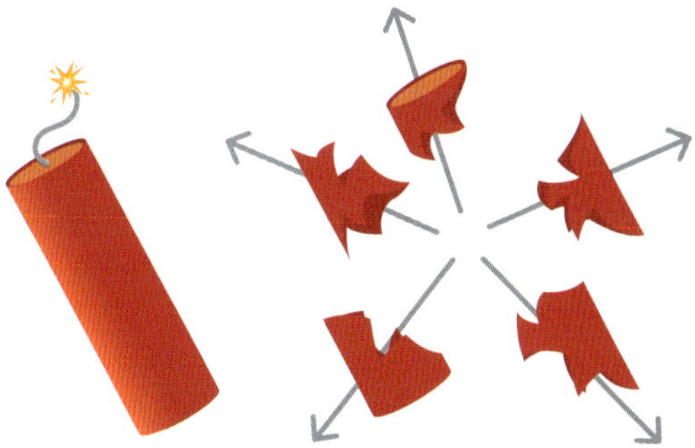

Impuls ändern

Für eine Impulsänderung bei einem Körper in Bewegung ist eine Kraft erforderlich, z. B. um ein Auto anzuhalten oder einen Tennisball zu schlagen. Je größer oder schneller die Impulsänderung ist, umso größer ist die benötigte Kraft. Autounfälle sind deshalb gefährlich, da die extrem schnelle Impulsänderung mit riesigen Kräften verbunden ist.

Auf einen Blick

- Die Änderung des Impulses eines Körpers erfordert eine Kraft.
- Je größer der Impuls eines Körpers ist, umso größer ist die zum Anhalten des Körpers notwendige Kraft oder umso länger muss die Kraft zum Anhalten wirken.

Kraft und Impuls

Wenn ein Auto zum Stehen kommt, fällt sein Impuls auf Null ab. Die notwendige Kraft, um den Impuls des Wagens zu ändern, kann mit dieser Formel berechnet werden. Wie die unten gezeigten Beispiele veranschaulichen, ist zum plötzlichen Anhalten eine deutlich größere Kraft als zum allmählichen Abbremsen nötig.

$$\text{Kraft (N)} = \frac{\text{Impulsänderung (kg m/s)}}{\text{Zeit (s)}}$$

$$F = \frac{mv - mu}{t}$$

Endgeschwindigkeit (v) – Anfangsgeschwindigkeit (u)

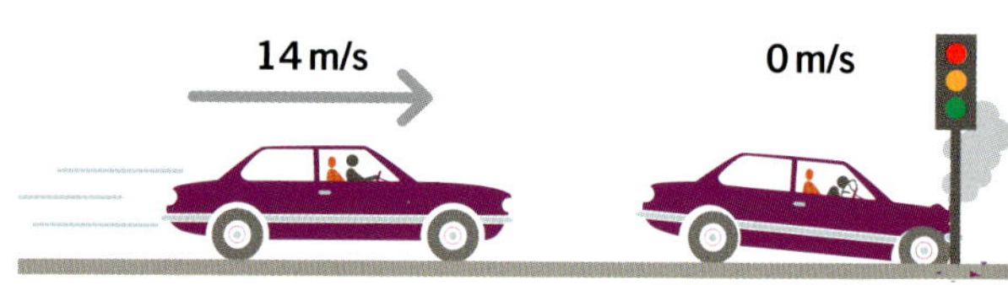

Allmählich anhalten

Ein Auto mit einer Masse von 1000 kg fährt mit 14 m/s (ca. 50 km/h). Der Fahrer bremst 10 s lang und bringt den Wagen zum Stehen. Welche Kraft wirkt auf das Auto?

Denk daran, den Anfangsimpuls vom Endimpuls abzuziehen.

$$F = \frac{(1000\,\text{kg} \cdot 0\,\text{m/s}) - (1000\,\text{kg} \cdot 14\,\text{m/s})}{10\,\text{s}}$$

$$= \frac{0 - 14\,000\,\text{kg m/s}}{10\,\text{s}}$$

$$= -1400\,\text{N}$$

Die Kraft ist negativ, da sie entgegengesetzt zur Bewegungsrichtung des Autos wirkt.

Plötzlich anhalten

Ein Auto mit derselben Masse fährt ebenfalls mit 14 m/s. Es fährt auf eine Ampel auf und bremst in 0,07 s auf 0 m/s ab. Welche Kraft wirkt auf das Auto?

$$F = \frac{(1000\,\text{kg} \cdot 0\,\text{m/s}) - (1000\,\text{kg} \cdot 14\,\text{m/s})}{0{,}07\,\text{s}}$$

$$= \frac{0 - 14\,000\,\text{kg m/s}}{0{,}07\,\text{s}}$$

$$= -200\,000\,\text{N}$$

Die Kraft, die das Auto zum Stehen bringt, entspricht dem Gewicht von fünf Elefanten.

Anhalteweg

Bei einem Notfall erkennt ein Autofahrer vielleicht eine Gefahr und muss den Wagen ganz schnell stoppen. Der zurückgelegte Weg des Autos zwischen der Stelle, an der der Fahrer die Gefahr zuerst wahrnimmt, und dort, wo der Wagen zum Stillstand kommt, heißt Anhalteweg und wird von Geschwindigkeit und Masse des Autos und weiteren Faktoren beeinflusst.

Reagieren und bremsen

Der Anhalteweg wird in zwei Abschnitte unterteilt, den Reaktionsweg und den Bremsweg. Der Reaktionsweg ist der Weg, den das Auto in der Zeit zurücklegt, die der Fahrer zum Reagieren und Betätigen der Bremse benötigt, nachdem er die Gefahr erkannt hat. Der Bremsweg ist der Weg, den das Auto während des Bremsens bis zum Stillstand zurücklegt.

Auf einen Blick

- ✓ Der Anhalteweg ist der Weg zwischen dem Punkt, an dem der Fahrer die Gefahr erkennt, und dem Punkt, an dem der Wagen zum Stillstand kommt.
- ✓ Der Anhalteweg ist die Summe aus Reaktionsweg und Bremsweg.
- ✓ Faktoren wie Müdigkeit, Drogen- oder Alkoholkonsum, Ablenkungen und Fahrzeuggeschwindigkeit beeinflussen den Reaktionsweg.
- ✓ Faktoren wie Geschwindigkeit, Masse und Zustand des Fahrzeugs sowie Straßen- und Wetterbedingungen beeinflussen den Bremsweg.

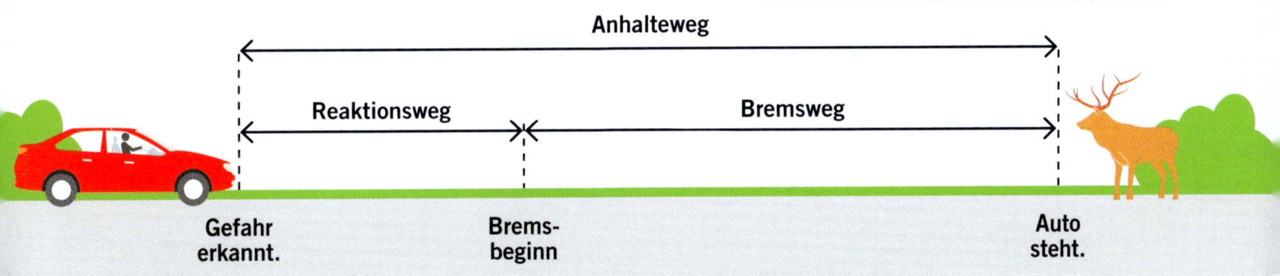

Anhalteweg und Geschwindigkeit

Die Haupteinflussgröße auf den Anhalteweg ist die Geschwindigkeit: Je schneller ein Auto fährt, umso länger dauert es, sicher anzuhalten. Denn ein schnelles Auto besitzt viel mehr kinetische Energie als ein langsames, sodass die Bremsen zum Abstoppen viel mehr Arbeit verrichten müssen.

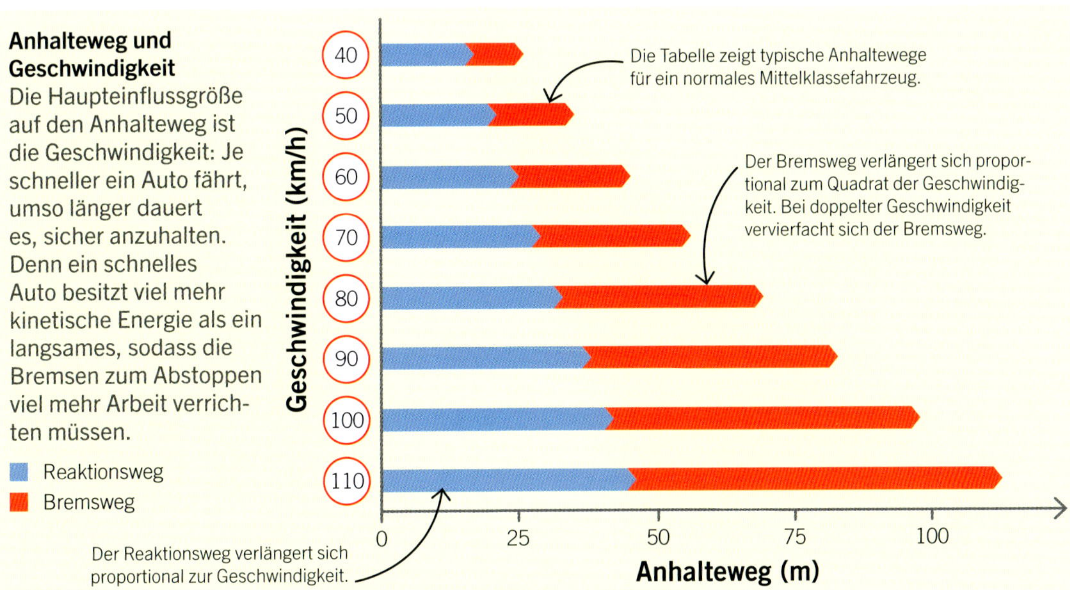

Reaktionszeit

Die meisten Autofahrer brauchen etwa 0,7 s, um auf eine Gefahr zu reagieren, doch diese Zeitspanne kann sich mehr als verdreifachen, wenn der Fahrer Alkohol getrunken oder Drogen genommen hat oder vom Handy abgelenkt ist. Die Reaktionszeit unterscheidet sich von Person zu Person und wird davon beeinflusst, wie müde man ist. Du kannst deine Reaktionszeit mit einem einfachen Versuch abschätzen: Bitte jemanden, ohne Vorwarnung ein Lineal fallen zu lassen, und stelle fest, wie schnell du es fangen kannst.

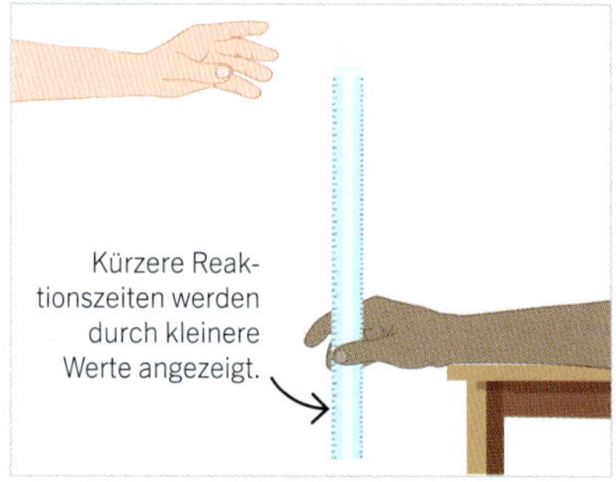

Einflussgrößen auf den Bremsweg

Fahrzeuge mit großer Masse besitzen mehr kinetische Energie als kleinere Fahrzeuge. Daher ist ihr Bremsweg länger.

Schnelle Fahrzeuge besitzen mehr kinetische Energie als langsamere Fahrzeuge. Daher ist ihr Bremsweg länger.

Reifen- und Bremsenzustand beeinflussen den Bremsweg. Sind sie abgenutzt oder in schlechtem Zustand, erzeugen sie weniger Reibung, d. h. weniger Kraft zum Verringern der kinetischen Energie.

Nasse oder vereiste Straßen verringern die Reibung und führen daher zu einer geringeren Bremskraft. Sie können auch Schleudern verursachen.

Überschallbremsweg

Der Bremsweg nimmt proportional zum Quadrat der Fahrzeuggeschwindigkeit zu: Doppelte Geschwindigkeit führt zu vierfachem Bremsweg. Deshalb besitzt das Überschallfahrzeug *Bloodhound LSR*, das gebaut wurde, um einen neuen Landgeschwindigkeitsrekord aufzustellen, einen Bremsweg von ca. 7,2 km, sogar mit Bremsschirm.

Fahrzeugsicherheit

Bei einem Autounfall erfahren das Fahrzeug und alles darin eine rapide Impulsänderung. Die Kraft auf die Insassen beim Zusammenstoß ist gleich der zeitlichen Änderung ihres Impulses. Um diese riesige Kraft zu minimieren, die zu ernsthaften Verletzungen führen kann, haben Kraftfahrzeuge Sicherheitseinrichtungen, die die Impulsänderung verlangsamen.

Auf einen Blick

- Bei Autounfällen treten gefährlich große Impulsänderungen und Kräfte auf.
- Das Verlangsamen der Impulsänderung verringert die auftretenden Kräfte.
- Zu den Sicherheitseinrichtungen gehören Airbags, Sicherheitsgurte und Knautschzonen.

Crashtest

Ingenieure simulieren Autozusammenstöße, um die Kräfte auf verschiedene Körperbereiche des Fahrgastes zu erforschen und die Wirksamkeit der Sicherheitseinrichtungen zu testen. Die wichtigsten Sicherheitssysteme sind Sicherheitsgurte, die vordere und die hintere Knautschzone sowie Airbags. Airbags und Knautschzonen verlängern die Zeit, in der der Körper einer Person zum Stillstand kommt, wodurch sich die Impulsänderung verlangsamt und damit die auf die Fahrgäste wirkende Kraft verringert.

Sicherheitszelle

Viele Komponenten sind bei modernen Autos so gebaut, dass sie sich bei einem Aufprall sicher verformen und dadurch die auf die Fahrgäste wirkenden Kräfte verringern. Manche Bereiche müssen besonders geschützt werden, darunter die Fahrgastzelle, der Tank und die Batterie. Sie sind daher von einem steifen Stahlrahmen umschlossen, den man Sicherheitszelle nennt. Sie kann enormen Kräften ohne nennenswerte Verformung widerstehen.

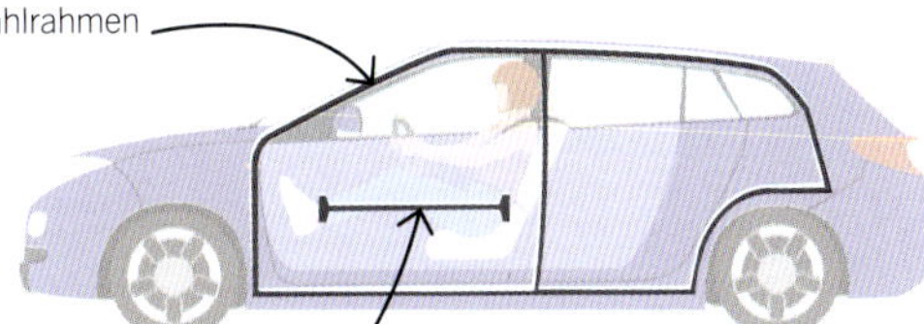

Bremsweg und Energie

Um ein Fahrzeug anzuhalten, muss seine kinetische Energie in andere Energieformen umgewandelt werden. Je schneller ein Auto fährt, umso mehr kinetische Energie muss es dazu abgeben und umso größer ist sein Bremsweg.

Auf einen Blick

- ✓ **Eine Bremskraft verrichtet Arbeit an einem Fahrzeug, um seinen Bewegungszustand zu ändern.**
- ✓ **Die beim Bremsen verrichtete Arbeit ist gleich der Änderung der kinetischen Energie.**
- ✓ **Der zum sicheren Anhalten benötigte Bremsweg nimmt proportional zum Quadrat der Geschwindigkeit zu.**

Kinetische Energie

Ein fahrendes Auto hat kinetische Energie, die man mit der Gleichung auf Seite 52 berechnen kann: kinetische Energie = $\frac{1}{2} \cdot m \cdot v^2$. Wenn man die Bremsen betätigt, um das Auto zu verlangsamen, üben sie eine Kraft aus und verrichten Arbeit. Da die beim Bremsen verrichtete Arbeit gleich der Änderung der kinetischen Energie ist, kann man die Gleichungen für Arbeit (s. S. 55) und für kinetische Energie kombinieren, um eine neue Gleichung aufzustellen.

$$\text{Arbeit (J)} = \text{Kraft (N)} \cdot \text{Weg (m)}$$

$$\text{Kinetische Energie (J)} = \frac{1}{2} \cdot \text{Masse (kg)} \cdot \text{Geschwindigkeit}^2\ (\text{m/s})^2$$

$$\text{Kraft (N)} \cdot \text{Weg (m)} = \frac{1}{2} \cdot \text{Masse (kg)} \cdot \text{Geschwindigkeit}^2\ (\text{m/s})^2$$

$$F \cdot s = \frac{1}{2} \cdot m \cdot v^2$$

Die kombinierte Gleichung ist sehr nützlich, da man mit ihr den Bremsweg (s) berechnen kann, wenn Geschwindigkeit, Masse und Bremskraft des Fahrzeugs bekannt sind.

Bremsweg berechnen

Frage
Eine konstante Bremskraft von 2000 N wird auf die Räder eines Autos mit 1100 kg Masse und einer Geschwindigkeit von 13 m/s (ca. 47 km/h) ausgeübt. Wie groß ist der Bremsweg? Wie groß wäre er bei doppelter Geschwindigkeit?

Antwort 1
Löse die Formel nach dem Bremsweg auf.

$$s = \frac{\frac{1}{2} \cdot m \cdot v^2}{F}$$

$$= \frac{\frac{1}{2} \cdot 1100\,\text{kg} \cdot 13\,\text{m/s} \cdot 13\,\text{m/s}}{2000\,\text{N}}$$

$$= 46\,\text{m}$$

Antwort 2

$$s = \frac{\frac{1}{2} \cdot 1100\,\text{kg} \cdot 26\,\text{m/s} \cdot 26\,\text{m/s}}{2000\,\text{N}}$$

$$= 186\,\text{m}$$

Bei doppelter Geschwindigkeit ist der Bremsweg viermal so lang. Der Bremsweg ist proportional zum Quadrat der Geschwindigkeit.

Geschwindigkeit und Sicherheit

Die kombinierte Gleichung zeigt, dass sich der Bremsweg proportional zum Quadrat der Fahrzeuggeschwindigkeit vergrößert. Mit anderen Worten, bei doppelter Geschwindigkeit vervierfacht sich der Bremsweg und bei dreifacher Geschwindigkeit verneunfacht er sich. Deshalb ist Fahren bei hoher Geschwindigkeit gefährlich – ein schnelleres Auto besitzt nicht nur viel mehr Impuls als ein langsames, sondern braucht auch eine längere Strecke zum Anhalten.

Bremsscheiben
Wenn ein Fahrzeug bremst, wird gespeicherte kinetische Energie in thermische Energie umgewandelt. Dadurch erhitzen sich die Bremsen. Formel-1-Autos können unglaublich schnell beschleunigen und abbremsen. Die riesigen Energiemengen, die beim Bremsen abgegeben werden, lassen die Bremsscheiben rot aufglühen.

Die Bremsscheiben in den Rädern glühen beim Bremsen rot auf.

Endgeschwindigkeit

Ein frei fallender Körper beschleunigt aufgrund der Erdanziehung. Irgendwann erreicht er jedoch die Endgeschwindigkeit, bei der er nicht weiter beschleunigt. Dann sind seine nach unten gerichtete Gewichtskraft und die aufwärts gerichtete Kraft aufgrund des Luftwiderstands im Gleichgewicht.

Auf einen Blick

- ✓ Luftwiderstand ist eine Art Reibungskraft, die in entgegengesetzter Richtung zu einem sich durch die Luft bewegenden Körper wirkt.
- ✓ Je schneller sich ein Körper durch ein Fluid bewegt, umso größer ist die Kraft.
- ✓ Die Endgeschwindigkeit ist die konstante Geschwindigkeit eines frei fallenden Körpers, wenn die auf ihn wirkenden vertikalen Kräfte im Gleichgewicht sind.

Fallschirmspringer
Normalerweise erreichen Fallschirmspringer ca. 12 Sekunden nach dem Sprung aus dem Flugzeug eine Endgeschwindigkeit von 55 m/s (200 km/h). Sie fallen ungefähr 1 Minute bei dieser Geschwindigkeit, bevor sie den Fallschirm öffnen. Sie erfahren dann für einige Sekunden eine heftige Verzögerung, die ihre Geschwindigkeit auf weniger als 8,3 m/s (30 km/h) verringert.

Fallschirmspringer können eine Endgeschwindigkeit von 300 km/h erreichen, wenn sie kopfüber springen anstatt mit ausgebreiteten Armen und Beinen.

Luftwiderstand nutzen

Der Luftwiderstand wirkt entgegengesetzt zur Bewegungsrichtung eines Körpers. Flugzeuge und Vögel sind stromlinienförmig, um den Luftwiderstand zu minimieren, doch Fallschirme funktionieren genau anders herum: Ihre große Fläche erzeugt maximalen Luftwiderstand und ermöglicht dem Springer, mit geringer Endgeschwindigkeit zur Erde zu fallen.

1. Wenn ein Fallschirmspringer aus einem Flugzeug springt, ist der Luftwiderstand zunächst klein. Das Gewicht des Fallschirmspringers ist größer als die Kraft aufgrund des Luftwiderstands, sodass die Resultierende nach unten zeigt. Daher beschleunigt der Fallschirmspringer.

2. Mit steigender Geschwindigkeit erhöht sich der Luftwiderstand, bis er gleich dem Gewicht des Springers ist. Da die Kräfte nun im Gleichgewicht sind, beschleunigt der Fallschirmspringer nicht mehr, sondern fällt mit konstanter Geschwindigkeit, der Endgeschwindigkeit.

3. Wenn der Fallschirmspringer den Fallschirm öffnet, erhöht sich der Luftwiderstand drastisch. Da er nun viel größer als das Gewicht des Springers ist, ergibt sich eine nach oben gerichtete resultierende Kraft. Der Fallschirmspringer bremst ab (fällt aber weiter).

4. Beim Abbremsen verringert sich der Luftwiderstand. Irgendwann stimmt er wieder mit dem Gewicht überein und der Springer erreicht eine neue, niedrigere Endgeschwindigkeit, die eine sichere Landung ermöglicht.

- Luftwiderstand
- Gewicht

Geschwindigkeitsverlauf

Der Flug eines Fallschirmspringers vom Flugzeug zum Boden kann in einem Geschwindigkeit-Zeit-Diagramm dargestellt werden. Die beiden waagerechten Abschnitte stehen für die Endgeschwindigkeit, während der plötzliche Abfall der Geschwindigkeit die plötzliche Verzögerung nach Öffnen des Fallschirms anzeigt.

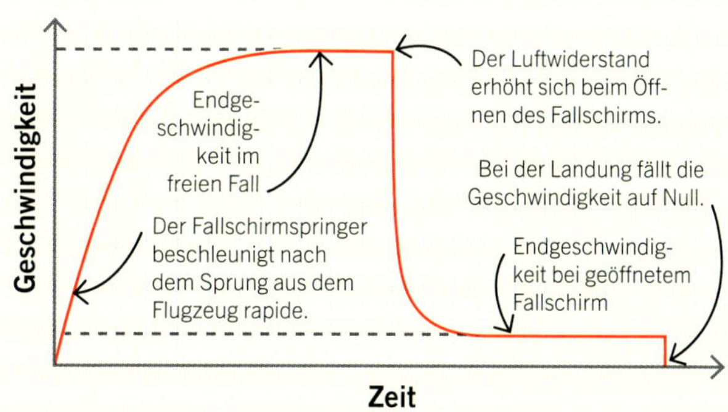

Wellen

Wellen

Wellen sind Schwingungen, die Energie von Ort zu Ort transportieren, ohne gleichzeitig Materie zu transportieren. Manche Wellen, z. B. das Kräuseln der Teichoberfläche oder Schallwellen in der Luft, können sich nur in Materie fortbewegen, während sich andere, z. B. Licht, im leeren Raum ausbreiten können.

Auf einen Blick

- Wellen sind Schwingungen, die Energie, jedoch keine Materie transportieren.
- Die Wellenlänge ist der Abstand von einen Wellenberg zum nächsten.
- Die Amplitude einer Welle ist die Höhe des Scheitels über der Mittellinie.
- Die Frequenz einer Welle ist die Anzahl der Wellen, die einen festen Punkt in jeder Sekunde durchlaufen.

Wasserwellen
Wenn man einen Stein in einen Teich wirft, entstehen kreisförmige Wellen, die sich nach außen hin ausbreiten. Man könnte denken, dass das Wasser sich nach außen bewegt, aber tatsächlich hebt und senkt es sich nur, während sich die Wellenenergie durch das Wasser bewegt. Ein Körper, der auf dem Wasser treibt, tanzt hoch und runter, während die Wellen durchlaufen.

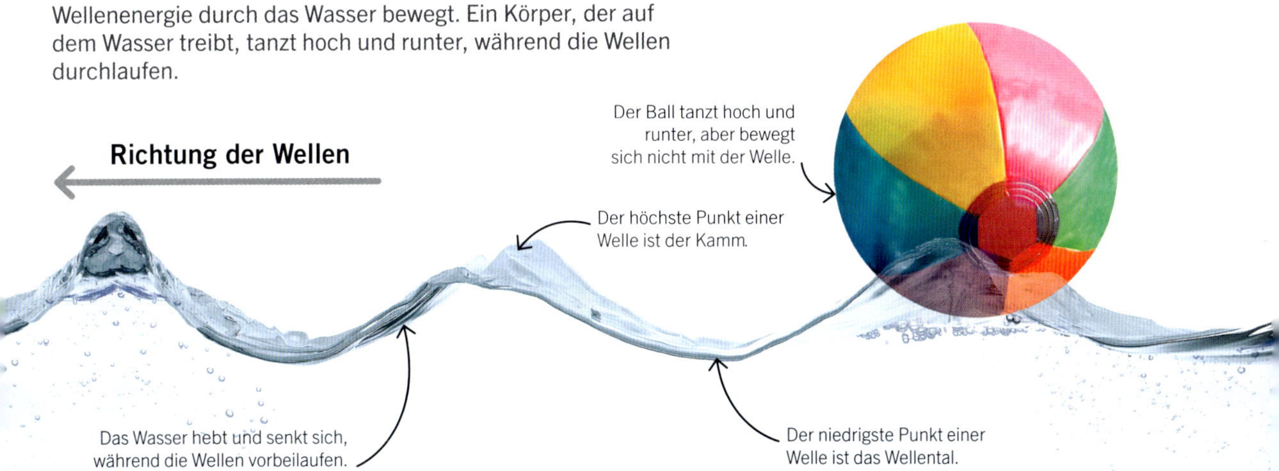

Wellen beschreiben

Alle Wellenarten können durch drei verschiedene Größen beschrieben werden. Die Wellenlänge ist die Länge einer einzigen Welle und die Frequenz die Anzahl der Wellen, die einen festen Punkt in jeder Sekunde durchlaufen. Je größer die Wellenlänge, umso kleiner die Frequenz. Die Amplitude ist die Höhe eines Wellenbergs über der Mittellinie. Je größer die Amplitude, umso größer ist die von der Welle transportierte Energie.

Große Wellenlänge, niedrige Frequenz

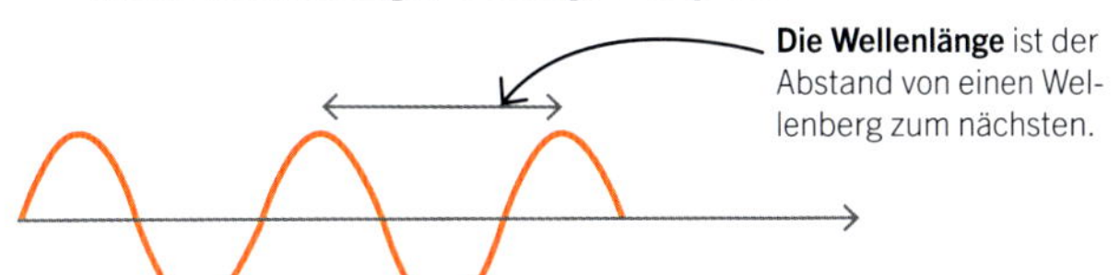

Kleine Wellenlänge, hohe Frequenz

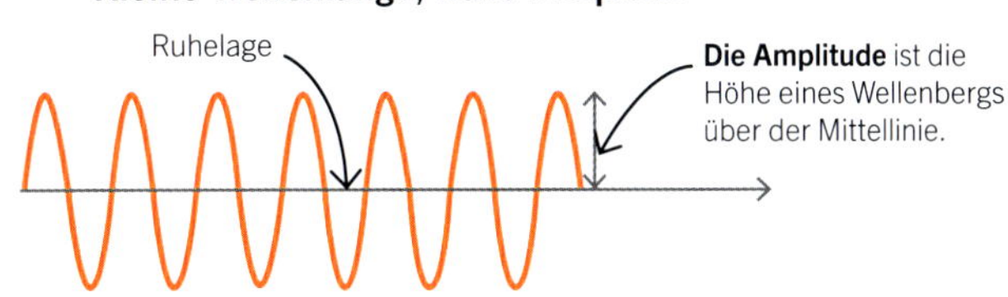

Schall

Schall besteht aus unsichtbaren Wellen, die sich in Materie (einschließlich Luft, Wasser und Festkörper) ausbreiten. Sie entstehen, wenn Körper schwingen. Eine Gitarrensaite oder eine Trommel verursachen Luftschwingungen. Diese erzeugen Wellen, die sich in alle Richtungen ausbreiten.

Auf einen Blick

- Schall besteht aus Wellen, die sich in Materie ausbreiten.
- Schallwellen entstehen, wenn Körper schwingen.
- Schallwellen sind Longitudinalwellen: Die Schwingung findet vorwärts und rückwärts in Ausbreitungsrichtung der Welle statt.
- Bei Transversalwellen, z. B. Licht, ist die Schwingung im rechten Winkel zur Ausbreitungsrichtung der Welle.

Schallwellen

Wenn ein Lautsprecher Musik wiedergibt, bewegt sich seine Oberfläche sehr schnell vor und zurück – er schwingt. Dabei werden Luftteilchen abwechselnd zusammendrückt und auseinandergezogen, stoßen mit Nachbarteilchen zusammen und verursachen so Verdichtungswellen, die sich nach außen fortpflanzen. Das sind Schallwellen. In Flüssigkeiten und Festkörpern breitet sich Schall genauso aus.

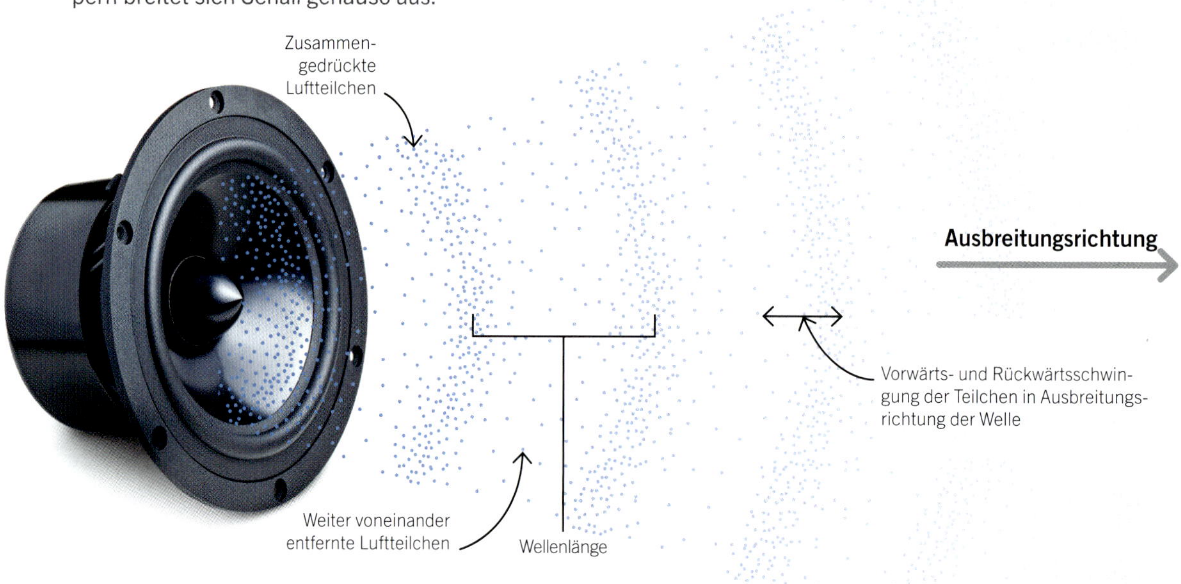

Longitudinal- und Transversalwellen

Alle Wellen sind mit irgendeiner Art von Schwingung verbunden. Bei Schallwellen findet die Schwingung vor- und rückwärts in Ausbreitungsrichtung der Welle statt. Solche Wellen nennt man Longitudinalwellen. Bei Wasser- und Lichtwellen sind die Schwingungen senkrecht zur Ausbreitungsrichtung. Solche Wellen nennt man Transversalwellen.

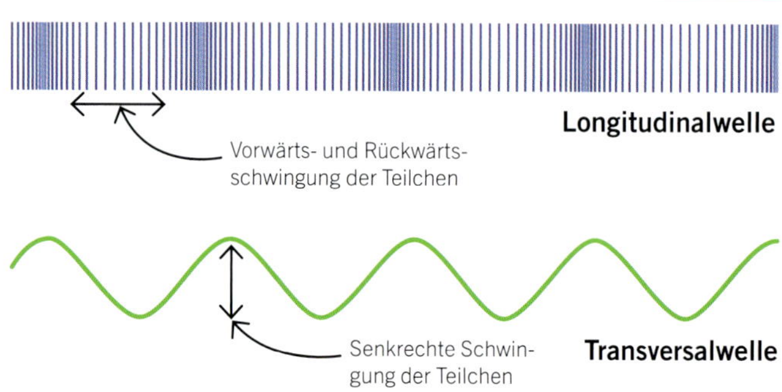

Oszilloskope

Schall kann alles von laut bis leise und von hoch bis tief sein. Die Lautstärke eines Tons hängt von der Amplitude der Schallwellen ab, die Tonhöhe von der Frequenz. Man kann diese Eigenschaften mit einem Oszilloskop untersuchen. Das ist ein Gerät, das Wellen als bewegte Kurven auf einem Bildschirm sichtbar macht.

Auf einen Blick

- ✓ **Je größer die Amplitude einer Schallwelle, umso lauter der Ton.**
- ✓ **Je höher die Frequenz einer Schallwelle, umso höher der Ton.**
- ✓ **Mit einem Oszilloskop kann man Wellen sichtbar machen.**

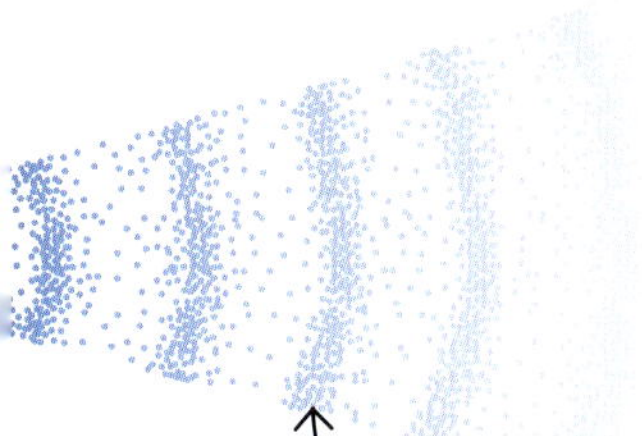

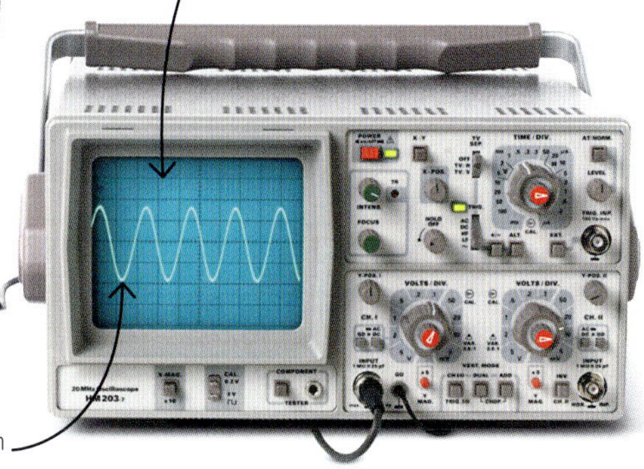

Schall sehen
Obwohl Schallwellen longitudinal sind, zeigt das Oszilloskop die Wellenform als eine Transversalwelle, die leicht ausgewertet werden kann. Die x-Achse auf dem Display stellt die Zeit dar und die y-Achse kann zum Bestimmen der Amplitude verwendet werden.

Unterschiedliche Töne
Unterschiedliche Töne erzeugen charakteristische Muster auf einem Oszilloskop, sodass man Amplitude, Frequenz und Komplexität einer Welle gut erkennen kann.

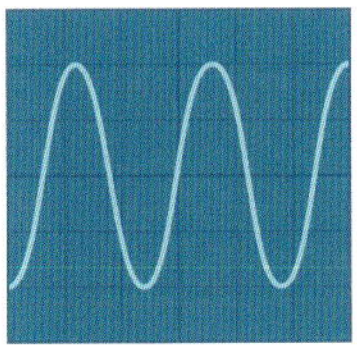

Laute Töne besitzen eine große Amplitude, was zu einer hohen Wellenform führt.

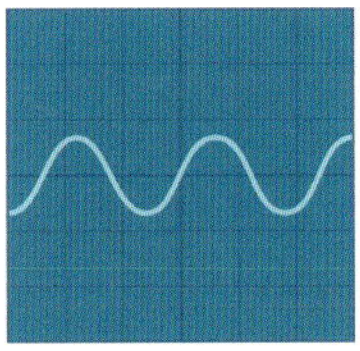

Leise Töne besitzen eine kleine Amplitude, was zu einer flachen Wellenform führt.

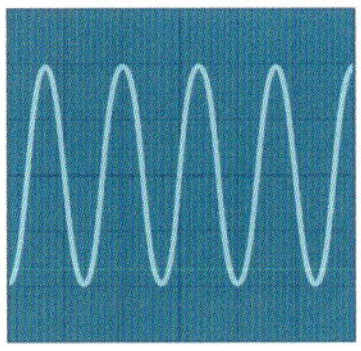

Hohe Töne besitzen eine hohe Frequenz, was zu einer Wellenform mit vielen nah beieinanderliegenden Wellenbergen führt.

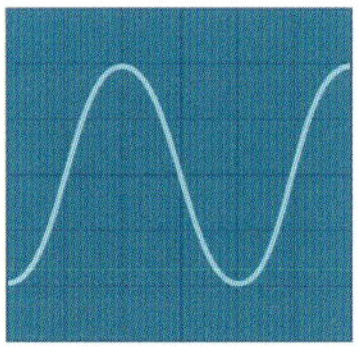

Tiefe Töne besitzen eine niedrige Frequenz, was zu einer auseinandergezogenen Wellenform mit weniger Wellenbergen führt.

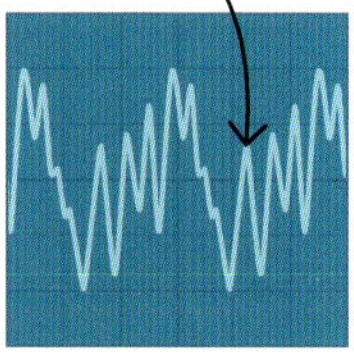

Die meisten Schallquellen erzeugen mehrere Wellen, die sich überlagern und eine komplexe Wellenform ergeben.

Formeln für Wellen

Die Formeln auf dieser Seite zeigen, wie Ausbreitungsgeschwindigkeit einer Welle, Wellenlänge, Frequenz und Periodendauer (die Zeit für das Durchlaufen einer Wellenlänge) miteinander in Beziehung stehen.

Auf einen Blick

- ✓ **Die Zeitspanne, in der eine Wellenlänge vorbeiläuft, nennt man Periodendauer.**
- ✓ **Die Frequenz ist der Kehrwert der Periodendauer.**
- ✓ **Wellengeschwindigkeit = Frequenz · Wellenlänge.**

Frequenz und Periodendauer
Im Unterschied zu den meisten Wellendiagrammen in diesem Buch ist in diesem Diagramm die zeitliche Veränderung einer Welle dargestellt. Jede vollständige Wellenlänge dauert eine Viertelsekunde. Das ist die Periodendauer der Welle. Während jeder Sekunde laufen vier vollständige Wellen durch – das ist die Frequenz der Welle, die in der Einheit Hertz (Hz) gemessen wird. 1 Hertz entspricht einem Durchlauf pro Sekunde.

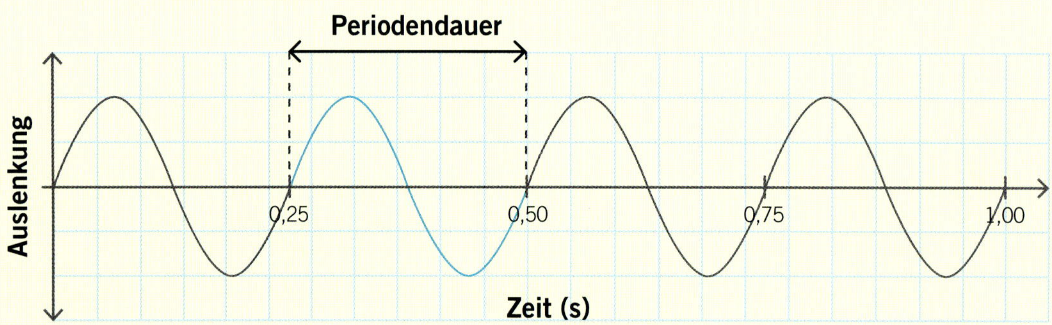

Frequenzgleichung
Die Beziehung zwischen Periodendauer und Frequenz wird in der nachfolgenden Gleichung dargestellt. Die beiden Größen sind umkehrt proportional zueinander – wenn sich eine Größe halbiert, verdoppelt sich die andere.

$$\text{Frequenz (Hz)} = \frac{1}{\text{Periodendauer (s)}}$$

$$f = \frac{1}{T}$$

Frequenz berechnen

Frage
Wenn man die C-Taste genau in der Mitte einer Klaviertastatur spielt, erklingt ein Ton mit einer Periodendauer von 0,00382 s. Wie groß ist die Frequenz des Tons?

Antwort

$$f = \frac{1}{T}$$

$$= \frac{1}{0{,}00382\,\text{s}}$$

$$= 262\,\text{Hz}$$

Wellengeschwindigkeit
Diese Formel gibt die Beziehung zwischen Geschwindigkeit, Frequenz und Wellenlänge einer beliebigen Welle wieder. Das Symbol für die Wellenlänge ist der griechische Buchstabe Lambda λ.

$$\text{Geschwindigkeit (m/s)} = \text{Frequenz (Hz)} \cdot \text{Wellenlänge (m)}$$

$$a = f \cdot \lambda$$

Schallgeschwindigkeit
Schall breitet sich in Luft mit ca. 343 m/s aus, in Wasser sogar mit 1480 m/s und in Festkörpern noch schneller (5000 m/s in Stahl). Doch Licht ist in der Luft ungefähr eine Million Mal schneller als Schall. Deshalb sieht man die Lichtblitze bei einem Feuerwerk oder einem Gewitter, bevor man den Schall hört.

Wellenlänge berechnen

Frage
Ein Geiger spielt eine Note mit der Frequenz 880 Hz. Welche Wellenlänge hat die Note bei einer Schallgeschwindigkeit in Luft von etwa 343 m/s?

Antwort
Stelle zuerst die Gleichung nach Lambda um.

$v = f \cdot \lambda$

$\lambda = \frac{v}{f}$

$\lambda = \frac{343\,\text{m/s}}{880\,\text{Hz}}$

$= 0{,}390\,\text{m}$

Wenn man die Sekunden zwischen Blitz und Donner zählt, kann man mit der Schallgeschwindigkeit in Luft ausrechnen, wie weit das Feuerwerk oder das Gewitter entfernt sind: Die Sekunden dividiert durch 3 ergeben die ungefähre Entfernung in km.

Schall hören

Das menschliche Ohr wandelt die Energie aus den Schallwellen in elektrische Impulse um, die an das Gehirn weitergeleitet werden, wo sie als Töne gedeutet werden.

Im Ohr

Schall dringt ins Ohr als Wellen in Luft ein, die durch das Trommelfell in Festkörperschwingungen umgewandelt werden. Wie ein Festkörper beim Auftreffen einer Schallwelle schwingt, hängt von Eigenschaften wie seiner Steifheit ab. Das Trommelfell und andere Ohrstrukturen schwingen nur in bestimmten Frequenzbereichen. Deshalb sind manche Töne zu tief oder zu hoch für das Gehör. Mit zunehmendem Alter verliert das Ohr die Fähigkeit, hochfrequente Töne wahrzunehmen. Auch laute Musik kann die Empfindlichkeit der Ohren für bestimmte Töne schädigen.

Auf einen Blick

- Das Ohr wandelt Schallwellen in elektrische Impulse um, die an das Gehirn weitergeleitet werden und den Hörsinn verleihen.
- Manche Töne sind zu hoch oder zu tief für das menschliche Gehör.
- Sowohl Altern als auch Schädigungen des Ohrs beeinträchtigen den Hörsinn.

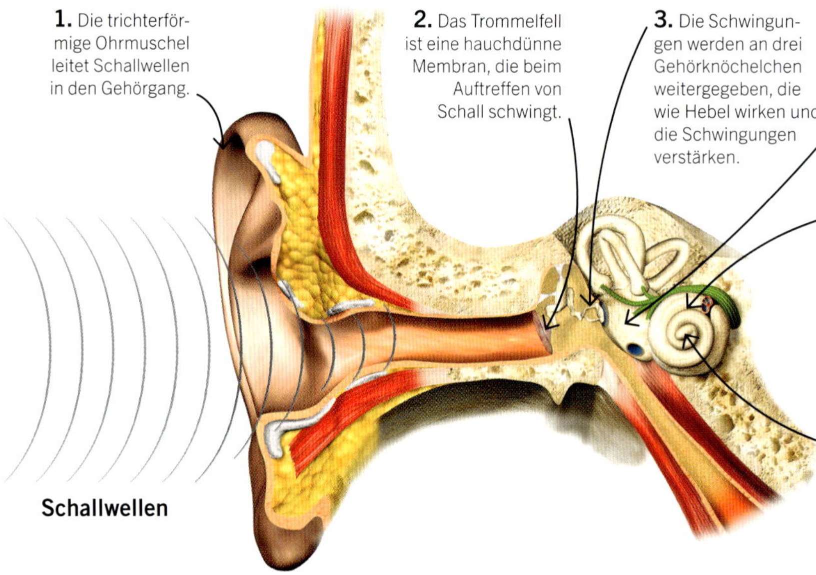

1. Die trichterförmige Ohrmuschel leitet Schallwellen in den Gehörgang.

2. Das Trommelfell ist eine hauchdünne Membran, die beim Auftreffen von Schall schwingt.

3. Die Schwingungen werden an drei Gehörknöchelchen weitergegeben, die wie Hebel wirken und die Schwingungen verstärken.

4. Die Schwingungen werden in die Flüssigkeit im Innenohr (mit Hörschnecke) weitergeleitet.

5. Die Schwingungen breiten sich durch die Hörschnecke (Cochlea) aus und versetzen feine Härchen an Nervenzellen in Bewegung. Die Nervenzellen reagieren darauf mit elektrischen Impulsen an das Gehirn.

6. Härchen in der Mitte der Gehörschnecke reagieren auf tiefe Frequenzen, Härchen im äußeren Bereich auf hohe Frequenzen.

Hohe und tiefe Töne

Menschen können Töne in einem Frequenzbereich bzw. einer Tonlage zwischen ca. 20 Hz und 20 000 Hz hören. Für das menschliche Ohr zu hohe Töne heißen Ultraschall, zu tiefe Infraschall. Andere Tiere hören andere Frequenzbereiche. Delfine and Fledermäuse können z. B. viel höhere Ultraschallfrequenzen hören, während Elefanten tiefere Infraschallfrequenzen wahrnehmen.

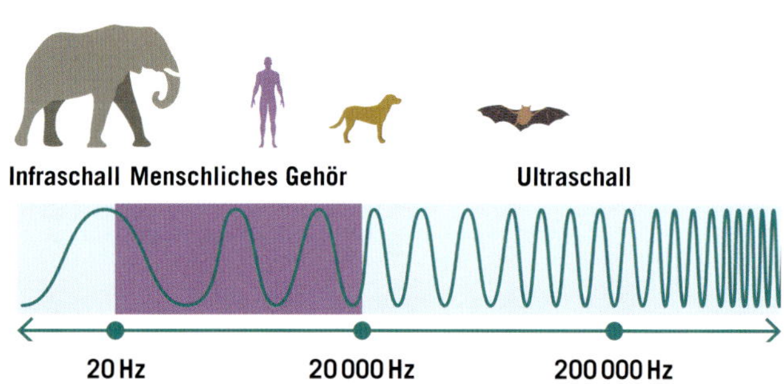

Wellengeschwindigkeit untersuchen

Bei diesem Versuch kann man die Wellengeschwindigkeit in Wasser mithilfe einer Wellenwanne bestimmen. Zuerst verwendet man die Wanne zur Messung von Wellenlänge und Frequenz der Wellen und berechnet dann die Wellengeschwindigkeit aus der Formel.

Wellenwanne
Eine Wellenwanne ist eine flache Wanne mit durchsichtigem Boden. Ein motorbetriebenes Paddel erzeugt Wellen. Ein Licht über der Wanne wirft den Schatten der Wellen auf ein Blatt weißes Papier, sodass man die Wellen gut erkennt.

Aufsicht durch Lehrkraft erforderlich

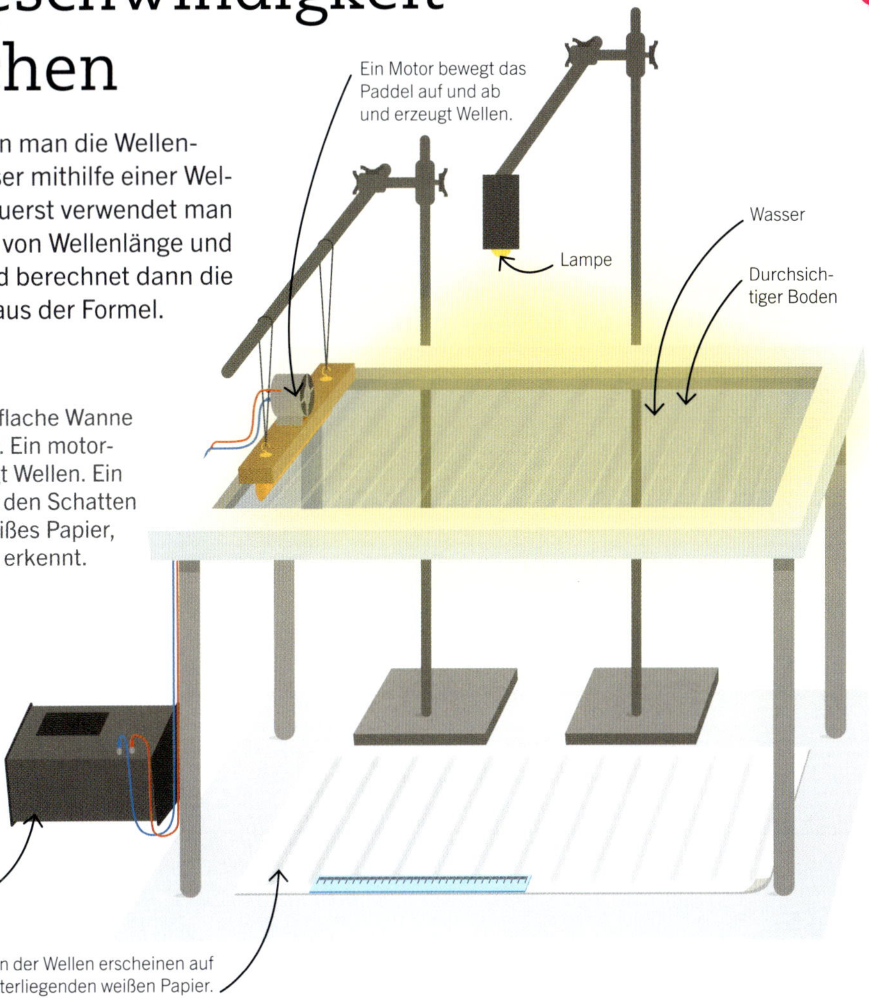

Durchführung

1. Baue die Wanne auf und stelle die Spannung an der Stromquelle so ein, dass das Paddel Wellen erzeugt, deren Wellenlänge ungefähr halb so groß wie die Wanne ist.
2. Lege ein Lineal auf das Papier und mache ein Foto vom Schatten der Wellen, um ihre Bewegung einzufrieren. Verwende das auf dem Foto abgebildete Lineal, um die Wellenlänge (den Abstand zwischen zwei Wellen) auszumessen.
3. Miss dann die Frequenz. Zeichne einen Punkt auf das Papier und verwende einen Zeitmesser, um die Anzahl der Wellen, die in 10 s durchlaufen, zu zählen. Dividiere das Resultat durch 10, um die Frequenz der Wellen pro Sekunde (Hz) zu erhalten.
4. Benutze die Formel für die Wellengeschwindigkeit, um die Lösung zu berechnen.

   $$\text{Geschwindigkeit (m/s)} = \text{Frequenz (Hz)} \cdot \text{Wellenlänge (m)}$$

5. Zum Überprüfen des Ergebnisses kannst du die Zeit messen, die eine Welle benötigt, um einen festgelegten Weg zwischen zwei Punkten auf dem Papier zurückzulegen. Verwende dann diese Formel, um die Geschwindigkeit noch einmal auszurechnen.

   $$\text{Geschwindigkeit (m/s)} = \frac{\text{Weg (m)}}{\text{Zeit (s)}}$$

Schallgeschwindigkeit messen

Schall breitet sich in Festkörpern, Flüssigkeiten und Gasen aus. Diese Experimente zeigen, wie man die Schallgeschwindigkeit auf zwei Arten messen kann: in Luft und in einem Festkörper.

Auf einen Blick

- ✓ Schall breitet sich in Festkörpern, Flüssigkeiten und Gasen aus.
- ✓ Die Schallgeschwindigkeit in Luft kann man mithilfe einer Stoppuhr messen.
- ✓ Die Schallgeschwindigkeit im Festkörper berechnet man aus der Tonfrequenz und der Länge des Körpers.

Schallgeschwindigkeit in Luft

Zwei Personen stehen auf einem großen Feld in einem abgemessenen Abstand. Eine schlägt zwei Becken aneinander, um ein Geräusch zu erzeugen. Die andere startet einen Zeitmesser in dem Augenblick, in dem sie den anderen die Becken schlagen sieht, und stoppt die Zeit, wenn sie das Geräusch hört. Die unten stehende Formel ergibt die Schallgeschwindigkeit. Diese Methode ist wegen der menschlichen Reaktionszeit nicht sehr genau. Zur Verbesserung könnte die zweite Person die erste filmen und das Zeitintervall aus der Aufnahme bestimmen.

$$\text{Geschwindigkeit (m/s)} = \frac{\text{Weg (m)}}{\text{Zeit (s)}}$$

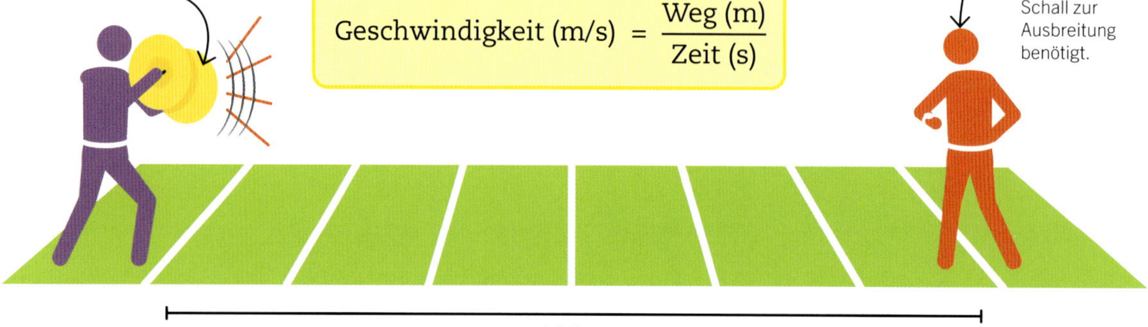

Schallgeschwindigkeit in Festkörpern

Zur Messung der Schallgeschwindigkeit in einem Festkörper hänge eine Metallstange mit Gummibändern frei an einem Stativ auf. Schlage die Stange mit einem Hammer an und miss mit einer Handy-App die Frequenz des lautesten Tones. Die Schwingung der Stange erzeugt eine „stehende Welle“, deren Wellenlänge doppelt so groß wie die Länge der Stange ist. Berechne die Wellengeschwindigkeit mit der unten stehenden Formel.

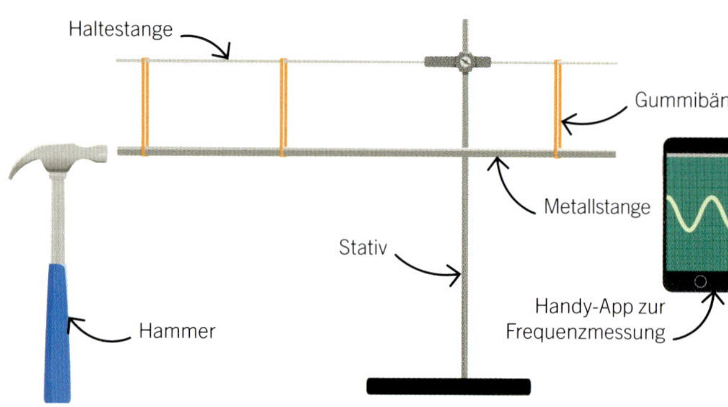

$$\text{Wellengeschwindigkeit (m/s)} = \text{Frequenz (Hz)} \cdot \text{Wellenlänge (m)}$$

Ultraschall nutzen

Töne mit Frequenzen, die zu hoch für das menschliche Gehör sind, bezeichnet man als Ultraschall. Es gibt viele Anwendungen für Ultraschall: Man kann damit in den menschlichen Körper blicken, Schmutz von feinem Schmuck entfernen oder Risse in Pipelines oder Bahnschienen feststellen.

Auf einen Blick

- ✓ **Bei der Ultraschallreinigung werden Ultraschallschwingungen zum Entfernen von Schmutz verwendet.**
- ✓ **Mithilfe von Ultraschallgeräten können Ärzte Bilder von Babys im Mutterleib machen.**
- ✓ **Mit Ultraschall kann man verborgene Fehler in Metallteilen auffinden.**

Ultraschallbilder

Mithilfe von Ultraschallgeräten können Ärzte Bilder von Babys im Mutterleib machen. Ein typisches Gerät arbeitet mit Frequenzen zwischen 2 und 18 Megahertz (2–18 Millionen Hertz) – das ist hundert Mal höher als die obere menschliche Hörgrenze.

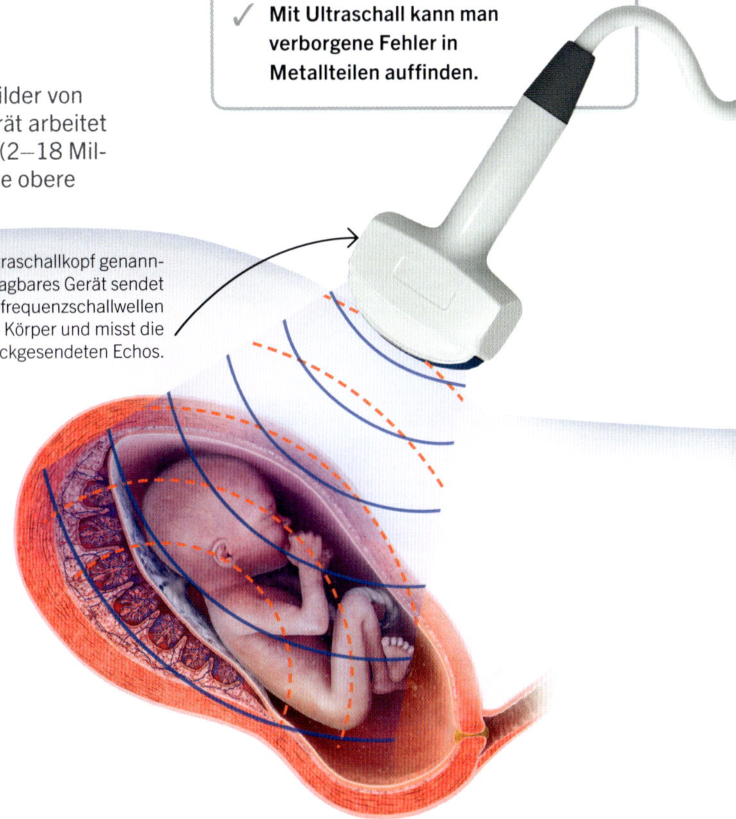

1. Ein Ultraschallkopf genanntes, tragbares Gerät sendet Hochfrequenzschallwellen in den Körper und misst die zurückgesendeten Echos.

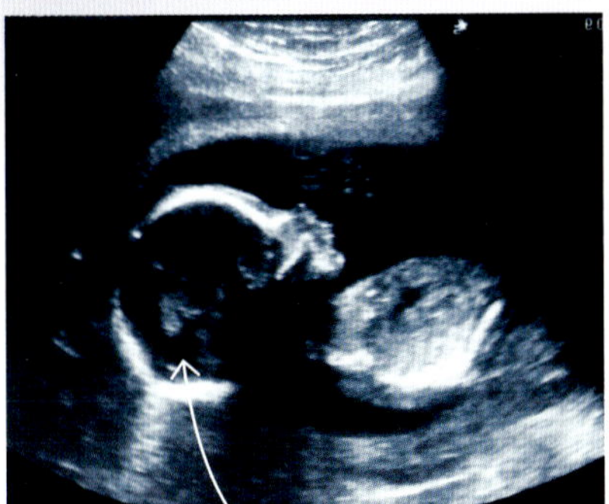

2. Ein Computer verarbeitet die Informationen und erzeugt auf einem Bildschirm ein bewegtes Echtzeit-Bild, das Ultraschallbild (Sonogramm).

Ultraschallprüfung

Ultraschall kann auch dazu verwendet werden, Risse in Maschinen, Pipelines und Bahnschienen aufzufinden, die sonst unbemerkt blieben. Treffen Ultraschallwellen auf eine Grenzfläche zwischen zwei Werkstoffen, wird ein Teil der Welle an der Grenzfläche reflektiert, während der andere durchgeht. Risse erzeugen zusätzliche Grenzflächen in Werkstoffen und führen damit zu zusätzlichen Reflexionen, die als Spitzen in einem Diagramm sichtbar werden.

Sonar

Schallwellen breiten sich im Wasser über große Entfernungen aus. Diese Eigenschaft wird bei der Sonar genannten Technologie genutzt, bei der mit Ultraschallechos Objekte, z.B. U-Boote, im Wasser aufgespürt werden.

Auf einen Blick

- Beim Sonar werden mithilfe von Ultraschallpulsen Objekte unter Wasser aufgespürt.
- Schall breitet sich in Meerwasser mit ca. 1500 m/s aus.
- Fledermäuse benutzen Echoortung zur Orientierung und Beutesuche.

Nach Schall suchen

Das Sonar wurde im 1. Weltkrieg für die Suche nach U-Booten erfunden, doch heutzutage nutzt man es auch zum Orten von Fischschwärmen oder zum Kartografieren des Meeresbodens. Es beruht auf der Messung der Zeit, die der Schall benötigt, um von einem Objekt reflektiert zu werden und zum Schiff zurückzukehren. In Meerwasser breitet sich Schall mit etwa 1500 m/s aus, d.h. wenn es eine Sekunde bis zur Rückkehr des Echos dauert, ist das Objekt 750 m entfernt.

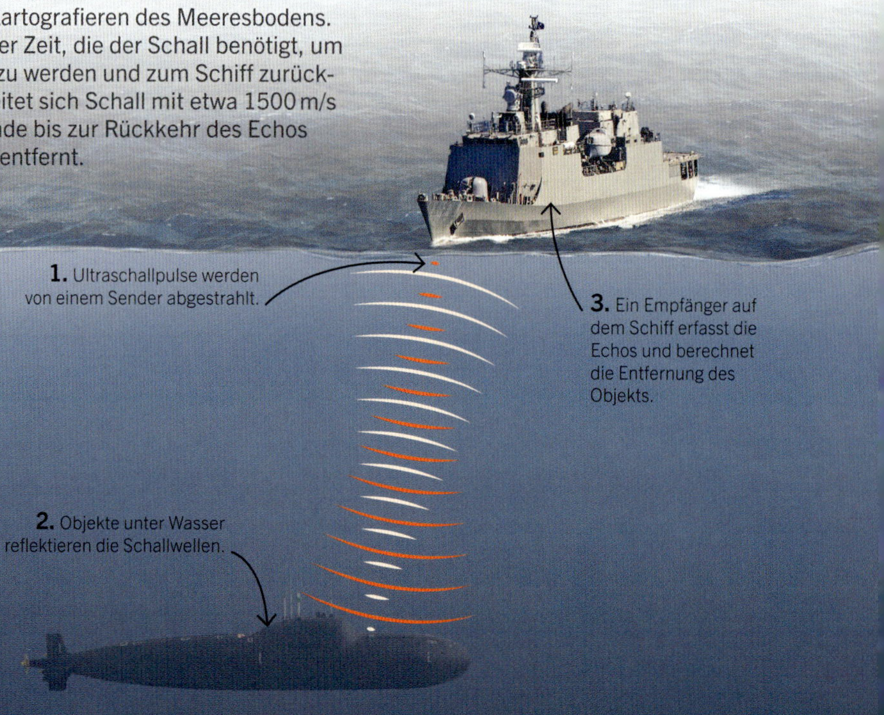

Echoortung

Einige Tiere, darunter Fledermäuse und Delfine, benutzen ein Verfahren ähnlich dem Sonar zur Orientierung und Nahrungssuche in der Dunkelheit. Fledermäuse senden Ultraschallwellen mit ihrem Maul aus und orten und fangen Motten im Flug mithilfe der Echos. Die Zeit, die das Echo für die Rückkehr benötigt, verrät den Abstand der Motte, und die Frequenz, ob die Motte auf die Fledermaus zufliegt oder sich entfernt.

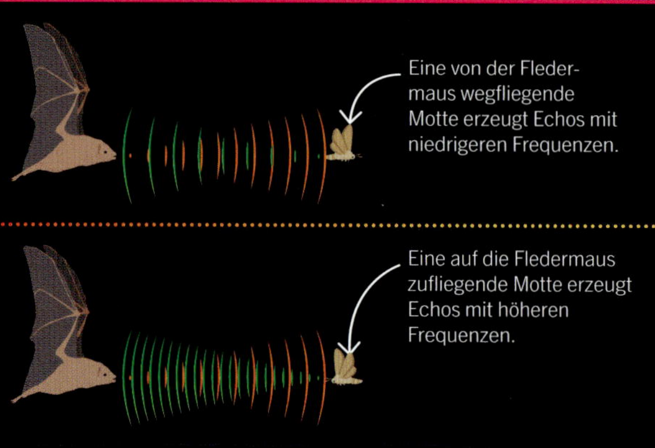

Das Erdinnere untersuchen

Erdbeben verursachen Schwingungen, die zu starken seismischen Wellen führen, die durch das Erdinnere laufen. Durch die Erforschung dieser Wellen können wir uns ein Bild vom Inneren des Planeten machen.

Auf einen Blick

- ✓ Erdbeben erzeugen seismische Wellen, die sich im Erdinneren ausbreiten.
- ✓ P-Wellen breiten sich sowohl in Festkörpern als auch in Flüssigkeiten aus.
- ✓ S-Wellen breiten sich nur in Festkörpern aus.
- ✓ Forscher konnten mithilfe von Schattenzonen, in denen P- und S-Wellen nicht nachgewiesen werden, den Erdaufbau entdecken.

Das Erdinnere
Es gibt zwei Arten von seismischen Wellen, die zum Untersuchen des Erdaufbaus verwendet werden können: Primärwellen (P-Wellen) und Sekundärwellen (S-Wellen).

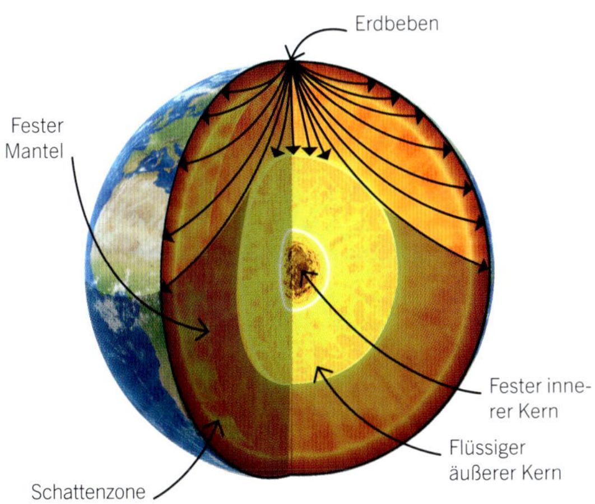

S-Wellen werden nur auf derselben Seite der Erde wie das Erdbeben registriert. Sie breiten sich langsam aus und können nur Festkörper durchdringen, sodass ihr Fehlen auf der anderen Seite des Planeten beweist, dass die Erde einen teilweise flüssigen Kern besitzt.

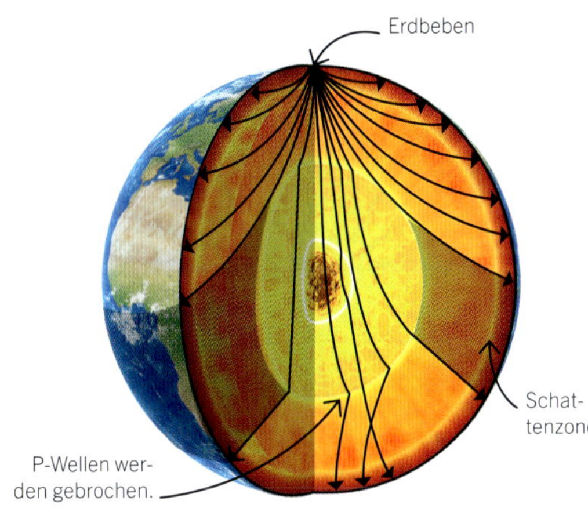

P-Wellen werden nach einem Erdbeben auf der Erdrückseite registriert, doch es gibt Schattenzonen, in denen sie nicht auftreten. Diese schnellen Wellen können Flüssigkeiten durchlaufen, werden jedoch gebrochen, wenn sie die Grenze zwischen verschiedenen Materialien durchqueren. Die Struktur der Schattenzonen offenbart die Größe des flüssigen äußeren und des festen inneren Erdkerns.

P-Wellen und S-Wellen

P-Wellen und S-Wellen unterscheiden sich in ihrer Ausbreitung. P-Wellen sind wie Schallwellen longitudinale Druckwellen, die sich durch Festkörper und Flüssigkeiten bewegen können. Dagegen sind S-Wellen Transversalwellen, die sich nur in starrem Material wie Felsgestein ausbreiten können. Wenn sie das geschmolzene Gestein des äußeren Erdkerns erreichen, lösen sie sich auf.

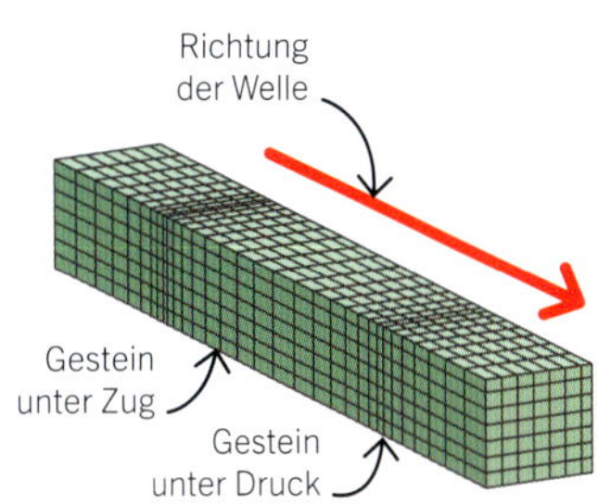

P-Welle

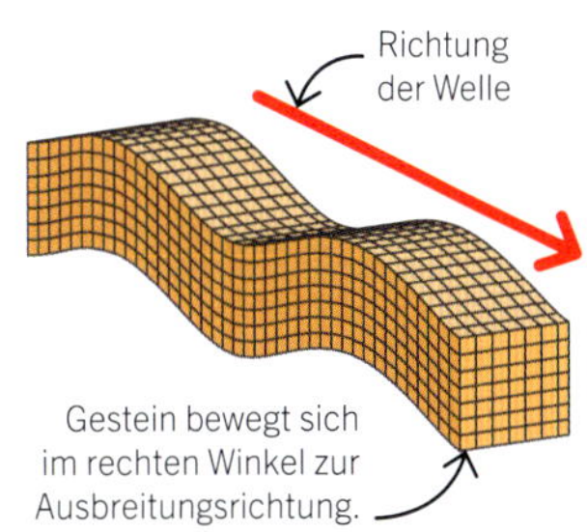

S-Welle

Interferenz

Wenn Wellen aufeinandertreffen, überlagern sie sich. Interferenz kann bei allen Wellenarten auftreten. So entstehen die schillernden Farben auf Seifenblasen durch Interferenz bei Lichtwellen.

Interferenzmuster

Interferenzmuster treten nur auf, wenn Wellen aufeinandertreffen. Nach dem Treffen laufen sie mit derselben Amplitude wie vorher weiter. Man kann Interferenzmuster in einer Wellenwanne erzeugen, in der zwei Kugeln die Wasseroberfläche berühren. Wo sich zwei Wellenberge treffen, verstärken sich die Wellen gegenseitig und erzeugen noch größere Scheitel (konstruktive Interferenz). Wo Wellenberge auf Wellentäler treffen, löschen sie sich gegenseitig aus (destruktive Interferenz).

Auf einen Blick

- **Konstruktive Interferenz tritt auf, wenn Wellen im Takt sind, und führt zu einer höheren Amplitude.**
- **Destruktive Interferenz tritt bei gegenseitiger Auslöschung von Wellen auf und führt zu einer niedrigeren Amplitude.**
- **Die Wellen sind unverändert, nachdem sie einander passiert haben.**

Wellentäler addieren sich.

Wellenberge addieren sich.

Wellenberg trifft Wellental.

Konstruktive Interferenz

Wenn Wellen aufeinandertreffen, addieren sich ihre Amplituden. Sind die Wellen im Takt, besitzt die Gesamtwelle eine größere Amplitude.

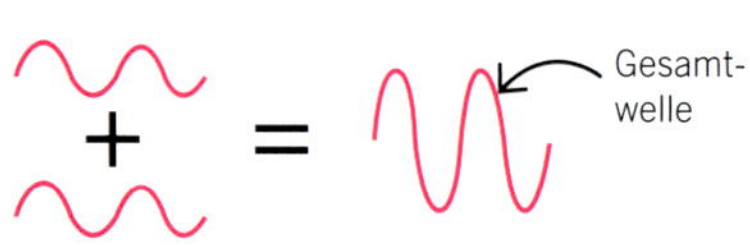

Destruktive Interferenz

Sind die Wellen aus dem Takt, verkleinert sich die Amplitude. Geräuschreduzierende Kopfhörer verwenden dieses Prinzip, um Hintergrundgeräusche zu unterdrücken.

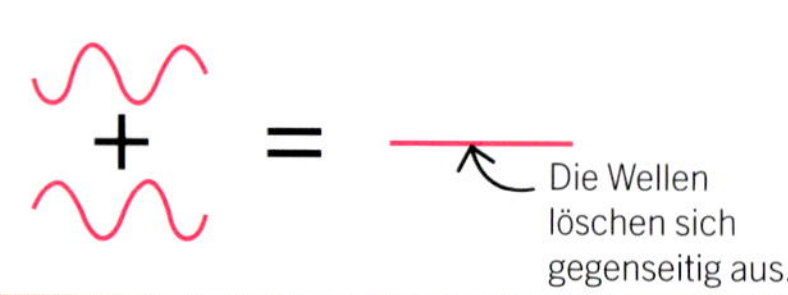

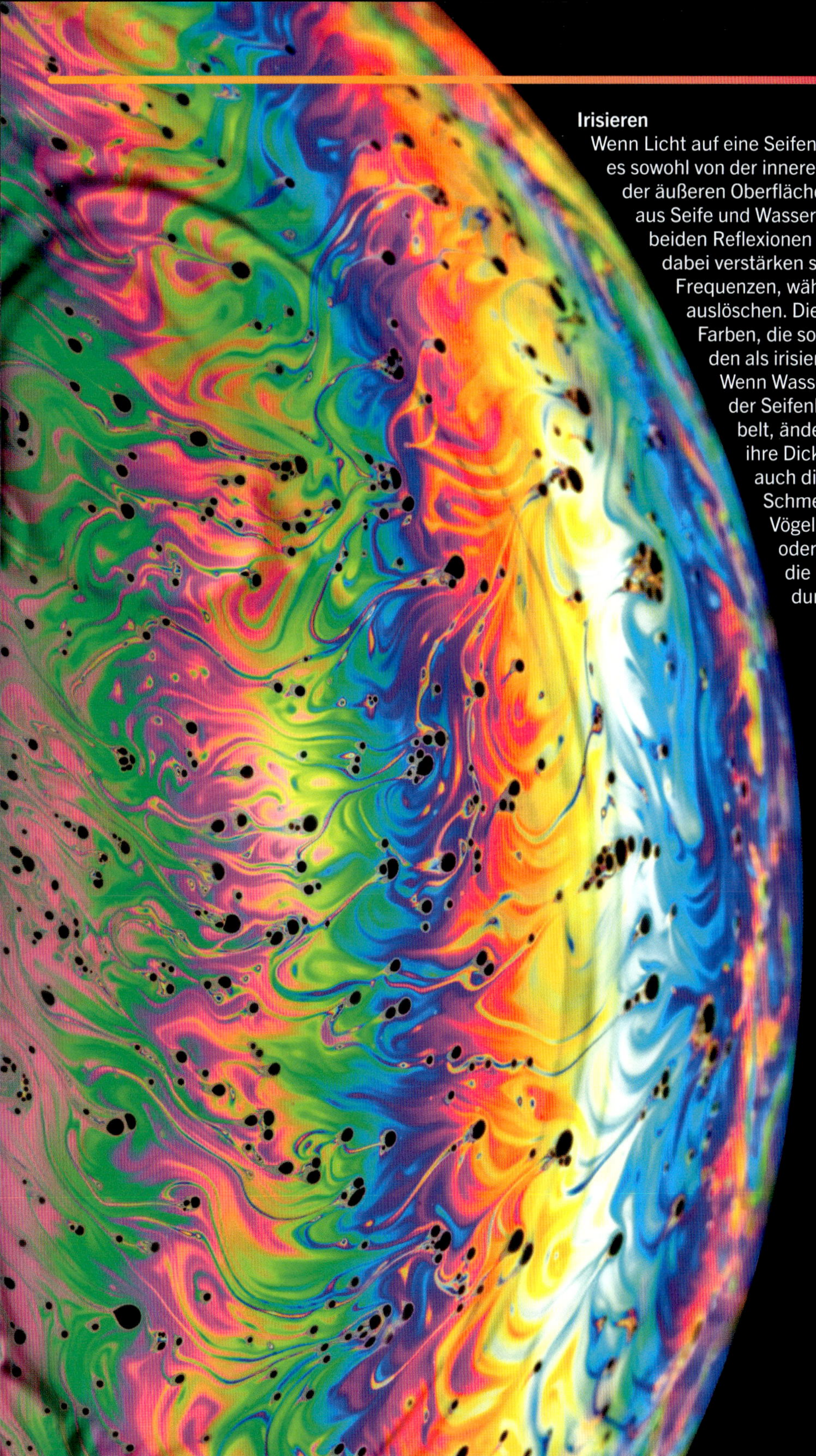

Irisieren

Wenn Licht auf eine Seifenblase trifft, wird es sowohl von der inneren als auch von der äußeren Oberfläche der Schicht aus Seife und Wasser reflektiert. Die beiden Reflexionen interferieren und dabei verstärken sich bestimmte Frequenzen, während sich andere auslöschen. Die schillernden Farben, die so entstehen, werden als irisierend bezeichnet. Wenn Wasser in der Haut der Seifenblase umherwirbelt, ändert sich ständig ihre Dicke, und damit auch die Farben. Bei Schmetterlingen und Vögeln wie Pfauen oder Kolibris entsteht die Farbe ebenfalls durch Irisieren.

Licht

Licht und Sehen

Selbstleuchtende Körper, wie z. B. die Sonne oder elektrisches Licht, emittieren Lichtenergie. Licht breitet sich als Wellen aus und geht durch alle durchsichtigen Stoffe hindurch, u. a. Luft, Wasser, Glas und das Vakuum des Weltalls. Licht im Vakuum ist das Schnellste, das es im Universum gibt. Es benötigt gerade einmal 8 Minuten und 19 Sekunden für die 150 Millionen Kilometer von der Sonne zur Erde.

Auf einen Blick

- ✓ **Licht breitet sich als Wellen aus.**
- ✓ **Selbstleuchtende Körper wie die Sonne emittieren Lichtenergie.**
- ✓ **Nicht leuchtende Körper können nur aufgrund des von ihnen reflektierten Lichts gesehen werden.**

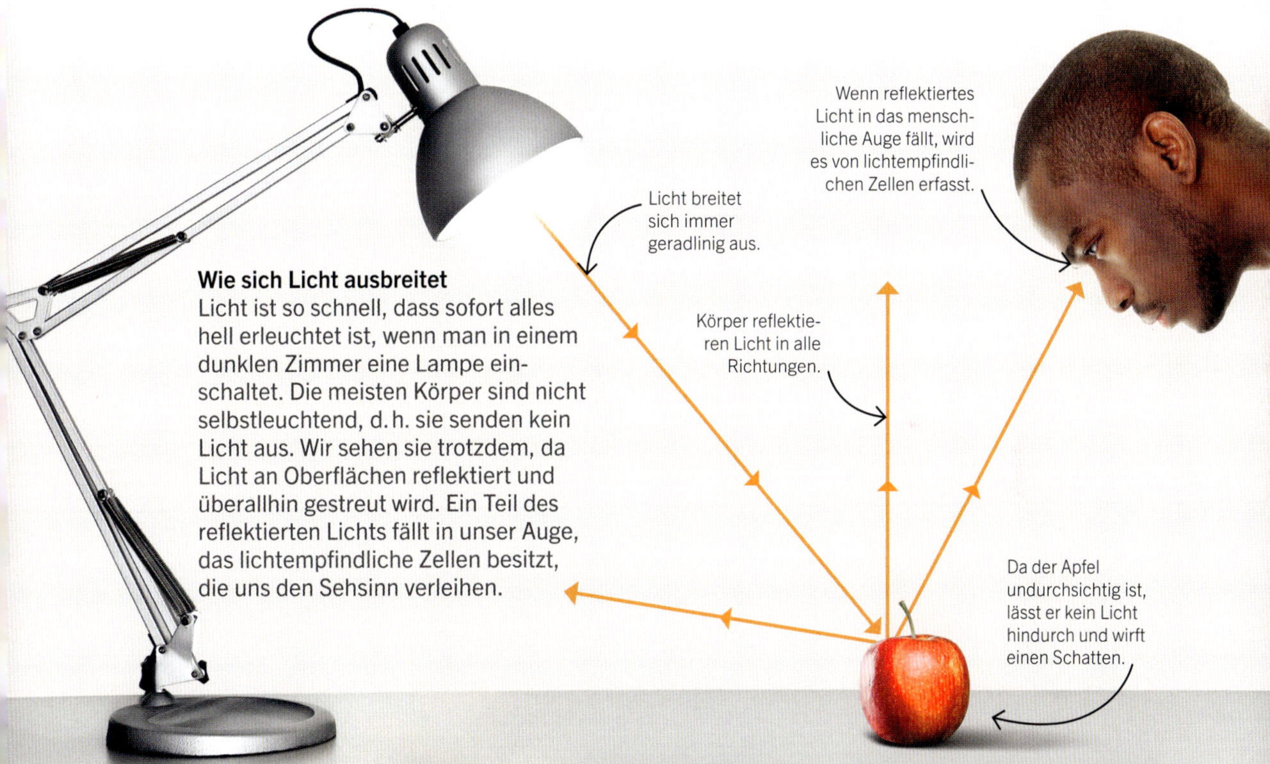

Wie sich Licht ausbreitet
Licht ist so schnell, dass sofort alles hell erleuchtet ist, wenn man in einem dunklen Zimmer eine Lampe einschaltet. Die meisten Körper sind nicht selbstleuchtend, d. h. sie senden kein Licht aus. Wir sehen sie trotzdem, da Licht an Oberflächen reflektiert und überallhin gestreut wird. Ein Teil des reflektierten Lichts fällt in unser Auge, das lichtempfindliche Zellen besitzt, die uns den Sehsinn verleihen.

Durchsichtig, durchscheinend und lichtundurchlässig

Die meisten Festkörper lassen kein Licht hindurch, doch manche Stoffe sind durchlässig für Lichtwellen.

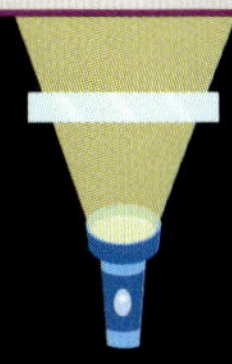

Durchsichtige Stoffe z. B. Glas, sind durchlässig für Licht. Sie reflektieren dennoch einen kleinen Teil des einfallenden Licht, weswegen wir sie überhaupt sehen können.

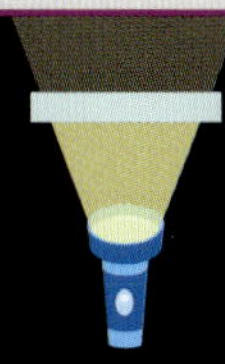

Durchscheinende Stoffe, z. B. Milchglas, lassen einen Teil des Lichts hindurch, aber streuen es.

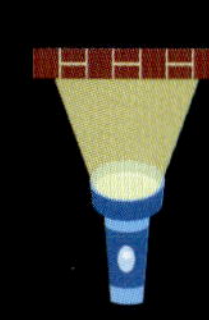

Lichtundurchlässige Stoffe lassen kein Licht hindurch und werfen einen starken Schatten.

Schall und Licht vergleichen

Sowohl Schall als auch Licht breiten sich als Wellen aus und beide transportieren Energie. Ihnen sind bestimmte Eigenschaften gemeinsam, doch es gibt auch bedeutende Unterschiede.

Schall	Licht
Da sich Schallwellen als Schwingungen von Materieteilchen ausbreiten, können sie sich nicht im leeren Raum ausbreiten. Schall kann sich in Festkörpern, Flüssigkeiten und Gasen ausbreiten.	Lichtwellen breiten sich als Schwingungen in elektromagnetischen Feldern aus und können den leeren Raum durchqueren. Sie können durch Luft und Wasser durchgehen, doch durch die meisten Festkörper nicht.
Schall ist eine Longitudinalwelle. Die Teilchen bewegen sich vorwärts und rückwärts in Ausbreitungsgeschwindigkeit der Welle. 	Licht ist eine Transversalwelle, die von Schwingungen im elektromagnetischen Feld verursacht wird. Die Schwingungen sind senkrecht zur Ausbreitungsrichtung. 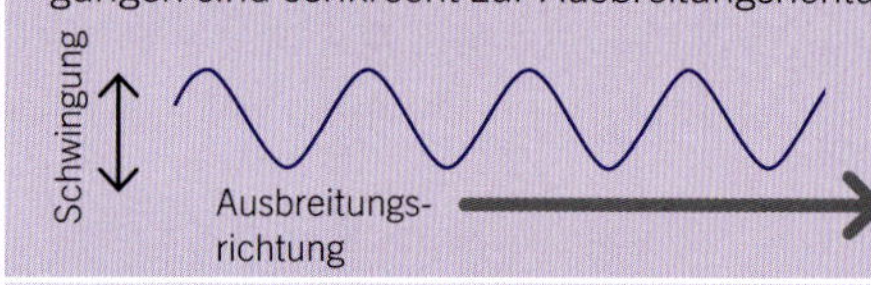
Die Amplitude einer Schallwelle bestimmt die Lautstärke. Je größer die Amplitude, umso lauter der Ton.	Die Amplitude einer Lichtwelle bestimmt die Helligkeit. Je größer die Amplitude, umso heller das Licht.
Die Frequenz einer Schallwelle bestimmt die Tonhöhe. Je höher die Frequenz, umso höher der Ton. 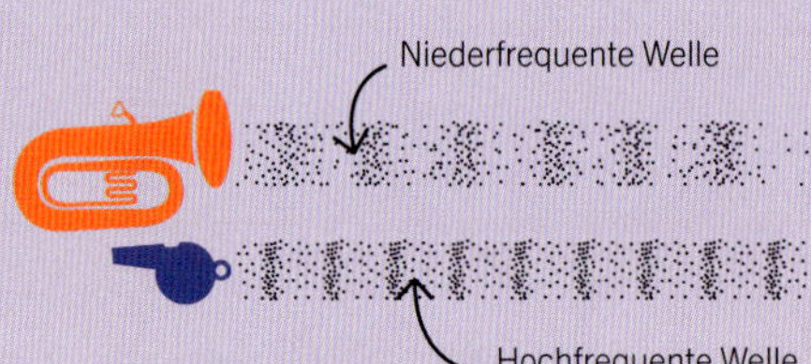	Die Frequenz einer Welle sichtbaren Lichts bestimmt seine Farbe. Niederfrequentes sichtbares Licht ist rot, hochfrequentes sichtbares Licht ist violett. 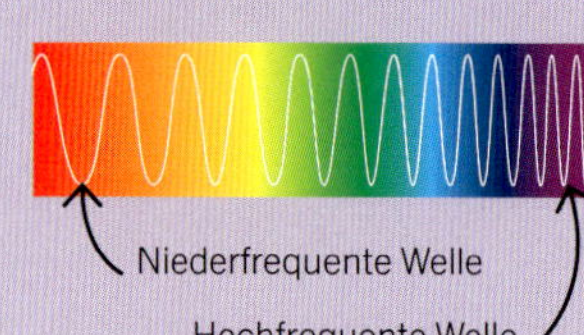
Schall breitet sich in Luft mit ca. 343 m/s aus. Es gibt Düsenflugzeuge, die schneller fliegen können.	Licht breitet sich in Luft mit ca. 300 Millionen m/s aus (fast 1 Million Mal schneller als Schall). Deshalb sieht man den Blitz, bevor man den Donner hört.
Schallwellen können reflektiert, gebrochen und absorbiert werden. Reflektierter Schall heißt Echo. 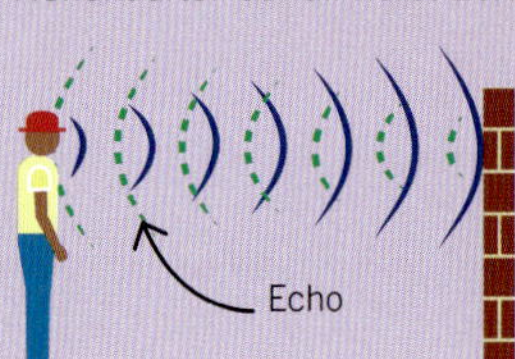	Lichtwellen können reflektiert, gebrochen und absorbiert werden. Unser Spiegelbild ist eine Reflexion. 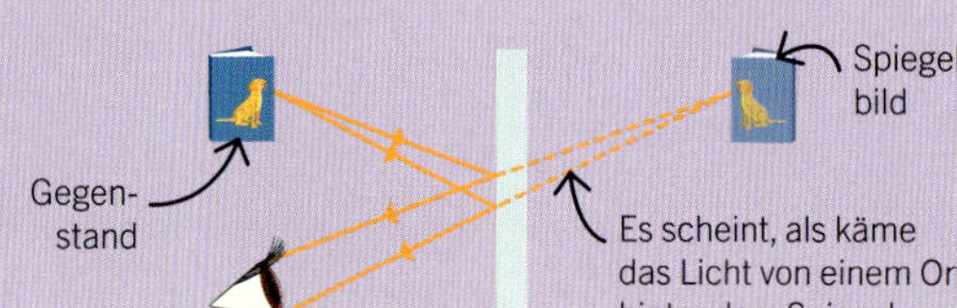

Lochkamera

Eine Lochkamera ist eine Schachtel mit einem winzigen Loch an der Vorderseite und einem Schirm an der Rückseite. Wenn man sie auf ein hell erleuchtetes Motiv hält, erscheint ein schwaches Bild auf dem Schirm. Dieser einfache Apparat ist der Vorläufer unserer heutigen Kameras.

Auf einen Blick

- ✓ Lochkameras benötigen keine Linse.
- ✓ Ist das Loch zu groß, ist das Bild verschwommen.
- ✓ Lochkameras zeigen, dass sich Licht geradlinig ausbreitet.

Strahlengänge

Man kann die Funktionsweise einer Lochkamera verstehen, wenn man ein Diagramm zeichnet, in dem das Licht als gerade Linien dargestellt wird – den Strahlengang. Es werden nur wenige Strahlen als gerade Linien mit Pfeilen, die die Richtung des Lichts anzeigen, eingezeichnet. Bei diesem Strahlengang kreuzen sich die Strahlen beim Durchgang durch das Loch, sodass das Bild auf dem Kopf steht. Außerdem helfen Strahlengänge dabei, zu erkennen, was passiert, wenn Licht reflektiert, gebrochen oder von Linsen gebündelt wird.

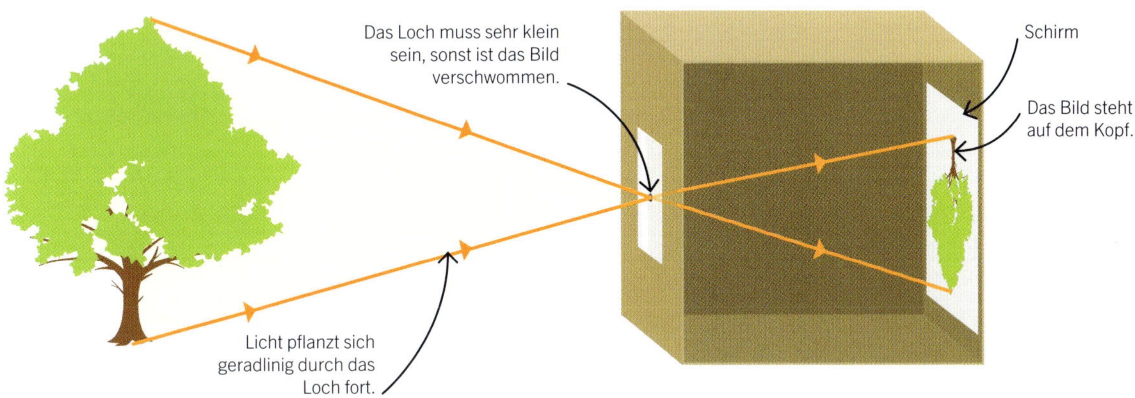

Reelle und virtuelle Bilder

Das von der Lochkamera erzeugte Bild heißt reelles Bild, da man es auf einem Schirm darstellen und von überall her sehen kann. Im Gegensatz dazu ist das vergrößerte Bild, das man durch eine Lupe sieht, ein virtuelles Bild, das man nur von einem bestimmten Standpunkt aus sehen kann. Im Gegensatz zu einem reellen Bild kann ein virtuelles Bild nicht auf einem Schirm abgebildet werden.

Vergrößerter Marienkäfer

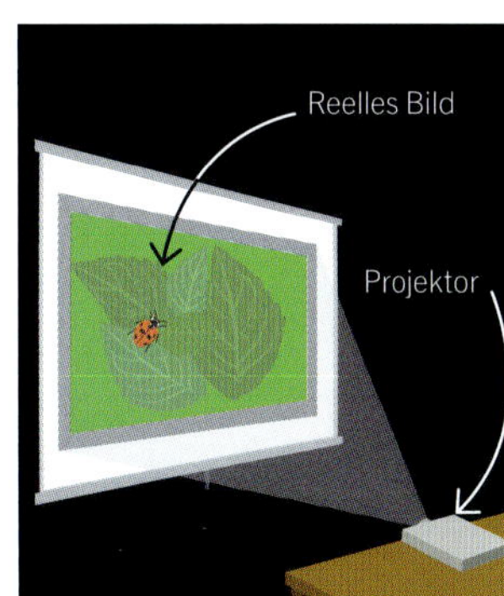

Projektion auf einer Leinwand

Reflexion

Wenn Licht auf eine Oberfläche trifft, wird ein Teil davon zurückgeworfen: Es wird reflektiert. Selbstleuchtende Körper emittieren Licht, doch alles andere sehen wir nur durch reflektiertes Licht. Die meisten Körper haben eine raue Oberfläche, die Licht in alle möglichen Richtungen reflektiert (diffuse Reflexion). Sehr glatte Körper wie Spiegel reflektieren Licht gleichmäßig (spiegelnde Reflexion).

Das Reflexionsgesetz

Im nachfolgenden Bild ist dargestellt, was passiert, wenn Licht von einem Spiegel reflektiert wird. Der Winkel des einfallenden Strahls (Einfallswinkel) und der Winkel des reflektierten Strahls (Reflexionswinkel) sind immer gleich groß. Das ist das Reflexionsgesetz. Beide Winkel werden von einer Lot oder Normalen genannten Linie gemessen, die senkrecht auf der Oberfläche des Objekts steht.

Auf einen Blick

- Spiegelnde Reflexion ist die gleichmäßige Lichtreflexion an einer glatten Oberfläche, z. B. einem Spiegel.
- Diffuse Reflexion ist die unregelmäßige Lichtreflexion an einer rauen Oberfläche.
- Wird Licht an einem Spiegel reflektiert, sind Einfallswinkel und Reflexionswinkel gleich groß.

Einfallswinkel = Reflexionswinkel

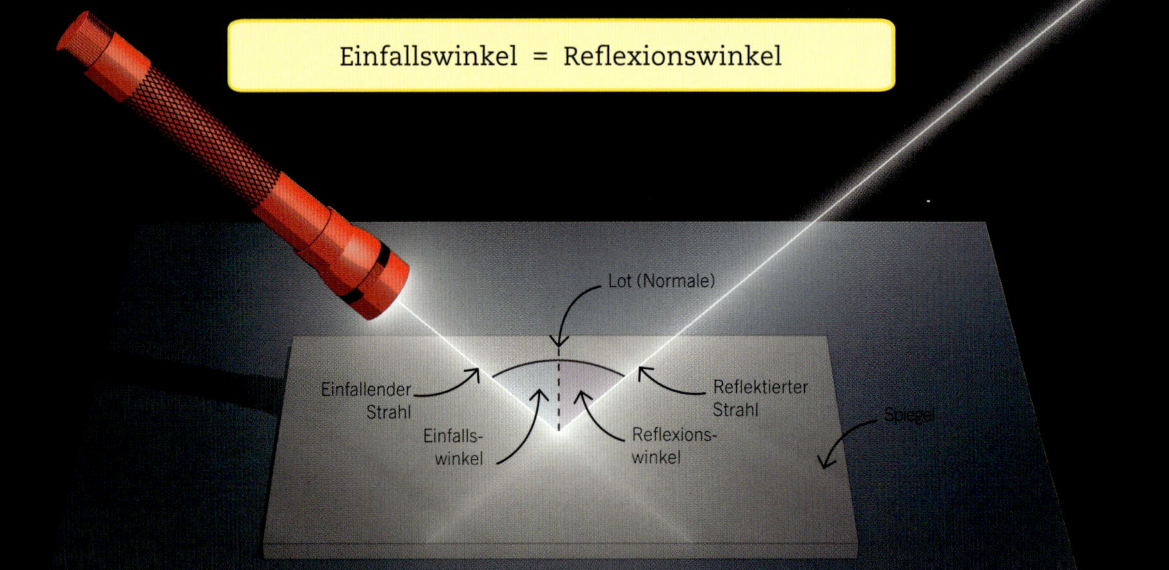

Spiegelbilder

Beim Blick in einen ebenen Spiegel sieht man ein virtuelles Bild (s. S. 129), das hinter dem Spiegel zu liegen scheint. Der Strahlengang verdeutlicht, wie das virtuelle Bild entsteht. Die gestrichelten Linien zeigen an, woher das Licht zu kommen scheint. Spiegel vertauschen rechts und links nicht. Schrift sieht in einem Spiegel umgekehrt aus, weil man das Buch drehen muss, damit es zum Spiegel zeigt. Tatsächlich kehren Spiegel Bilder von vorne nach hinten um, entlang einer Linie durch den Spiegel.

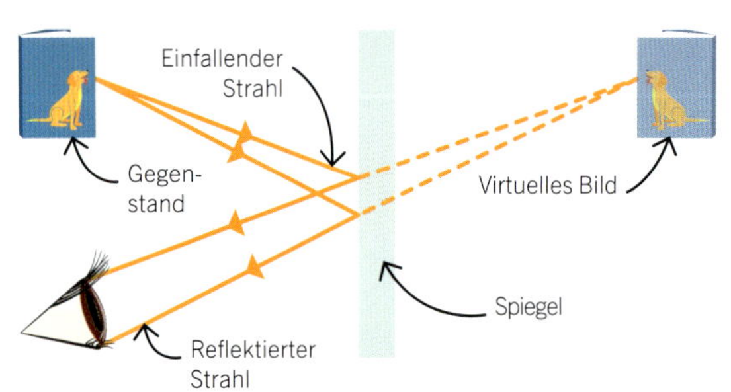

Brechung

Wenn Lichtwellen von einem Medium zu einem anderen übergehen – z. B. von Luft zu Wasser –, ändern sie die Richtung. Das nennt man Brechung. Linsen krümmen und bündeln Licht aufgrund von Brechung.

Lichtbrechung
Wenn man einen Strohhalm in ein Glas mit Wasser stellt, sieht er gebogen oder abgeknickt aus. Der Grund dafür ist, dass Licht vom Strohhalm auf dem Weg zum Auge beim Übergang zwischen Wasser, Glas und Luft gebrochen wird. Das Gehirn nimmt an, dass das Licht geradlinig verläuft, und daher ist das Bild des Strohhalms im Wasser verzerrt.

Der Strohhalm sieht geknickt aus, weil Licht vom Halm beim Übergang von Wasser und Glas zu Luft gebrochen wird.

Auf einen Blick

- ✓ **Brechung ist eine Richtungsänderung von Wellen, die von einem Medium in ein anderes übergehen.**
- ✓ **Wellen werden zum Lot hin gebrochen, wenn sie langsamer werden, und vom Lot weg gebrochen, wenn sie schneller werden.**

Strahlengang

Ein Strahlengang hilft zu verstehen, was bei der Lichtbrechung geschieht. Mit eingezeichnet ist eine Linie, die das Lot oder die Normale genannt wird und senkrecht zur Grenzfläche steht. Wenn Licht die Grenzfläche zwischen Luft und Wasser oder Glas überquert, wird es langsamer und zum Lot hin gebrochen. Wenn das Licht wieder in Luft übergeht, wird es schneller und vom Lot weg gebrochen.

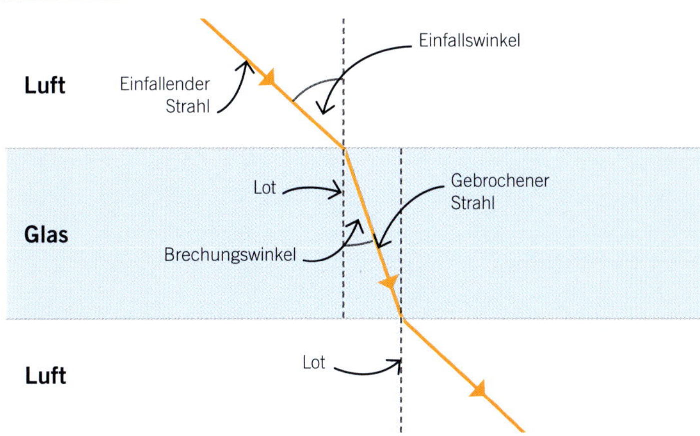

Licht untersuchen

Mit einer Lichtbox kann man Strahlengänge mit richtigen Lichtstrahlen erzeugen. Folge den Anleitungen, um Reflexion und Brechung zu untersuchen.

Reflexion untersuchen

1. Zeichne eine gerade Linie quer über ein großes Blatt Papier.
2. Zeichne senkrecht zur ersten Linie eine weitere Linie. Das ist das Lot in deinem Strahlengang.
3. Stelle einen Spiegel entlang der ersten Linie auf und richte mithilfe der Lichtbox einen Lichtstrahl auf den Schnittpunkt der beiden Linien. Wenn der Raum abgedunkelt ist, kann man die Strahlen besser erkennen.
4. Zeichne den einfallenden und den reflektierten Strahl nach.
5. Bestimme Einfalls- und Reflexionswinkel mit einem Winkelmesser oder Geodreieck.
6. Wiederhole mit anderen Einfallswinkeln. Du wirst sehen, dass Einfallswinkel und Reflexionswinkel immer gleich sind.

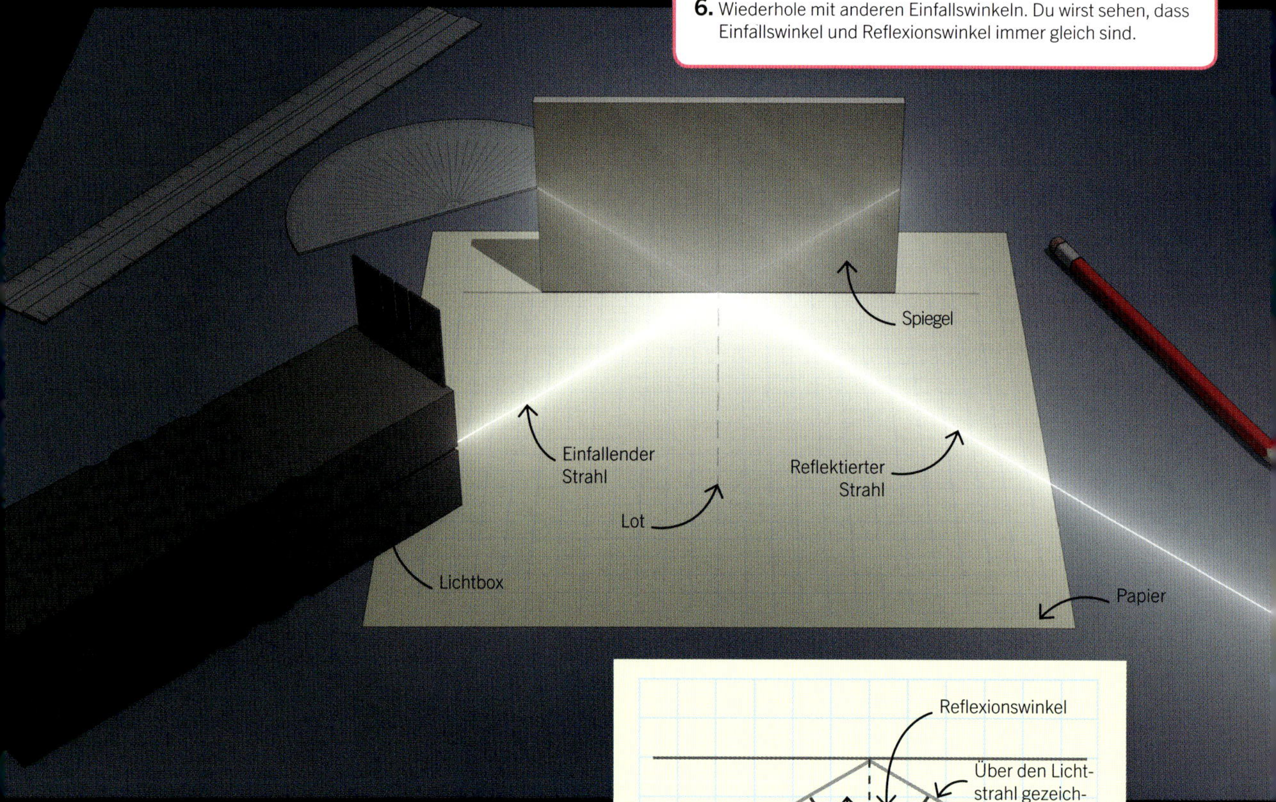

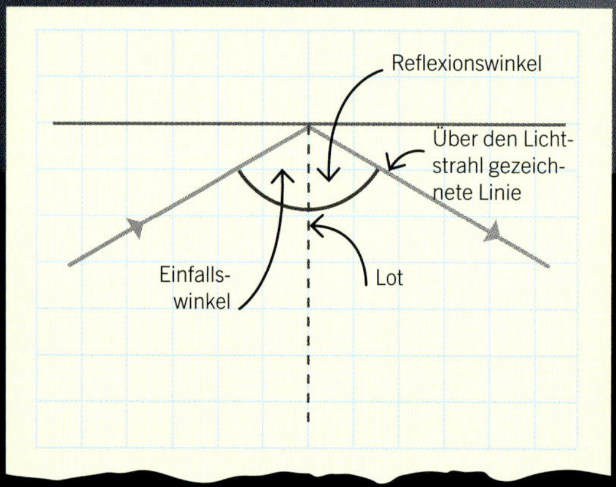

Reflexionsgesetz
Unabhängig davon, wie du die Lichtbox anordnest, der Einfallswinkel (Winkel zwischen einfallendem Strahl und Lot) wird immer gleich dem Reflexionswinkel (Winkel zwischen reflektiertem Strahl und Lot) sein. Das wird als Reflexionsgesetz bezeichnet.

Brechung untersuchen

1. Stelle einen Glasblock auf ein großes Blatt Papier und zeichne den Umriss nach.
2. Zeichne eine Linie senkrecht zur langen Seite des Blocks. Das ist das Lot in deinem Strahlengang.
3. Dunkle den Raum ab und strahle mithilfe der Lichtbox einen Lichtstrahl diagonal in den Block hinein.
4. Markiere den Strahlengang bis zum Block und dahinter durch kleine Kreuze.
5. Entferne den Block, verbinde dann mit Stift und Lineal die Kreuze und zeichne den Verlauf des Strahls im Block.
6. Miss den Einfallswinkel und den Brechungswinkel.
7. Wiederhole den Versuch mit anderen Einfallswinkeln. Licht wird beim Übergang von Luft zu Glas zum Lot hin gebrochen. Daher ist der gemessene Brechungswinkel von Luft zu Glas immer kleiner als der Einfallswinkel.
8. Miss Einfalls- und Brechungswinkel an dem Punkt, an dem der Lichtstrahl aus dem Block austritt. Licht wird beim Übergang von Glas zu Luft vom Lot weg gebrochen. Daher ist in diesem Fall der Brechungswinkel größer als der Einfallswinkel.

Totalreflexion untersuchen

1. Stelle einen halbkreisförmigen Glasblock auf ein großes Blatt Papier und zeichne den Umriss nach.
2. Entferne den Glasblock. Bestimme den Mittelpunkt der geraden Seite mit einem Lineal und markiere ihn mit einem Stift. Zeichne ein Lot, das senkrecht auf der geraden Seite steht, durch diesen Punkt. Stelle den Glasblock zurück.
3. Richte mit einer Lichtbox einen Lichtstrahl durch die gekrümmte Oberfläche des Blocks auf den markierten Punkt.
4. Der Strahl wird vom Lot weg gebrochen, wenn er aus dem Glas austritt. Beachte, dass ein Teil des Lichts von der geraden Seite des Glasblocks reflektiert wird.
5. Bewege den Lichtstrahl, um den Einfallswinkel zu erhöhen. Beachte, dass der Brechungswinkel ebenfalls größer wird. Vergrößere den Einfallswinkel immer weiter, bis die gebrochenen Strahlen entlang der geraden Seite des Blocks verlaufen.
6. Erhöhe den Einfallswinkel noch weiter. Das Licht wird nun vollständig reflektiert und nichts wird mehr gebrochen. Das wird als Totalreflexion bezeichnet. Den Einfallswinkel, bei dem Totalreflexion einsetzt, nennt man den Grenzwinkel.

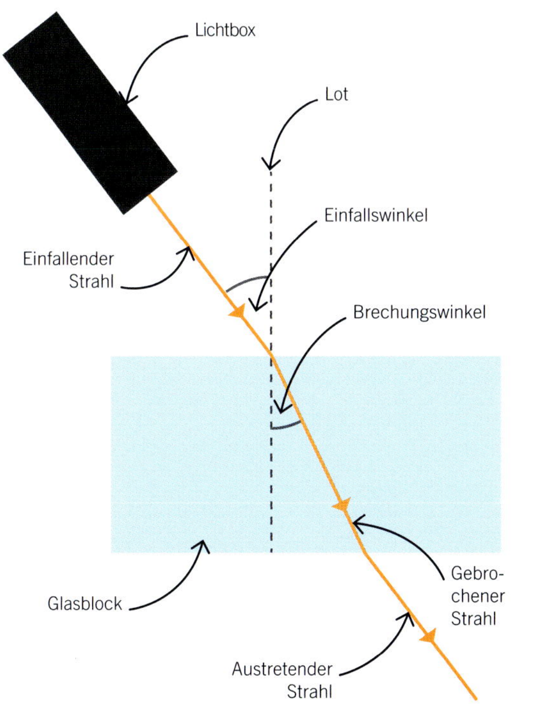

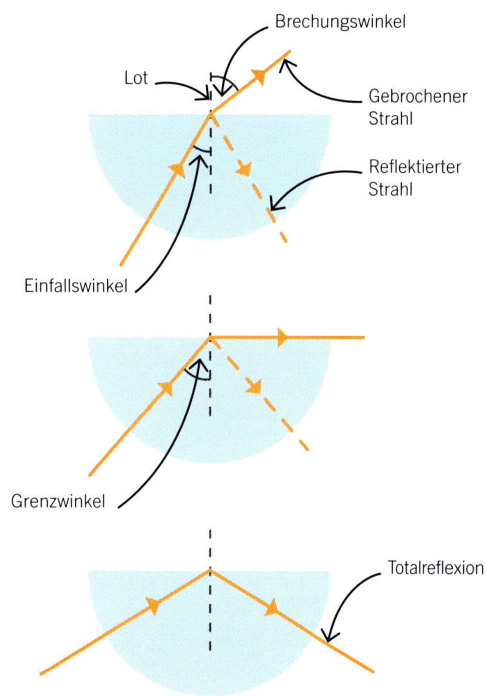

Totalreflexion

Licht wird beim Übergang von einem Medium zum anderen gebrochen, z. B. von Glas zu Luft oder von Licht zu Wasser. Wenn jedoch das Licht beim Übergang von Glas oder Wasser zu Luft in einem flachen Winkel auf die Grenzfläche auftrifft, wird es stattdessen vollständig reflektiert. Dies wird als Totalreflexion bezeichnet.

Auf einen Blick

- ✓ Totalreflexion tritt auf, wenn der Einfallswinkel den Grenzwinkel überschreitet.
- ✓ Lichtwellenleiter (LWL) übertragen digitale Daten mithilfe der Totalreflexion.

Lichtwellenleiter

Ein Lichtwellenleiter (LWL) ist ein Bündel aus festen Glasfasern, die so dünn wie ein menschliches Haar sind. LWL nutzen die Totalreflexion aus, um Lichtpulse in den Fasern einzusperren und digitale Informationen, z. B. Internetdaten, zu übertragen. Dazu wird Laserlicht an einem Ende in einem so flachen Winkel in die Faser geleitet, dass das Licht nicht wieder entweichen kann, bevor es das Ende erreicht.

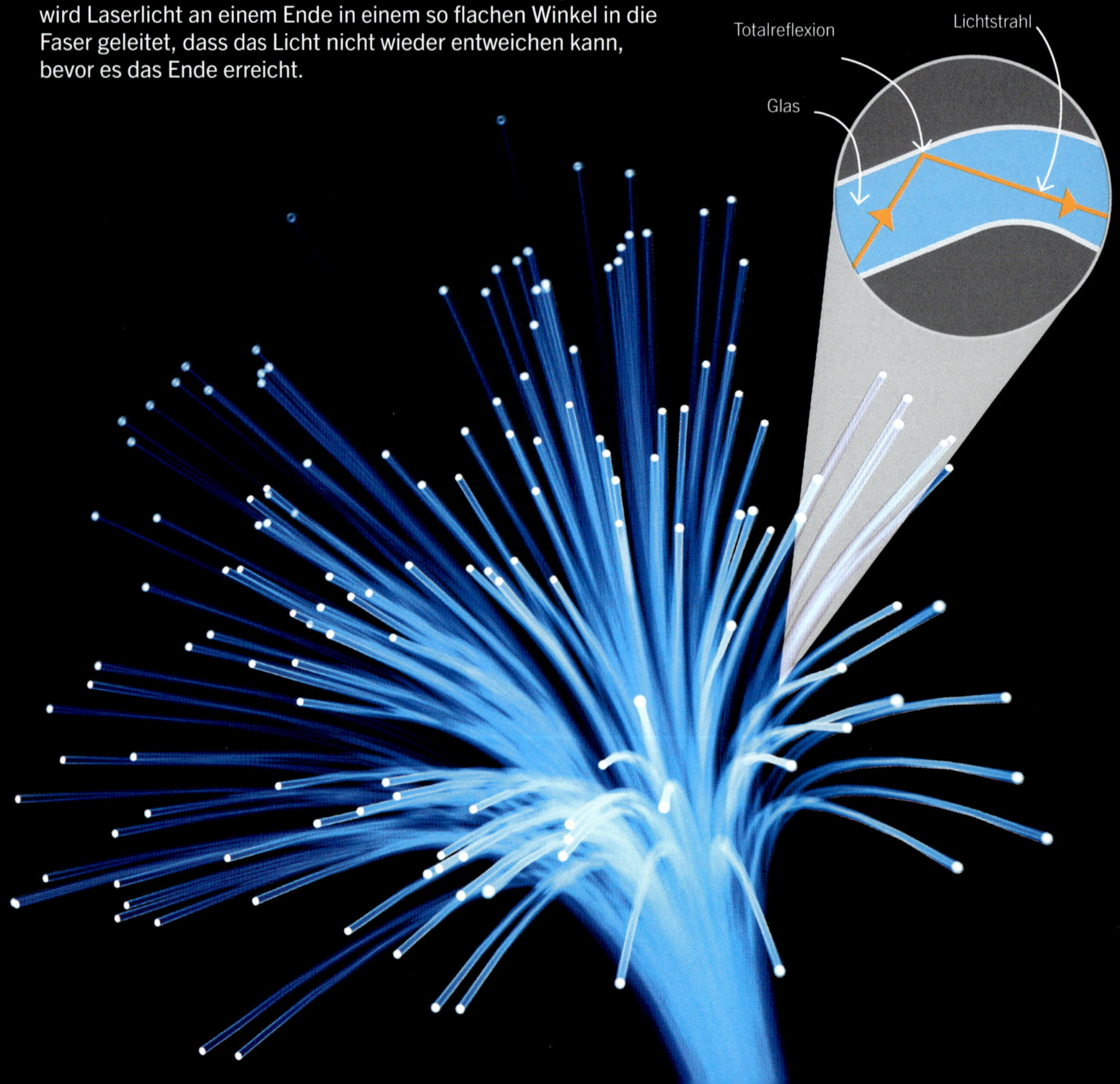

Der Grenzwinkel

Totalreflexion tritt auf, wenn der Einfallswinkel (der Winkel zwischen dem Licht und dem Lot) größer als ein bestimmter Winkel ist, der sogenannte Grenzwinkel. Der Wert des Grenzwinkels hängt vom Material ab und ist für Glas, Wasser und Plexiglas unterschiedlich. Für Licht beim Übergang von Wasser zu Luft beträgt er 49°. Wenn ein Lichtstrahl in einem Winkel kleiner als 49° auf die Wasseroberfläche auftrifft, verläuft er durch das Wasser. Jedoch wird ein kleiner Teil reflektiert. Ist der Winkel größer als 49°, wird alles Licht reflektiert.

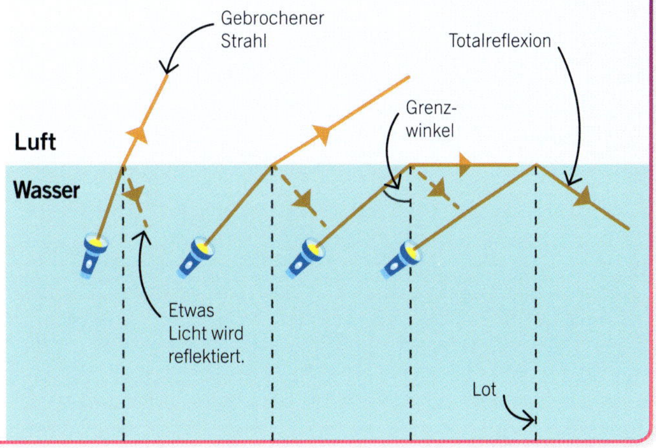

Unterwasserreflexion
Wenn man unter Wasser die Wasseroberfläche betrachtet, verhält sie sich aufgrund der Totalreflexion wie ein Spiegel. Hier sieht man, wie ein Delfin an der Unterseite zweier verschiedener Wellen reflektiert wird.

Linsen

Eine Linse ist ein Körper aus durchsichtigem Material mit gekrümmten Oberflächen. Durch ihre besondere Form wird Licht so gebrochen, dass Bilder entstehen. Im Auge und in Kameras befinden sich Sammellinsen (Konvexlinsen), die sich in der Mitte nach außen wölben und dadurch Strahlen in einem Punkt bündeln.

Auf einen Blick

- **Eine Linse ist ein Körper aus durchsichtigem Material mit gekrümmten Oberflächen, an denen Licht gebrochen wird.**
- **Augen und Kameras nutzen Sammellinsen (Konvexlinsen), die Licht so bündeln, dass ein Bild entsteht.**
- **Das menschliche Auge passt den Fokus durch Veränderung der Linsengestalt an, ein Fotoapparat durch Veränderung der Linsenposition.**

Im Inneren des Auges

Die Linse im menschlichen Auge bricht Lichtstrahlen so, dass sie sich treffen und ein Bild erzeugen. Das nennt man „bündeln" oder „fokussieren". Divergierende Lichtstrahlen, die vom selben Punkt eines entfernten Objekts ausgehen, werden auf der Netzhaut (eine Schicht lichtempfindlicher Zellen auf der Rückseite des Augapfels) gebündelt. Die Netzhaut sendet dann Nervenimpulse an das Gehirn, das den Sehsinn erzeugt.

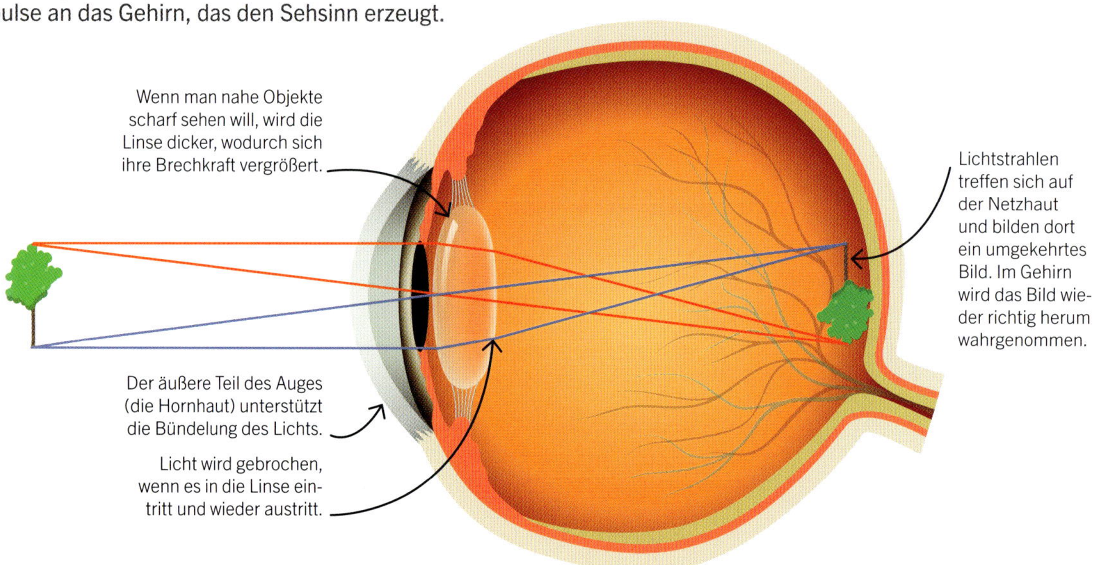

Fotoapparate

Fotoapparate funktionieren ähnlich wie das menschliche Auge. Einfallendes Licht wird von einer Sammellinse gebündelt, sodass ein Bild auf einem lichtempfindlichen Sensor auf der Rückseite der Kamera entsteht. Die Bilder werden dann auf einem Speicherchip gespeichert. Fotoapparate mit verstellbarem Fokus bewegen zum Scharfstellen die Linse vor oder zurück, da die Kameralinse nicht wie das Auge ihre Gestalt ändern kann.

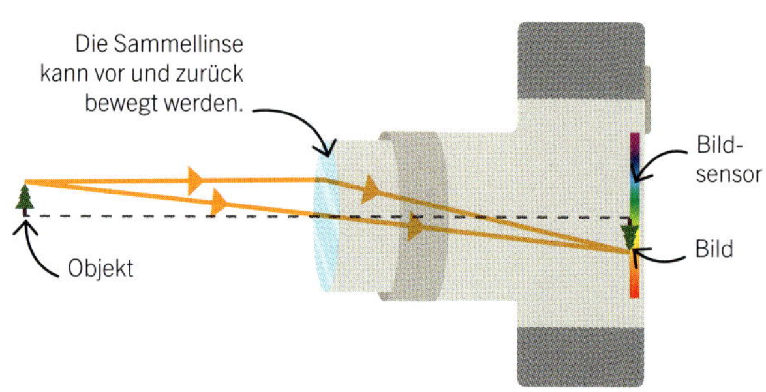

Wellen und Brechung

Brechung ist eine Richtungsänderung bei Wellen, die langsamer oder schneller werden. Lichtwellen werden gebrochen, wenn sie von einem Medium in ein anderes übergehen. Wasserwellen werden gebrochen, wenn sie von tiefem in flaches Wasser laufen.

Auf einen Blick

- Brechung wird durch eine Geschwindigkeitsänderung der Wellen verursacht.
- Die Frequenz der Welle ist nach der Brechung unverändert, Wellenlänge und Geschwindigkeit ändern sich.
- Wenn eine Welle langsamer wird, wird sie zum Lot hin gebrochen.
- Wenn eine Welle schneller wird, wird sie vom Lot weg gebrochen.

Brechung in Wasser

Man kann Brechung in Wasser in einer Wellenwanne (s. S. 119) beobachten. Ein Glasblock wird schräg in die Wanne gelegt und bildet eine Zone mit flachem Wasser, die die Wellen verlangsamt. Werden Wellen langsamer, werden sie zum Lot hin gebrochen. Werden sie schneller, werden sie vom Lot weg gebrochen. Während die Frequenz der Wellen auch nach der Brechung gleich bleibt, haben die langsameren Wellen eine kürzere Wellenlänge.

Aufsicht durch Lehrkraft erforderlich

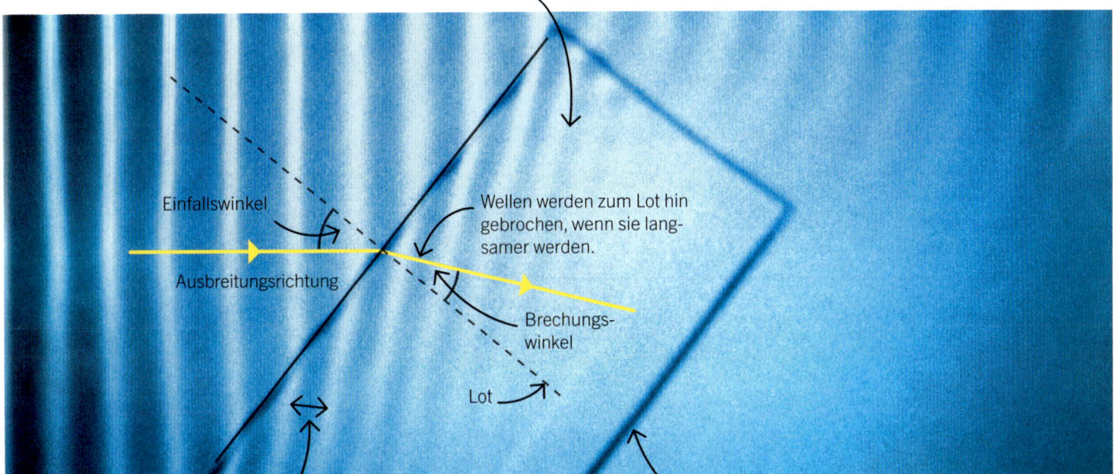

Warum Brechung auftritt

An einer Marschkapelle kann man zeigen, warum bei Wellen eine Geschwindigkeits- zu einer Richtungsänderung führt. Die Marschierer kommen von festem auf matschigen Boden, wo sie langsamer werden, und versuchen, weiter in gleichmäßigen Reihen zu gehen. Trifft die Kapelle schräg auf die Grenze, wird eine Seite früher langsamer. Die Schnelleren holen etwas auf, bis sie den Matsch erreichen, sodass sich die Richtung der ganzen Kapelle ändert.

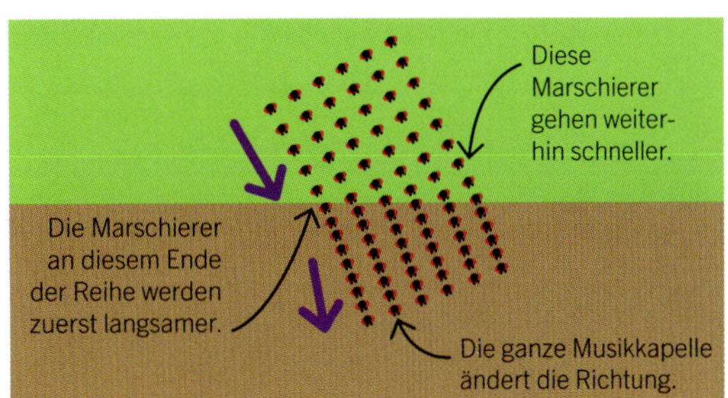

Brechungsindex

Licht breitet sich im Vakuum unfassbar schnell aus: mit $3 \cdot 10^8$ m/s (300 Mio. m/s). In Luft ist es fast genauso schnell, doch in Wasser, Glas und anderen durchsichtigen Stoffen deutlich langsamer. Der Brechungsindex eines Materials ist ein Maß dafür, wie stark es das Licht bremst.

Den Brechungsindex berechnen

Da Licht in verschiedenen Materialien verschieden schnell ist, hat jedes Material einen anderen Brechungsindex. Je höher der Brechungsindex, umso stärker bremst es Licht ab und umso stärker wird Licht gebrochen. Diese Gleichung gibt an, wie man den Brechungsindex aus den Lichtgeschwindigkeiten berechnet.

Auf einen Blick

- ✓ **Der Brechungsindex ist ein Maß dafür, wie stark ein Material Licht abbremst.**
- ✓ **Der Brechungsindex ist der Quotient der Lichtgeschwindigkeiten im Vakuum und im Material.**
- ✓ **Mithilfe des Snelliusschen Gesetzes kann der Brechungsindex aus Einfallswinkel und Brechungswinkel berechnet werden.**

$$\text{Brechungsindex } (n) = \frac{\text{Lichtgeschwindigkeit im Vakuum}}{\text{Lichtgeschwindigkeit im Material}}$$

Der Brechungsindex ist das Verhältnis zweier Geschwindigkeiten und hat daher keine Einheit.

Material	Lichtgeschwindigkeit (m/s)	Brechungsindex
Luft	$2{,}997 \cdot 10^8$	1,0003
Plexiglas	$2 \cdot 10^8$	1,5
Glas	$(1{,}8–2{,}0) \cdot 10^8$	1,5–1,7
Diamant	$1{,}25 \cdot 10^8$	2,4

Brechungsindex von Wasser

Frage

Die Lichtgeschwindigkeit im Vakuum beträgt $3 \cdot 10^8$ m/s und in Wasser $2{,}3 \cdot 10^8$ m/s. Wie groß ist der Brechungsindex von Wasser?

Antwort

$$n = \frac{3 \cdot 10^8 \text{ m/s}}{2{,}3 \cdot 10^8 \text{ m/s}} = 1{,}3$$

Snelliussches Gesetz

Wenn Licht von Luft in ein Material mit höherem Brechungsindex übergeht, z. B. Glas, wird es zum Lot hin gebrochen. Daher ist der Brechungswinkel kleiner als der Einfallswinkel. Diese Gleichung, das sogenannte Snelliussche Gesetz, beschreibt die Beziehung zwischen den Brechungsindizes, dem Einfalls- und dem Brechungswinkel.

$$n_1 \cdot \sin\alpha = n_2 \cdot \sin\beta$$

Brechungsindex des ersten Materials (n_1)

Brechungsindex des zweiten Materials (n_2)

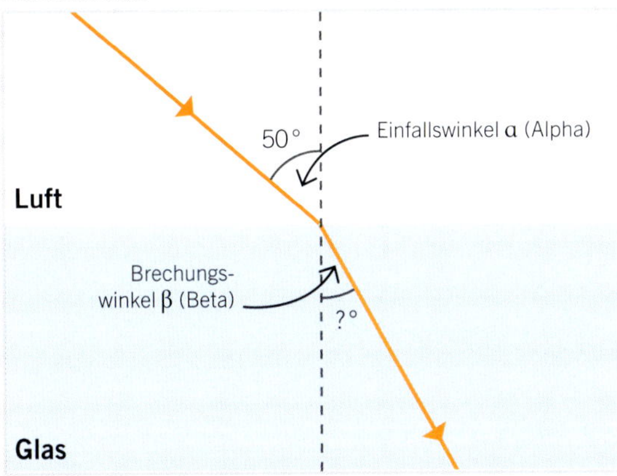

Totalreflexion

Wenn Licht von einem Material mit hohem zu einem Material mit niedrigerem Brechungsindex übergeht, z. B. von Glas zu Luft, wird es vom Lot weg gebrochen. Wenn der Einfallswinkel einen bestimmten Wert, den Grenzwinkel, überschreitet, tritt Totalreflexion auf. Diese Gleichung zeigt den Zusammenhang zwischen Grenzwinkel und Brechungsindex.

$$\sin\beta_g = \frac{n_2}{n_1}$$

Grenzwinkel (β_g)

Brechungsindex des zweiten Materials (n_2)

Brechungsindex des ersten Materials (n_1)

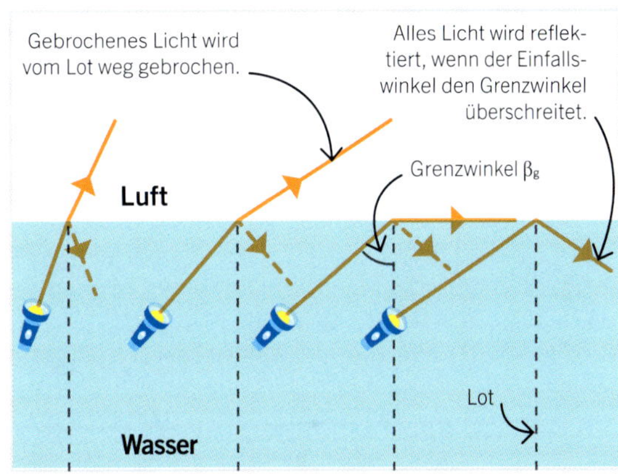

Den Brechungswinkel berechnen

Frage

Licht geht in einem Winkel von 50° von Luft in einen Glasblock über. Wenn der Brechungsindex von Luft 1 ist und der von Glas 1,6, wie groß ist der Brechungswinkel?

Antwort

1. Löse das Snelliussche Gesetz nach $\sin\beta$ auf.

   $$\sin\beta = \frac{n_1 \cdot \sin\alpha}{n_2}$$

2. Setze die Zahlen ein und rechne den Sinus von 50° mit dem Taschenrechner aus.

   $$\sin\beta = \frac{1 \cdot \sin(50°)}{1{,}6} = 0{,}479$$

3. Verwende die Arkussinusfunktion (arcsin oder $\sin^{-1}$) des Taschenrechners, um die Lösung zu erhalten.

   $\beta = 29°$

Den Grenzwinkel berechnen

Frage

Das Funkeln von Diamanten beruht auf ihrem hohen Brechungsindex und kleinen Grenzwinkel, durch die Licht vielfach an den Facetten des Diamanten total reflektiert wird, bevor es austritt und in unser Auge fällt. Bei einem Brechungsindex von 2,4 für Diamant, wie groß ist der Grenzwinkel?

Antwort

$$\sin\beta_g = \frac{1}{2{,}4}$$

(1: Brechungsindex von Luft)

$$\sin\beta_g = 0{,}42$$

$$\beta_g = 25°$$

Sammel- und Zerstreuungslinsen

Aufgrund ihrer speziellen Form verändern Linsen durch Brechung die Richtung von Licht. Sammellinsen wölben sich in der Mitte nach außen. Sie brechen Lichtstrahlen so, dass sie gebündelt werden (konvergieren). Zerstreuungslinsen sind in der Mitte dünner. Sie bewirken, dass Lichtstrahlen sich aufweiten (divergieren).

Auf einen Blick

- ✓ Sammellinsen wölben sich in der Mitte nach außen und lassen parallele Lichtstrahlen konvergieren.
- ✓ Zerstreuungslinsen sind in der Mitte dünner und lassen parallele Lichtstrahlen divergieren.
- ✓ Linsen haben einen Brennpunkt. Sammellinsen bündeln parallele Strahlen auf den Brennpunkt. Bei Zerstreuungslinsen scheinen die gebrochenen Strahlen von ihm auszugehen.

Sammellinsen
Sammellinsen werden auch Konvexlinsen genannt. Wenn parallele Lichtstrahlen durch eine Sammellinse gehen, treffen sie in einem Punkt zusammen, der Brennpunkt genannt wird. Je stärker die Linse gekrümmt ist, umso stärker bündelt sie das Licht und umso näher ist der Brennpunkt an der Linse.

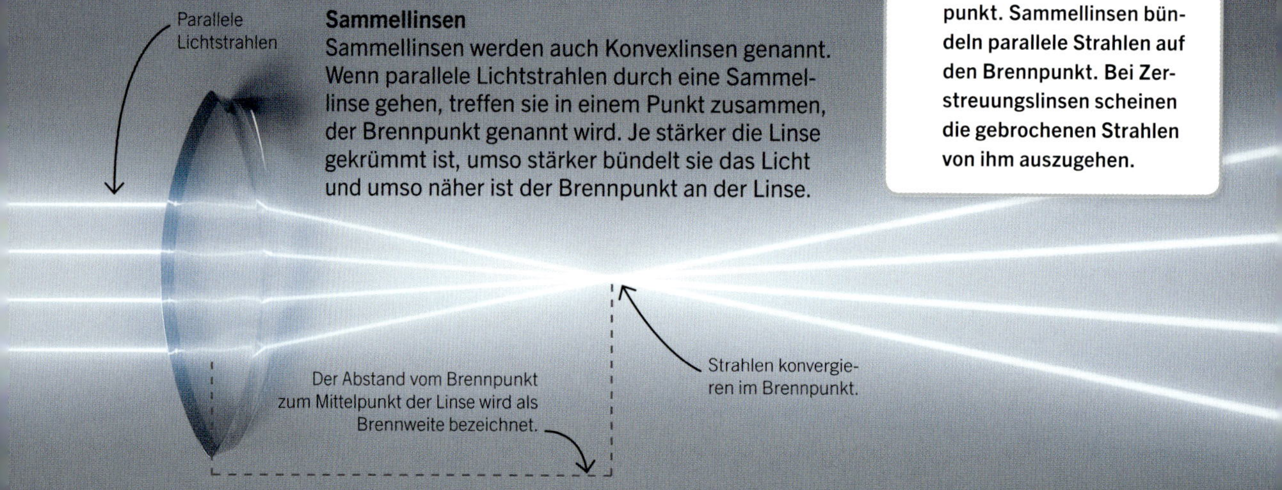

Zerstreuungslinsen
Zerstreuungslinsen werden auch Konkavlinsen genannt. Wenn parallele Lichtstrahlen durch eine Zerstreuungslinse gehen, weiten sie sich auf (divergieren). Der Brennpunkt einer Zerstreuungslinse ist der Punkt, von dem die divergierenden Strahlen auszugehen scheinen. Je stärker die Linse gekrümmt ist, umso stärker zerstreut sie das Licht und umso näher ist der Brennpunkt an der Linse.

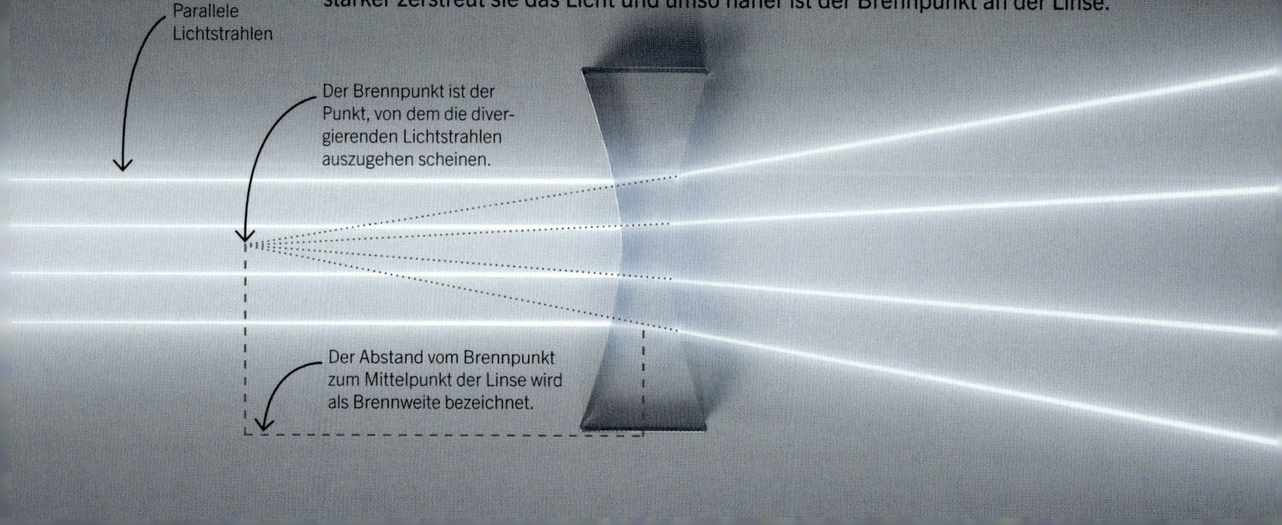

Sehfehler korrigieren

Brillen und Kontaktlinsen verwenden Sammel- und Zerstreuungslinsen, um die zwei Hauptursachen für unscharfes Sehen zu korrigieren: Übersichtigkeit und Kurzsichtigkeit.

Auf einen Blick

- ✓ Brillen und Kontaktlinsen verwenden Sammel- und Zerstreuungslinsen, um Sehfehler zu korrigieren.
- ✓ Sammellinsen (konvexe Linsen) korrigieren Übersichtigkeit.
- ✓ Zerstreuungslinsen (konkave Linsen) korrigieren Kurzsichtigkeit.

Übersichtigkeit

Bei einem übersichtigen Auge werden Lichtstrahlen von nahen Objekten auf einen Punkt hinter der Netzhaut fokussiert, sodass sie verschwommen erscheinen. Der Grund hierfür ist, dass die Brechkraft des Auges nicht groß genug oder der Augapfel zu kurz ist. Dieser Sehfehler wird durch eine Sammellinse korrigiert, die zum Konvergieren der Lichtstrahlen vor dem Eintritt ins Auge führt.

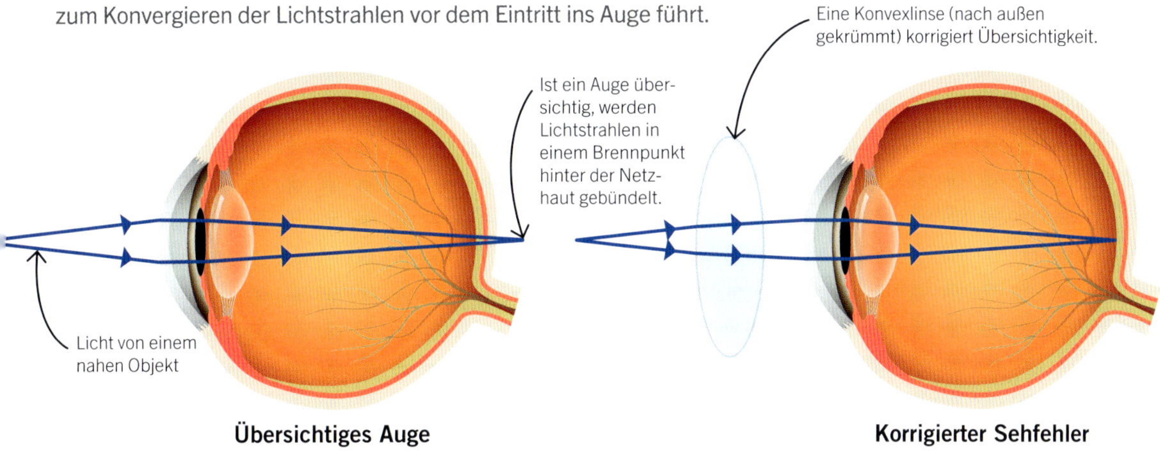

Kurzsichtigkeit

Bei einem kurzsichtigen Auge werden Lichtstrahlen von entfernten Objekten vor der Netzhaut fokussiert, sodass sie verschwommen erscheinen. Der Grund hierfür ist, dass die Brechkraft des Auges zu groß oder der Augapfel zu lang ist. Dieser Sehfehler wird durch eine Zerstreuungslinse korrigiert, die zum Divergieren der Lichtstrahlen vor dem Eintritt ins Auge führt.

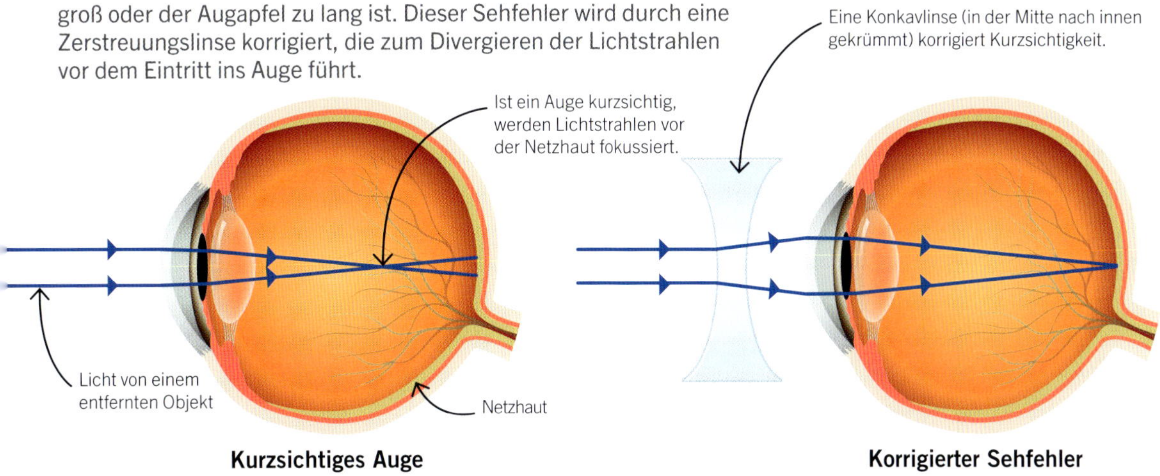

Strahlengang der Sammellinse

Aus dem Strahlengang kann man ablesen, wo das von einer Sammellinse erzeugte Bild entsteht. Hier ist die Bildentstehung für den Fall gezeigt, dass der Abstand des Gegenstands von der Linse größer als die Brennweite ist. Die Linse erzeugt ein umgekehrtes, verkleinertes, reelles Bild (s. S. 129).

Auf einen Blick

- ✓ **Mit einem Strahlengang kann man die Bildentstehung bei einer Linse nachvollziehen.**
- ✓ **Einfallende Strahlen, die parallel zur optischen Achse verlaufen, gehen nach der Brechung durch den Brennpunkt.**
- ✓ **Einfallende Strahlen, die durch den Brennpunkt vor der Linse gehen, verlaufen nach der Brechung parallel zur optischen Achse.**
- ✓ **Einfallende Strahlen, die durch den Mittelpunkt der Linse gehen, ändern die Richtung nicht.**

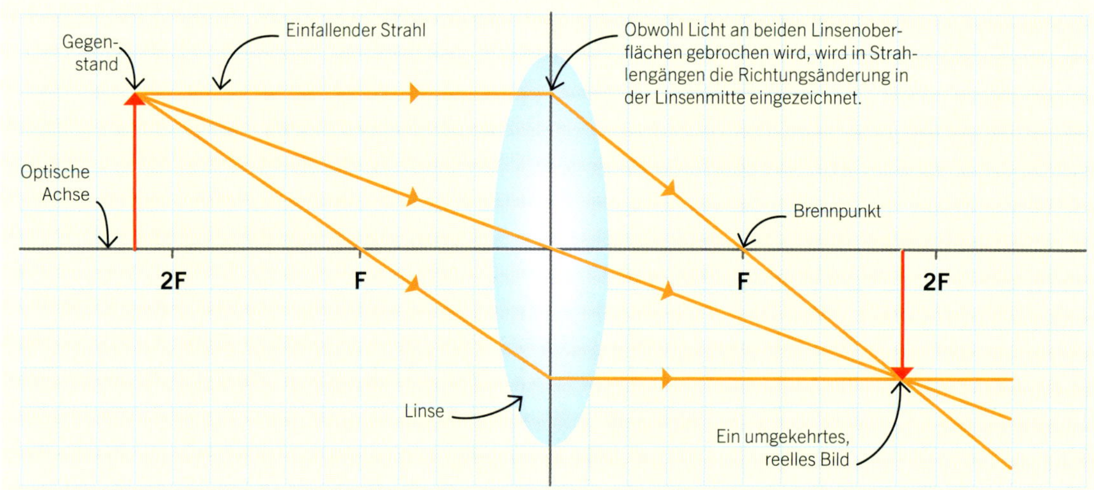

Wie man den Strahlengang einer Sammellinse zeichnet

1. Zeichne eine waagerechte Linie mit einer Linse in der Mitte.
2. Zeichne rechts und links den Brennpunkt F der Linse ein.
3. Zeichne einen Gegenstand als aufwärts gerichteten Pfeil.
4. Zeichne einen einfallenden Strahl von der Spitze des Gegenstands parallel zur optischen Achse. Zeichne den gebrochenen Strahl von der Linsenmitte durch den Brennpunkt.
5. Der zweite Strahl geht geradlinig von der Spitze der Gegenstands durch den Linsenmittelpunkt. Er wird nicht gebrochen.
6. Der Schnittpunkt der beiden Linien ist das untere Ende des umgekehrten Bildes. (Das Bild entsteht nicht unbedingt im Brennpunkt.)
7. Zur Überprüfung zeichne einen dritten Strahl von der Spitze des Gegenstands durch den linken Brennpunkt zur Linse. Nach der Brechung verläuft der Strahl parallel zur optischen Achse.

Strahlengang der Lupe

Wenn der Abstand des Gegenstands zur Linse kleiner als die Brennweite ist, funktioniert eine Sammellinse wie eine Lupe. Das entstehende Bild ist vergrößert, aufrecht und virtuell (s. S. 129), d.h. nur jemand, der durch die Lupe blickt, kann es sehen.

Auf einen Blick

- ✓ **Eine Lupe ist eine Sammellinse (Konvexlinse).**
- ✓ **Eine Lupe erzeugt ein vergrößertes, aufrechtes, virtuelles Bild.**
- ✓ **Für ein vergrößertes Bild muss sich der Gegenstand innerhalb der Brennweite befinden.**

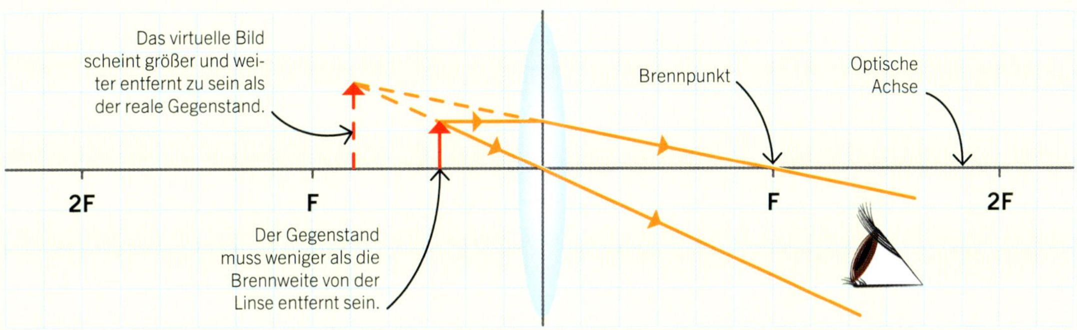

Wie man den Strahlengang einer Lupe zeichnet

1. Zeichne eine waagerechte Linie mit einer Linse in der Mitte.
2. Zeichne rechts und links den Brennpunkt F der Linse ein.
3. Zeichne den Gegenstand als aufrecht stehenden Pfeil mit einem kleineren Abstand zur Linse als die Brennweite.
4. Zeichne einen einfallenden Strahl, der von der Spitze des Gegenstands ausgeht und parallel zur optischen Achse verläuft. Zeichne dann den gebrochenen Strahl von der Linsenmitte durch den Brennpunkt.
5. Zeichne einen zweiten Strahl von der Spitze des Gegenstands durch den Linsenmittelpunkt. Dieser Strahl wird nicht gebrochen.
6. Benutze ein Lineal, um beide Strahlen rückwärts als gestrichelte Linien zu verlängern. Der Schnittpunkt ist die Spitze des virtuellen Bildes. Das untere Ende des virtuellen Bildes liegt auf der optischen Achse.

Vergrößerung berechnen

Verwende diese Formel, um die Vergrößerung eines Bildes zu bestimmen.

$$\text{Vergrößerung} = \frac{\text{Bildhöhe}}{\text{Gegenstandshöhe}}$$

Frage

Ein 9 mm langer Käfer wird durch eine Lupe betrachtet. Dabei entsteht ein 28 mm großes virtuelles Bild. Wie groß ist die Vergrößerung?

Antwort

$$\text{Vergrößerung} = \frac{28\,\text{mm}}{9\,\text{mm}}$$

$$\text{Vergrößerung} = 3{,}1$$

Da die Vergrößerung ein Verhältnis ist, hat die Lösung keine Einheit.

Strahlengang der Zerstreuungslinse

Wenn man durch eine Zerstreuungslinse blickt, erscheint alles kleiner. Eine Zerstreuungslinse erzeugt ein aufrechtes, aber verkleinertes, virtuelles Bild. Mit einem gezeichneten Strahlengang kann man bestimmen, wo das Bild entsteht und wie klein es ist.

Auf einen Blick

- ✓ **Mit einem Strahlengang kann man die Bildentstehung bei einer Linse nachvollziehen.**
- ✓ **Einfallende Strahlen, die parallel zur optischen Achse verlaufen, werden durch eine Zerstreuungslinse so nach außen gebrochen, als wenn sie vom Brennpunkt ausgingen.**
- ✓ **Einfallende Strahlen, die durch den Mittelpunkt der Linse gehen, werden nicht gebrochen.**

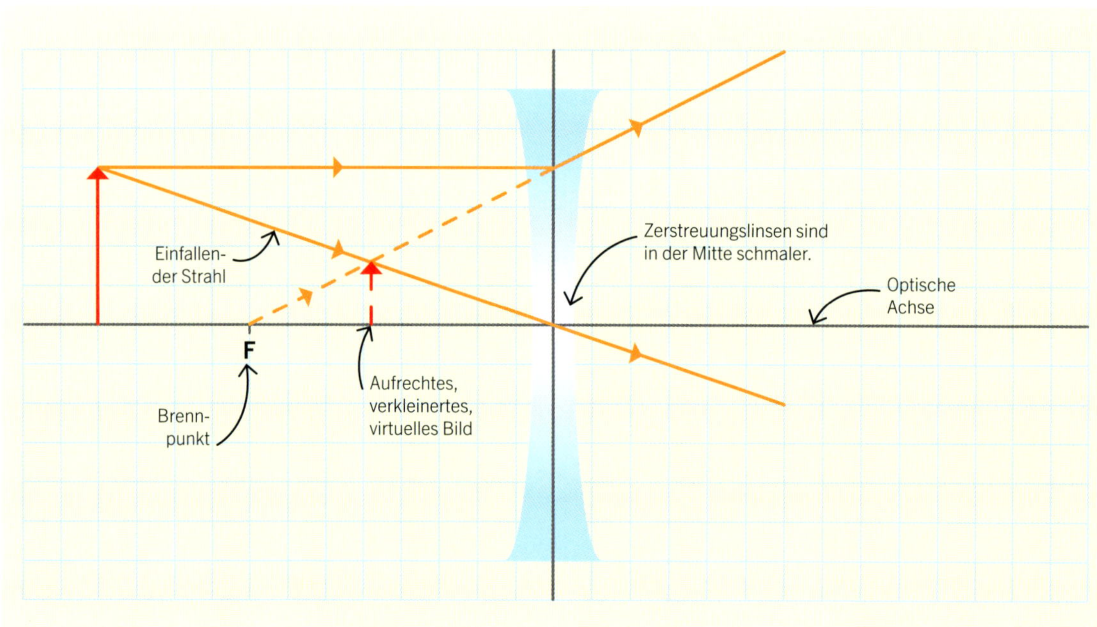

Wie man den Strahlengang einer Zerstreuungslinse zeichnet

1. Zeichne eine waagerechte Linie mit einer Linse in der Mitte.
2. Zeichne den Brennpunkt F links von der Linse ein.
3. Zeichne einen Gegenstand als aufwärts gerichteten Pfeil.
4. Zeichne einen einfallenden Strahl, der von der Spitze des Gegenstands ausgeht und parallel zur optischen Achse verläuft.
5. Der gebrochene Strahl verläuft so, als ob er vom Brennpunkt auf der linken Seite der Linse ausginge. Zeichne mit dem Lineal eine gestrichelte Linie vom Brennpunkt zur Linse und die Verlängerung rechts von der Linse als durchgezogene Linie.
6. Zeichne einen zweiten Strahl durch den Linsenmittelpunkt. Dieser Strahl wird nicht gebrochen.
7. Der Schnittpunkt der gestrichelten Linie und des zweiten Strahls ist die Spitze des virtuellen Bildes.

Licht und Farbe

Das Sonnenlicht besteht aus vielen verschiedenen Frequenzen, dem Frequenzspektrum. Der Frequenzbereich, den wir sehen können – das sichtbare Spektrum –, ist nur ein winziger Teil davon. Unterschiedliche Frequenzen sichtbaren Lichts werden von unseren Augen als unterschiedliche Farben wahrgenommen. Werden alle sichtbaren Frequenzen gemischt, entsteht weißes Licht.

Auf einen Blick

- ✓ Unterschiedliche Frequenzen sichtbaren Lichts werden von unseren Augen als Farben wahrgenommen.
- ✓ Weiß ist eine Mischung aus verschiedenen Frequenzen.
- ✓ In einem Glasprisma wird weißes Licht gebrochen und in seine Farben zerlegt.

Das Spektrum des sichtbaren Lichts

Man kann weißes Licht in seine farbigen Bestandteile zerlegen, indem man es durch einen keilförmigen Glasblock schickt, den man Prisma nennt. Jede Frequenz wird vom Glas verschieden stark gebrochen. Farben mit höheren Frequenzen, z. B. Violett, werden stärker gebrochen als Farben mit niedrigeren Frequenzen, z. B. Rot. Dadurch wird der weiße Lichtstrahl in ein farbiges Spektrum aufgefächert. Obwohl das sichtbare Spektrum üblicherweise mit sieben Farben dargestellt wird, können die meisten Menschen Indigo und Blau nicht unterscheiden und sehen daher nur sechs Farben.

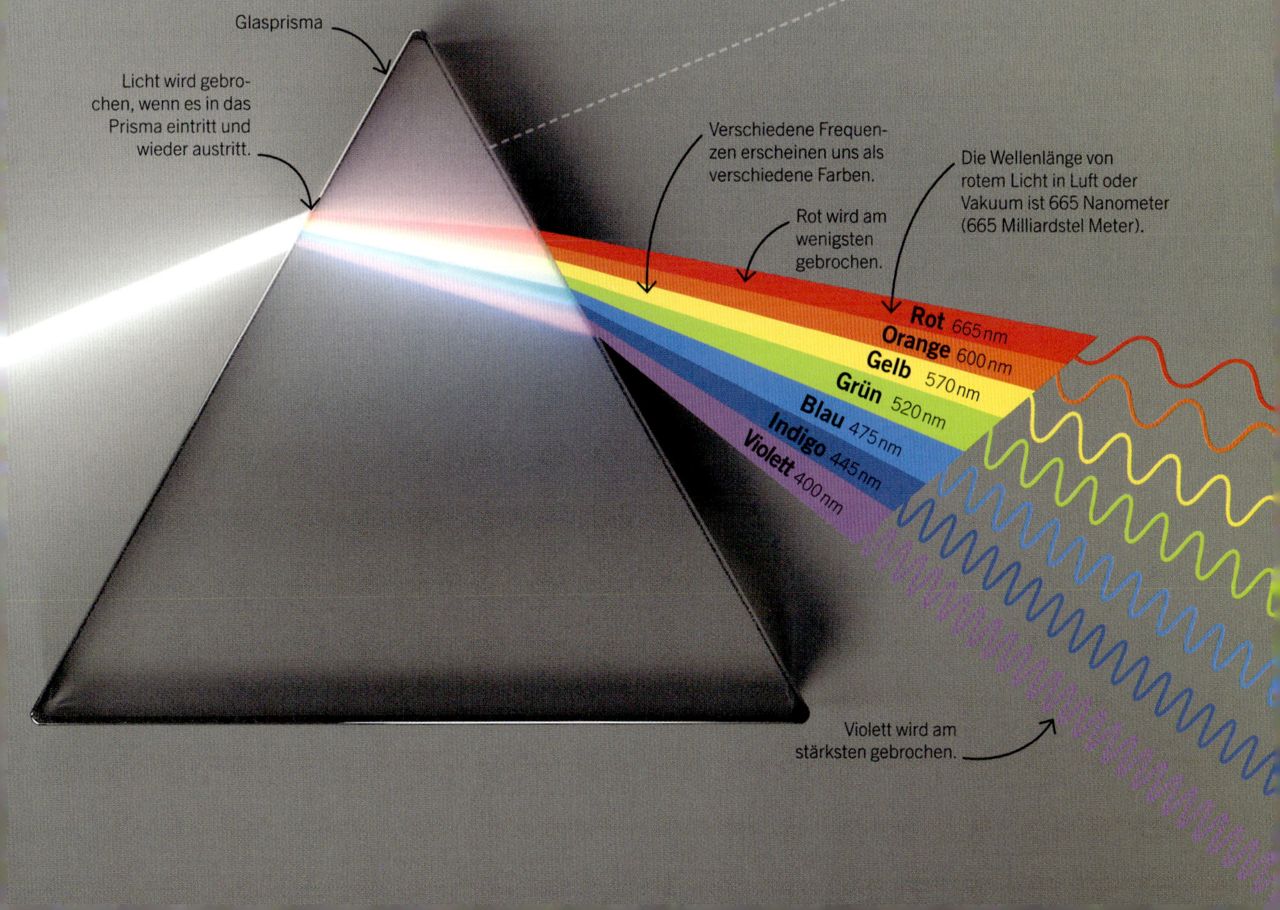

Regenbogen

Eine Kombination aus Brechung und Reflexion ist für die Schönheit des Regenbogens verantwortlich. Wenn Sonnenlicht genau im richtigen Winkel auf einen Regentropfen trifft, wird das Licht beim Eintritt in den Tropfen gebrochen, innen reflektiert und beim Austritt wiederum gebrochen. Wenn man sich am richtigen Ort befindet, sieht man das gebrochene Licht als Regenbogen.

Manchmal ist außerhalb des Hauptregenbogens ein Nebenregenbogen sichtbar, mit den Farben in umgekehrter Reihenfolge. Er entsteht aus Licht, das in den Regentropfen doppelt statt nur einmal reflektiert wird.

Reflektieren und absorbieren

Weiß ist eine Mischung aus allen Farben des sichtbaren Spektrums. Trifft Licht auf einen Körper, werden manche Wellenlängen absorbiert und andere reflektiert. Die Farbe eines Körpers ist abhängig davon, welche Wellenlängen reflektiert werden.

Auf einen Blick

- **Weiß ist eine Mischung aus allen Farben des sichtbaren Spektrums.**
- **Körper erscheinen farbig, weil sie manche Wellenlängen absorbieren und andere reflektieren.**
- **Farbfilter absorbieren die meisten Farben, lassen jedoch manche Farben durch.**

Absorption und Reflexion
Diese Billardkugeln haben unterschiedliche Farben, weil sie jeweils einen anderen Wellenlängenbereich absorbieren. Wellenlängen, die nicht absorbiert werden, werden reflektiert und verleihen den Körpern ihre Farbe.

Ein rote Billardkugel sieht rot aus, weil ihre Oberfläche alle Wellenlängen des sichtbaren Lichts absorbiert, außer Rot, das reflektiert wird.

Eine schwarze Kugel sieht schwarz aus, weil sie alle Farben absorbiert und nur wenig Licht reflektiert.

Eine weiße Kugel sieht weiß aus, weil sie alle Wellenlängen des sichtbaren Lichts reflektiert.

Farbfilter

Die Farbe bei durchsichtigen Materialien hängt davon ab, welche Wellenlängen absorbiert und welche durchgelassen werden. Farbfilter, z. B. Buntglas, fügen dem Licht keine Farben hinzu, sondern nehmen sie weg. Beispielsweise absorbiert ein Rotfilter alle Wellenlängen außer Rot.

Ein Rotfilter absorbiert alle Farben außer rotem Licht.

Ein Grünfilter absorbiert alle Farben außer grünem Licht.

Ein Blaufilter absorbiert alle Farben außer blauem Licht.

Elektromagnetische Strahlung

Sichtbares Licht ist nur ein kleiner Ausschnitt des viel größeren elektromagnetischen Spektrums. Elektromagnetische Wellen übertragen Energie von Atomen, die sie emittieren, zu Atomen, die sie absorbieren. Sie benötigen kein Medium und breiten sich auch im Vakuum aus. Dabei pflanzen sie sich alle mit Lichtgeschwindigkeit fort: ca. 300 Millionen m/s in Luft oder im Vakuum.

Auf einen Blick

- **Sichtbares Licht ist nur ein kleiner Teil des elektromagnetischen Spektrums.**
- **Elektromagnetische Wellen werden durch Veränderungen in Atomen erzeugt.**
- **Elektromagnetische Wellen breiten sich mit Lichtgeschwindigkeit aus und benötigen kein Medium.**

Das elektromagnetischen Spektrum
Elektromagnetische Wellen umfassen Radiowellen (mit Wellenlängen im Bereich von Millimetern bis zu Tausenden von Kilometern) bis zu Gammastrahlen (deren Wellenlänge kleiner als ein Atom ist). Je kürzer die Wellenlänge der elektromagnetischen Strahlung, umso höher die Frequenz und umso größer die übertragene Energiemenge.

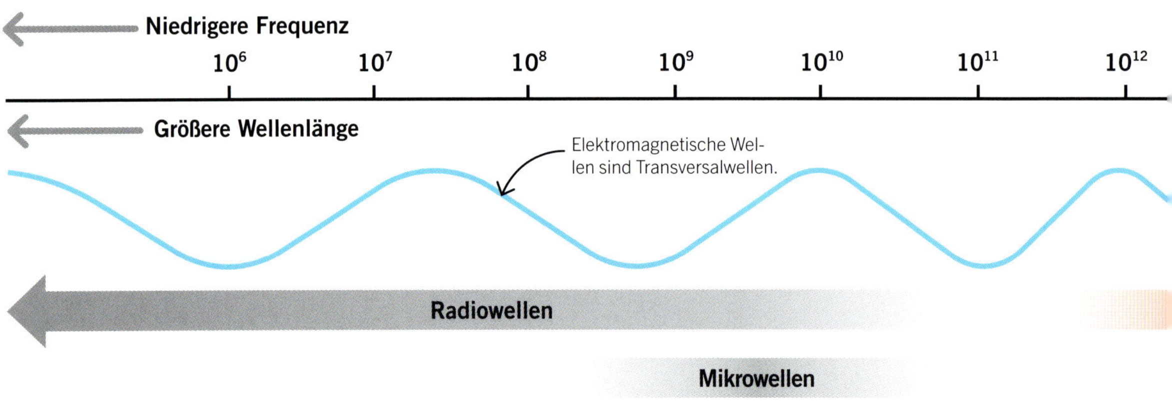

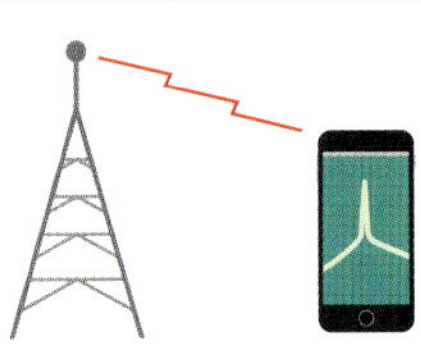

Radiowellen werden zur Kommunikation benutzt, z. B. Übertragen von Telefonanrufen, Fernsehen und Internetdaten. Langwellige Radiowellen können sich um Hügel und entlang der gekrümmten Erdoberfläche ausbreiten.

Mikrowellen sind kurzwellige Radiowellen und werden zur Kommunikation verwendet. Bestimmte Frequenzen der Mikrowellen werden von Wassermolekülen absorbiert, z. B. in Nahrungsmitteln, und werden bei Mikrowellenherden verwendet.

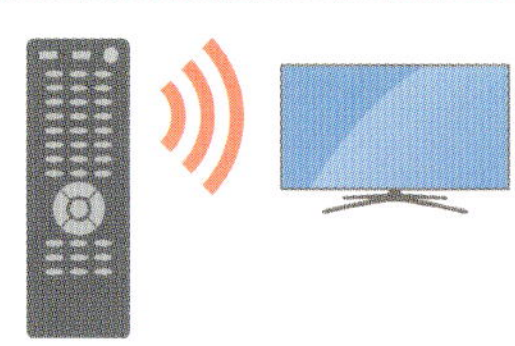

Infrarot ist die Wärme der Sonne und des wärmenden Feuers. Fernbedienungen senden Signale mithilfe von Infrarotstrahlen an den Fernseher und Nachtsichtbrillen, die Infrarot nachweisen, helfen beim Sehen in der Nacht.

Elektromagnetische Wellen

Elektromagnetische Wellen können durch Veränderungen in Atomen entstehen. Licht wird z. B. emittiert, wenn Elektronen von hochenergetischen auf niedrigere Zustände fallen. Frequenz und Wellenlänge des Lichts hängen vom Energieunterschied zwischen den Zuständen ab. Nahe der Erdpole emittieren Sauerstoffatome ein grünliches Licht, wenn sie nach Stößen mit hochenergetischen Teilchen von der Sonne Energie abgeben. Das Licht ist die Ursache von Polarlichtern.

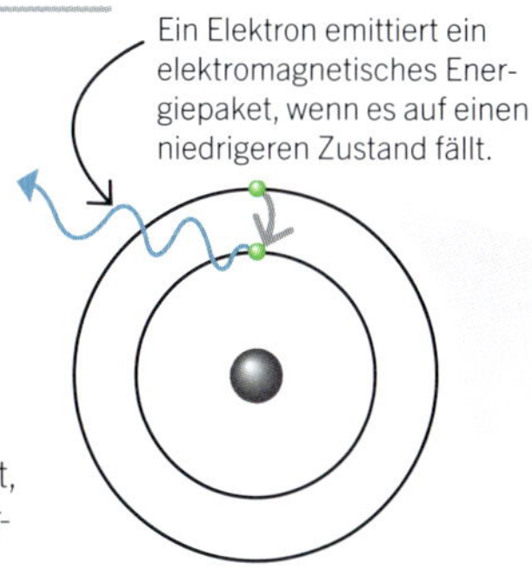

Sauerstoffatom

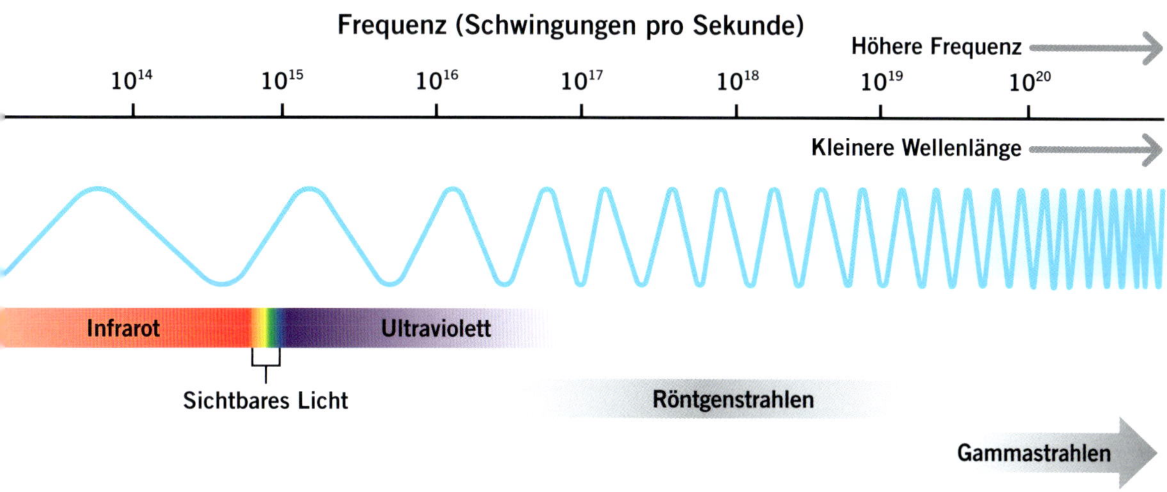

Sichtbares Licht macht nur einen kleinen Teil des elektromagnetischen Spektrums aus. Man verwendet es zur Beleuchtung und zur Bilderzeugung bei Fernsehern und Handybildschirmen.

Ultraviolette (UV) Strahlen bräunen die Haut und verursachen Sonnenbrand. UV-Lampen töten Bakterien und Viren ab, erkennen gefälschte Banknoten und bringen in Diskotheken fluoreszierende Objekte zum Leuchten.

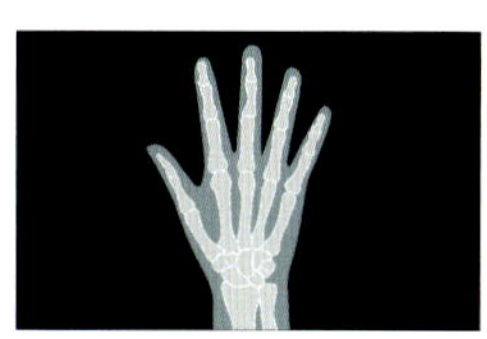

Röntgenstrahlen sind hochenergetische elektromagnetische Wellen, die Weichteile durchdringen, doch Knochen oder Zähne nicht. Man verwendet sie bei der medizinischen Bildgebung und zur Gepäcküberprüfung am Flughafen.

Gammastrahlen, die von radioaktiven Stoffen emittiert werden (s. S. 240-241), werden zum Sterilisieren medizinischer Instrumente, zur medizinischen Bildgebung und zum Abtöten von Krebszellen verwendet.

Radiowellen

Elektromagnetische Wellen können durch Beschleunigung von Elektronen (die negativ geladenen Teilchen, die die äußere Hülle der Atome bilden) erzeugt werden. Wenn Elektronen bei bestimmten Frequenzen hin- und herschwingen, emittieren sie Radiowellen, die man zur Kommunikation verwenden kann.

Auf einen Blick

- **Radiowellen werden durch elektrische Wechselströme erzeugt.**
- **Radiowellen induzieren Wechselströme in Antennen.**
- **Die Frequenz einer Radiowelle ist genauso groß wie die Frequenz des Wechselstroms, der die Welle erzeugt.**

Wie Funkverkehr funktioniert

Radiowellen werden durch Wechselströme erzeugt, die Elektronen in einer Antenne zum Hin- und Herschwingen bringen. Die Radiowellen besitzen dieselbe Frequenz wie der Wechselstrom und lösen in der Empfangsantenne einen Strom mit derselben Frequenz aus. Daten werden als Frequenz- oder auch Amplitudenänderungen der Wellen übertragen.

Wie sich Radiowellen ausbreiten

Für den Funkverkehr verwendete Radiofrequenzen reichen von niedrigen Frequenzen (mit Wellenlängen im Kilometerbereich) bis zu hohen Frequenzen (mit Wellenlängen im Zentimeterbereich). Hochfrequente Wellen können sich nur geradlinig ausbreiten, können jedoch von Satelliten weitergeleitet werden. Wellen mit niedrigeren Frequenzen werden an der Ionosphäre (eine elektrisch geladene Schicht in der oberen Erdatmosphäre) reflektiert und können sich daher über den Horizont hinaus ausbreiten.

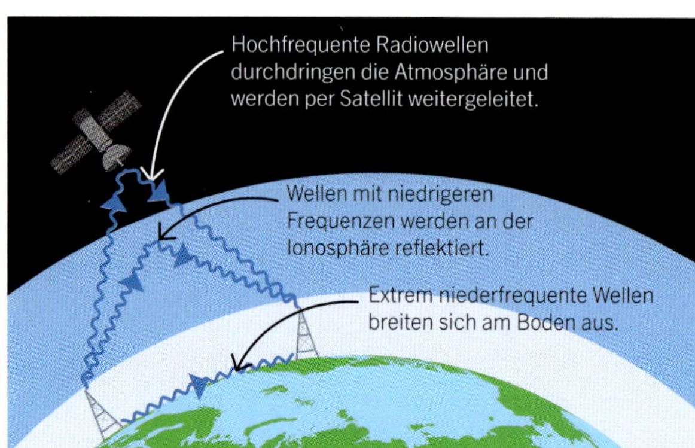

Schädliche Strahlung

Hochenergetischer elektromagnetischer Strahlung ausgesetzt zu sein, kann Lebewesen schaden. Je höher die Frequenz der Wellen, umso mehr Energie übertragen sie und umso wahrscheinlicher sind sie schädlich.

Auf einen Blick

- ✓ Elektromagnetische Strahlung unterteilt man in nicht ionisierende und ionisierende Strahlung.
- ✓ Nicht ionisierende Strahlung besitzt nicht genügend Energie, um Elektronen aus Atomen zu lösen.
- ✓ Ionisierende Strahlung besitzt genügend Energie, um Elektronen aus Atomen zu lösen und chemische Bindungen aufzubrechen.
- ✓ Ionisierende Strahlung kann zu Gewebeschäden und Krebs führen.

Auswirkungen auf den Körper
Niederfrequente Wellen, z. B. Radiowellen, durchdringen das Gewebe, ohne absorbiert zu werden, und sind daher unschädlich. Gamma-, Röntgen- und Hochfrequenz-Ultraviolettstrahlen sind alles Arten ionisierender Strahlung – sie besitzen genug Energie, um Elektronen aus Atomen herauszulösen und chemische Bindungen aufzubrechen, wodurch die Moleküle in lebenden Zellen geschädigt werden können.

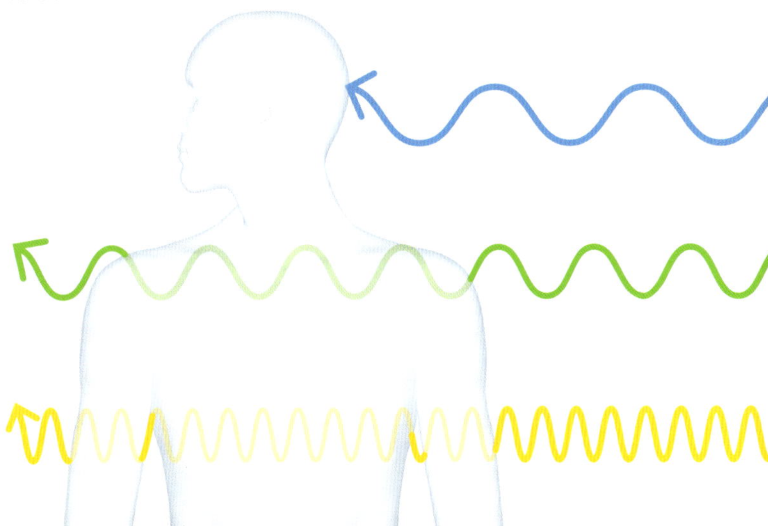

Ultraviolette Strahlung kann zwar nicht in den Körper eindringen, doch Hautzellen schädigen. Das führt zu Sonnenbrand und einem erhöhten Krebsrisiko. Sie kann ebenso Teile des Auges schädigen, was zu Sehstörungen oder Blindheit führen kann.

Röntgenstrahlen dringen in den Körper ein und können die DNA in den Zellen schädigen, was zu krebserzeugenden Mutationen führt. Das Risiko hängt von der Dosis ab, die in der Einheit Sievert gemessen wird. Bei Röntgengeräten in Krankenhäusern wird der Körper nur einer sehr kleinen Dosis Röntgenstrahlen ausgesetzt.

Gammastrahlen dringen in den Körper ein und stellen die gefährlichste Art elektromagnetischer Strahlung dar. Sie beschädigen die DNA und erhöhen das Krebsrisiko. Hohe Dosen verursachen die Strahlenkrankheit, die tödlich sein kann.

Nutzen und Risiken

Ultraviolette, Röntgen- und Gammastrahlen können nicht nur sehr schädlich, sondern auch nützlich sein. Sich den ultravioletten Strahlen der Sonne auszusetzen, hilft dem Körper, Vitamin D zu produzieren. Mithilfe von Röntgenstrahlen untersuchen Zahnärzte Zähne auf Karies und Ärzte Knochenbrüche und andere Krankheiten. Gammastrahlung kann zum Erkennen und Zerstören von Krebszellen benutzt werden. Bei jedem Einzelfall müssen der mögliche Nutzen und die Risiken genau gegeneinander abgewogen werden.

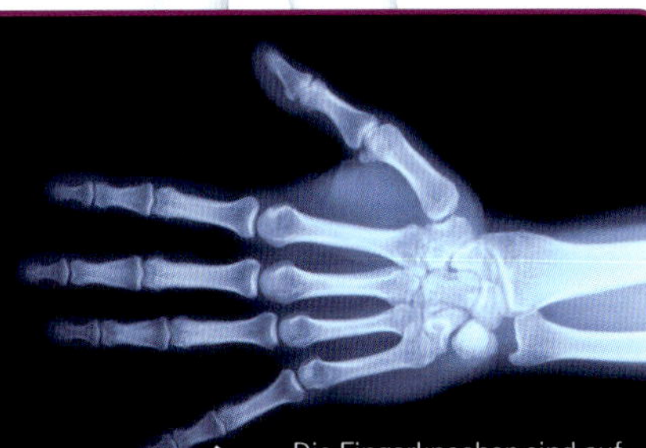

Die Fingerknochen sind auf dieser Röntgenaufnahme einer menschlichen Hand deutlich erkennbar.

Elektrische Stromkreise

Elektrischer Strom

Im Gegensatz zu statischer Elektrizität, die an einem Ort bleiben kann, ist elektrischer Strom immer in Bewegung. Alle unsere elektrischen Geräte beruhen auf elektrischem Stromfluss. Manche, z. B. Kopfhörer oder Handys, benötigen nur wenig Strom, andere, wie Backöfen oder Elektroheizungen, sehr viel mehr.

Auf einen Blick

- ✓ **Elektrischer Strom beruht auf der Bewegung freier Elektronen in Stoffen wie z.B. Metallen.**
- ✓ **Wenn die freien Elektronen von einer elektrischen Spannung angetrieben werden, bewegen sie sich in eine Richtung. Das ist elektrischer Strom.**
- ✓ **Stoffe, durch die ein Strom fließen kann, nennt man elektrische Leiter.**
- ✓ **Stoffe, die den Stromfluss verhindern, nennt man Isolatoren.**

Elektronen in Bewegung

Elektrischer Strom beruht auf der Bewegung von Elektronen – den winzigen, negativ geladenen Teilchen, die die Außenhülle des Atoms bilden. In Metallen können sich einige Elektronen frei bewegen. Diese sogenannten freien Elektronen bewegen sich normalerweise ungeordnet, doch wenn ein Strom angeschaltet wird, bewegen sie sich alle in dieselbe Richtung. Die Elektronen selbst sind langsam, doch da alle Elektronen in einem Draht gleichzeitig beeinflusst werden, fließt elektromagnetische Energie in einem Stromkreis fast mit Lichtgeschwindigkeit.

Kein Stromfluss

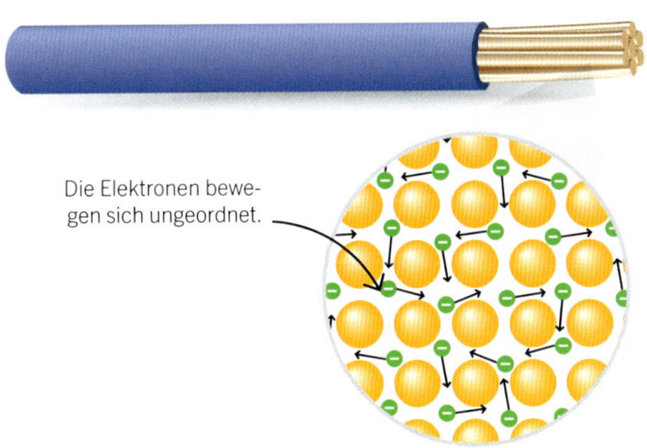

Stromfluss

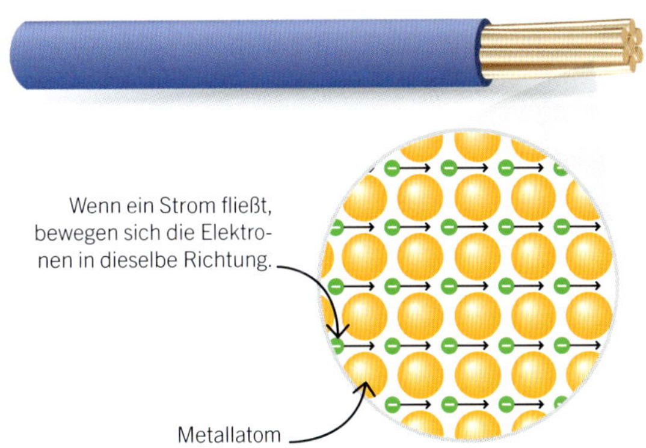

Leiter und Isolatoren

Stoffe, durch die ein elektrischer Strom fließen kann, nennt man elektrische Leiter. Metalle sind gute Leiter, da ihre Atome Außenelektronen besitzen, die sich frei bewegen können. Lösungen, die gelöste Ionen (geladene Teilchen) enthalten, können ebenfalls Strom leiten. Stoffe ohne frei bewegliche geladene Teilchen werden Isolatoren genannt, da sie den Stromfluss verhindern.

Elektrische Leiter

Kupfer

Gold

Silber

Zitronensaft

Isolatoren

Keramik

Wolle

Gummi

Holz

Stromkreise

Unser modernes Leben hängt von Elektrizität und elektrischen Stromkreisen ab. Der hier gezeigte Stromkreis ist einfach,doch andere sind viel komplizierter, z. B. bei Handys, Computern und vielen weiteren Geräten.

Auf einen Blick

- ✓ **Alle elektrischen Stromkreise benötigen eine Stromquelle, z. B. eine galvanische Zelle.**
- ✓ **Eine Batterie besteht aus mehreren verbundenen galvanischen Zellen.**
- ✓ **Elektrischer Strom fließt in einem Stromkreis nur bei einem ununterbrochenen leitenden Pfad.**
- ✓ **Viele elektrische Stromkreise bestehen aus Komponenten, z. B. Glühbirnen oder Motoren, die Energie nutzbringend übertragen.**

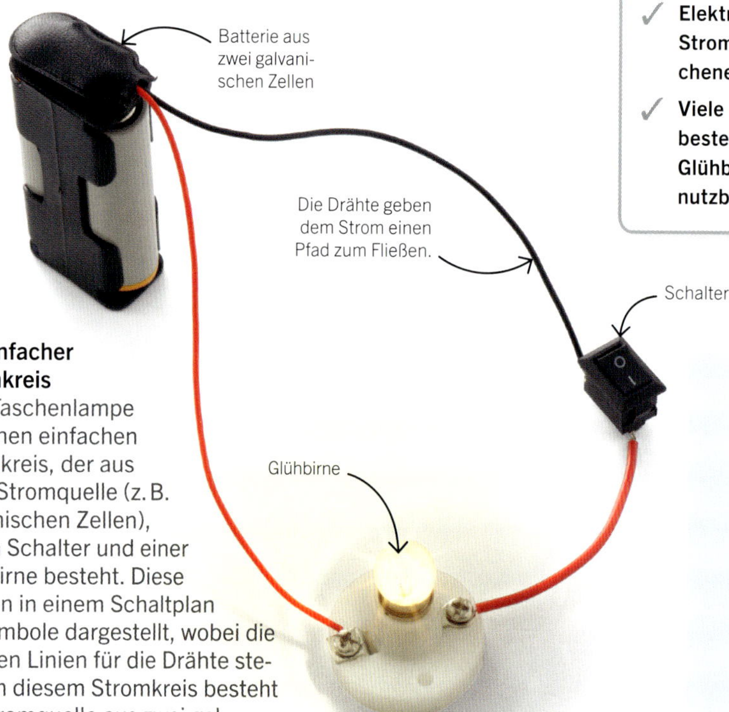

Ein einfacher Stromkreis
Eine Taschenlampe hat einen einfachen Stromkreis, der aus einer Stromquelle (z. B. galvanischen Zellen), einem Schalter und einer Glühbirne besteht. Diese werden in einem Schaltplan als Symbole dargestellt, wobei die geraden Linien für die Drähte stehen. In diesem Stromkreis besteht die Stromquelle aus zwei galvanischen Zellen. Ein elektrischer Strom kann in einem Stromkreis nur bei geschlossenem Schalter fließen, wodurch ein ununterbrochener Strompfad entsteht.

Schaltplan

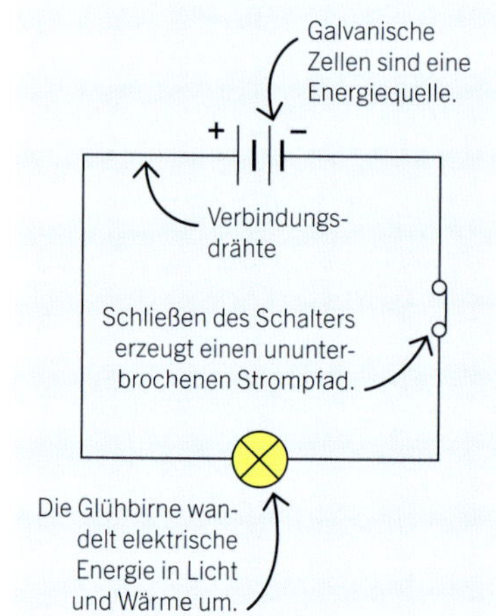

Elektrische Spannung

Die Spannung einer galvanischen Zelle ist ein Maß dafür, wie stark diese einen Strom durch einen Stromkreis pumpt. Eine zusätzliche galvanische Zelle verdoppelt die Spannung, sodass doppelt so viel Strom fließt. Daher brennt die Glühbirne heller.

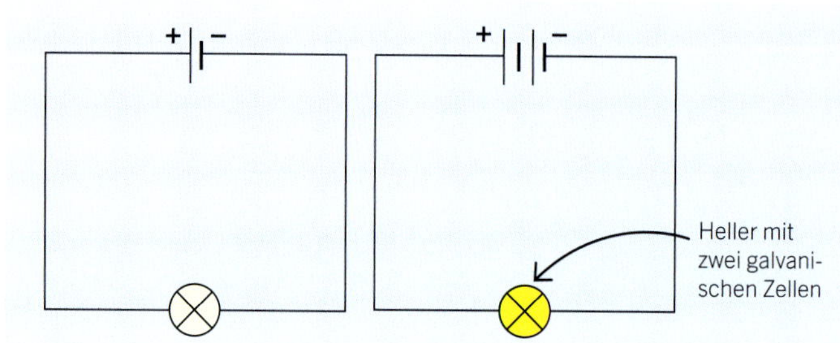

Reihen- und Parallelschaltung

Stromkreise kann man auf zwei grundlegende Arten verschalten. Wenn alle Komponenten in einer einzigen Schleife liegen, sagt man, dass sie in Reihe geschaltet sind. Wenn sich der Stromkreis verzweigt, sind sie parallel geschaltet.

Auf einen Blick

- ✓ Elektrische Stromkreise können in Reihe oder parallel geschaltet werden.
- ✓ Bei einer Reihenschaltung sind die Komponenten in einer einzigen Schleife miteinander verbunden und entweder alle an- oder ausgeschaltet.
- ✓ Bei einer Parallelschaltung ist der Stromkreis unterteilt, sodass sich die Komponenten in getrennten Zweigen befinden. Ist ein Zweig unterbrochen, funktioniert der andere weiter.

Reihenschaltung

Bei einer Reihenschaltung sind die Komponenten eine nach der anderen in einer einzigen Schleife miteinander verbunden. Diese beiden Glühbirnen sind in Reihe geschaltet. Brennt eine Glühbirne durch, kann der Strom nicht mehr fließen und die andere funktioniert auch nicht mehr. Würde man noch mehr Birnen zum Stromkreis hinzufügen, würden alle schwächer leuchten, da jede einzelne den Stromfluss im Kreis verringert.

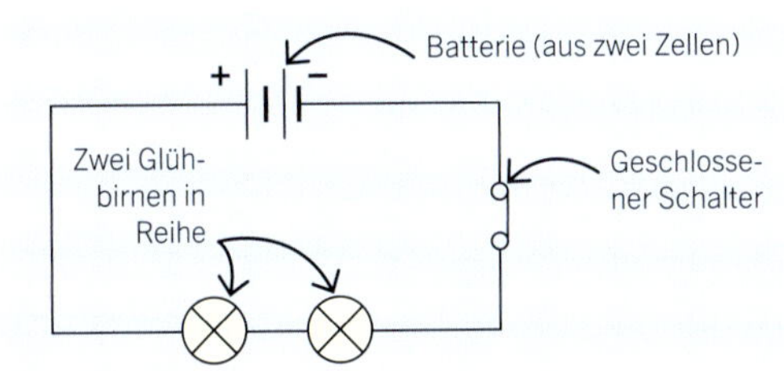

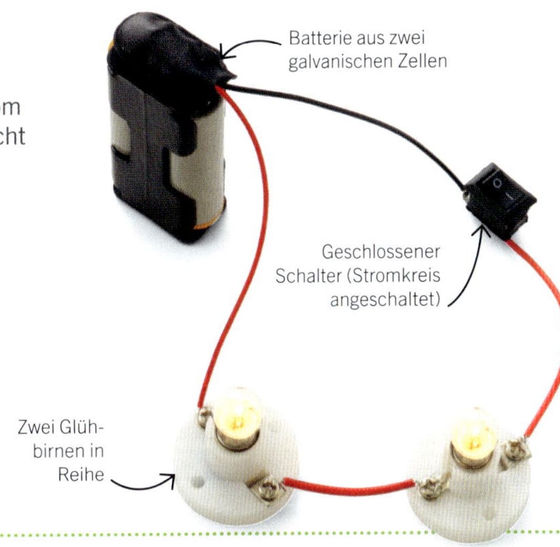

Parallelschaltung

Bei einer Parallelschaltung befinden sich die Komponenten in getrennten Zweigen. Der Strom kann in mehr als einem Strompfad fließen, sodass, wenn eine Glühbirne versagt, die andere weiterhin funktioniert. In jedem Zweig muss der Strom nur durch eine Glühbirne fließen, d. h. es kann mehr Strom als bei der Reihenschaltung fließen und die Birnen leuchten heller. Verkabelungen in Gebäuden sind Parallelschaltungen.

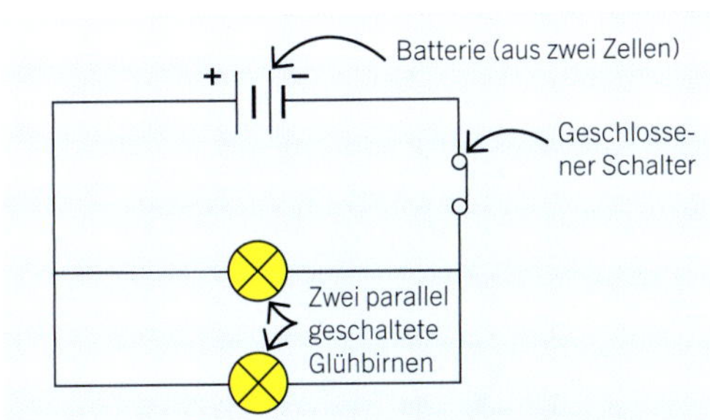

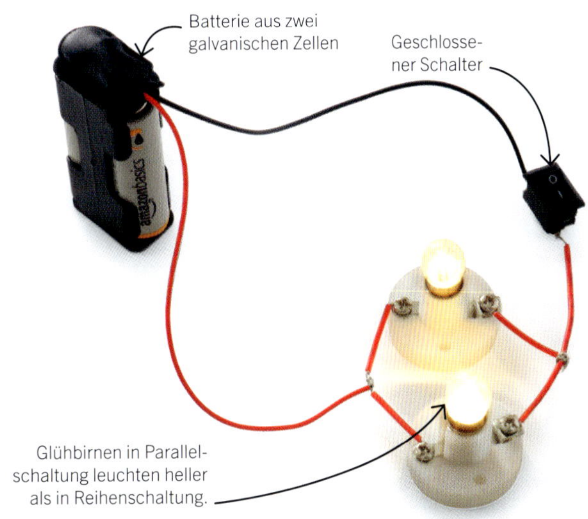

Elektrischen Strom messen

Strom messen ist in gewisser Weise so, als ob man messen würde, wie Wasser aus einem Tank durch Rohre fließt. Die Fließrate der elektrischen Ladung durch einen Stromkreis wird Stromstärke genannt und in der Einheit Ampere gemessen. Die Höhe der Stromstärke hängt hauptsächlich von zwei Faktoren ab: von der Stärke der antreibenden Kraft (Spannung oder Potenzialdifferenz genannt) und davon, auf wie viel Widerstand der Strom im Kreis trifft.

Auf einen Blick

- ✓ **Die Stromstärke ist ein Maß dafür, wie viel elektrische Ladung pro Zeiteinheit fließt. Sie wird in der Einheit Ampere (A) gemessen.**
- ✓ **Die Stromstärke wird mit einem in Reihe geschalteten Amperemeter gemessen.**
- ✓ **Die Spannung (Potenzialdifferenz) ist ein Maß dafür, wie stark Ladung durch den Stromkreis gepumpt wird. Sie wird in Volt (V) gemessen.**
- ✓ **Die Spannung wird mit einem parallel geschalteten Voltmeter gemessen.**
- ✓ **Widerstand ist alles, das elektrische Energie verbraucht und dabei den Stromfluss verringert. Die Einheit des Widerstands ist Ohm (Ω).**

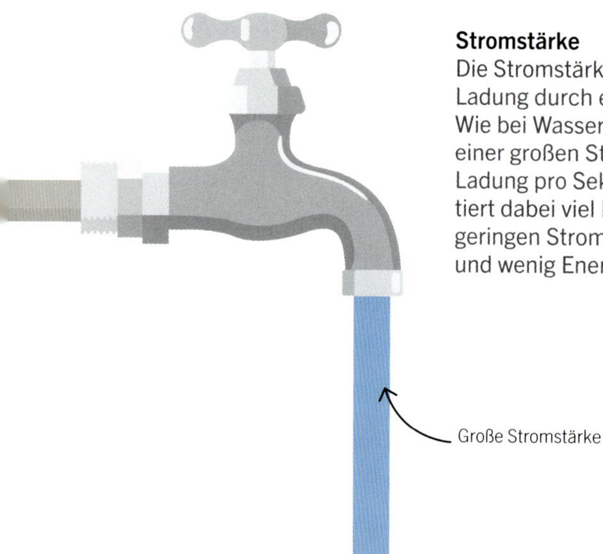

Stromstärke
Die Stromstärke ist die Rate, mit der Ladung durch einen Stromkreis fließt. Wie bei Wasser in einem Rohr fließt bei einer großen Stromstärke viel elektrische Ladung pro Sekunde vorbei und transportiert dabei viel Energie, während bei einer geringen Stromstärke die Ladung nur rinnt und wenig Energie transportiert.

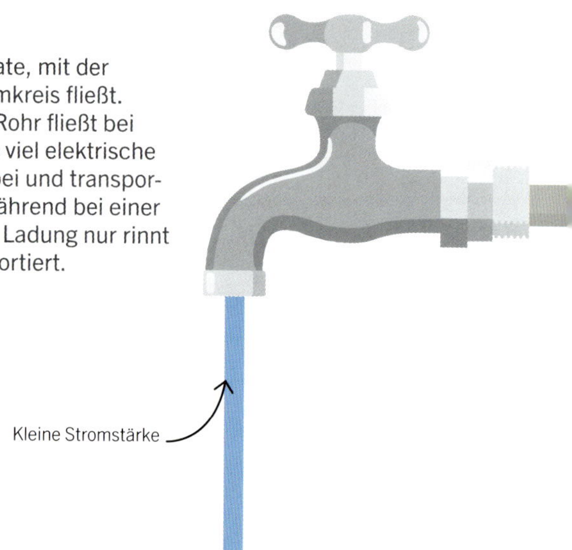

Stromstärke messen

Die Stromstärke wird in der Einheit Ampere (A) mit einem Amperemeter genannten Gerät gemessen. Zum Messen der Stromstärke muss das Amperemeter in Reihe geschaltet sein. Man kann es an eine beliebige Stelle einbauen, da die Stromstärke überall gleich hoch ist. Das Schaltzeichen für das Amperemeter in einem Schaltplan ist der Buchstabe A in einem Kreis.

Amperemeter

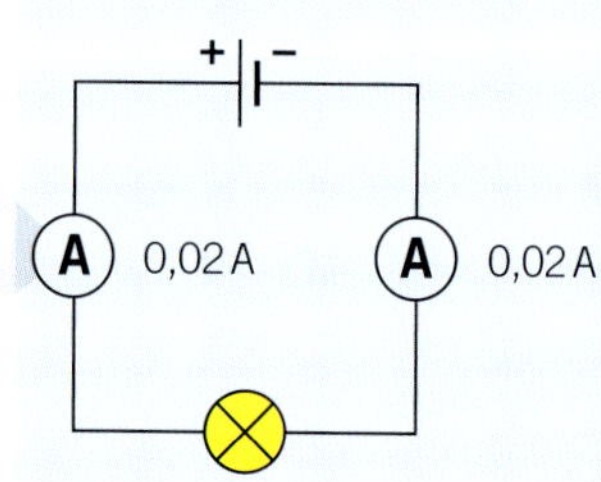

Spannung (Potenzialdifferenz)
Strom kann nur fließen, wenn etwas ihn antreibt, und das ist der Unterschied der elektrischen potenziellen Energie am Anfang und am Ende des Stromkreises. Der Unterschied wird elektrische Spannung oder Potenzialdifferenz genannt. Es ist ähnlich wie beim Wasserdruck. Wenn sich ein Wassertank in der Höhe befindet, erzeugt die Schwerkraft einen höheren Druck und damit eine höhere Wassergeschwindigkeit im Hahn.

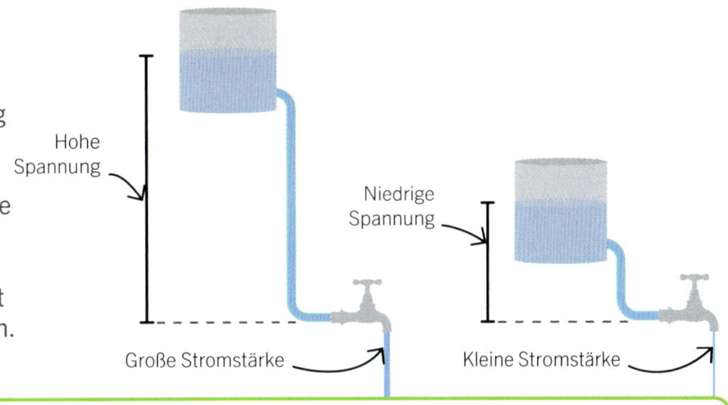

Spannung messen

Die Spannung wird in der Einheit Volt (V) mit einem Voltmeter genannten Gerät gemessen. Es muss parallel zur Komponente geschaltet sein. Das Schaltzeichen für ein Spannungsmessgerät in einem Schaltplan ist der Buchstabe V in einem Kreis.

Voltmeter

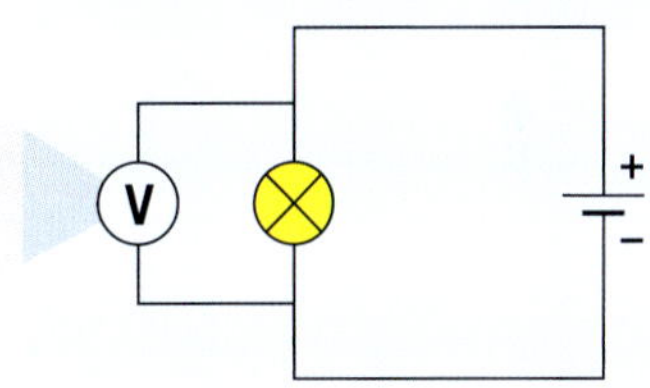

Widerstand
Alles, was in einem Stromkreis elektrische Energie verbraucht, verringert den Stromfluss. Das nennt man Widerstand. Genau so, wie ein dünnes Rohr den Wasserdurchfluss verringert, erzeugt ein dünner Draht einen Widerstand und verringert die Stromstärke. Auch längere Drähte erhöhen den Widerstand. Die Einheit des Widerstands ist das Ohm (Ω).

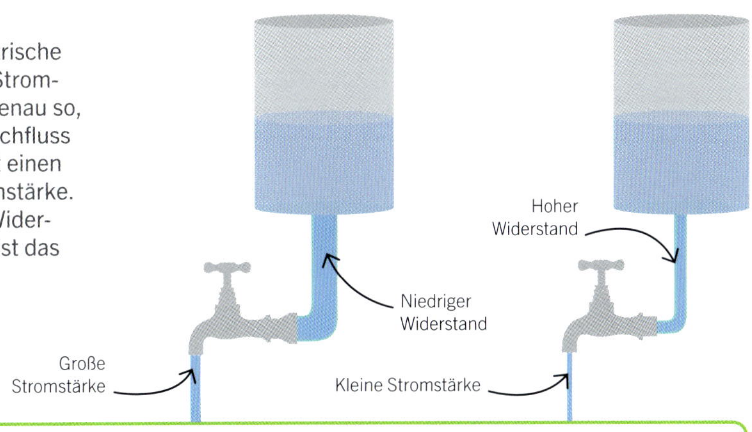

Widerstände

In manchen Stromkreisen wird ein sogenannter Widerstand als Komponente eingefügt. Er sorgt dafür, dass die Stromstärke nicht zu hoch wird und andere Komponenten beschädigt. Das Schaltzeichen für einen Widerstand ist ein Rechteck.

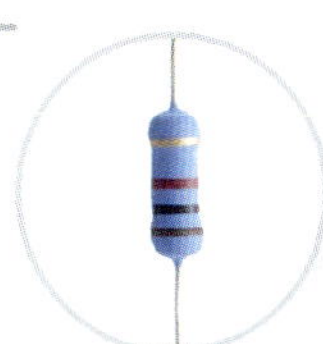
Widerstand

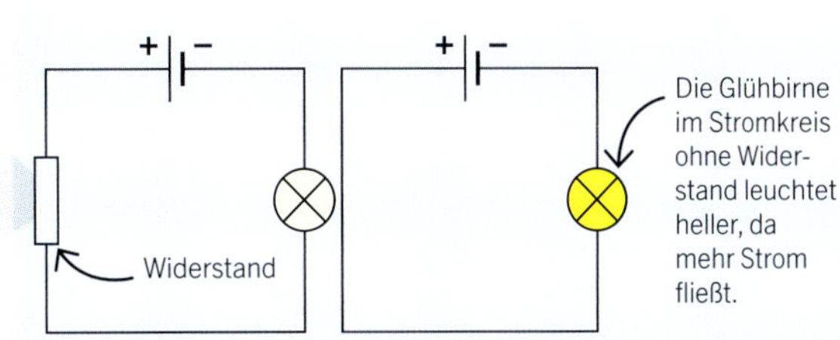

Reihen- und Parallelschaltungsregeln

Dies sind die wichtigsten Regeln für die Stromstärken und die Spannungen in Reihen- und Parallelschaltungen.

Regel 1: Zufließender Strom ist gleich abfließender Strom.
Die Summe der zufließenden Ströme zu einem beliebigen Punkt in einem Stromkreis ist immer gleich der Summe der abfließenden Ströme. Im unten gezeigten Stromkreis fließt ein Strom mit 250 mA (Milliampere) auf Punkt A zu, wo er sich teilt. Die zwei von Punkt A abfließenden Ströme mit 150 mA und 100 mA addieren sich zu 250 mA.

$$I_{gesamt} = I_1 + I_2$$

Das Symbol für die Stromstärke ist der große Buchstabe I.

Auf einen Blick

- Die Summe der zufließenden Ströme zu einem beliebigen Punkt in einem Stromkreis ist gleich der Summe der abfließenden Ströme.
- Die Spannung über Komponenten in Reihe addieren sich zur Spannung der Stromquelle.
- An parallel geschalteten Komponenten fällt dieselbe Spannung ab.

Stromkreis 1

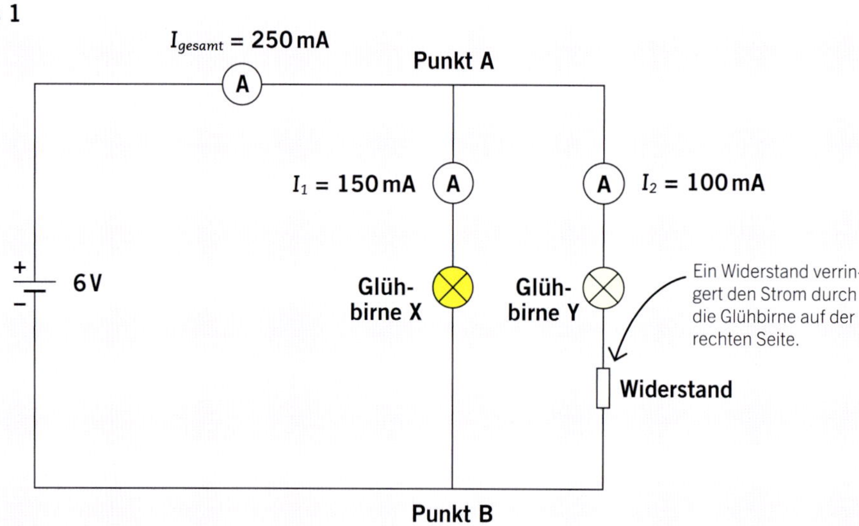

Stromstärke berechnen

Frage 1
Wie groß ist die Stromstärke des von Punkt B abfließenden Stromes in Stromkreis 1?

Antwort 1
Zufließender Strom ist gleich abfließender Strom, daher ist die Antwort 250 mA.

Regel 2: Spannungen in Reihe addieren sich.
Bei Bauelementen in Reihe, wie den Glühbirnen und dem Widerstand in diesem Schaltplan, addieren sich die über den einzelnen Bauteilen abfallenden Spannungen zur Spannung der Stromquelle.

$$U_{gesamt} = U_1 + U_2 + U_3$$

Stromkreis 2

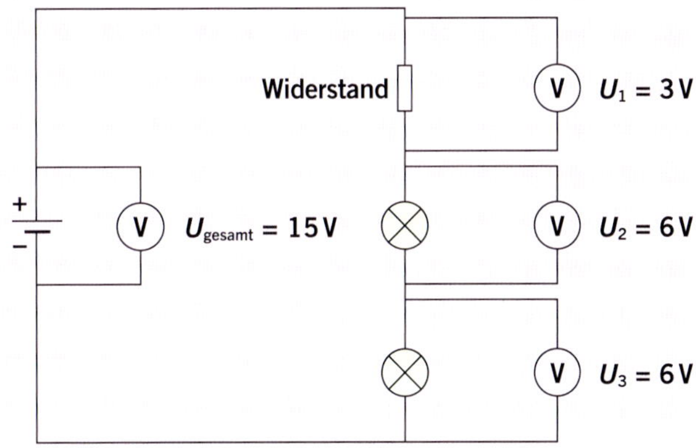

Regel 3: Parallele Spannungen sind überall gleich.
In einer Parallelschaltung liegt in jedem Zweig die gleiche Spannung an. Im hier gezeigten Beispiel ist die Spannung über jede der beiden Glühbirnen gleich groß.

Stromkreis 3

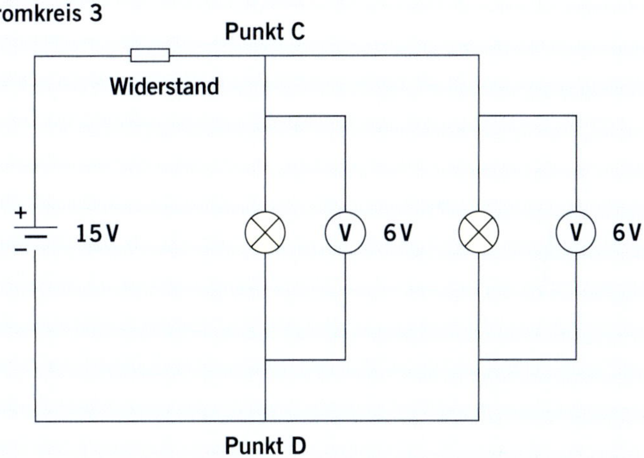

Spannung berechnen

Frage 2
Wie groß ist die Spannung über dem Widerstand in Stromkreis 3?

Antwort 2
Der Stromkreis hat eine Gesamtspannung von 15 V und die Spannung zwischen den Punkten C und D beträgt 6 V. Die Spannung über dem Widerstand ist daher 15 V - 6 V = 9 V.

Frage 3
Die Spannung über dem Widerstand in Stromkreis 1 beträgt 4 V. Wie groß ist die Spannung über Glühbirne Y?

Antwort 3
Die Spannung in jedem Zweig des Stromkreises ist 6 V. Im rechten Zweig teilt sich die Spannung von 6 V zwischen Glühbirne Y und dem Widerstand auf. Daher beträgt die Spannung über Glühbirne Y: 6 V – 4 V = 2 V.

Ladung

Alle Elektronen sind negativ geladen. Bei geschlossenem Stromkreis fließt aufgrund der sich bewegenden Elektronen eine elektrische Ladung, die man in der Einheit Coulomb misst. Die Stromstärke ist die Fließrate der Ladung: Eine Stromstärke von 1 Ampere bedeutet, dass pro Sekunde eine Ladung von 1 Coulomb fließt. Die Gleichungen auf dieser Seite zeigen den Zusammenhang zwischen Ladung, Stromstärke, Spannung und Energie.

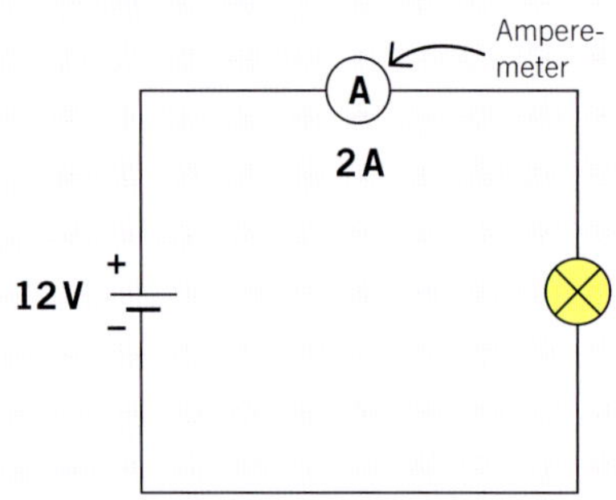

Ladung und Stromstärke

Die Stromstärke gibt an, wie viel Ladung sich pro Sekunde an einem beliebigen Punkt eines Stromkreises vorbeibewegt. Bei diesem Beispiel bedeutet die Anzeige von 2 Ampere auf dem Amperemeter, dass pro Sekunde eine Ladung von 2 Coulomb durch die galvanische Zelle und die Glühbirne fließt. Die Beziehung zwischen Ladung, Stromstärke und Zeit ist in der nachfolgenden Gleichung zusammengefasst.

$$\text{Ladung (C)} = \text{Stromstärke (A)} \cdot \text{Zeit (s)}$$

$$Q = I \cdot t$$

Ladung und Energie

Elektrische Geräte verrichten nützliche Tätigkeiten durch das Übertragen von Energie, z. B. überträgt der obige Stromkreis Energie von der galvanischen Zelle zur Glühbirne. Wenn bekannt ist, wie viel Ladung durch eine Komponente fließt und wie hoch die Spannung (Potenzialdifferenz) ist, die die Ladung antreibt, kann man mit der nachfolgenden Gleichung berechnen, wie viel Energie der Stromkreis überträgt.

$$\text{Übertragene Energie (J)} = \text{Ladung (C)} \cdot \text{Spannung (V)}$$

$$E = Q \cdot U$$

Auf einen Blick

- **Die Einheit der elektrischen Ladung ist Coulomb (C).**
- **Eine Stromstärke von 1 Ampere entspricht dem Fluss einer Ladung von 1 Coulomb pro Sekunde durch einen Stromkreis.**
- **Durchläuft eine Ladung von 1 Coulomb eine Potenzialdifferenz von 1 Volt, überträgt sie 1 Joule Energie.**

Ladung und Energie berechnen

Fragen

1. Eine Taschenlampe hat eine 3-V-Batterie. Durch die Glühbirne fließt ein Strom mit einer Stromstärke von 0,25 A. Die Taschenlampe wird 5 Minuten lang angeschaltet. Wie viel Ladung fließt durch die Taschenlampenbirne?
2. Wie viel Energie wird in dieser Zeit von der Batterie an die Glühbirne übertragen?

Antworten

1. Rechne zuerst die Zeit in Sekunden um: 5 min = 300 s.
   $Q = I \cdot t$
   $= 0{,}25\,\text{A} \cdot 300\,\text{s}$
   $= 75\,\text{C}$
2. Verwende die 2. Gleichung zur Berechnung der übertragenen Energie:
   $E = Q \cdot U$
   $= 75\,\text{C} \cdot 3\,\text{V}$
   $= 225\,\text{J}$

Widerstand ändern

Manchmal ist es nützlich, zur Kontrolle des Stromflusses in einem Stromkreis den Widerstand zu verändern. Dadurch können die Helligkeit einer Lampe, die Geschwindigkeit eines Motors oder die Lautstärke eines Radios angepasst werden.

Auf einen Blick

- Ein Regelwiderstand besteht aus einer Widerstandsspule und einem Schiebekontakt.
- Stromstärke I, Spannung U und Widerstand R eines Stromkreises stehen über das Ohmsche Gesetz $U = I \cdot R$ in Beziehung.

Regelwiderstand

Ein Bauelement zum Verändern des Widerstands nennt man Regelwiderstand. Er besteht aus einem langen, gewickelten Draht, der den Widerstand erzeugt, und einem Schiebekontakt, mit dem man den Anteil der Spule verändert, durch den der Strom fließt.

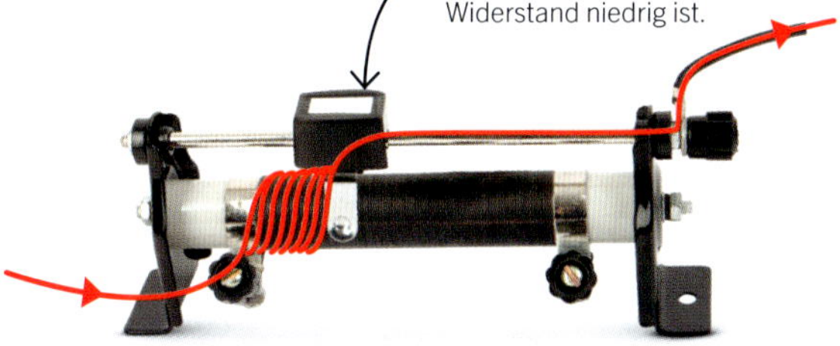

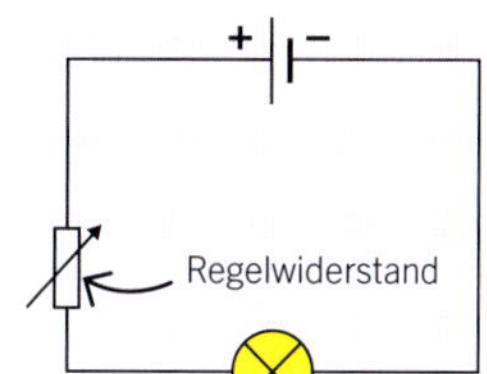

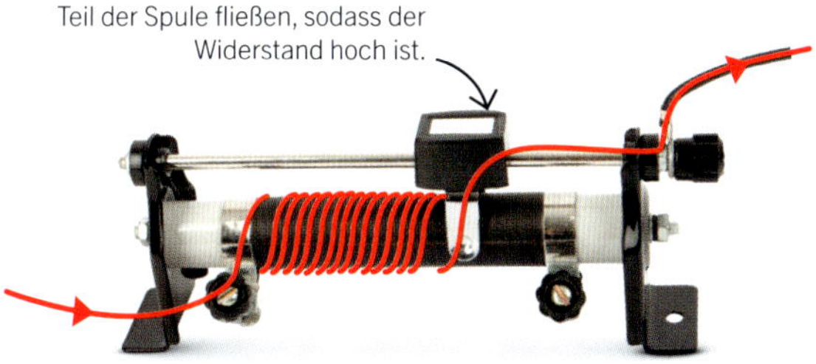

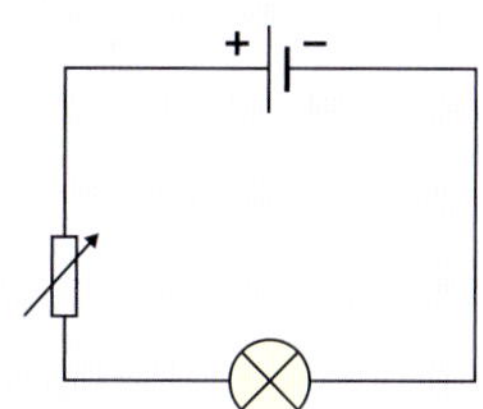

Stromstärke, Spannung und Widerstand berechnen

Die folgende Gleichung, das Ohmsche Gesetz, gibt den Zusammenhang zwischen Stromstärke, Spannung und Widerstand in einem Stromkreis oder Bauelement an.

Spannung (V) = Strom (A) · Widerstand (Ω)

$$U = I \cdot R$$

Frage

Ein Strom mit 0,5 A fließt durch eine Glühbirne, an der eine Spannung von 6 V anliegt. Berechne den Widerstand der Glühbirne.

Antwort

Löse die Formel nach dem Widerstand auf:

$$R = \frac{U}{I}$$

$$R = \frac{6\,\text{V}}{0{,}5\,\text{A}}$$

$$R = 12\,\Omega$$

Widerstand in Drähten untersuchen

Der Widerstand eines Bauelements hängt von zahlreichen Faktoren ab. Bei diesem Versuch wird untersucht, wie der Widerstand eines Drahtes von der Drahtlänge abhängt.

Auf einen Blick

- ✓ Der Widerstand eines Drahtes erhöht sich mit der Länge des Drahtes.
- ✓ Der Widerstand kann berechnet werden, indem man die Spannung durch die Stromstärke dividiert.

Die Schaltung
Mit den beiden Krokodilklemmen kann die Länge eines stromdurchflossenen Drahtes in diesem Stromkreis verändert werden. Das Voltmeter misst die Spannung (Potenzialdifferenz), die am Draht abfällt, und das Amperemeter die Stromstärke im gesamten Stromkreis.

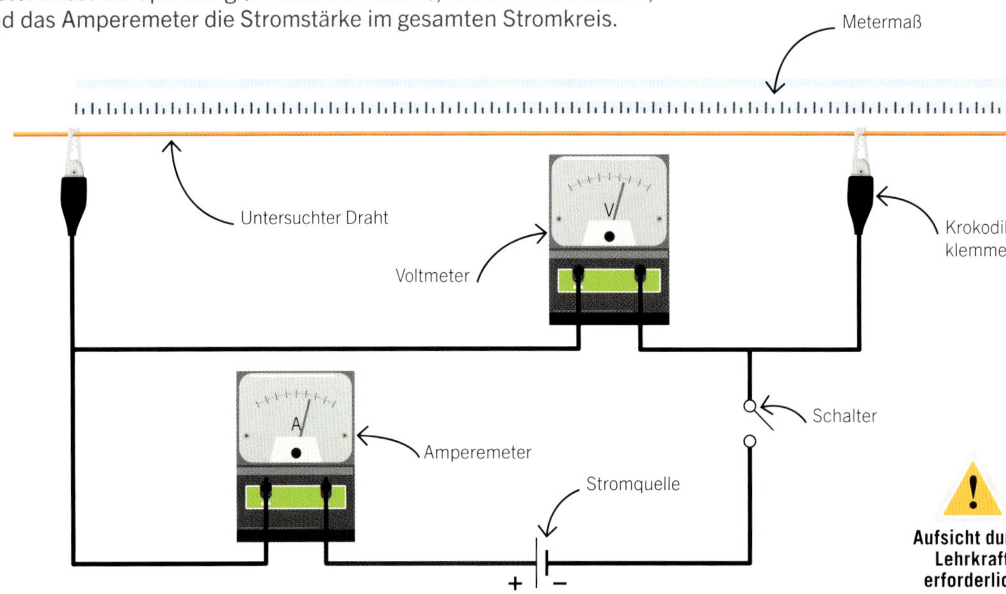

Aufsicht durch Lehrkraft erforderlich

Durchführung

1. Baue mit Unterstützung einer Lehrkraft die Schaltung auf.
2. Befestige eine Krokodilklemme am Draht beim Nullpunkt auf dem Lineal und die zweite Klemme bei 30 cm.
3. Stelle eine niedrige Spannung (3-4 V) an der Stromquelle ein oder verwende eine Batterie.
4. Schalte den Stromkreis ein und notiere die Anzeigen auf dem Amperemeter und dem Voltmeter. Schalte direkt danach wieder aus, damit der Draht nicht heiß wird.
5. Trage die Messergebnisse in eine Tabelle ein, mit Spalten für Drahtlänge, Stromstärke und Spannung.
6. Befestige die Krokodilklemme nun bei 40 cm und wiederhole die Schritte 4 und 5.
7. Wiederhole den Versuch bis 100 cm in 10-cm-Schritten.

Warnung
Dein Lehrer wird dir eine spezielle Drahtsorte (Konstantandraht mit einem Durchmesser von ca. 0,5 mm) zur Verfügung stellen, der als Widerstand in diesem Versuch sicher ist. Verwende auf keinen Fall normalen Draht! Der Draht sollte entweder aufgestellt oder auf einer hitzebeständigen, nicht leitenden Matte gelagert werden. Lies die Anzeigen zügig ab und unterbrich dann den Strom, um ein Erhitzen des Drahtes zu vermeiden. Berühre den blanken Draht bei angeschaltetem Strom nicht.

Ergebnisse

1. Verwende das nachfolgende Ohmsche Gesetz, um den Widerstand für jede Drahtlänge zu berechnen, und notiere die Lösungen in einer neuen Tabelle.

$$\text{Widerstand } (\Omega) = \frac{\text{Spannung (V)}}{\text{Stromstärke (A)}}$$

Drahtlänge (cm)	30	40	50	60	70	80	90	100
Berechneter Widerstand (Ω)	44	53	71	88	95	112	127	138

2. Zeichne in einem Diagramm den Widerstand über der Drahtlänge auf und verbinde die Punkte mit einer Ausgleichsgeraden. Die Punkte sollten auf einer Geraden durch den Ursprung (0; 0) liegen. Das zeigt, dass der Widerstand des Drahts proportional zur Drahtlänge ist. Anders ausgedrückt: doppelte Drahtlänge, doppelter Widerstand.

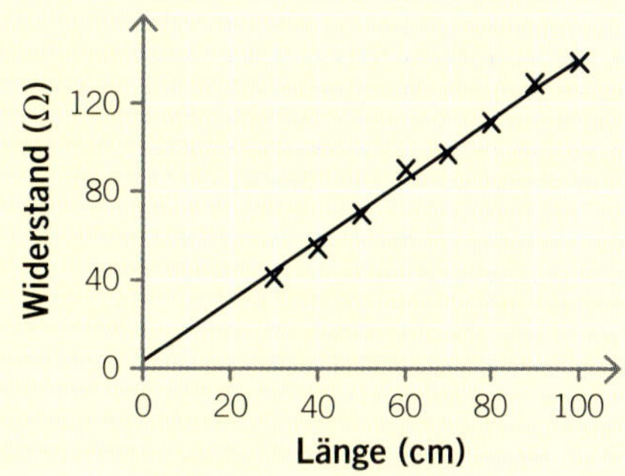

3. Möglicherweise verläuft die Gerade in deinem Diagramm nicht durch den Ursprung. Die Ursache dafür ist ein sogenannter systematischer Fehler – ein Fehler, der alle Messanzeigen beeinflusst. Es könnte z. B. sein, dass die erste Krokodilklemme nicht exakt beim Nullpunkt des Lineals angebracht war, sodass alle Längenmessungen um denselben Betrag falsch sind. Ein anderer möglicher Grund für einen systematischen Fehler ist der Widerstand der anderen Drähte im Stromkreis, vor allem, wenn sie lang sind.

Widerstand ist nützlich

Widerstand entsteht durch Stöße der freien Elektronen in einem Draht mit den Metallionen, die feste Plätze im Gitter haben. Durch die Stöße wird Energie auf die Ionen übertragen, sodass sie mehr thermische Energie speichern. Elektroheizungen und Glühlampen nutzen diesen Prozess zur Wärme- und Lichterzeugung aus. Der Glühdraht in einer Glühbirne wird so heiß, dass er weiß glühend wird und die Umgebung erleuchtet.

Widerstand in Drähten

Warum leiten manche Stoffe elektrischen Strom schlecht? Isolatoren haben einen riesengroßen Widerstand, da sie keine freien Elektronen als Ladungsträger besitzen. Metalle hingegen haben sehr viele freien Elektronen. Trotzdem fließt elektrischer Strom in manchen Drähten besser als in anderen.

Auf einen Blick

- **Widerstand entsteht, weil freie Elektronen bei ihrer Bewegung mit Metallionen zusammenstoßen.**
- **Kurze Drähte haben einen niedrigeren Widerstand als lange Drähte.**
- **Dicke Drähte haben einen niedrigeren Widerstand als dünne Drähte.**
- **Einige Metalle sind bessere Leiter als andere.**

Drahtlänge

Drähte erzeugen einen Widerstand, da die freien Elektronen bei ihrer Bewegung mit den ortsfesten Metallionen stoßen und dabei einen Teil ihrer Energie auf die Ionen übertragen. Je länger der Draht, umso größer der Widerstand. Der Widerstand ist proportional zur Drahtlänge.

Kurzer Draht

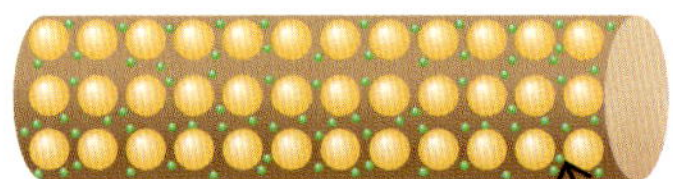

Stöße von Elektronen mit Metallionen verursachen Widerstand.

Langer Draht

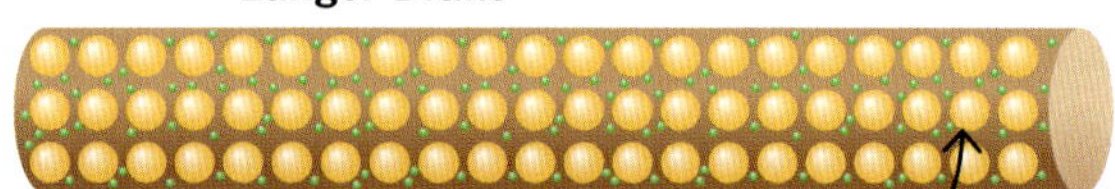

Längere Drähte führen zu höherem Widerstand (ähnlich wie bei in Reihe geschalteten Widerständen, s. S. 165).

Drahtdicke

In dickeren Drähten gibt es mehr freie Elektronen. Deshalb ist die Stromstärke größer und damit der Widerstand niedriger. Der Widerstand ist umgekehrt proportional zur Querschnittsfläche des Drahtes. Verdoppelt sich die Querschnittsfläche, halbiert sich der Widerstand. Verdoppelt sich der Durchmesser des Drahtes, verringert sich der Widerstand um den Faktor vier.

Dünner Draht

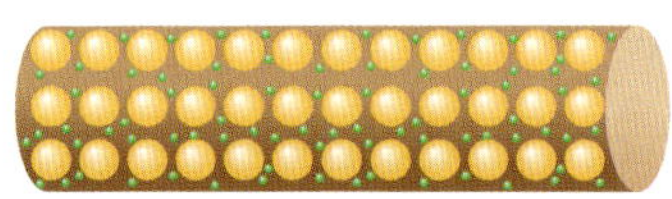

Dicker Draht

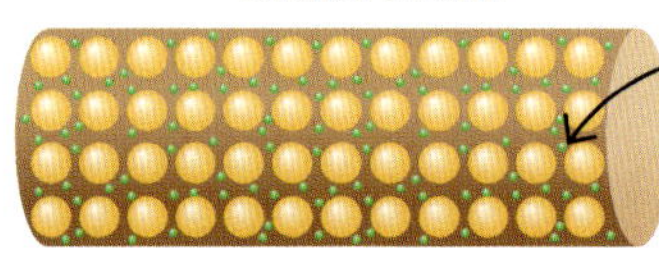

In dickeren Drähten können mehr Elektronen fließen (ähnlich wie bei parallel geschalteten Widerständen, s. S. 166).

Freie Elektronen

Die Atome in einem Metall sind in einem regelmäßigen Gitter angeordnet. Die äußersten Elektronen der Atome können sich leicht ablösen und zu freien Elektronen werden, wobei sie die positiv geladenen Ionen zurücklassen. Freie Elektronen bewegen sich normalerweise ungeordnet in alle Richtungen innerhalb des Metalls. Wird jedoch eine Spannung (Potenzialdifferenz) angelegt, fließen sie alle in dieselbe Richtung. Einige Metalle (z. B. Kupfer und Silber) sind besonders gute elektrische Leiter, da die Atome ihre Außenelektronen sehr leicht verlieren.

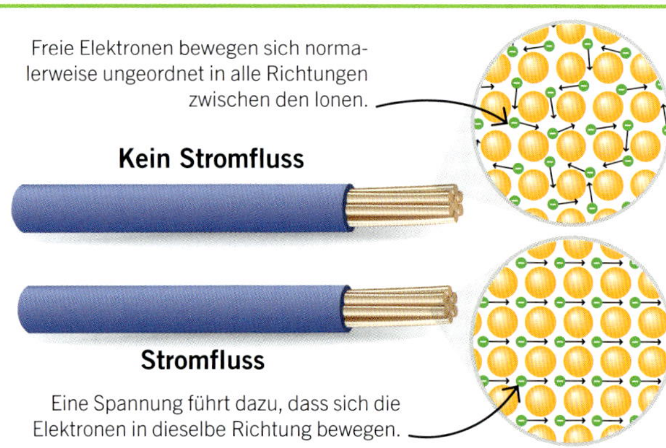

Freie Elektronen bewegen sich normalerweise ungeordnet in alle Richtungen zwischen den Ionen.

Eine Spannung führt dazu, dass sich die Elektronen in dieselbe Richtung bewegen.

Widerstände parallel und in Reihe

Widerstände werden verwendet, um die Stromstärke in einem Stromkreis zu kontrollieren. Bei diesem Experiment wird untersucht, wie viel Widerstand erzeugt wird, wenn man mehrere Widerstände in Reihe oder parallel schaltet.

Widerstände auf einer Platine

Widerstände in Reihe
Verwende eine Schaltung wie unten gezeigt, um herauszufinden, was bei in Reihe geschalteten Widerständen geschieht. Mit diesem Versuch wird nachgewiesen, dass sich bei in Reihe geschalteten Widerständen der Gesamtwiderstand im Stromkreis erhöht.

Aufsicht durch Lehrkraft erforderlich

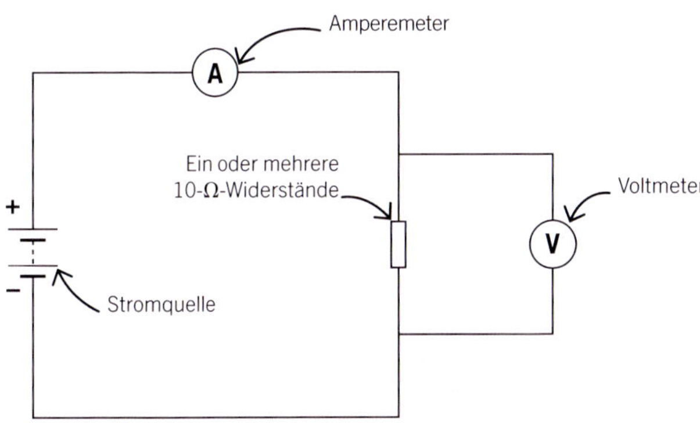

Durchführung

1. Baue die Schaltung auf, zunächst mit nur einem10-Ω-Widerstand zwischen zwei Krokodilklemmen.
2. Schalte den Strom ein und notiere die Stromstärke und die Spannung am Widerstand.
3. Schalte den Strom ab. Füge einen weiteren 10-Ω-Widerstand in Reihe hinzu. Schalte den Strom ein und notiere Stromstärke und Spannung.
4. Wiederhole Schritt 3 mit drei und vier Widerständen.
5. Berechne den Gesamtwiderstand des Stromkreises für jeden Versuch so:

$$\text{Widerstand} = \frac{\text{Spannung}}{\text{Stromstärke}}$$

Ergebnisse

Notiere deine Messwerte in solch einer Tabelle. Man erkennt, dass sich mit jedem in Reihe zugefügten 10-Ω-Widerstand der Widerstand des Stromkreises um 10 Ω erhöht. Der Gesamtwiderstand ist die Summe der Einzelwiderstände in Reihe. Dies wird durch die unten stehende Formel ausgedrückt.

$$R_{gesamt} = R_1 + R_2 + \ldots$$

Anzahl Widerstände	Spannung (V)	Stromstärke (A)	Berechneter Widerstand (Ω)
1	2,0	0,200	10
2	2,0	0,100	20
3	2,0	0,067	30
4	2,0	0,050	40

Parallele Widerstände

Mit den nachfolgenden Schaltungen kann der Effekt von parallel geschalteten Widerständen untersucht werden. Die Glühbirnen dienen hier als Widerstände, doch man würde ähnliche Ergebnisse mit tatsächlichen Widerständen erhalten. Dieser Versuch zeigt, dass der Gesamtwiderstand im Stromkreis abnimmt und die Stromstärke im Hauptteil des Kreises steigt, wenn Widerstände parallel zugeschaltet werden.

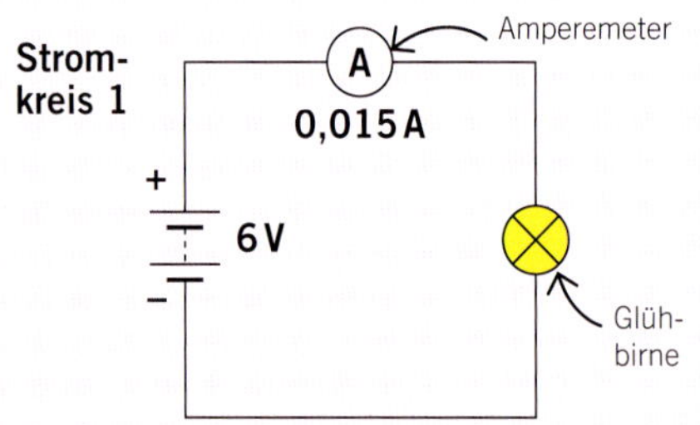

Aufsicht durch Lehrkraft erforderlich

Durchführung

1. Baue die Schaltung mit einer einzelnen Glühbirne auf und notiere die vom Amperemeter angezeigte Stromstärke.
2. Schalte den Strom ab und baue eine weitere Glühbirne parallel ein. Schalte den Strom ein und notiere die neue Stromstärke. Sie hat sich verdoppelt, da der neue Strompfad einen größeren Stromfluss ermöglicht.
3. Füge eine dritte parallele Glühbirne hinzu und lies die Anzeige ab. Die Stromstärke hat sich nun verdreifacht.

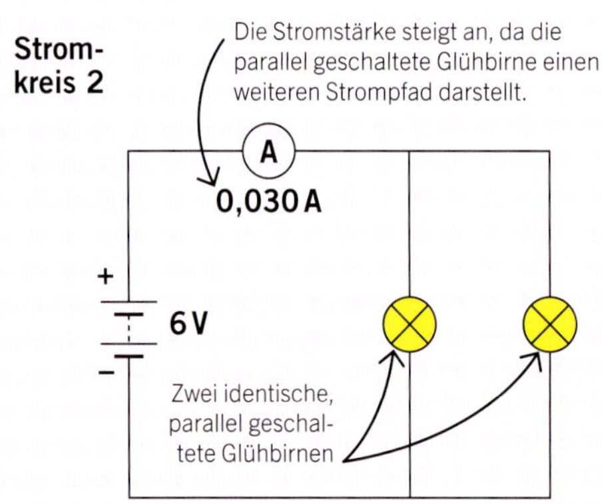

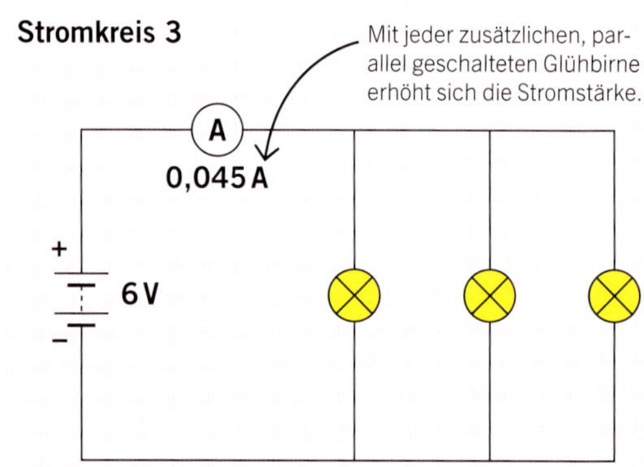

Widerstand bei parallel geschalteten Komponenten berechnen

Der Gesamtwiderstand parallel geschalteter Komponenten lässt sich mit dieser Gleichung berechnen:

$$\frac{1}{R_{gesamt}} = \frac{1}{R_1} + \frac{1}{R_2} + \cdots$$

Frage

Jede Glühbirne in den oben dargestellten Stromkreisen hat einen Widerstand von 400 Ω. Wie hoch ist der Gesamtwiderstand des Stromkreises mit zwei Glühbirnen?

Antwort

$$\frac{1}{R_{gesamt}} = \frac{1}{400\,\Omega} + \frac{1}{400\,\Omega}$$

$$= \frac{2}{400\,\Omega}$$

$$R_{gesamt} = \frac{400\,\Omega}{2}$$

$$= 200\,\Omega$$

Beachte, dass dieser Wert die Hälfte eines einzelnen Widerstandes ist.

Überprüfe die Lösung mit der Gleichung $U = I \cdot R$ (Spannung = Stromstärke · Widerstand). Bei diesem Stromkreis ist $I = 0{,}030\,A$ und $U = 6\,V$.

$$U = 0{,}030\,A \cdot 200\,\Omega$$

$$= 6\,V$$

Stromstärke und Spannung berechnen

Auf den vorherigen Seiten wurden viele neue Vorstellungen über Reihen- und Parallelschaltungen und einige Gleichungen eingeführt. Die Berechnungen auf dieser Seite geben einen Einblick, wie diese Vorstellungen verwendet werden können. Die ersten drei Fragen beziehen sich auf Reihen-, die restlichen auf Parallelschaltungen.

Auf einen Blick: in Reihe

- ✓ **Die Widerstände von in Reihe geschalteten Bauelementen addieren sich zum Gesamtwiderstand: $R_{gesamt} = R_1 + R_2$.**
- ✓ **Spannung = Stromstärke · Widerstand; $U = I \cdot R$ (Ohmsches Gesetz)**
- ✓ **Das Ohmsche Gesetz gilt überall im Stromkreis: für einzelne Bauelemente, einen Teil des Stromkreises oder den gesamten Stromkreis.**

Stromkreis 1

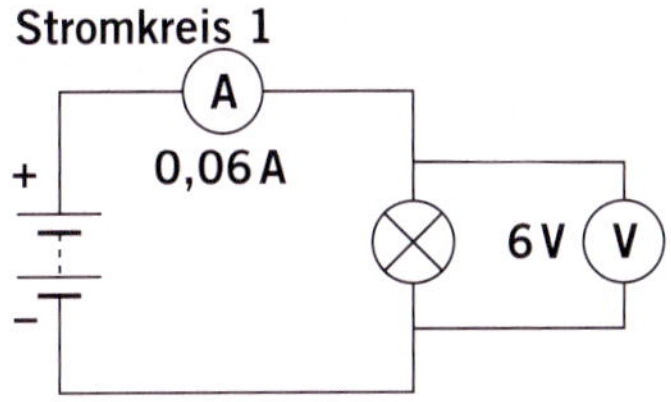

Frage

Wie hoch ist der Widerstand der Glühbirne in Stromkreis 1?

Antwort

Die Spannung über der Glühbirne und die Stromstärke sind bekannt. Stelle die Gleichung $U = I \cdot R$ (Ohmsches Gesetz) nach dem Widerstand um.

$$R = \frac{U}{I} = \frac{6\,V}{0{,}06\,A} = 100\,\Omega$$

Stromkreis 2

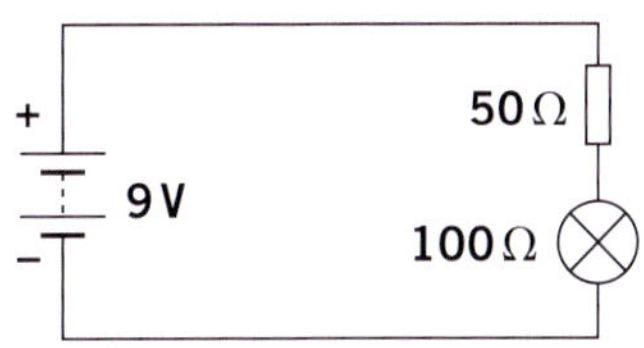

Frage

Wie groß ist der Gesamtwiderstand in diesem Stromkreis? Verwende die Antwort, um die Stromstärke im Stromkreis zu berechnen.

Antwort

Die Widerstände von in Reihe geschalteten Komponenten addieren sich.

$$R_{gesamt} = R_1 + R_2 = 100\,\Omega + 50\,\Omega = 150\,\Omega$$

Da Widerstand und Spannung bekannt sind, stelle $U = I \cdot R$ zur Berechnung der Stromstärke um.

$$I = \frac{U}{R} = \frac{9\,V}{150\,\Omega} = 0{,}06\,A$$

Stromkreis 3

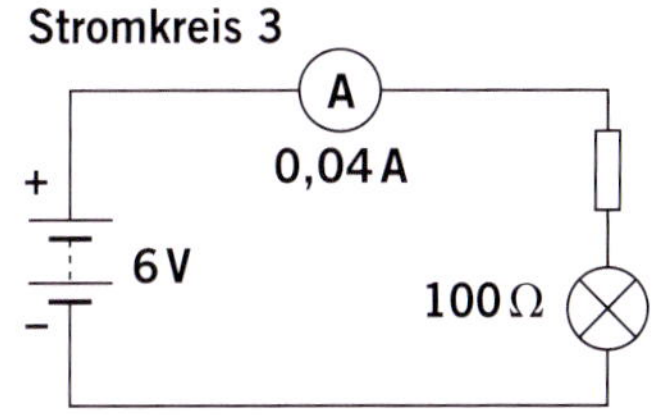

Frage

Die Glühbirne in diesem Stromkreis hat einen Widerstand von 100 Ω. Wie hoch ist der Widerstand des Widerstands (Bauteil)?

Antwort

Berechne zunächst den Gesamtwiderstand im Stromkreis aus der Spannung der Stromquelle und der Stromstärke.

$$R = \frac{U}{I} = \frac{6\,V}{0{,}04\,A} = 150\,\Omega$$

Die Widerstände der Glühbirne und des Widerstands ergeben zusammen 150 Ω, daher gilt:

$$R_{Widerstand} = 150\,\Omega - 100\,\Omega = 50\,\Omega$$

Stromkreis 4

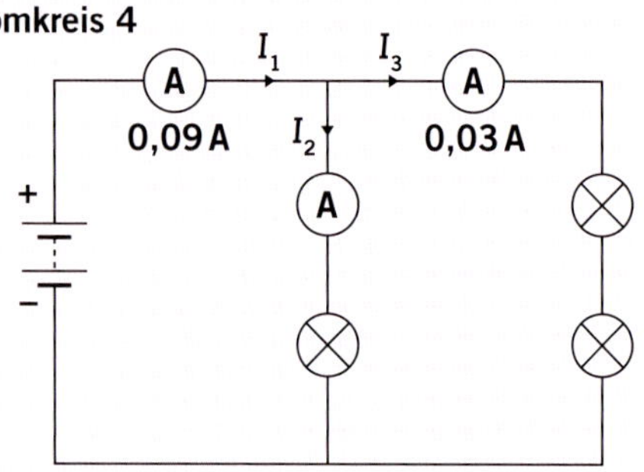

Auf einen Blick: parallel

- **In einem Knotenpunkt ist die Summe der zufließenden Ströme gleich der Summe der abfließenden Ströme: $I_1 = I_2 + I_3$.**
- **Der Gesamtwiderstand parallel geschalteter Komponenten ist kleiner als der Widerstand jeder einzelnen Komponente.**
- **In einer Parallelschaltung liegt in jedem Zweig dieselbe Spannung an.**

Frage

Alle Glühbirnen in diesem Stromkreis sind identisch. Wie groß ist die Stromstärke I_2? Erläutere, warum I_2 größer als I_3 ist.

Antwort

Der Strom, der in einen Knoten fließt, ist gleich dem Gesamtstrom, der aus dem Knoten herausfließt.

$0{,}09\,A = I_2 + 0{,}03\,A$

$I_2 = 0{,}06\,A$

I_2 fließt durch eine Glühbirne, doch I_3 durch zwei. Die beiden parallelen Zweige haben dieselbe Spannung, doch zwei Glühbirnen erzeugen doppelt so viel Widerstand. Daher ist die Stromstärke I_3 halb so groß wie I_2.

Stromkreis 5

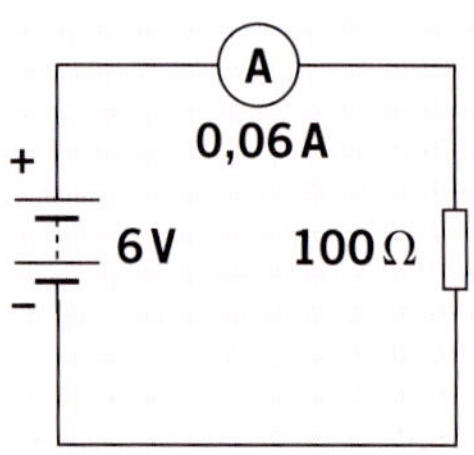

Stromkreis 6

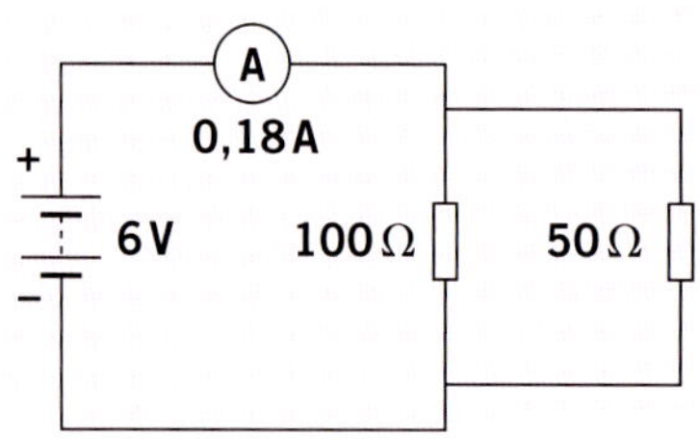

Stromkreis 7

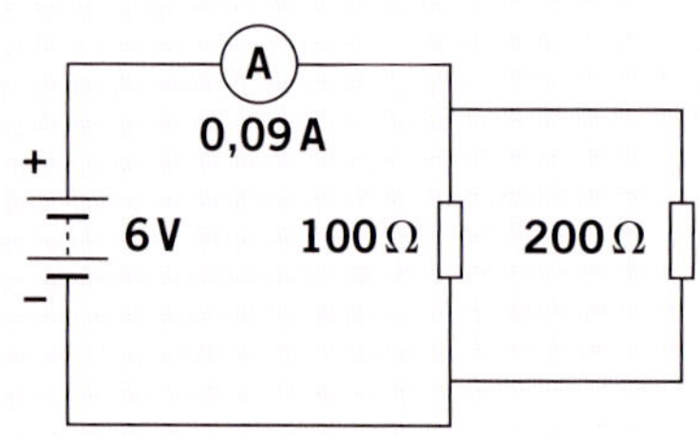

Fragen

1. Welcher der drei Stromkreise besitzt den niedrigsten Gesamtwiderstand?
2. An welchem Widerstand fällt die höchste Spannung ab?
3. Erkläre, warum in Stromkreis 6 die Stromstärke am höchsten ist.

Antworten

1. Stromkreis 6. Bei allen Stromkreisen ist die Spannung durch die Stromquelle gleich groß, doch die Stromstärke ist in Stromkreis 6 am größten.
2. Bei allen fallen 6 V ab. In einer Parallelschaltung fällt in allen Zweigen die gleiche Spannung ab.
3. Die Stromstärke durch den 100-Ω-Widerstand ist bei allen drei Stromkreisen gleich. In Stromkreis 6 und 7 kann mehr Strom durch die zusätzlichen Widerstände fließen. Durch den 50-Ω-Widerstand in Stromkreis 6 fließt mehr Strom als durch den 200-Ω-Widerstand in Stromkreis 7. Daher ist die Gesamtstromstärke in Stromkreis 6 am höchsten.

Strom-Spannungs-Kennlinien

Widerstände und Drähte werden als Ohmsche Leiter bezeichnet, weil sie dem Ohmschen Gesetz gehorchen ($U = I \cdot R$), d.h. sie besitzen einen konstanten Widerstand und die Stromstärke ist proportional zur an ihnen abfallenden Spannung. Doch nicht alle Bauelemente verhalten sich so. Mit der nachfolgenden Schaltung kann man den Widerstand verschiedener Bauelemente untersuchen.

Aufsicht durch Lehrkraft erforderlich

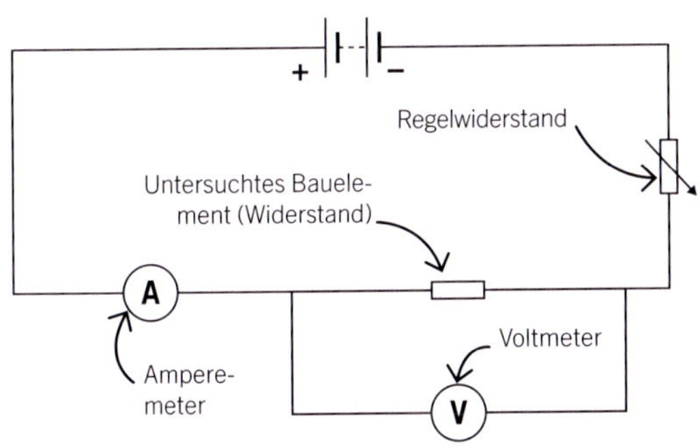

Auf einen Blick

- ✓ **Die Strom-Spannungs-Kennlinie für einen Ohmschen Leiter ist eine Gerade durch den Ursprung (0; 0).**
- ✓ **Glühfadenlampen und Dioden sind Beispiele für nicht Ohmsche Leiter.**
- ✓ **Der Widerstand von Metallen erhöht sich mit steigender Temperatur.**
- ✓ **Dioden lassen Strom nur in eine Richtung durch.**

Durchführung

1. Baue die in der Abbildung gezeigte Schaltung auf.
2. Stelle mithilfe des Regelwiderstands 10 verschiedene Stromstärkewerte ein. Notiere Stromstärke und Spannung und trage die Ergebnisse in eine Tabelle ein.
3. Tausche die Anschlüsse der Batterien um und wiederhole Schritt 2. Die Stromstärke- und Spannungsanzeigen sind jetzt negativ.
4. Wiederhole die Schritte 2 und 3 mit einer Glühfadenlampe anstelle des Widerstands und dann mit einer Diode.
5. Zeichne für jedes Bauelement eine Strom-Spannungs-Kennlinie.

Ergebnisse für einen Widerstand
Die Strom-Spannungs-Kennlinie für einen Widerstand ist eine Ursprungsgerade (durch (0; 0). Da der Widerstand der Quotient aus Spannung und Stromstärke ist, zeigt dies, dass der Widerstand konstant ist und sich nicht ändert, wenn sich die Spannungs- und die Stromrichtung ändern. Ein Widerstand ist daher ein Ohmscher Leiter.

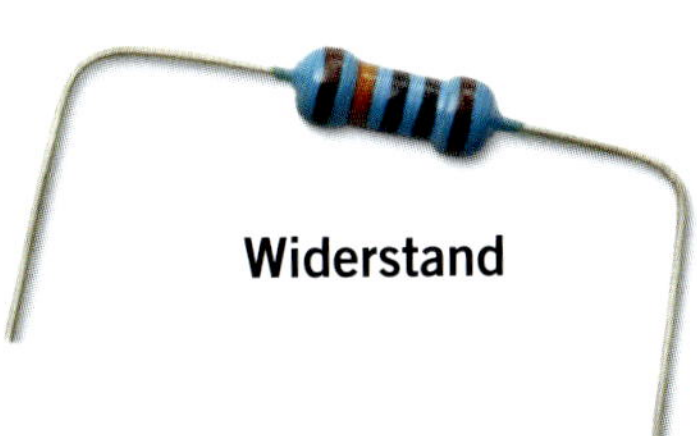

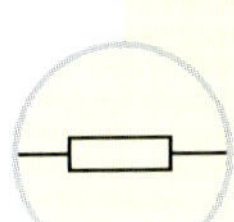

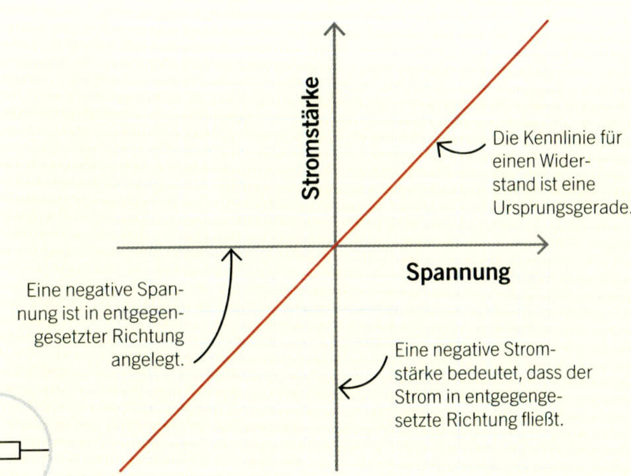

Ergebnisse für eine Glühfadenlampe

Die Kennlinie für die Glühfadenlampe ist bei höheren Spannungen gekrümmt. Das zeigt an, dass der Widerstand sich ebenfalls erhöht, sodass eine Glühfadenlampe kein Ohmscher Leiter ist. Der Glühfaden in einer stromdurchflossenen Glühbirne wird weiß glühend und damit wird elektrische Energie zu Licht umgewandelt. Der Widerstand erhöht sich, weil die heißer werdenden Metallatome stärker schwingen und dadurch die freien Elektronen in ihrer Bewegung behindern.

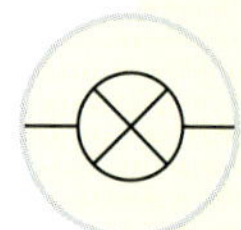

Glühfadenlampe

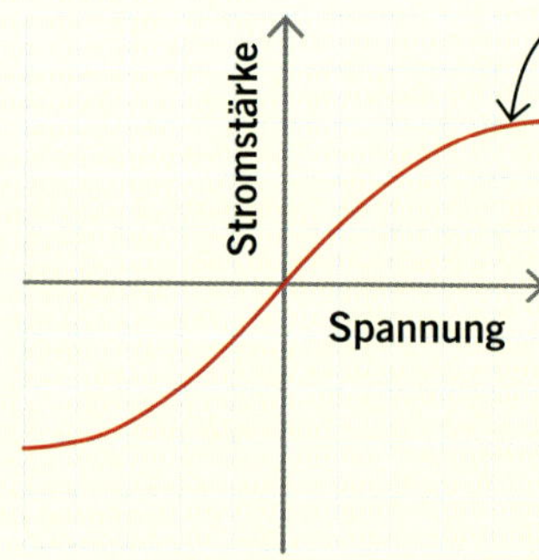

Ergebnisse für eine Diode

Eine Diode ist wie eine Einbahnstraße: In die eine Richtung kann Strom leicht fließen, in die andere Richtung nicht. Die Kennlinie zeigt, dass eine Diode kein Ohmscher Leiter ist.

Diode

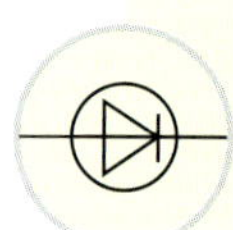

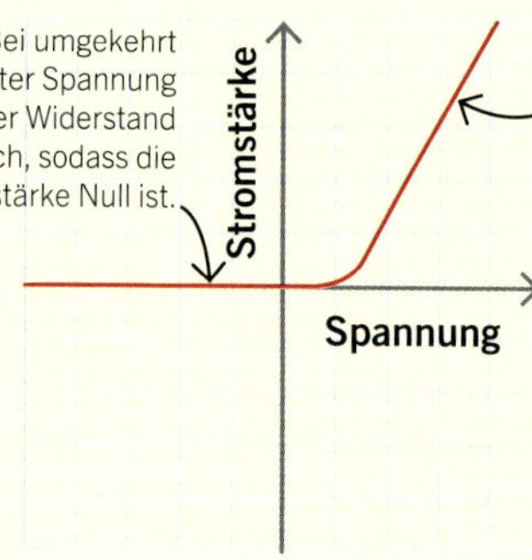

Gleichrichtung

Dioden werden in Gleichrichterschaltungen verwendet, bei denen Wechselstrom vom Stromnetz in Gleichstrom für elektronische Geräte umgewandelt wird.

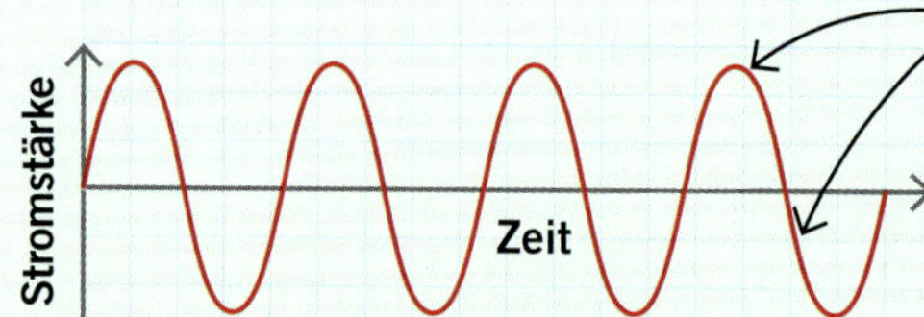

Wechselstrom

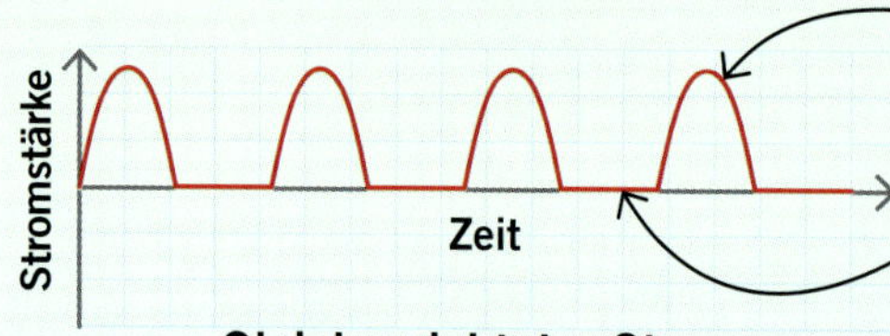

Gleichgerichteter Strom

Elektrische Leistung

Elektrische Geräte übertragen Energie von einer Energiequelle, z. B. einer Batterie, zu Komponenten wie Lampen oder Motoren. Die elektrische Leistung ist die pro Sekunde übertragene Energiemenge. Ihre Einheit ist Watt (W).

Auf einen Blick

- Die Leistung hat die Einheit Watt (W).
- 1 Watt entspricht einer Energieübertragung von 1 Joule pro Sekunde: 1 W = 1 J/s.
- Die elektrische Leistung kann mit drei Gleichungen berechnet werden: Leistung = Stromstärke · Spannung, Leistung = (Stromstärke)^2 · Widerstand, Leistung = (Spannung)^2 : Widerstand.

Gleichungen für die Leistung

Die übertragene Energie hängt von der Stromstärke und der Spannung ab. Man kann die Leistung, d. h. die pro Sekunde übertragene Energiemenge, mit der nachfolgenden Gleichung berechnen. In der Gleichung wird kein Term für die Zeit benötigt, da die Stromstärke ein Maß für den Ladungsfluss pro Sekunde ist.

$$\text{Leistung (W)} = \text{Stromstärke (A)} \cdot \text{Spannung (V)}$$
$$P = I \cdot U$$

Kombiniert man diese Gleichung mit dem Ohmschen Gesetz (Spannung = Stromstärke · Widerstand), kann man zwei weitere Gleichungen für die Leistung ableiten. Bei der ersten (siehe unten) wird die Leistung aus Stromstärke und Widerstand berechnet, bei der zweiten aus Spannung und Widerstand: Leistung = (Spannung)^2 : Widerstand.

Spannung = Stromstärke · Widerstand   Leistung = Stromstärke · Spannung

$$\text{Leistung (W)} = \text{Stromstärke}^2\ (\text{A}^2) \cdot \text{Widerstand } (\Omega)$$
$$P = I^2 \cdot R$$

Leistung berechnen

Frage
Bei einer Taschenlampe mit einer 6-V-Batterie fließt ein Strom von 300 mA durch die Glühbirne. Welche Leistung hat die Taschenlampe? Wie hoch ist der Widerstand der Birne?

Antwort
Verwende die erste Gleichung zur Berechnung der Energie. Beachte, dass 300 mA 0,3 A entsprechen.

$$P = I \cdot U = 0{,}3\,\text{A} \cdot 6\,\text{V} = 1{,}8\,\text{W}$$

Um den Widerstand zu bestimmen, löse entweder $U = I \cdot R$ oder $P = I^2 \cdot R$ nach R auf.

$$R = \frac{P}{I^2} = \frac{1{,}8\,\text{W}}{(0{,}3\,\text{A})^2} = 20\,\Omega$$

Energie berechnen

Alle elektrischen Geräte übertragen Energie, von Taschenlampen und Handys bis hin zu Elektroautos und Hochgeschwindigkeitszügen. Die übertragene Energiemenge kann mit mehreren, miteinander in Beziehung stehenden Gleichungen berechnet werden.

Auf einen Blick

- ✓ Die von einem Gerät übertragene Energie ist das Produkt aus der Leistung und der Zeit, in der das Gerät benutzt wird: $E = P \cdot t$.
- ✓ Die von einem Gerät übertragene Energie ist das Produkt aus der durchfließenden Ladung und der Spannung über dem Gerät: $E = Q \cdot U$.
- ✓ Die von einem Gerät übertragene Energie ist das Produkt aus Stromstärke, Spannung und Zeit: $E = I \cdot U \cdot t$.

Gleichung 1
Die Leistung eines Geräts ist die in einer Sekunde verbrauchte Energie. Wenn man die Leistung mit der Anzahl Sekunden multipliziert, die das Gerät eingeschaltet ist, erhält man daher die übertragene Energie.

Energie (J) = Leistung (W) · Zeit (s)

$$E = P \cdot t$$

Gleichung 2
Die Spannung einer Stromquelle ist die übertragene Energie pro einer Ladung von 1 Coulomb, sodass man durch Multiplizieren von Ladung und Spannung die übertragene Energie erhält.

Energie (J) = Ladung (C) · Spannung (V)

$$E = Q \cdot U$$

Gleichung 3
Die Leistung eines elektrischen Geräts kann bestimmt werden, indem man die Stromstärke mit der Spannung multipliziert. Kombiniert man dies mit Energie = Leistung · Zeit, ergibt sich folgende Gleichung:

Energie (J) = Stromstärke (A) · Spannung (V) · Zeit (s)

$$E = I \cdot U \cdot t$$

Energie, Ladung und Stromstärke berechnen

Frage
Dieser 3-kW-Ofen benötigte zum Backen eines Apfelkuchens 30 Minuten. Die Netzspannung beträgt 230 V. Berechne die übertragene Energie, die Gesamtladungsmenge, die in dieser Zeit durch den Ofen geflossen ist, und die verwendete Stromstärke.

Antwort
Hier gibt es viel zu tun! Schreibe als Erstes auf, welche Größen bekannt sind, und rechne die Angaben in die richtigen Einheiten um.

Leistung = 3 kW = 3000 W
Zeit = 30 min = 1800 s
Spannung = 230 V

Berechne die Energie mit der ersten Gleichung.

$$E = P \cdot t$$
$$= 3000\,\text{W} \cdot 1800\,\text{s}$$
$$= 5\,400\,000\,\text{J} = 5{,}4\,\text{MJ (Megajoule)}$$

Da du jetzt die Energie kennst, kannst du mit der zweiten Gleichung die Ladung ausrechnen.

$$E = Q \cdot U$$
$$Q = \frac{E}{U}$$
$$= \frac{5\,400\,000\,\text{J}}{230\,\text{V}}$$
$$= 23\,478\,\text{C} \approx 23\,000\,\text{C (2 signifikante Stellen)}$$

Um die Stromstärke zu bestimmen, verwende die letzte Gleichung (oder einfach $P = I \cdot U$):

$$E = I \cdot U \cdot t$$
$$I = \frac{E}{U \cdot t}$$
$$= \frac{5\,400\,000\,\text{J}}{230\,\text{V} \cdot 1800\,\text{s}}$$
$$= 13\,\text{A}$$

Elektrifizierte Züge
Hochgeschwindigkeitszüge wie der französische TGV *(Train à Grande Vitesse)* werden durch Oberleitungen mit Energie versorgt. Dadurch erhält die Lokomotive am Kopf des Zuges eine Leistung von 9,3 Megawatt (9,3 Millionen Watt).

Fotowiderstände

Fotowiderstände (LDR = engl. *Light Dependent Resistor*) registrieren die Helligkeit von auftreffendem Licht: Wenn das Licht heller wird, nimmt ihr Widerstand ab. Fotowiderstände werden vielseitig verwendet, z. B. bei Nachtlichtern, Straßenbeleuchtung, Alarmanlagen und Bildschirmdimmern von Smartphones.

Auf einen Blick

- ✓ **Der Widerstand von Fotowiderständen nimmt mit der Lichthelligkeit ab.**
- ✓ **Fotowiderstände werden bei Nachtlichtern, Straßenbeleuchtungen, Alarmanlagen und Bildschirmdimmern von Smartphones verwendet.**

Wie Fotowiderstände funktionieren

Fotowiderstände sind kleine, aus Halbleitermaterial bestehende Bauelemente. Wenn Licht auf den Halbleiter fällt, lösen sich Elektronen von Atomen. Dadurch kann ein größerer Strom fließen und der Widerstand verringert sich. Wie dieses Diagramm zeigt, ist der Widerstand umso geringer, je höher die Lichtintensität (Helligkeit) ist. Im Dunkeln besitzt ein typischer Fotowiderstand einen Widerstand von über 1 000 000 Ω, der bei Sonnenlicht auf wenige Hundert Ohm abfällt.

Das Schaltzeichen für einen Fotowiderstand ist ein Rechteck in einem Kreis mit Pfeilen, die für das Licht stehen.

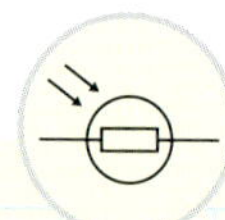

Fotowiderstand

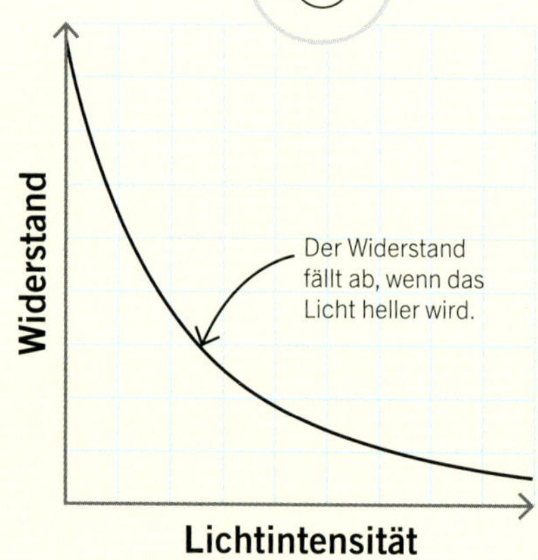

Der Widerstand fällt ab, wenn das Licht heller wird.

Fotowiderstände untersuchen

Mit dem hier gezeigten Gerät kann man die Widerstandsänderung eines Fotowiderstands untersuchen. Führe den Versuch in einem abgedunkelten Raum durch, damit das einzige Licht von der Taschenlampe kommt. Stelle diese in verschiedenen Abständen vom Fotowiderstand auf. Miss den Widerstand mit einem Ohmmeter und die Lichtintensität mit einem neben dem Fotowiderstand platzierten Belichtungsmesser. Zeichne aus deinen Messdaten eine Widerstand-Lichtintensität-Kurve.

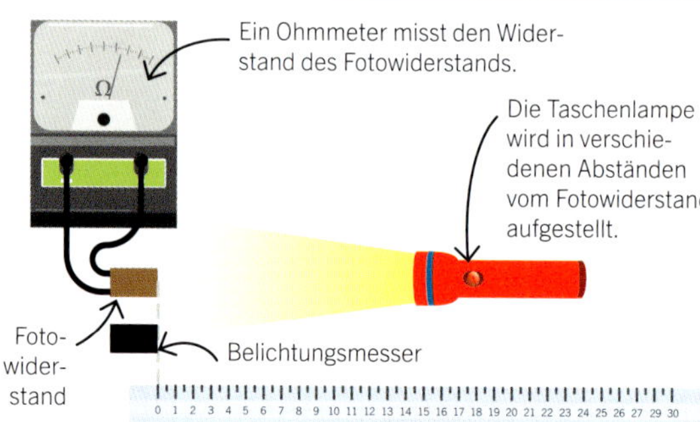

Ein Ohmmeter misst den Widerstand des Fotowiderstands.

Die Taschenlampe wird in verschiedenen Abständen vom Fotowiderstand aufgestellt.

Fotowiderstand

Belichtungsmesser

Thermistoren

Thermistoren sind Widerstände, die auf Temperaturänderungen reagieren. Je nach Typ des Thermistors kann sich der Widerstand bei Temperaturerhöhungen entweder erhöhen oder verringern. Thermistoren werden als Temperatursensoren bei vielen Geräten verwendet, z. B. bei Digitalthermometern, Kühlschränken, Öfen und Thermostaten.

Auf einen Blick

- ✓ **Bei Thermistoren ändert sich der Widerstand bei Temperaturerhöhung.**
- ✓ **Thermistoren werden in Geräten verwendet, die die Temperatur messen oder regeln.**

Wie Thermistoren funktionieren
In der Spitze eines Digitalthermometers befindet sich ein Thermistor. Er besteht aus einem Halbleitermaterial, das bei Erwärmung mehr freie Elektronen freisetzt, sodass ein höherer Strom fließen kann. Wie das Diagramm zeigt, ist der Widerstand umso geringer, je höher die Temperatur ist.

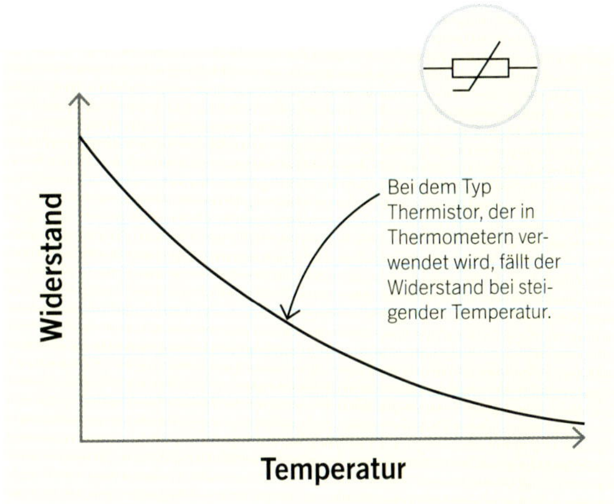

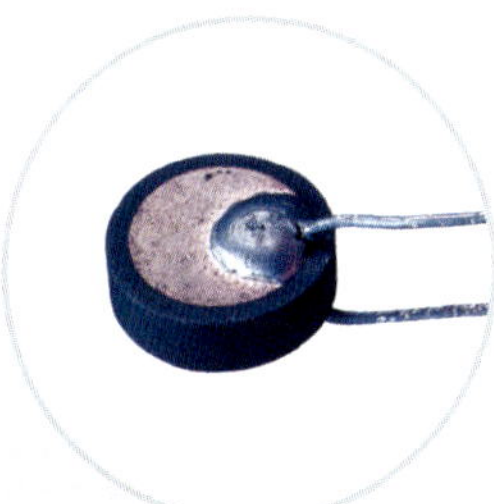

Thermistoren untersuchen

Mit diesem Versuchsaufbau kann man untersuchen, wie sich der Widerstand eines Thermistors ändert. Stelle einen Thermistor in ein Becherglas und erhöhe die Wassertemperatur mit einer Wärmequelle. Notiere gleichzeitig Temperatur und Widerstand bei verschiedenen Temperaturen. Zeichne aus den Messdaten eine Widerstand-Temperatur-Kurve.

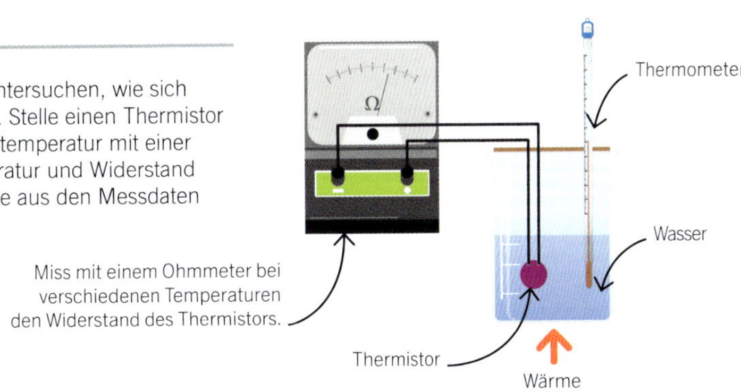

Aufsicht durch Lehrkraft erforderlich

Sensorschaltungen

Mit Sensorschaltungen kann man elektrische Geräte automatisch steuern, z. B. Straßenlaternen, die sich in der Dämmerung einschalten, oder Klimaanlagen, die die Temperatur in Gebäuden stets angenehm halten.

Auf einen Blick

- Fotowiderstände und Thermistoren nutzt man als Sensoren zum Steuern von z. B. Lampen oder Heizungen.
- Der Fotowiderstand bzw. Thermistor wird mit einem weiteren Widerstand in Reihe geschaltet, sodass ein Spannungsteiler entsteht.
- Ein Spannungsteiler ist eine Schaltung, bei der in Reihe geschaltete Widerstände die Spannung steuern, die ein anderer Stromkreisteil erhält.

Spannungsteiler
In Sensorschaltungen werden häufig Spannungsteiler eingesetzt. Das ist eine Schaltung, bei der in Reihe geschaltete Widerstände bestimmen, wie viel Spannung ein paralleler Zweig des Stromkreises erhält. Das funktioniert, da die Spannung zwischen den in Reihe geschalteten Bauelementen aufgeteilt wird, in parallel geschalteten Zweigen jedoch gleich hoch ist. Wenn man die Kombination der Widerstände ändert, ändert sich auch die Spannung im parallelen Zweig.

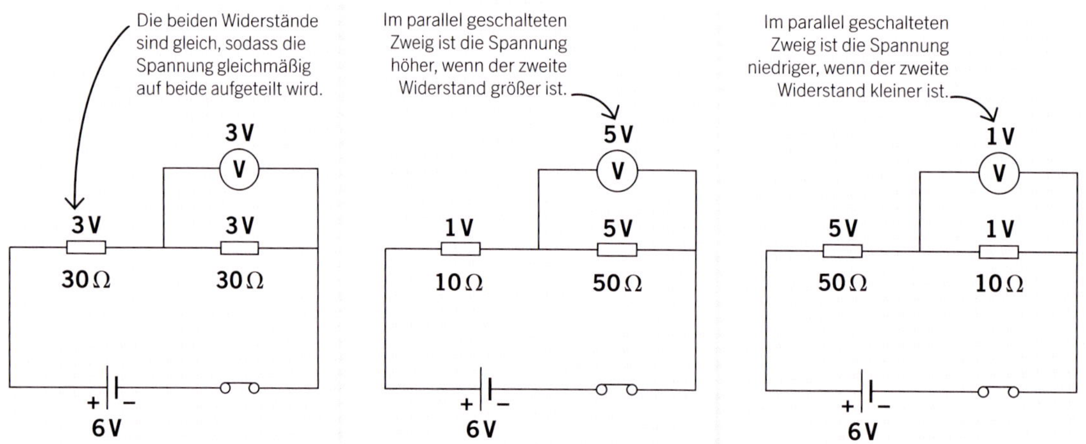

Steuerkreise
Wird in einem Spannungsteiler ein Fotowiderstand oder ein Thermistor als einer der Widerstände verwendet, verändert sich die Spannung im parallelen Zweig in Abhängigkeit von der Lichtintensität oder der Temperatur. Die veränderliche Spannung kann dann dazu dienen, einen Steuerkreis zu aktivieren, der den Strom einschaltet, wenn die Spannung über ein vorher gewähltes Niveau steigt (oder darunter fällt). Der Steuerkreis zieht keinen Strom vom Sensorkreis – er hat eine eigene Spannungsversorgung und liefert den viel größeren Strom, der zum Betreiben eines Geräts wie einer Straßenlaterne, einer Heizung oder eines Ventilators nötig ist.

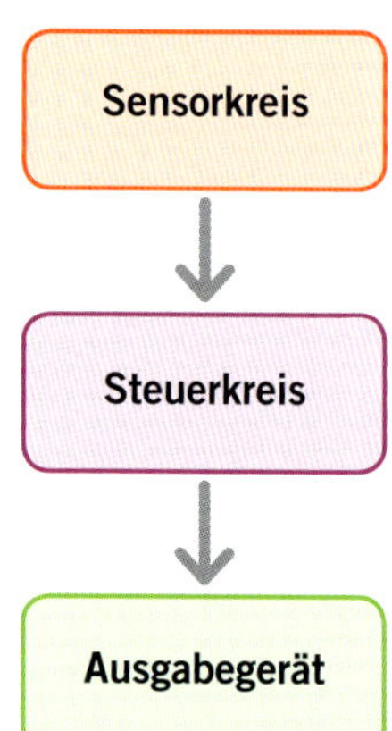

Lichtsteuerung

In der unten gezeigten Schaltung werden ein Fotowiderstand und ein Spannungsteiler verwendet, um ein Signal an einen Steuerkreis zu senden, der bei Einbruch der Dunkelheit ein Licht anschaltet.

Fotowiderstand

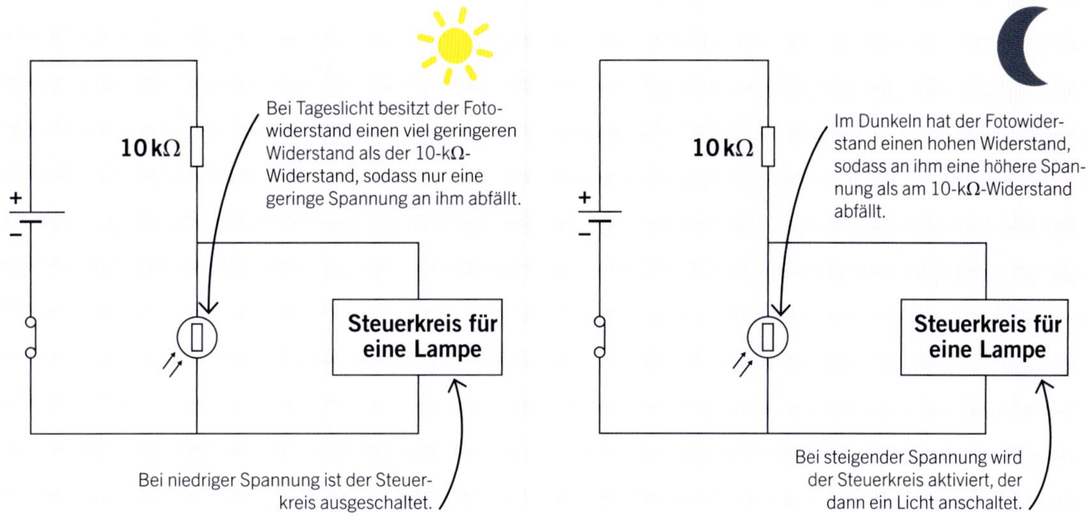

Temperatursteuerung

Diese Schaltung sendet mithilfe eines Thermistors und eines Spannungsteilers ein Spannungssignal an einen Steuerkreis, der einen Ventilator steuert. Ein ähnlicher Stromkreis könnte auch eine Klimaanlage oder einen Kühlschranks steuern.

Thermistor

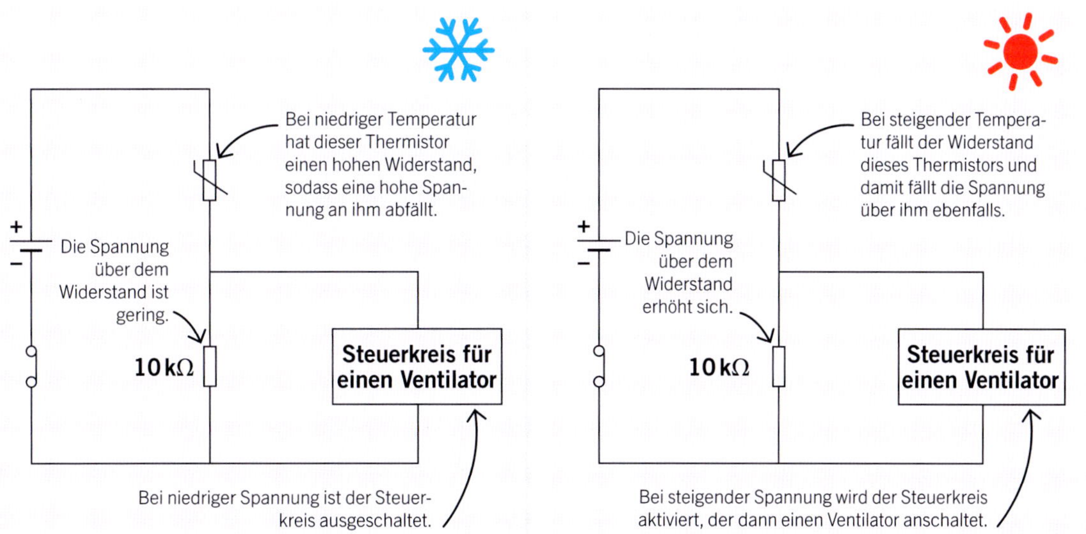

Elektrizität verwenden

Gleich- und Wechselstrom

Je nach Art der Stromerzeugung kann elektrischer Strom in zwei Ausprägungen vorkommen, als Gleichstrom und als Wechselstrom. Kleine tragbare Geräte verwenden üblicherweise Gleichstrom, doch die Stromversorgung in unseren Haushalten ist Wechselstrom.

Auf einen Blick

- ✓ Gleichstrom ist elektrischer Strom, der nur in eine Richtung fließt.
- ✓ Wechselstrom ist elektrischer Strom, der viele Male pro Sekunde die Richtung wechselt.
- ✓ Die Spannung eines Wechselstroms ändert sich ständig.

Gleichstrom

Batterien erzeugen Gleichstrom. Das ist ein kontinuierlicher elektrischer Strom, der nur in eine Richtung fließt. Der Gleichstrom einer Batterie hat eine konstante Spannung, doch Geräte, die Wechselstrom zu Gleichstrom umwandeln, erzeugen eine schwankende, aber immer positive Spannung und stellen so sicher, dass der Strom immer nur in eine Richtung fließt.

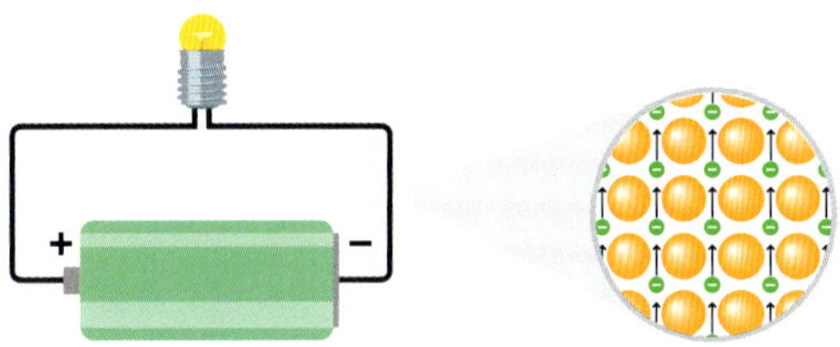

Wechselstrom

Kraftwerke versorgen unsere Haushalte mit Wechselstrom. Die Wechselstromspannung ändert sich pro Sekunde 50- oder 60-mal periodisch von positiv zu negativ und wieder zurück, sodass der Strom 100- oder 120-mal pro Sekunde die Richtung wechselt. Die meisten Haushaltsgeräte werden mit Wechselstrom betrieben, doch elektronische Geräte wie Computer haben Netzteile, die Wechsel- zu Gleichstrom umwandeln.

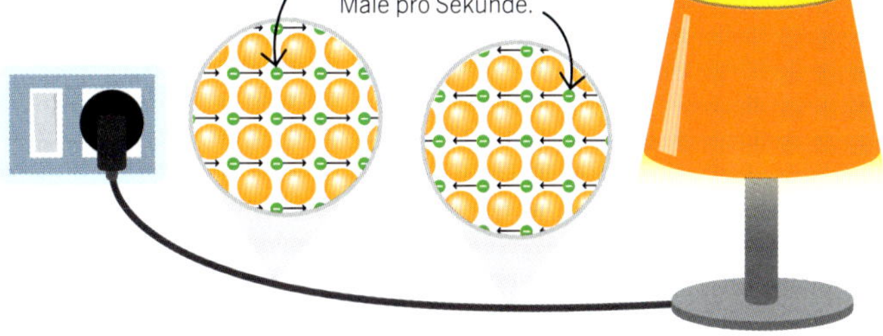

Spannung-Zeit-Diagramme

Die Spannung einer Wechselstromquelle ändert sich wie im Diagramm dargestellt. Je nachdem, in welchem Land du lebst, beträgt die Netzspannung zwischen 100V und 240V. Dieser Wert, der durch die gestrichelte Linie repräsentiert wird, ist eine Art Mittelwert, das quadratische Mittel.

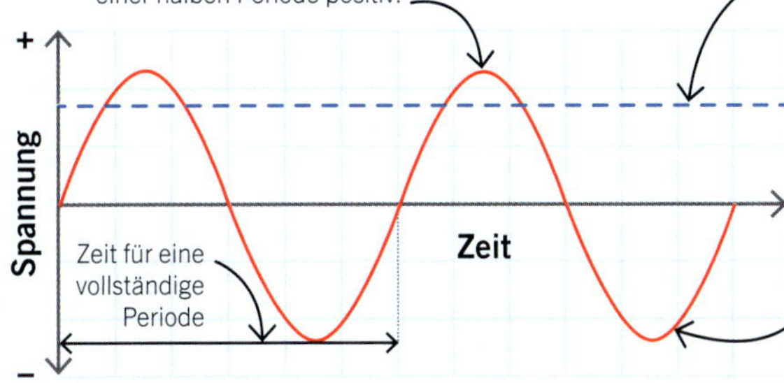

Verdrahtung

Elektrische Geräte sind durch Kabel und Stecker mit dem Stromnetz verbunden. In den Kabeln befinden sich zwei oder drei verschiedene Drähte, die alle eine unterschiedliche Funktion besitzen. Sie sind mit zwei oder drei Metallstiften in einem Stecker verbunden, die den Kontakt mit dem Stromnetz herstellen, wenn der Stecker in eine Steckdose eingesteckt ist.

Auf einen Blick

- In den Kabeln, die Geräte mit Steckern verbinden, sind zwei oder drei getrennte Drähte.
- Der Phasenleiter trägt die gesamte Netzspannung (zwischen 100 V und 240 V, je nach Land).
- Der Nullleiter hat üblicherweiseweise die Spannung 0 V.
- Der Erd- oder Schutzleiter dient der Sicherheit und hat üblicherweise die Spannung 0 V.

Das Innere eines Steckers

In allen Steckern befinden sich mindestens zwei Drähte. Der Phasenleiter und der Nullleiter bilden beim Einschalten den Stromkreis. Der Erd- oder Schutzleiter dient der Sicherheit – über ihn kann der Strom bei einem Kurzschluss abfließen. Einige Geräte brauchen keinen Erdleiter und haben in vielen Ländern Stecker mit nur zwei Stiften. So haben schutzisolierte Geräte eine Schicht isolierenden Kunststoffs zwischen dem Gehäuse und der Schaltung im Inneren, sodass sie selbst im Falle eines Kurzschlusses bei Berührung sicher sind.

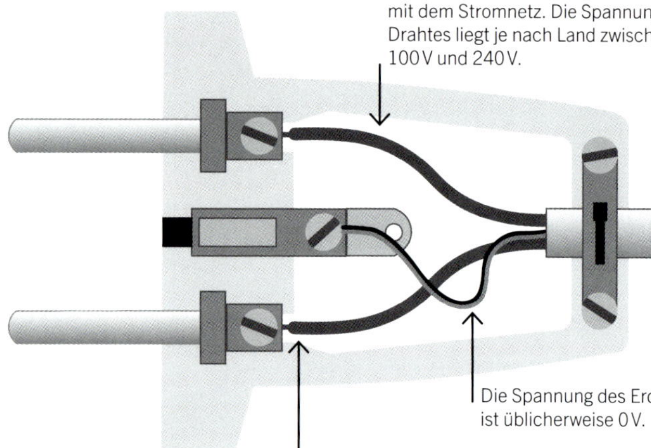

Farbkennzeichnung

Es ist ganz wichtig, dass jeder Draht in einem Kabel mit dem richtigen Stift und damit mit dem richtigen Teil der Verdrahtung in der Steckdose verbunden ist. Deshalb hat jeder Draht in einem Kabel eine Isolierung mit einer bestimmten Farbe. Die Farben sind in verschiedenen Teilen der Erde unterschiedlich, doch die Funktion der drei Drähte ist überall gleich. Systeme zur Farbkennzeichnung können sich ändern. Darum informiere dich über die Regelungen in deinem Land oder frage einen ausgebildeten Elektriker, bevor du einen Stecker verdrahtest.

USA und Kanada

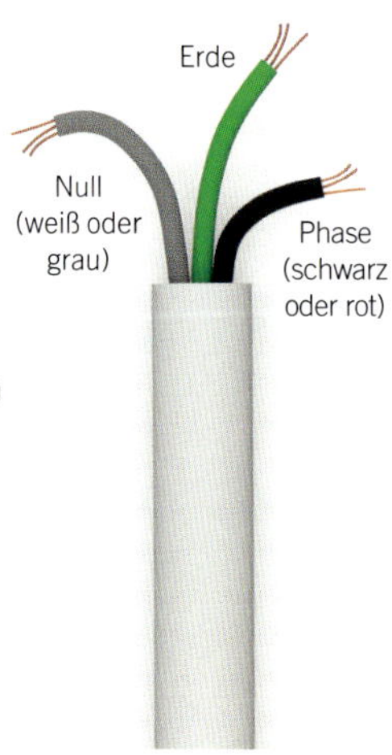

Europa, Australien und Neuseeland

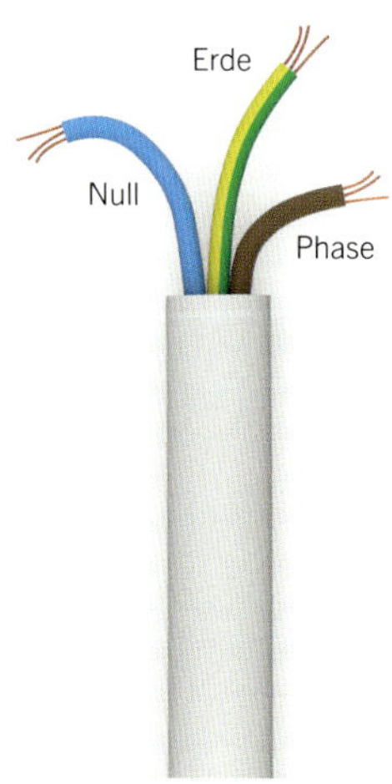

Indien und China

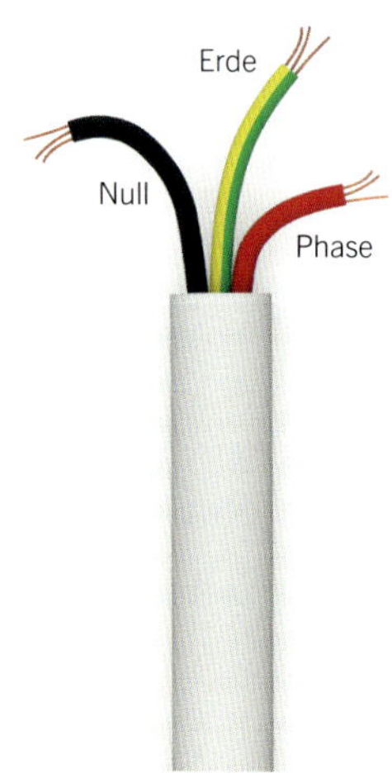

Schmelzsicherungen und Schutzschalter

Schmelzsicherungen und Schutzschalter sind Sicherheitseinrichtungen, die den Stromfluss automatisch abschalten, wenn ein elektrischer Fehler einen gefährlichen Stromanstieg verursacht.

Auf einen Blick

- ✓ **Schmelzsicherungen und Schutzschalter schützen elektrische Kabel vor Überhitzung.**
- ✓ **Schmelzsicherungen müssen den richtigen Bemessungsstrom für die verwendeten Geräte besitzen.**

Schmelzsicherungen

Tritt bei einem Gerät ein Fehler auf, z. B. ein beschädigter Draht, kann Strom durch das Metallgehäuse fließen und die Stromstärke gefährlich steigen. Das kann Brände auslösen oder jemandem einen Stromschlag versetzen. Schmelzsicherungen enthalten dünne Drähte, die bei starkem Strom schmelzen und so den Stromkreis unterbrechen. Man sollte eine Sicherung wählen, deren Bemessungsstrom nur wenig über der für das Gerät üblichen Stromstärke liegt. Ist er zu niedrig, brennt sie schon bei normalem Gebrauch durch. Ist er zu hoch, könnte zu viel Strom fließen und zur Überhitzung führen.

Diese Autosicherung ist durchgebrannt – der Draht im Inneren ist geschmolzen.

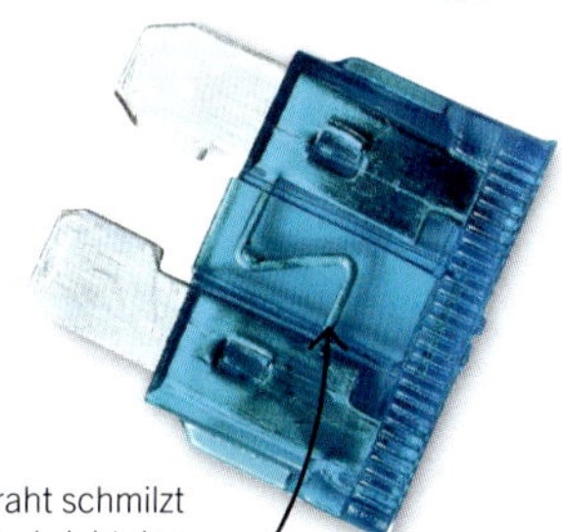

Dieser Draht schmilzt und unterbricht den Stromkreis, wenn die Stromstärke zu hoch wird.

Schutzschalter

Ein Leitungsschutzschalter trennt automatisch die Netzversorgung ab, wenn die Stromstärke im Stromkreis zu hoch wird. In vielen Schutzschaltern befindet sich eine Spule aus dem Phasenleiter, sodass ein Elektromagnet entsteht. Steigt die Stromstärke stark an, trennt der Elektromagnet zwei Kontakte. Dabei legt er einen Sicherheitsschalter um und unterbricht den Stromkreis.

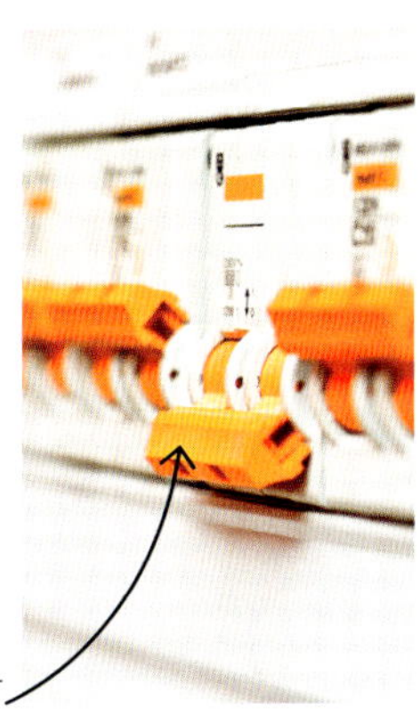

Der Sicherheitsschalter kann nach Beheben des Fehlers zurückgesetzt werden.

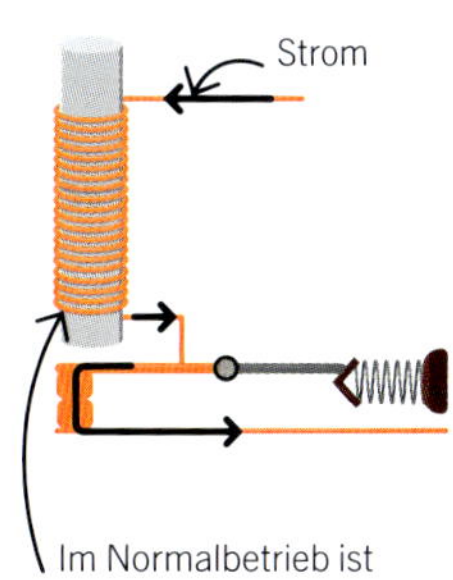

Im Normalbetrieb ist der Elektromagnet nicht stark genug, um die Kontakte zu unterbrechen.

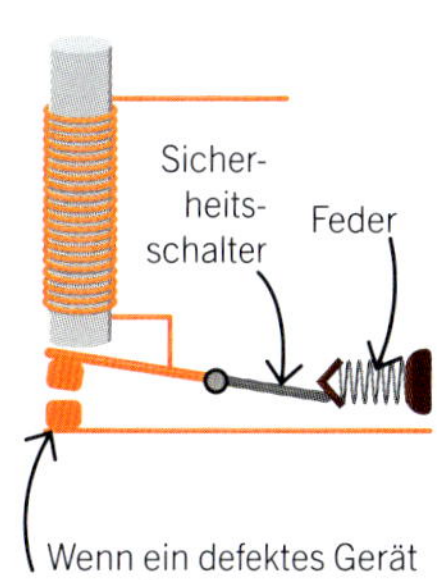

Wenn ein defektes Gerät einen Stromanstieg verursacht, trennt der Elektromagnet die Kontakte und unterbricht so den Stromkreis.

Stromschläge vermeiden

Manchmal führt ein Defekt in einem Elektrogerät dazu, dass das Gehäuse unter Spannung steht, d. h. man bekommt beim Berühren einen Stromschlag. Ein Elektroschock tut weh und kann zu Verbrennungen oder sogar zum Tode führen. Erdleiter und Sicherungen (s. S. 181) können dies verhindern.

Auf einen Blick

- ✓ **Der Erdleiter schützt vor Stromschlägen, da er im Falle eines Defekts einen Strompfad herstellt, durch den der Strom sicher abfließen kann.**
- ✓ **Geräte mit Kunststoffgehäusen müssen nicht geerdet werden, da Kunststoff ein Isolator ist.**

Erdleiter
Wenn ein Defekt in einem Gerät mit Metallgehäuse auftritt, kann dort Strom durchfließen. Kommt man mit dem Objekt in Berührung, stellt der menschliche Körper einen Strompfad zum Boden her, sodass ein Stromkreis entsteht und man einen Stromschlag erhält. Um dies zu verhindern, besitzen Geräte mit hoher Leistung, z. B. Waschmaschinen, Erdleiter und Stecker mit drei Kontakten – der Erdleiter dient als niederohmiger Strompfad zum Boden. Geräte mit Kunststoffgehäusen benötigen keine Erdleiter, da Kunststoff ein Isolator ist.

Defekt und nicht geerdet

Defekt, aber geerdet

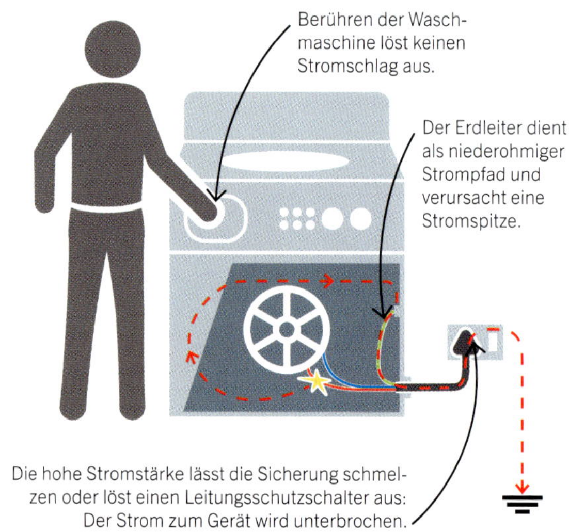

Blitzableiter

Hohe Gebäude besitzen Blitzableiter, die mit dem Erdboden verbunden sind, damit bei einem Blitzeinschlag ein Strompfad mit niedrigem Widerstand vorhanden ist. So kann die elektrische Energie, wie beim Erdleiter in einem Elektrogerät, sicher abfließen, ohne Schäden am Gebäude oder den Menschen darin hervorzurufen.

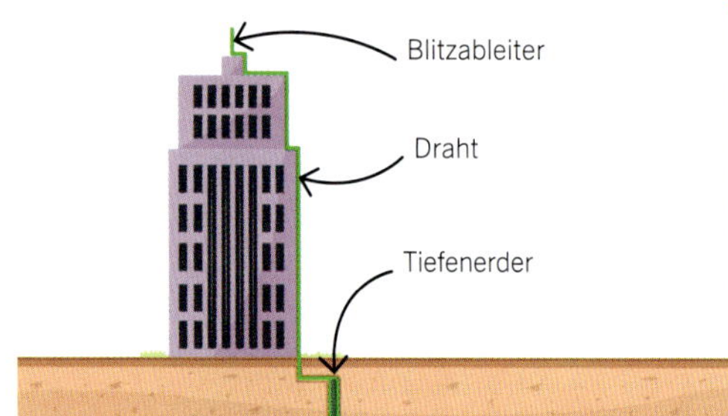

Elektrogeräte

Elektrische Geräte wandeln die ihnen zugeführte Energie in Schall, Licht, Bewegung oder Wärme um. Die Nennbelastbarkeitsangabe auf Elektrogeräten informiert darüber, wie viel Energie sie pro Sekunde verbrauchen, und damit auch, wie viel sie im Betrieb kosten.

Nennbelastbarkeit

Bei Elektrogeräten ist üblicherweise ein Typenschild am Boden oder auf der Rückseite angebracht, das die Nennbelastbarkeit in Watt angibt. Die benötigte Leistung hängt davon ab, ob das Gerät hauptsächlich Licht, Schall, Bewegung oder Wärme erzeugt. Alle Geräte (außer Elektroheizungen) haben einen gewissen Energieverlust durch Wärme.

Digitalradio
Geräte, die Energie vor allem in Licht oder Schall umwandeln, z. B. Radios, Fernseher und Lampen, verbrauchen wenig Energie und haben daher eine niedrige Nennbelastbarkeit. Sie ist für dieses Digitalradio nur 5 W.

RIO RADIO 99
AC: 230–240 V~50 Hz
Leistung: 5 W
Made in Germany

Eine Nennbelastbarkeit von 5 W entspricht einer Energieabgabe des Radios von 5 J pro Sekunde.

Mixer
Geräte, die Energie vor allem in Bewegung umsetzen, z. B. Standmixer, Bohrer und Ventilatoren, haben eine höhere Nennbelastbarkeit.

MAXI MIXER Z50
AC: 220–240 V~50 Hz
Leistung: 500 W
Made in Austria

Der Mixer verbraucht Hundert Mal mehr Energie pro Sekunde als das Radio.

Kaffeemaschinen
Geräte, die Energie vor allem durch Erhitzen übertragen, z. B. Kaffeemaschinen, Herde und Elektroheizungen, verbrauchen am meisten Energie und haben hohe Nennbelastbarkeiten.

BARISTA ESPRESSO 66
AC: 220–240 V~50 Hz
Leistung: 1200 W
Made in Switzerland

Je höher die Nennbelastbarkeit, umso schneller erhitzt die Kaffeemaschine das Wasser.

Auf einen Blick

- ✓ Die Leistungsabgabe von Elektrogeräten besteht hauptsächlich aus Licht, Schall, Bewegung oder Wärme.
- ✓ Alle Geräte (außer Elektroheizungen) haben einen gewissen Energieverlust durch Wärme.
- ✓ Die Nennbelastbarkeit (in Watt) eines Geräts gibt an, wie viel Energie pro Sekunde abgegeben wird.

Schmelzsicherungen

Ein defektes Gerät kann zu viel Strom aus dem Stromnetz ziehen, wodurch sich die Drähte überhitzen. Zum Schutz ist bei leistungsstarken Geräten manchmal eine Schmelzsicherung im Stecker eingebaut. Sie enthält einen feinen Draht, der bei einer Leistungsspitze schmilzt, den Stromkreis unterbricht und das Gerät abschaltet. Man kann den richtigen Sicherungstyp für ein Gerät aus der Nennbelastbarkeit und der Gleichung Leistung = Stromstärke · Spannung ($P = I \cdot U$) bestimmen.

Frage
Ein Föhn steckt in einer 230-V-Steckdose und hat eine Nennbelastbarkeit von 1800 W. Welche Schmelzsicherung sollte eingebaut werden: 5 A, 10 A oder 15 A?

Antwort
Stelle die Formel nach der Stromstärke (I) um.

$$I = \frac{P}{U}$$

$$= \frac{1800\,\text{W}}{230\,\text{V}}$$

$$= 7{,}8\,\text{A}$$

Die 5-A-Sicherung ist zu klein und die 15-A-Sicherung zu groß. Der richtige Bemessungsstrom ist 10 A.

Energieverbrauch im Haushalt

Die wissenschaftliche Einheit für Energie ist Joule, doch 1 Joule ist eine sehr kleine Energiemenge – um 1 Liter Wasser zum Sieden zu bringen, braucht man mindestens 340 000 J. Deshalb messen Energieunternehmen Energie in Kilowattstunden (kWh) statt in Joule.

Kilowattstunden

Während Kilowatt eine Einheit für Leistung ist, ist die Kilowattstunde eine Einheit für Energie. 1 kWh ist der Energieverbrauch eines Geräts mit einer Leistung von 1 kW pro Stunde. Die meisten Haushaltsgeräte haben jedoch eine viel niedrigere Leistung. Doch da manche Geräte, z. B. Kühlschränke, dauernd laufen, verbrauchen sie viel Energie. Der Energieverbrauch von Haushalten ist sehr unterschiedlich und hängt ab von der Wohnfläche, der Zahl der Bewohner und dem lokalen Klima, das sich auf die Nutzung von Heizungen und Klimaanlagen auswirkt.

Energieverbrauch eines Haushalts in einem Jahr

Auf einen Blick

- ✓ **Die Energieeinheit auf Stromrechnungen ist die Kilowattstunde (kWh).**
- ✓ **1 kWh = 3 600 000 J = 3,6 MJ**

Energieverbrauch berechnen

Man kann den Energieverbrauch eines Gerätes ausrechnen, indem man seine Nennleistung mit den Betriebsstunden multipliziert.

Übertragene Energie (kWh) = Leistung (kW) · Zeit (h)

Frage

Eine Dusche mit elektrischer Wassererhitzung und einer Nennleistung von 7,2 kW wird jeden Tag 15 min benutzt. Wie viel Energie verbraucht die Dusche pro Woche?

Antwort

Gesamtbetriebsstunden pro Woche = 0,25 h/Tag · 7 Tage
= 1,75 h

Übertragene Energie = 7,2 kW · 1,75 h
= 12,6 kWh

Energieverschwendung

Beim Gebrauch jedes Elektrogeräts tritt ein gewisser Energieverlust auf. Manchmal geht die Energie durch Schall oder Licht verloren, doch meistens als Wärmeabgabe an die Umgebung.

Auf einen Blick

- ✓ Bei jedem Elektrogerät geht Energie verloren.
- ✓ Energieverluste sind Energieübertragungen, die keinen Nutzen haben.
- ✓ Die meisten Energieverluste entstehen durch unerwünschte Erwärmung.

Wärme und Elektrizität

Bewegen sich Elektronen durch einen Draht oder ein elektrisches Bauteil, stoßen sie mit Metallatomen zusammen und übertragen etwas Energie auf diese. Dadurch erwärmen sich das Metall und die Umgebung. Bei manchen Geräten ist die Energieabgabe als Wärme gewollt, doch meist ist es nur Energieverschwendung. Die durch Erwärmung abgegebene Energiemenge kann durch die Verwendung kurzer Drähte und gut leitender Materialien, z. B. Gold, Silber und Kupfer, verringert werden.

Verschwendung durch Aufheizung

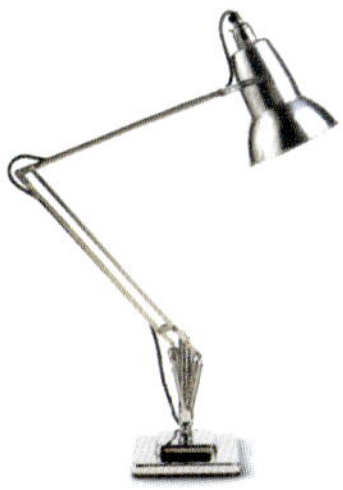

Glühbirnen geben Energie als Wärme und Licht ab, doch nur Licht ist eine nutzbringende Energieübertragung.

Leistungsfähige Computer haben Ventilatoren, die die unerwünschte Wärme ihrer Prozessoren abführen.

Mixer haben Elektromotoren, die einen Teil der Energie als Wärme und Schall vergeuden.

Nützliche Wärme

Wasserkocher übertragen die meiste Energie an das Wasser und erhöhen dessen thermische Energie, doch etwas Wärme geht an die Umgebung verloren.

Toaster rösten Brot mit Hitze, doch dabei geht viel Energie verloren.

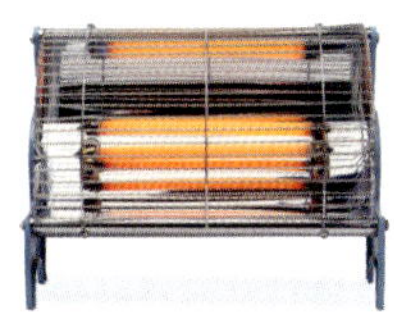

Elektroheizungen sind sehr effizient: Sie geben fast die gesamte zugeführte Energie als Wärme ab.

Überhitzung

Die von Elektrogeräten oder Drähten erzeugte Wärme kann eine Gefahr darstellen – sie kann die Kunststoffisolierung der Drähte schmelzen oder einen Brand verursachen. Stecke niemals mehrere leistungsstarke Geräte mit einer Steckerleiste in eine einzige Wandsteckdose. Das könnte die Steckdose überlasten, sodass sie zu viel Strom zieht und sich überhitzt. Man kann Überhitzung vermeiden, indem man gute elektrische Leiter und kurze Drähte benutzt und mehrere Geräte in getrennte Wandsteckdosen steckt. Verlängerungskabel sollten vor Gebrauch entrollt werden.

Bewegliche Steckdosenleisten sind in der Regel für eine maximale Leistung von 3.500 Watt ausgelegt.

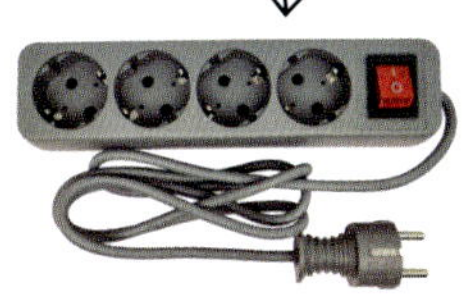

Energieübertragung

Da Kraftwerke weit von den Orten entfernt sein können, an denen der Strom gebraucht wird, muss er mit Kabeln über lange Strecken übertragen werden. Alle Kabel besitzen einen Widerstand, d. h. sie erwärmen sich und es geht Energie verloren. Der Verlust wird dadurch verringert, dass mithilfe von Transformatoren Spannung und Stromstärke in den Kabeln verändert werden.

Auf einen Blick

- Bei der Stromübertragung durch Kabel geht Energie verloren.
- Der Energieverlust wird durch Erhöhen der Spannung und Mindern der Stromstärke verringert.
- Aufwärts- und Abwärtstransformatoren verändern die Spannung und die Stromstärke für die Langstreckenübertragung von Elektrizität.

Verlust verringern

Die Höhe des Leistungsverlusts aufgrund der Erwärmung der Kabel kann mit der Leistungsgleichung auf S. 171 berechnet werden: Leistungsverlust = Stromstärke² · Widerstand ($P = I^2 \cdot R$). Da der Leistungsverlust proportional zum Quadrat der Stromstärke ist, kann man ihn am wirksamsten durch die Reduzierung der Stromstärke verringern. Genau das tun Transformatoren in den Umspannwerken. Dieselbe Leistung kann entweder mit hoher Stromstärke und niedriger Spannung oder mit niedriger Stromstärke und hoher Spannung übertragen werden. Deshalb erhöhen Transformatoren die Spannung für die Langstreckenübertragung und verringern sie dann für die Nutzung in Haushalten wieder.

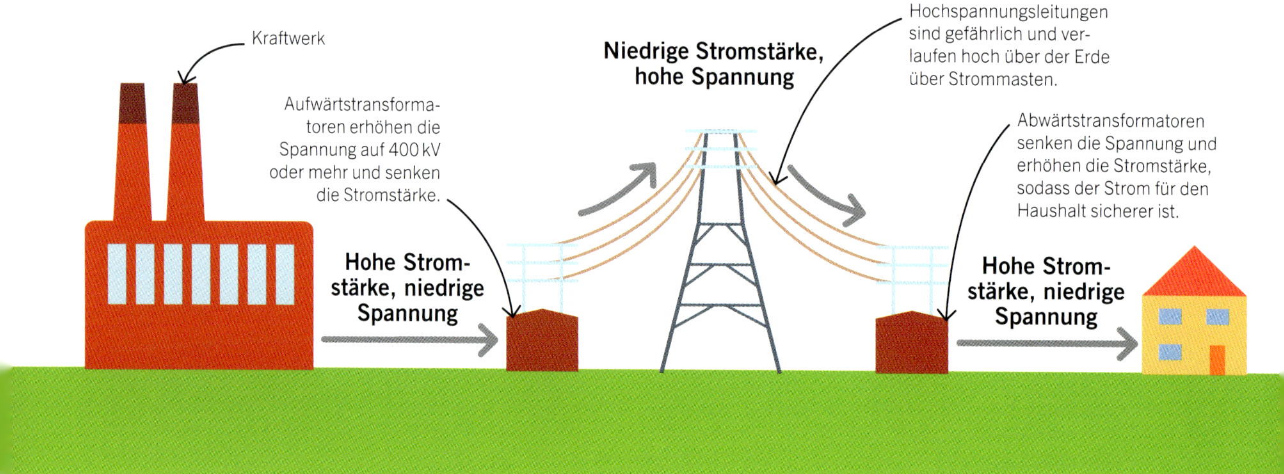

Leistungsverlust berechnen

Frage

Wenn ein Fernleitungskabel einen Widerstand von 20 Ω aufweist, wie viel Leistung geht bei einer Stromstärke von 10 A als Wärme verloren? Wenn die Stromstärke von einem Transformator auf 1 A verringert wird, wie hoch ist der Leistungsverlust dann?

Antwort

Berechne beide Lösungen mit der Gleichung $P = I^2 \cdot R$.

Bei 10 A:
$P = (10\,A)^2 \cdot 20\,\Omega$
$= 2000\,W$

Bei 1 A:
$P = (1\,A)^2 \cdot 20\,\Omega$
$= 20\,W$ ← Obwohl das Kabel denselben Widerstand hat, ist der Verlust 100 Mal kleiner.

Statische Elektrizität

Anziehen und abstoßen

Hast du schon einmal bemerkt, dass dein Pullover knistert, wenn du ihn über den Kopf ziehst, oder dass deine Haare nach dem Bürsten abstehen? Die Ursache ist statische Elektrizität. Statische Aufladungen können bewirken, dass sich Körper ohne direkten Kontakt anziehen oder abstoßen.

Auf einen Blick

- ✓ **Manche Körper laden sich statisch auf, wenn man sie reibt.**
- ✓ **Körper können positiv oder negativ geladen sein.**
- ✓ **Geladene Körper üben gegenseitig Kräfte aufeinander aus: Gleichnamige Ladungen stoßen sich ab und ungleichnamige ziehen sich an.**

Statische Haftung

Statische Elektrizität baut sich besonders leicht bei isolierenden Stoffen wie Kunststoff oder Gummi auf. Bei trockenem Wetter, d. h. geringer Luftfeuchtigkeit, kann man die Effekte am besten sehen.

Kunststoff kann sich bei Reibung statisch aufladen, z. B. ein Kamm, wenn er durch das Haar gezogen wird.

Klarsichtfolie lädt sich beim Abrollen auf. Durch die statische Aufladung haftet die Folie leicht an Nahrungsmitteln oder an sich selbst.

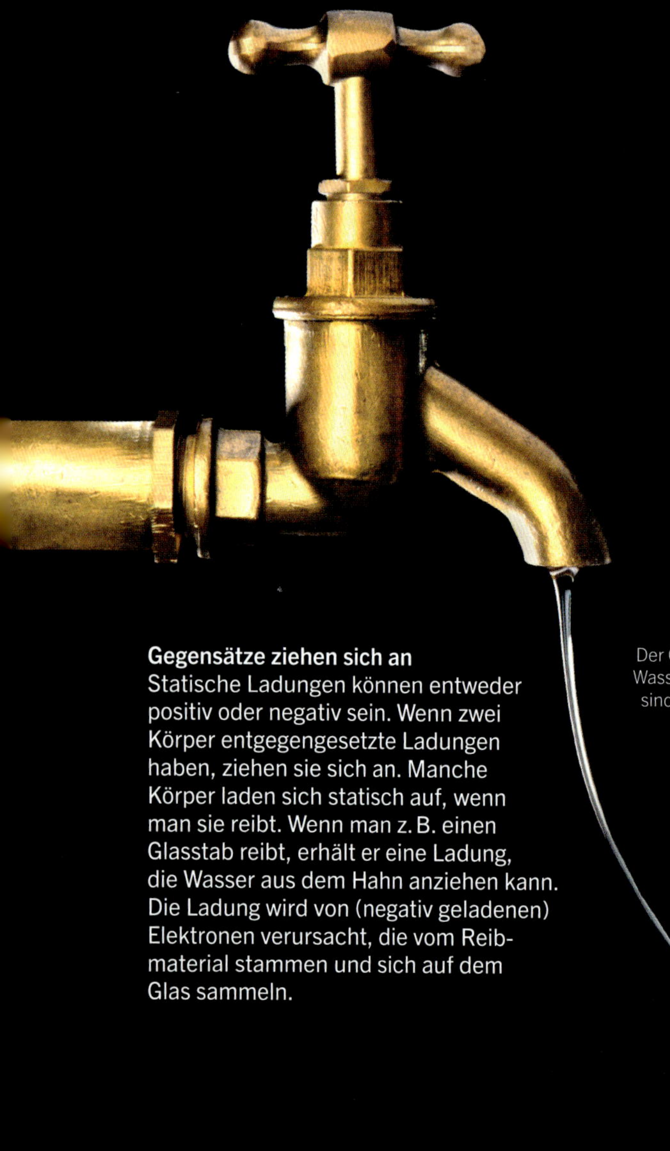

Gegensätze ziehen sich an
Statische Ladungen können entweder positiv oder negativ sein. Wenn zwei Körper entgegengesetzte Ladungen haben, ziehen sie sich an. Manche Körper laden sich statisch auf, wenn man sie reibt. Wenn man z. B. einen Glasstab reibt, erhält er eine Ladung, die Wasser aus dem Hahn anziehen kann. Die Ladung wird von (negativ geladenen) Elektronen verursacht, die vom Reibmaterial stammen und sich auf dem Glas sammeln.

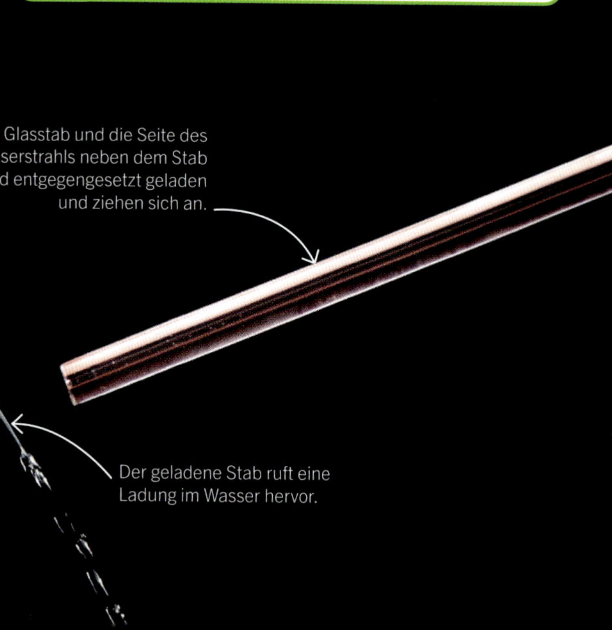

Der Glasstab und die Seite des Wasserstrahls neben dem Stab sind entgegengesetzt geladen und ziehen sich an.

Der geladene Stab ruft eine Ladung im Wasser hervor.

Gleichnamige Ladungen stoßen sich ab
Körper mit gleichnamigen statischen Ladungen stoßen sich ab. Das kann man mit einem Bandgenerator vorführen – einem Gerät, das auf einer Metallhohlkugel eine positive Ladung erzeugt. Wenn man die Kugel berührt, während man gegenüber dem Boden elektrisch isoliert ist, wird man ebenfalls positiv aufgeladen. Als Folge stehen die Haare vom Kopf ab.

Die Haare stehen ab, da sie alle positiv geladen sind und sich dadurch gegenseitig abstoßen.

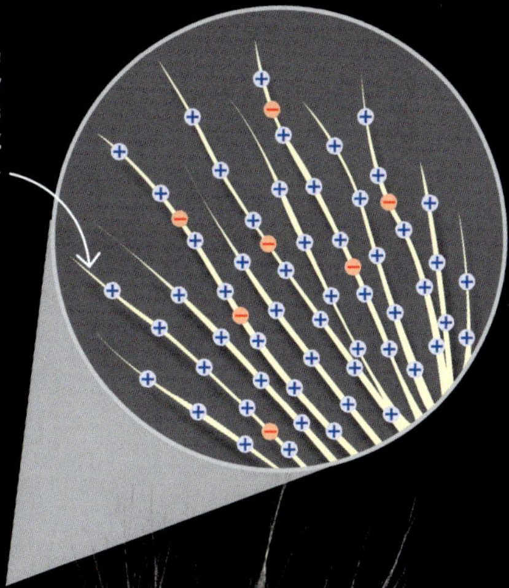

Bandgenerator

Ein Bandgenerator besitzt ein bewegliches Band aus einem isolierenden Material (z.B. Gummi), das beim Umlauf um zwei Nylonrollen statische Ladungen aufnimmt. Die Ladung wird mit einem kleinen Pinsel an eine oben befindliche Aluminiumhohlkugel abgegeben.

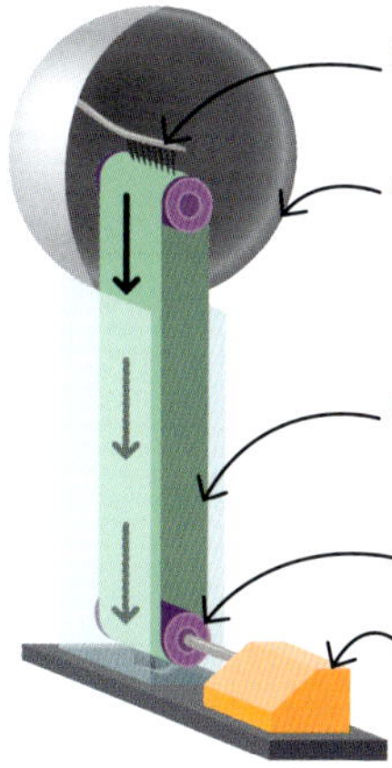

Anziehung durch Influenz

Reibt man einen Ballon an einem Wollpullover, baut sich auf dem Ballon eine Ladung auf. Hält man den Ballon an eine Wand, klebt er daran. Das geschieht, weil ein geladener Körper in Körpern in der Nähe eine entgegengesetzte Ladung hervorrufen kann. Das nennt man Influenz.

Auf einen Blick

- ✓ Durch Reiben können Elektronen zwischen zwei Körpern übertragen werden.
- ✓ Ein Körper lädt sich durch Elektronenaufnahme negativ und durch Elektronenabgabe positiv auf.
- ✓ Ein geladener Körper kann in einem anderen eine Ladung hervorrufen, sodass sich die Körper anziehen.

Haftender Ballon

Die meisten Körper haben gleich viele positive und negative Ladungen, sodass sie insgesamt ungeladen sind. Doch können sich in manchen Körpern bei Reibung Elektronen von den Atomen lösen und auf einen anderen Körper übergehen, sodass beide geladen sind. Bringt man einen geladenen Körper nahe an etwas anderes, kann er eine Ladung darin hervorrufen (Influenz).

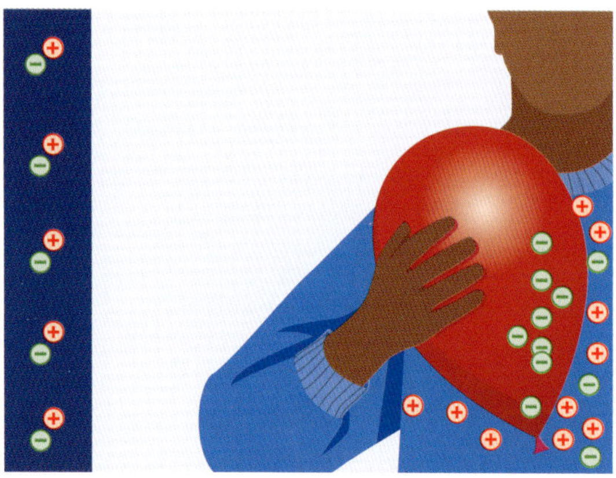

Das Reiben des Ballons an einem Pullover bewirkt eine Aufladung mit Elektronen auf dem Ballon, sodass er negativ geladen ist.

Ist der Ballon nahe an der Wand, stößt die negative Ladung auf dem Ballon die Elektronen in der Wand ab, sodass die Wandoberfläche in der Nähe des Ballons positiv wird. Die beiden entgegengesetzten Ladungen ziehen sich an und der Ballon haftet an der Wand.

Wo die statische Ladung herkommt

Ein Atom hat normalerweise dieselbe Anzahl von (positiv geladenen) Protonen im Kern und (negativ geladenen) Elektronen in der Atomhülle, sodass es insgesamt elektrisch neutral ist. Das Aneinanderreiben kann bei einigen Stoffe Elektronen von einem Körper auf den anderen übertragen, sodass sich der eine negativ auflädt, während der andere insgesamt positiv geladen zurückbleibt.

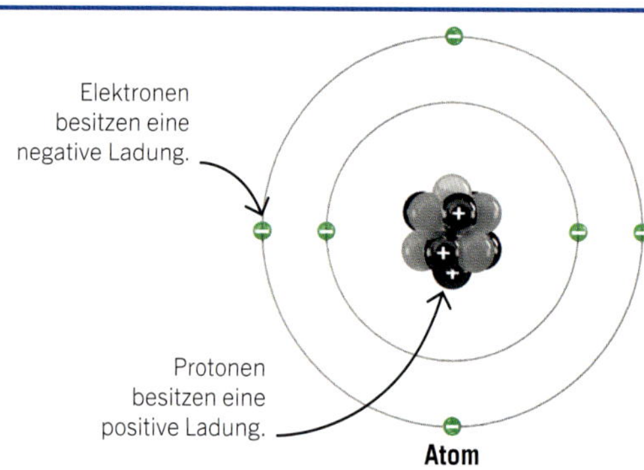

Statische Elektrizität verwenden

Statische Elektrizität ist zwar nicht so nützlich wie elektrischer Strom, doch bei manchen Geräten wird sie ausgenutzt. Fotokopierer, Tintenstrahldrucker und Farbspritzpistolen verwenden statische Aufladungen, um einen Strahl von Chemikalien zu lenken.

Auf einen Blick

- Elektrostatische Farbspritzpistolen laden Farbtröpfchen auf, sodass diese sich gegenseitig abstoßen und gleichmäßig verteilen.
- Fotokopierer und Tintenstrahldrucker lenken Toner oder Tinte mittels elektrostatischer Anziehung zum richtigen Ort auf dem Papier.

Elektrostatische Farbspritzpistolen
In der Autoindustrie verwendet man elektrostatische Spritzpistolen, um Fahrzeuge gleichmäßig zu lackieren. Die Spritzpistole lädt den Nebel aus feinen Lacktröpfchen auf, sodass diese sich gegenseitig abstoßen und gleichmäßig verteilen. Eine entgegengesetzte Ladung auf dem Bauteil zieht den Lack an, sodass die ganze Oberfläche überzogen wird.

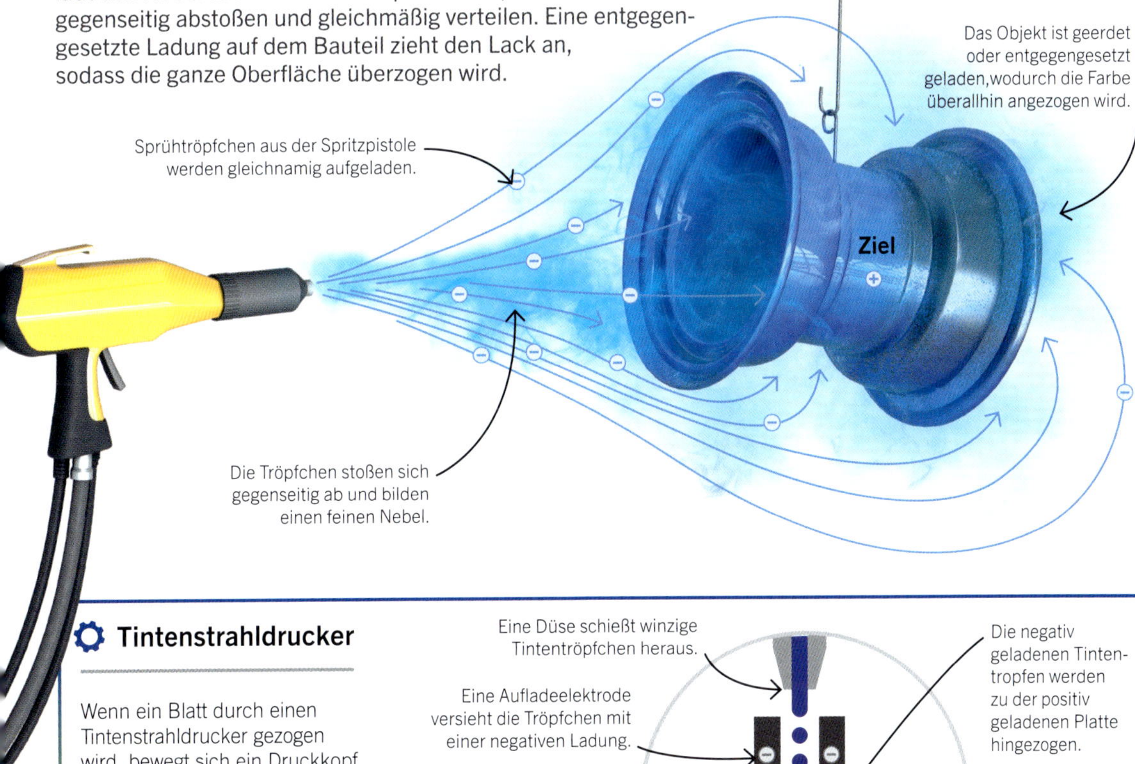

Tintenstrahldrucker

Wenn ein Blatt durch einen Tintenstrahldrucker gezogen wird, bewegt sich ein Druckkopf auf einer Schiene hin und her und spritzt einen Strahl feiner farbiger Tintentröpfchen auf das Papier. Die Tintentröpfchen werden statisch aufgeladen und mithilfe elektrisch geladener Platten zum richtigen Ort auf dem Papier gelenkt.

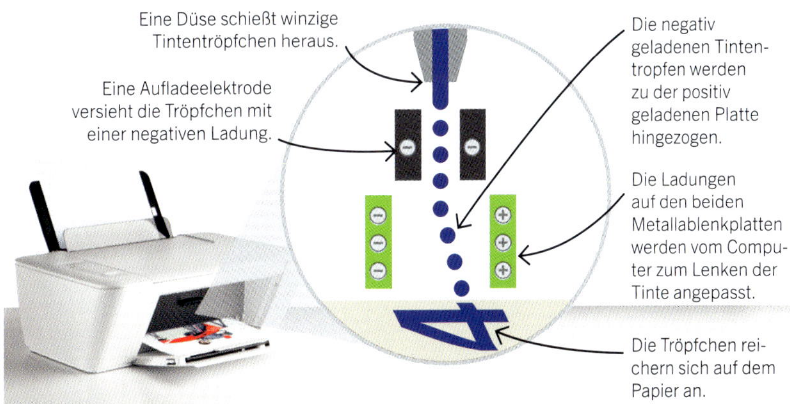

Gefahren statischer Elektrizität

Statische Elektrizität stellt manchmal eine Gefahr dar. Wenn sich eine große statische Ladung aufbaut und dann freigesetzt wird, können Funken entstehen, die Verbrennungen bei Menschen hervorrufen oder einen Brand auslösen können.

Auf einen Blick

- ✓ Blitze und Funken werden durch die plötzliche Entladung statischer Elektrizität verursacht.
- ✓ Funken können Verbrennungen bei Menschen hervorrufen und Brände auslösen.
- ✓ Die Entstehung statischer Aufladungen beim Tanken kann gefährlich sein.

Blitze

Die Ursache für Blitze ist der Aufbau statischer Elektrizität innerhalb einer Gewitterwolke, in der Wassertröpfchen und Eiskristalle aneinander vorbeistürzen. Blitzeinschläge können für Menschen tödlich sein und bei Gebäuden Brände auslösen. Blitze können sich von Wolke zu Wolke oder von Wolke zum Boden entladen. Das nachfolgende Schaubild erklärt die Entstehung eines Blitzes von einer Wolke zum Boden.

Die meisten Gewitter werden durch eine Wolkenart namens Kumulonimbus hervorgerufen, die eine turmartige Form mit breiter werdender Oberseite hat (Ambossform).

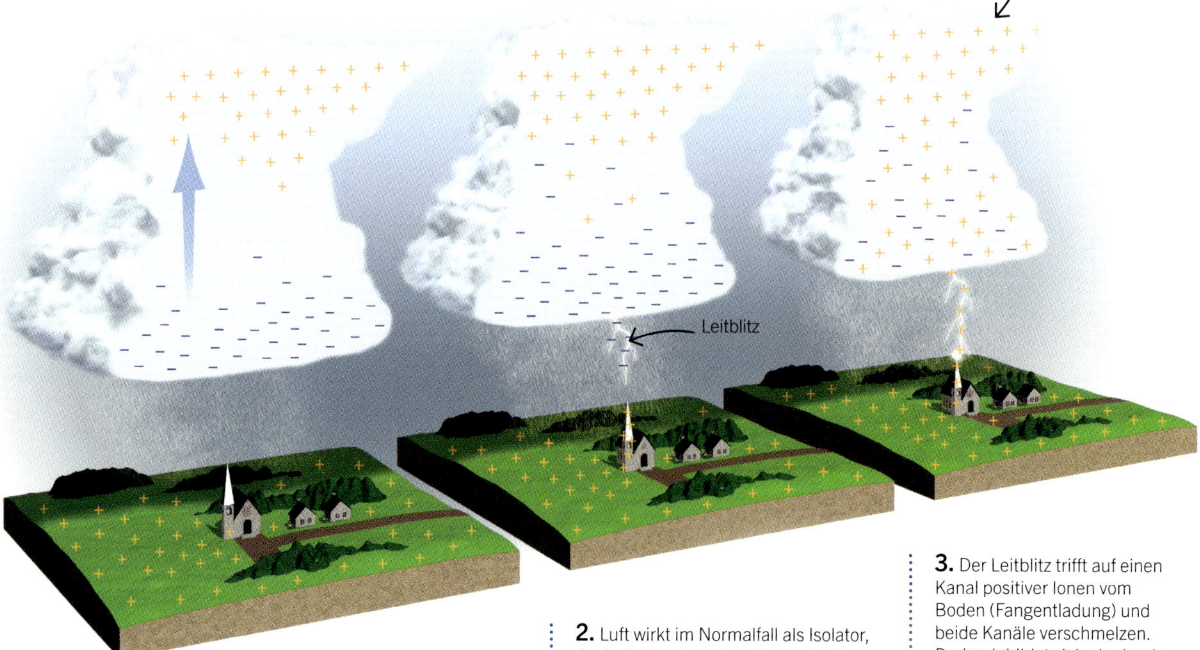

1. Starke Winde innerhalb einer Gewitterwolke lassen Eiskristalle und Wassertröpfchen umherwirbeln, sodass statische Aufladungen entstehen. Im unteren Teil der Wolke baut sich eine negative Ladung auf, die durch Influenz eine positive Ladung im Boden hervorruft.

2. Luft wirkt im Normalfall als Isolator, doch das wachsende elektrische Feld zwischen Wolke und Boden führt zur Ionisierung von Luftmolekülen (Aufspaltung in geladene Teilchen). Ein Kanal ionisierter Luft, den man Leitblitz nennt, erstreckt sich von der Unterseite der Wolke nach unten.

3. Der Leitblitz trifft auf einen Kanal positiver Ionen vom Boden (Fangentladung) und beide Kanäle verschmelzen. Dadurch bildet sich ein durchgehender geladener Pfad, durch den Strom fließen kann: der Blitz.

Energiefreisetzung

Ein Blitz ist ein gigantischer Funken, der einen Durchmesser von nur wenigen Zentimetern hat, aber Kilometer lang ist. Der massive Fluss elektrischer Energie überhitzt die Luft auf ca. 30 000 °C und lässt sie strahlend hell leuchten. Durch die plötzliche Wärmeabgabe dehnt sich die Luft explosionsartig aus, was den Donner verursacht.

Geerdetes Flugzeug

Wenn sich in Treibstoff eine statische Ladung aufbaut, kann dies extrem gefährlich sein – ein einziger Funke könnte eine Explosion auslösen. Bei der Betankung wird ein Flugzeug durch Drähte mit dem Tankwagen verbunden. Die Drähte verhindern, dass sich zwischen den beiden eine Ladung aufgrund von Reibung durch die schnelle Bewegung großer Treibstoffmengen aufbaut.

Elektrische Felder

Alle geladenen Körper sind von einem elektrischen Feld umgeben, in dem andere geladene Körper eine Kraft erfahren. Anziehung, Abstoßung, Funkenschlag und andere elektrostatische Effekte werden durch elektrische Felder hervorgerufen.

Auf einen Blick

- Geladene Körper sind von einem elektrischen Feld umgeben. Dort wirkt auf andere geladene Körper eine Kraft.
- Das elektrische Feld nimmt mit zunehmendem Abstand ab.
- Anziehung, Abstoßung und Funkenschlag werden durch elektrische Felder hervorgerufen.
- Stärke und Richtung elektrischer Felder können in Feldlinienbildern mithilfe von Pfeilen dargestellt werden.

Feldlinienbilder

Da elektrische Felder unsichtbar sind, stellt man sie in Diagrammen mit Linien und Pfeilen dar. Die Pfeile zeigen immer an, welche Wirkung das Feld auf eine darin befindliche positive Ladung ausüben würde. Die nachfolgenden Beispiele zeigen die Felder um Punktladungen. Die Pfeile verdeutlichen, dass eine positive Ladung weitere positive Ladungen abstößt, während eine negative Ladung positive Ladungen anzieht. Die Dichte der Feldlinien gibt die Feldstärke (und damit die Stärke der Kraft) an.

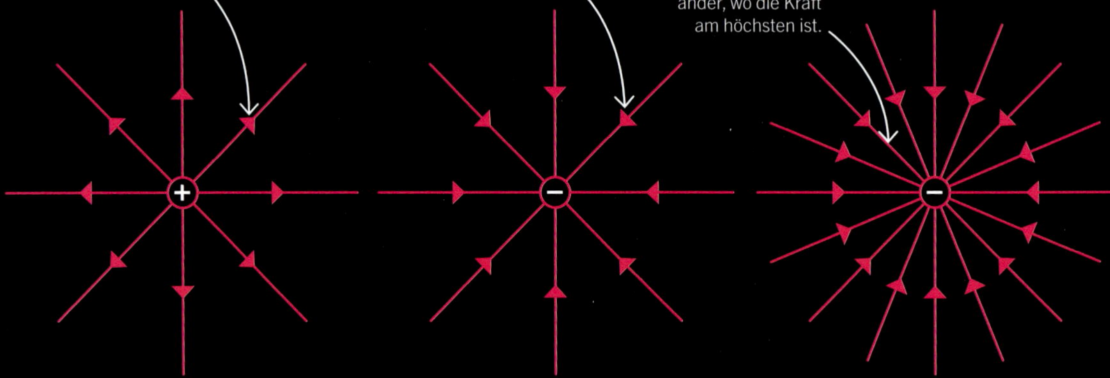

Feld um eine positive Ladung | **Feld um eine negative Ladung** | **Feld um eine stark negative Ladung**

Parallele Platten

Ein Paar entgegengesetzt geladener paralleler Platten erzeugt ein räumlich konstantes elektrisches Feld, d. h. die Stärke ist zwischen den Platten überall gleich (außer an den Rändern). Auf diesem Foto machen die Grießkörner in Rizinusöl die gleichmäßigen elektrischen Feldlinien zwischen den beiden geladenen Platten sichtbar.

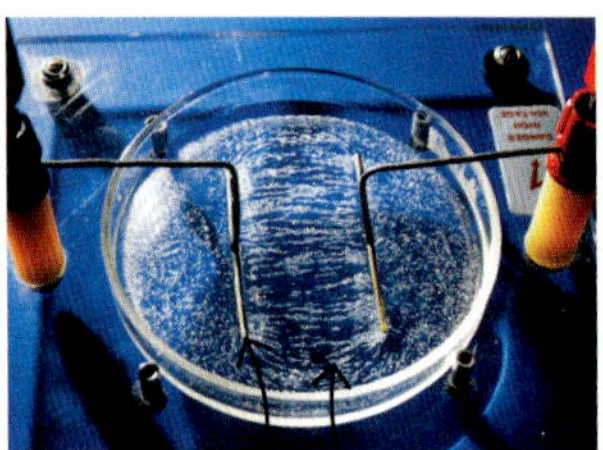

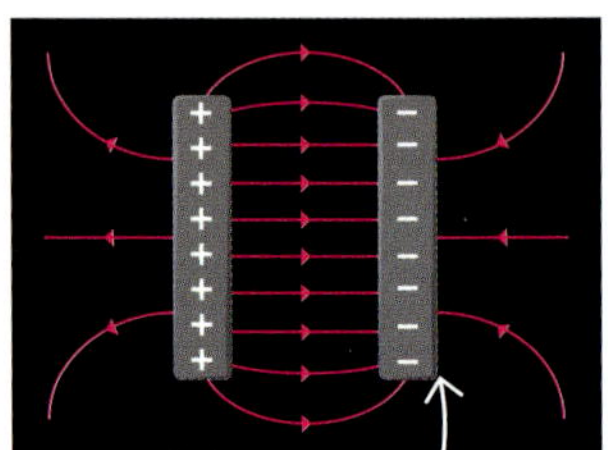

Magnetismus und Elektromagnetismus

Magnete

Magnete ziehen Körper an, die aus magnetischen Materialien wie Eisen, Nickel oder Kobalt bestehen. Magnete gibt es in allen Größen und Formen, doch sie alle haben zwei Enden (oder Seiten), die Nord- und Südpol genannt werden.

Auf einen Blick

- **Ein Magnet besitzt einen Nordpol und einen Südpol.**
- **Entgegengesetzte (ungleichnamige) Pole ziehen sich an. Gleichnamige Pole stoßen sich ab.**
- **Bringt man ein Stück magnetisches Material in die Nähe eines Magneten, wird es zum induzierten Magneten.**

Anziehen und abstoßen

Platziert man zwei Stabmagnete so, dass sich der Nordpol des einen in der Nähe des Südpols des anderen befindet, ziehen sie sich an. Doch wenn man zwei Nordpole oder zwei Südpole nebeneinander legt, stoßen sich die Magnete ab.

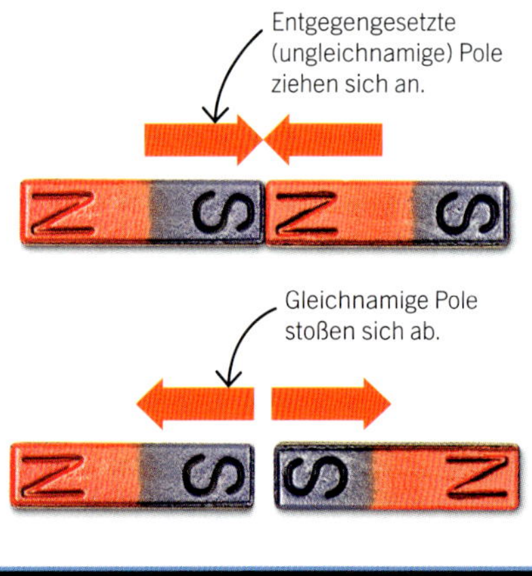

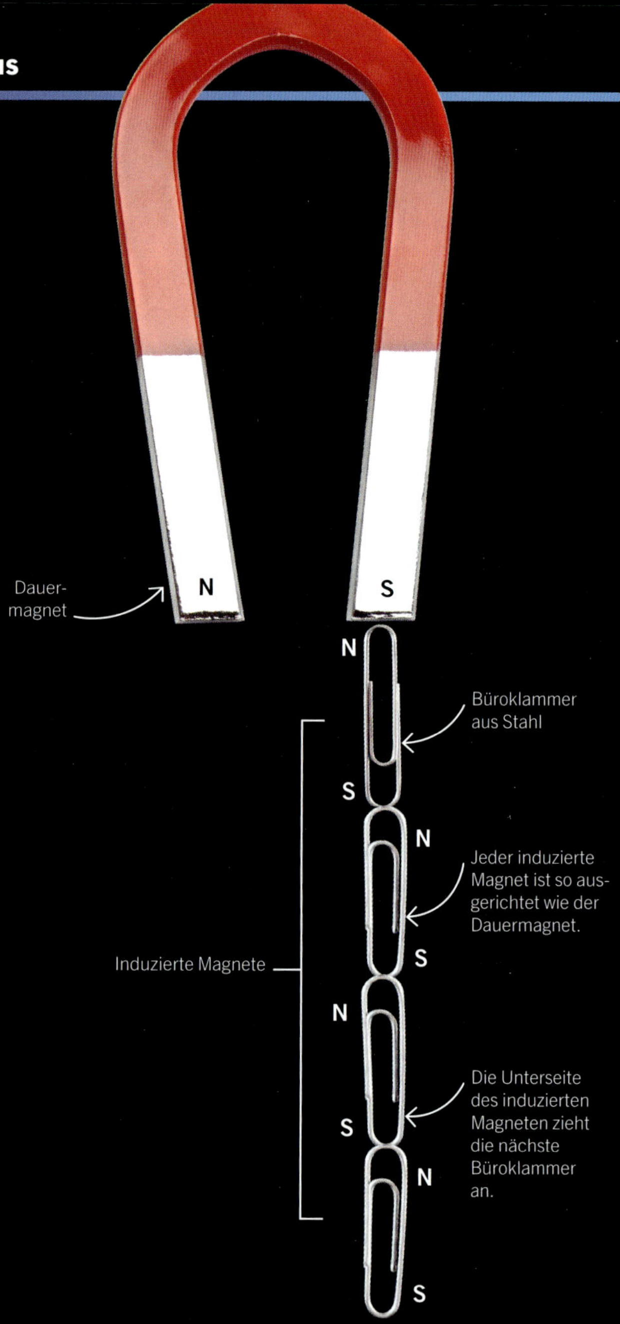

Magnetismus

Büroklammern haften an einem Magneten, da sie aus Stahl, einem magnetischen Material, bestehen. Magnetismus ist eine Kraft mit Fernwirkung, sodass die Büroklammern bereits angezogen werden, bevor sie den Magneten berühren. Hufeisen- und Stabmagnete sind Dauer- oder Permanentmagnete, d.h. sie sind immer magnetisch. Bringt man ein Stück magnetisches Material in die Nähe eines Dauermagneten, wird es selbst zum Magneten. Das nennt man induzierten Magnetismus. Der Körper bleibt nicht magnetisch, wenn der Dauermagnet entfernt wird.

Magnetfelder

Magnetismus ist eine Kraft, die auf bestimmte Körper aus der Ferne ohne direkten Kontakt einwirken kann. Jeder Magnet ist von einem Magnetfeld umgeben – einem Bereich um den Magneten, in dem er Kräfte auf andere Magneten oder magnetische Stoffe ausüben kann. Das Feld um einen Stabmagneten kann man durch Ausstreuen von Eisenfeilspänen sichtbar machen.

Auf einen Blick

- ✓ **Magnete sind von einem Magnetfeld umgeben.**
- ✓ **Die Feldlinien in einem Magnetfeld verlaufen immer vom Nordpol zum Südpol des Magneten.**
- ✓ **Mit einem Kompass kann ein Magnetfeld nachverfolgt werden.**

Feld eines Stabmagneten
Ein Magnet erzeugt ein Magnetfeld – einen Bereich, in dem magnetische Stoffe beeinflusst werden. Das Feld verläuft gekrümmt vom Nordpol zum Südpol des Magneten.

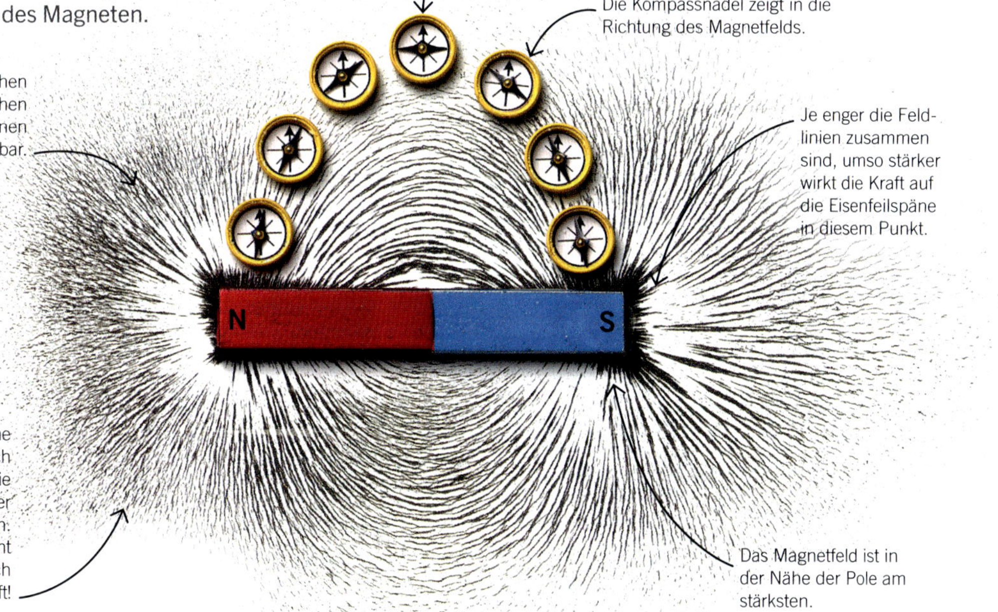

Feldlinien

Ein Magnetfeld kann dargestellt werden, indem man die Feldlinien um die Magnete zeichnet. Die Pfeile zeigen die Richtung an und verlaufen immer vom magnetischen Nordpol zum magnetischen Südpol.

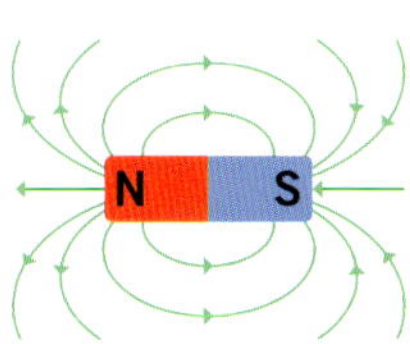

Bei einem Stabmagnet krümmen sich die Feldlinien vom Nord- zum Südpol.

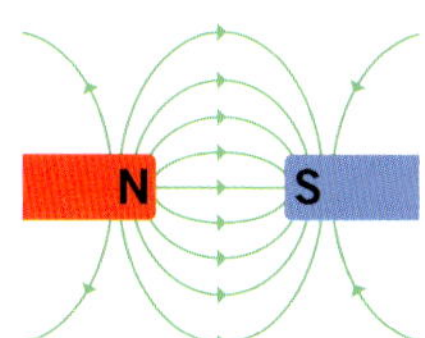

Wenn sich ungleichnamige Pole nahekommen, verlaufen die Feldlinien vom Nordpol des eines Magneten zum Südpol des anderen. Die Magnete ziehen sich an.

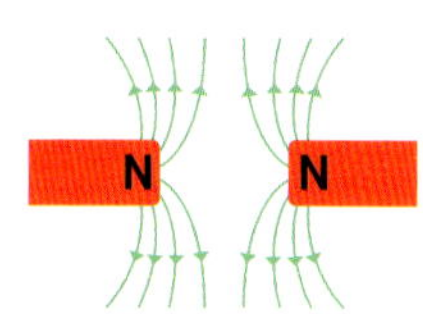

Wenn sich gleichnamige Pole zweier Magneten nahekommen, weisen die Feldlinien nach außen. Die Magnete stoßen sich ab.

Das Erdmagnetfeld

Viele Jahrhunderte navigierten Seeleute mithilfe von Kompassen: winzigen Magneten, die nach Norden zeigen, wenn sie frei drehbar sind. Kompasse zeigen nach Norden, weil die Erde sich wie ein riesiger Magnet verhält und ein eigenes Magnetfeld besitzt.

Auf einen Blick

- ✓ **Das Erdmagnetfeld hat eine ähnliche Form wie das Magnetfeld eines Stabmagneten.**
- ✓ **Mithilfe eines Kompasses kann die Form des Magnetfeldes bestimmt werden.**

Die Form des Erdmagnetfeldes

Im Erdmittelpunkt befindet sich ein heißer, teilweise flüssiger Eisenkern, der sich wie ein gigantischer Magnet verhält und ein enorm starkes Magnetfeld erzeugt. Dieses Feld erstreckt sich Tausende von Kilometer in den Weltraum und ähnelt dem Magnetfeld um einen Stabmagneten. Das Erdmagnetfeld ist dynamisch – die Pole sind ständig in Bewegung, die Stärke verändert sich im Laufe der Zeit und ab und zu (im Mittel alle paar Hunderttausend Jahre) tauschen Nord- und Südpol die Plätze.

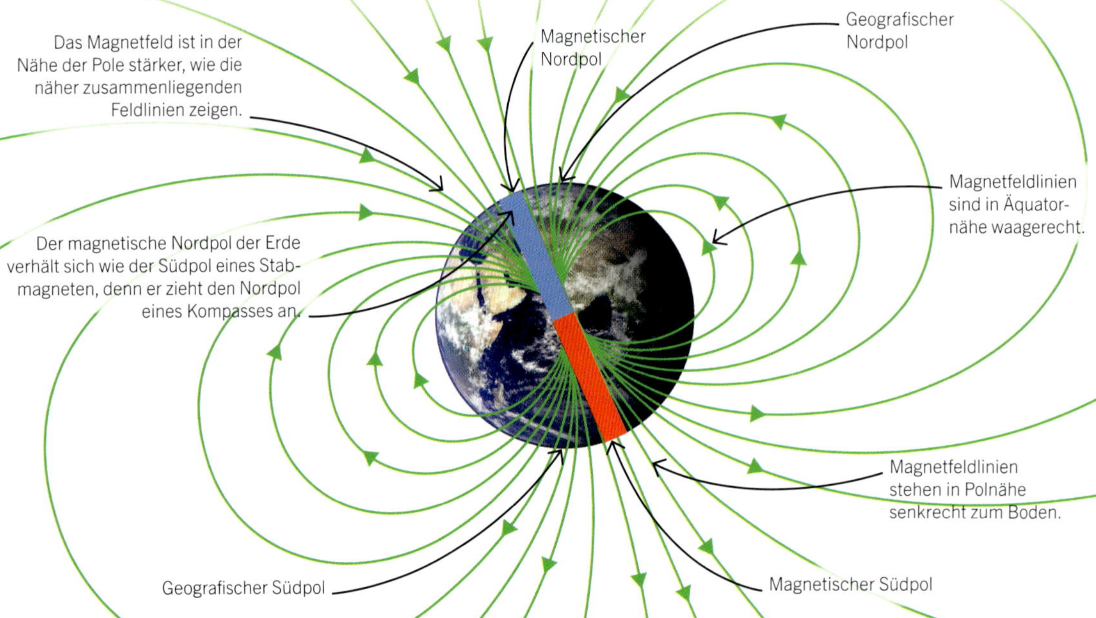

Magnetische Inklination

Bei einem Kompass ist eine kleine magnetische Nadel auf einem Drehpunkt frei drehbar gelagert. Die Nadel richtet sich entlang des Erdmagnetfelds aus, d. h. sie zeigt nicht nur nach Norden, sondern neigt sich auf der Nordhalbkugel nach unten und auf der Südhalbkugel nach oben. Der Neigungswinkel, die magnetische Inklination, variiert von 0° am Äquator bis zu 90° an den Polen. Die Untersuchung der magnetischen Inklination ermöglichte es Forschern, die Form des Erdmagnetfeldes zu bestimmen.

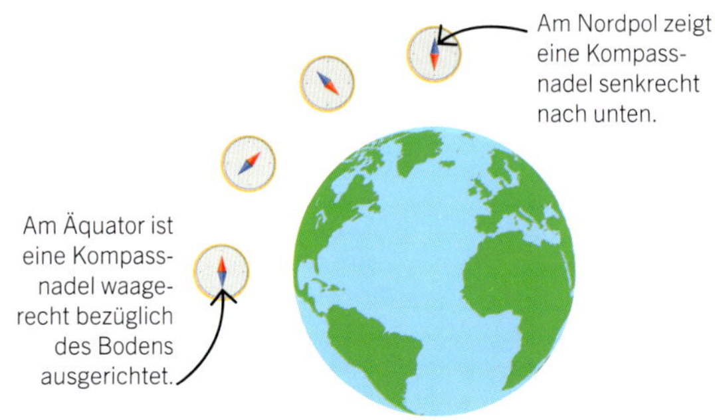

Elektromagnete

Elektrizität und Magnetismus sind miteinander verknüpft. Ein elektrischer Strom erzeugt um sich herum ein Magnetfeld und man kann eine aus Draht gewickelte Zylinderspule verwenden, um dieses Magnetfeld zu verstärken. Wenn man einen Eisenkern ins Innere der Zylinderspule gibt, wird das Feld noch stärker und ein leistungsstarker Elektromagnet entsteht. Elektromagnete sind sehr nützlich, da sie an- und ausschaltbar sind.

Auf einen Blick

- ✓ **Ein elektrischer Strom durch einen Draht erzeugt ein kreisförmiges Magnetfeld um den Draht.**
- ✓ **Fließt ein Strom durch eine Zylinderspule, vereinigen sich die Magnetfelder der Windungen und verstärken das Feld innerhalb der Spule.**
- ✓ **Ein Eisenkern im Inneren der Zylinderspule verstärkt das Feld eines Elektromagneten.**

Magnetfeld um einen Draht

Fließt durch einen Draht ein Strom, bildet sich um den Draht ein kreisförmiges Magnetfeld. Die Form der Magnetfeldlinien kann man sichtbar machen, indem man einen Kompass in die Nähe des Drahtes bringt. Erhöht man die Stromstärke, erhöht sich auch die Magnetfeldstärke. Ändert man die Stromrichtung, ändert sich auch die Richtung des Magnetfeldes.

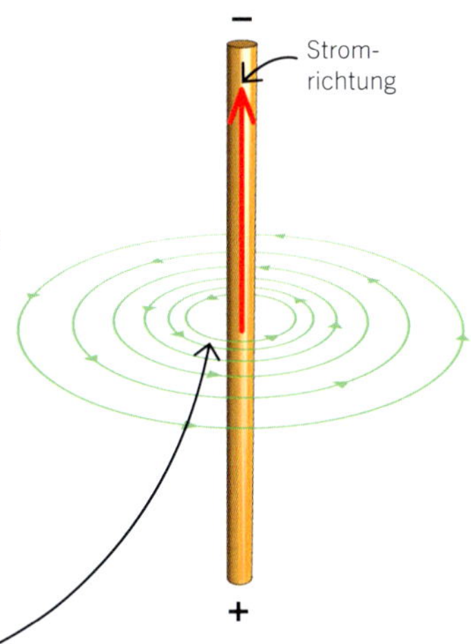

Die Magnetfeldlinien sind in der Nähe des Drahtes enger beieinander. Dort ist das Feld am stärksten.

Mithilfe deiner rechten Hand, die Finger zur Faust geballt, kannst du dir die Richtung eines Magnetfelds um einen elektrischen Strom merken.

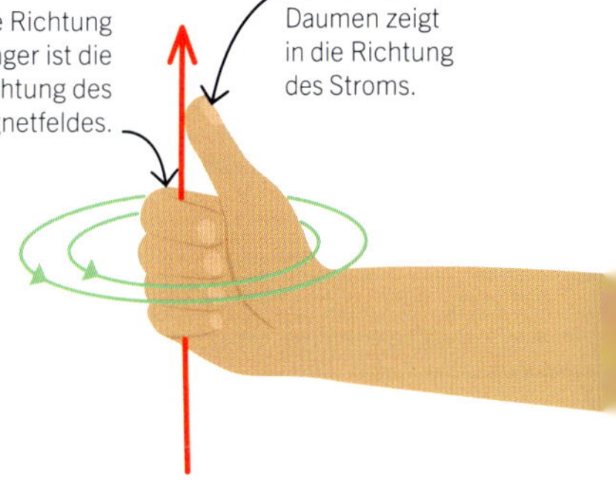

Die Richtung der Finger ist die Richtung des Magnetfeldes.

Der rechte Daumen zeigt in die Richtung des Stroms.

Magnetfeld um eine Spule

Das Magnetfeld um einen einzigen Draht ist nur schwach. Wenn man jedoch den Draht zu einer zylinderförmigen Spule aufwickelt, verstärken sich die Felder um die einzelnen Windungen gegenseitig. Dabei entsteht im Innern der Spule ein starkes konstantes Feld. Das Feld außerhalb der Spule ähnelt dem um einen Stabmagneten, mit Nord- und Südpol an den jeweiligen Enden.

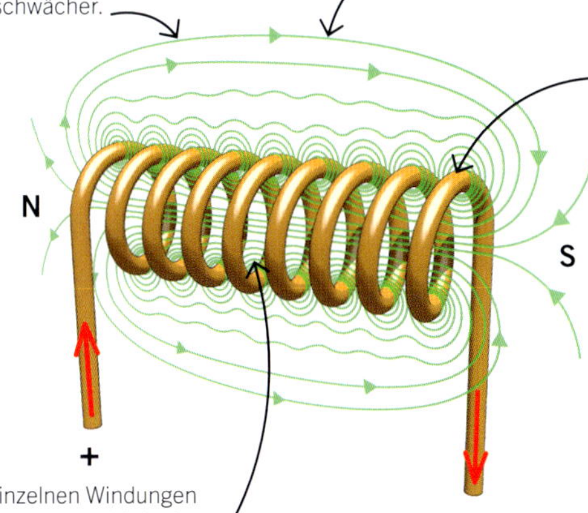

Das Magnetfeld ist außerhalb der Spule schwächer.

Die Form des Magnetfelds ist ähnlich wie einem Stabmagneten.

Je mehr Drahtwindungen eine Spule hat, umso stärker ist das Magnetfeld.

Die Magnetfelder um die einzelnen Windungen wechselwirken miteinander, sodass sich in der Zylinderspule ein starkes, homogenes Feld bildet.

Eisenkern

Eine Art von Elektromagnet ist eine Zylinderspule mit einem Kern aus einem magnetischen Material, der das Magnetfeld verstärkt. Der Kern ist üblicherweise aus Eisen, das leicht magnetisierbar ist, seinen Magnetismus jedoch auch schnell wieder verliert. Das ist ideal für einen Elektromagneten, da man ihn so an- und abschalten kann.

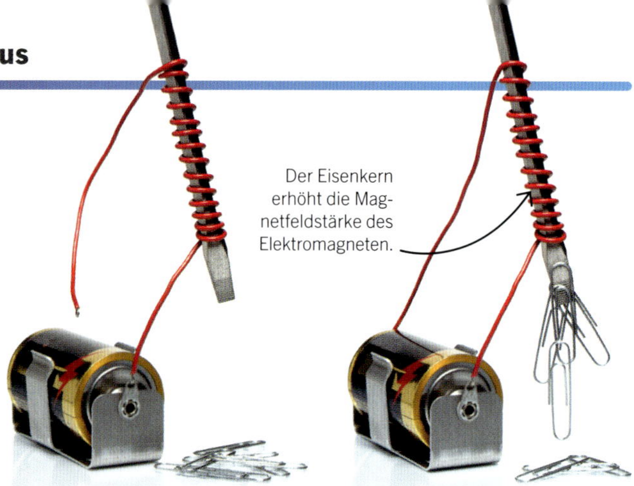

Magnet auf dem Schrottplatz

Die auf Schrottplätzen eingesetzten Lasthebemagneten sind leistungsstarke Elektromagneten. Man verwendet sie zum Trennen magnetischer Metalle, z. B. Eisen und Eisenlegierungen, von unmagnetischen Metallen, z. B. Kupfer, Aluminium und Blei. Diese Art der Trennung ermöglicht das Recyceln der Materialien.

Elektromagnete nutzen

Elektromagnete können an- und ausgeschaltet werden und eine veränderliche magnetische Kraft erzeugen. Deshalb werden sie in vielen Geräten verwendet, u. a. Lautsprechern, elektrischen Klingeln und Summern, Relais und Magnetschwebebahnen.

Auf einen Blick

- Elektromagnete können an- und ausgeschaltet werden und eine veränderliche Magnetkraft erzeugen.
- Durch ein Relais kann man mit einem Schalter in einem Stromkreis einen getrennten Stromkreis schalten.
- Magnetschwebebahnen schweben durch Elektromagnete, sodass sie sehr schnell fahren können.

Relais

Ein Relais ist ein elektrischer Schalter, bei dem mithilfe eines schwachen Stroms ein anderer Stromkreis („Laststromkreis“) mit stärkerem Strom angeschaltet wird. Wenn beispielsweise der Fahrer den Autoschlüssel umdreht, wird mit einem Relaisschalter ein Steuerstromkreis geschlossen. Das Relais aktiviert dann den Laststromkreis, der den Motor startet.

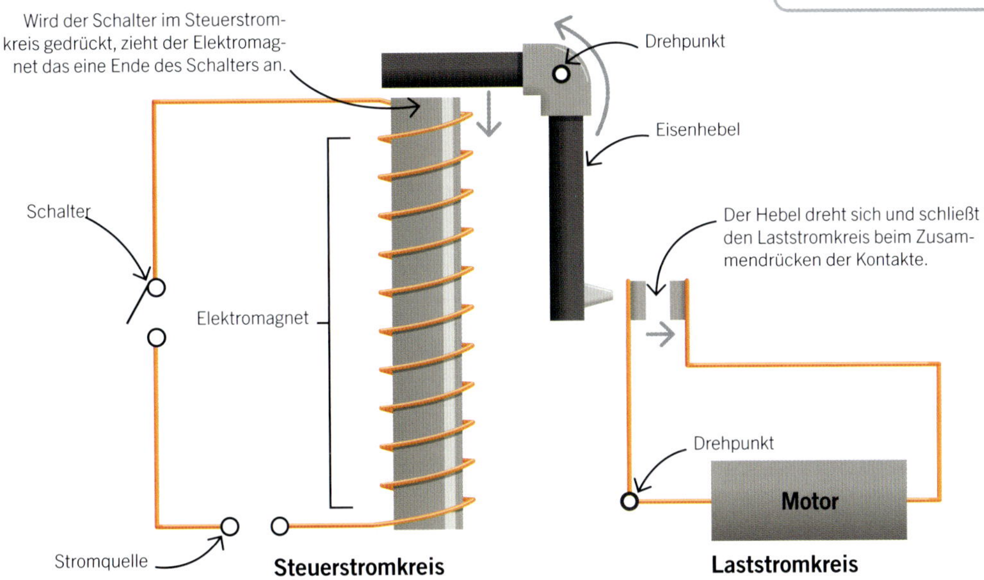

Magnetschwebebahnen

Bei Magnetschwebebahnen werden Elektromagnete im Zug und in den Schienen dazu verwendet, den Zug über den Schienen schweben zu lassen und anzutreiben. Da es keinen direkten Kontakt zwischen Zug und Schienen und damit keine Reibung gibt, erreichen Magnetschwebebahnen mit 400 km/h viel höhere Geschwindigkeiten als herkömmliche Züge.

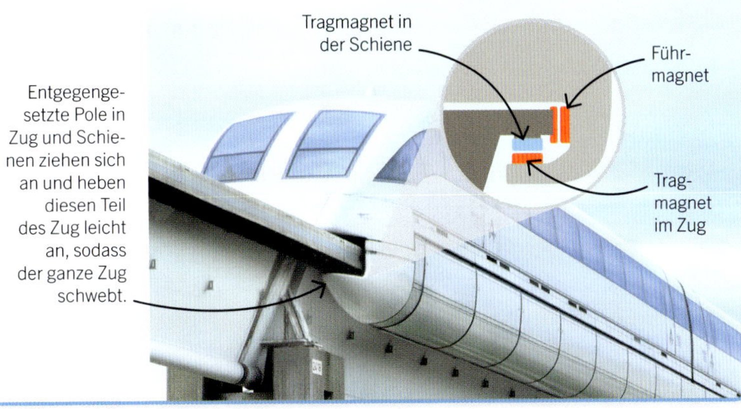

Das Motorprinzip

Ein in einem Draht fließender elektrischer Strom erzeugt ein Magnetfeld um den Draht. Wird der Draht zusätzlich in die Nähe eines Dauermagneten gebracht, wechselwirken die beiden Magnetfelder und bewirken, dass der Draht sich bewegt. Das wird als Motorprinzip bezeichnet.

Auf einen Blick

- Ein stromdurchflossener Draht in einem bestehenden Magnetfeld erfährt eine Kraft.
- Die Kraft, die durch die Wechselwirkung zwischen einem stromdurchflossenen Draht und einem Magneten verursacht wird, ist das Motorprinzip.
- Die Richtung der Kraft kann mit der Linke-Hand-Regel bestimmt werden.

Hüpfender Draht

Beim unten dargestellten Versuch wird ein aufgewickelter Draht um einen Dauermagneten gelegt. Beim Einschalten des Stromkreises wird das Magnetfeld um den Draht vom Dauermagneten angestoßen, sodass der Draht hüpft. So kann man das Motorprinzip praktisch vorführen.

Aufsicht durch Lehrkraft erforderlich

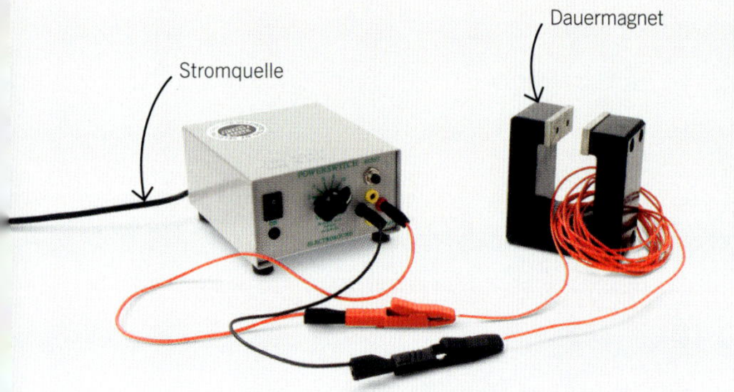

Kein Stromfluss

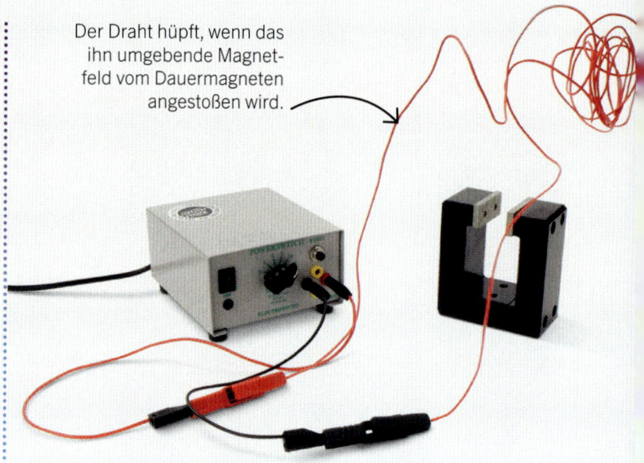

Stromfluss

Richtung der Kraft

Die durch das Motorprinzip erzeugte Kraft ist dann am größten, wenn der Draht senkrecht zum permanenten Magnetfeld steht. Die Kraftrichtung steht sowohl auf der Stromrichtung als auch auf der Magnetfeldrichtung senkrecht. Mit der Drei-Finger-Regel (s. nächste Seite) kannst du dir merken, wie Kraft, Strom und Magnetfeld zueinander orientiert sind.

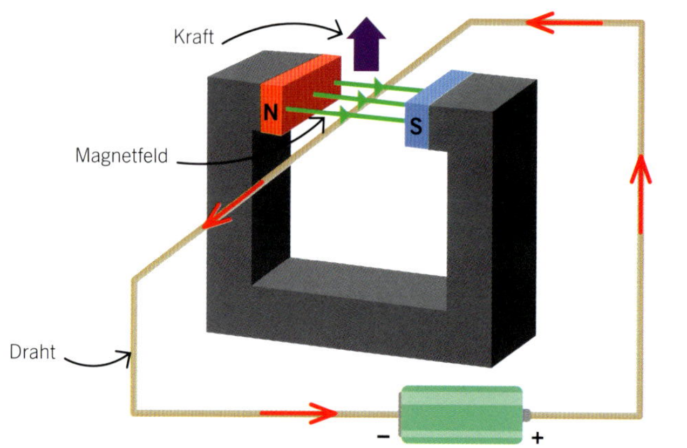

Drei-Finger-Regel (UVW-Regel)

Mit der Drei-Finger-Regel (auch UVW-Regel genannt) kannst Du die Richtung der Lorentzkraft bestimmen. Aber Vorsicht: dabei musst du die Stromrichtung beachten: Bewegt sich positive elektrische Ladung von + nach – (auch technische Stromrichtung genannt), verwende **die rechte Hand.** Handelt es sich aber um die Bewegung von negativ geladenen Elektronen von – nach + (auch elektrische Stromrichtung genannt), nimm **die linke Hand.**

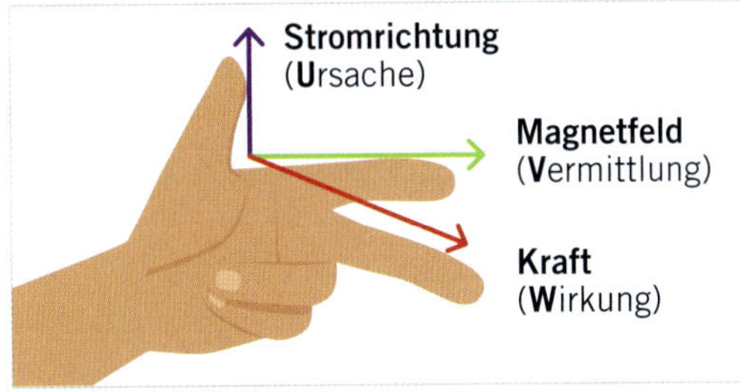

Gleichung für die Kraft
Die Stärke der durch das Motorprinzip erzeugten Kraft hängt von der Stromstärke, der Feldstärke des bereits bestehenden Magnetfelds und der Drahtlänge ab. Die nachfolgende Gleichung gibt den Zusammenhang zwischen den Größen an. Die Magnetfeldstärke wird auch magnetische Flussdichte oder magnetische Induktion genannt und in der Einheit Tesla (T) gemessen.

Die Einheit für die magnetische Feldstärke ist Tesla (T) und das Symbol ist *B*.

Kraft auf einen stromdurchflossenen Leiter im Winkel von 90° zum Magnetfeld (N) = Stromstärke (A) · Länge (m) · Magnetfeldstärke (T)

$$F = I \cdot l \cdot B$$

Das Symbol für die Stromstärke ist der große Buchstabe *I*.

Das ist ein kleingeschriebenes L.

Mit der Gleichung rechnen

Frage 1
Ein Magnet erzeugt eine magnetische Flussdichte von 0,4 T. Wenn ein stromdurchflossener Draht mit 2 m Länge und 3 A Stromstärke rechtwinklig zum Magnetfeld angeordnet ist, wie groß ist die auf den Draht ausgeübte Kraft?

Antwort 1

$$F = I \cdot l \cdot B$$
$$= 3\,\text{A} \cdot 2\,\text{m} \cdot 0{,}4\,\text{T}$$
$$= 2{,}4\,\text{N}$$

Frage 2
Eine Kraft von 1 N wirkt auf einen stromdurchflossenen Draht mit 0,2 A Stromstärke. Der Draht steht senkrecht auf dem Magnetfeld und 0,5 m des Drahtes befinden sich im Feld. Berechne die magnetische Flussdichte des Magnetfelds.

Antwort 2
Stelle die Gleichung um:

$$B = \frac{F}{I \cdot l}$$
$$= \frac{1\,\text{N}}{0{,}2\,\text{A} \cdot 0{,}5\,\text{m}}$$
$$= 10\,\text{T}$$

Elektromotoren

Elektromotoren nutzen das Motorprinzip (s. S. 202), um eine Drahtspule in einem Magnetfeld zu drehen. Es gibt viele Ausführungen, von den winzigen Motoren in Armbanduhren bis zu den großen zum Antrieb von Elektroautos. Doch alle Bauarten beruhen auf einem stromdurchflossenen Draht in einem Magnetfeld.

Auf einen Blick

- Ein Elektromotor nutzt das Motorprinzip, um eine Drahtspule zum Rotieren zu bringen.
- Das Magnetfeld wird von Dauermagneten oder Elektromagneten bereitgestellt.
- Die Stromrichtung muss nach jeder halben Drehung umgekehrt werden, damit die Spule weiterhin rotiert.

Ein einfacher Elektromotor

Fließt Strom durch eine Drahtspule in einem Magnetfeld, lässt die durch das Motorprinzip erzeugte Kraft die Spule rotieren. Die Stromrichtung muss nach jeder halben Drehung umgekehrt werden, damit die Spule nicht abgestoppt wird. Dies erreicht man mit einem Spaltringkommutator.

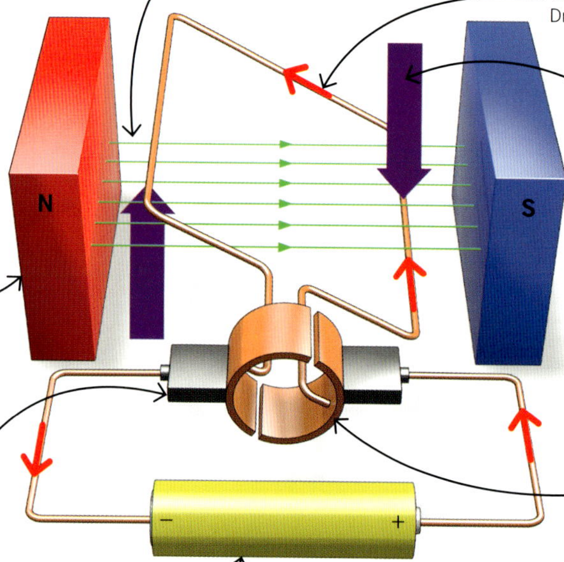

Leistungsstarke Motoren

Man kann Elektromotoren leistungsstärker machen, indem man Spulen mit mehr Windungen verwendet oder die Stromstärke bzw. die Stärke des Magneten erhöht. Bei elektrischen Bohrmaschinen maximieren mehrere Spulen in verschiedenen Winkeln die durch das Motorprinzip erzeugte Kraft.

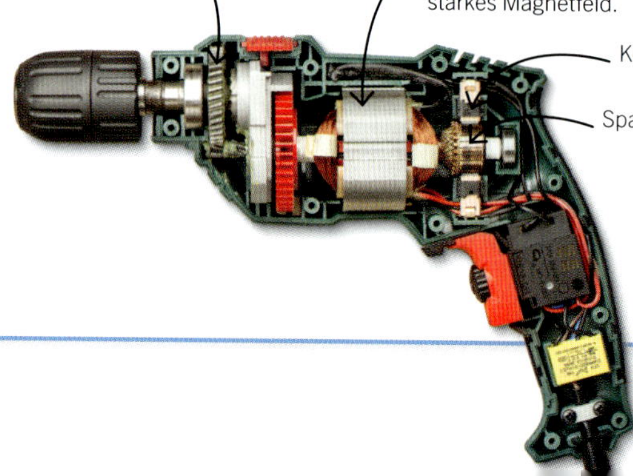

Elektromagnetische Induktion

Man kann Strom durch sogenannte elektromagnetische Induktion erzeugen. Wenn ein Draht, der Teil eines Stromkreises ist, durch ein Magnetfeld bewegt wird (oder das Magnetfeld durch einen Draht), wird im Draht eine Spannung induziert, die einen Stromfluss verursacht.

Auf einen Blick

- **Wenn ein Draht, der Teil eines Stromkreises ist, durch ein Magnetfeld bewegt wird, wird im Draht eine Spannung induziert.**
- **Die Größe der induzierten Spannung hängt von der Magnetfeldstärke und der Geschwindigkeit des Drahtes ab.**
- **Die Richtung der induzierten Spannung ändert sich bei Änderung der Bewegungsrichtung.**

Versuch mit bewegtem Draht

In dem hier gezeigten Versuch wird ein mit einem Amperemeter verbundener Draht so bewegt, dass er das Magnetfeld eines Dauermagneten schneidet. Bewegt man den Draht abwärts, wird ein schwacher Strom erzeugt, der den Zeiger des Amperemeters zum Ausschlagen bringt. Bewegt man den Draht aufwärts, schlägt der Zeiger in die andere Richtung aus. Bewegt man den Draht parallel zum Magnetfeld, wird kein Strom induziert. Verwendet man einen stärkeren Magneten oder bewegt den Draht schneller, wird ein höherer Strom induziert.

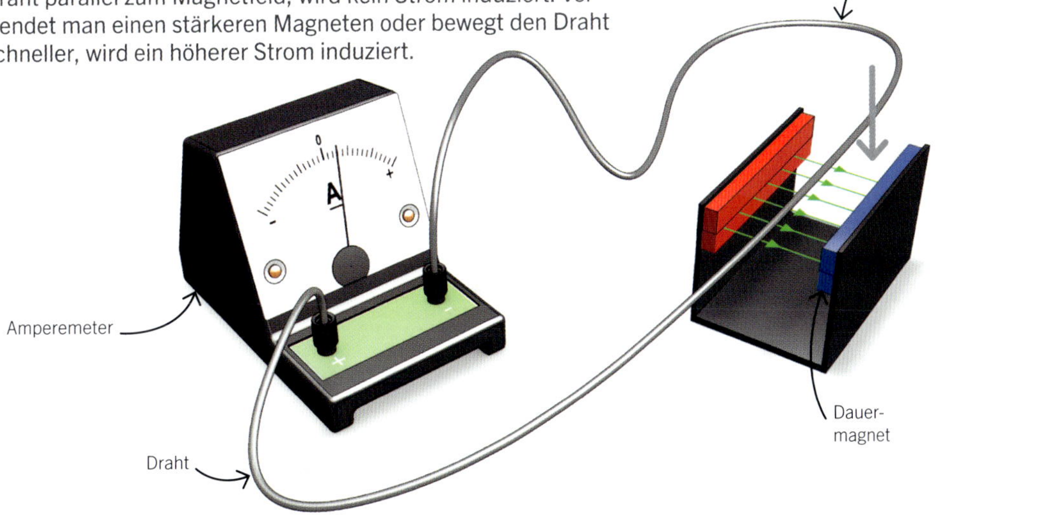

Entgegengesetzte Kräfte

Einen Magneten in eine Drahtspule hinein zu bewegen hat genau denselben Effekt wie einen Draht durch ein Magnetfeld zu bewegen – im Draht wird ein Strom induziert. Das induzierte Magnetfeld ist immer der Bewegung des ursprünglichen Magneten entgegengesetzt.

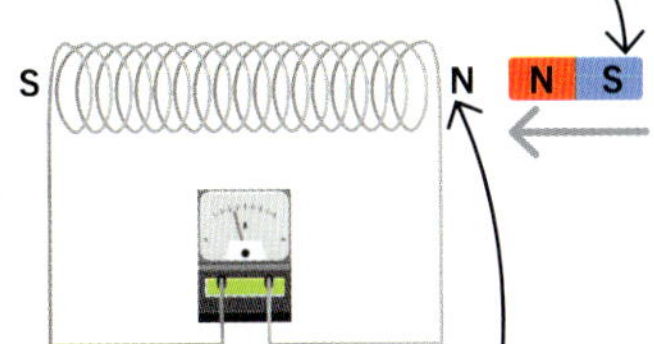

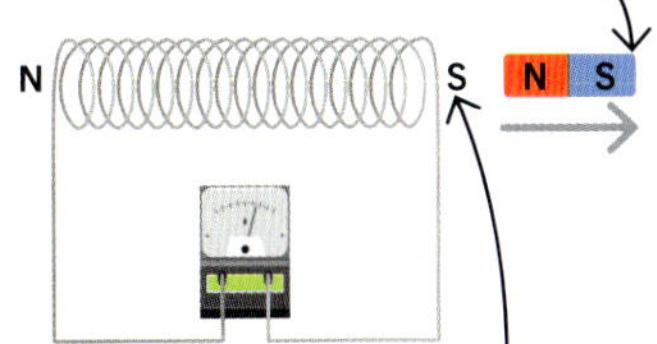

Generatoren

Generatoren sind Maschinen, die durch elektromagnetische Induktion die kinetische Energie eines beweglichen Körpers zur Stromerzeugung nutzbar machen (s. S. 205). Es gibt Generatoren, die Wechselstrom erzeugen, und solche, die Gleichstrom erzeugen. Fast aller Strom für unsere Haushalte wird durch Generatoren erzeugt.

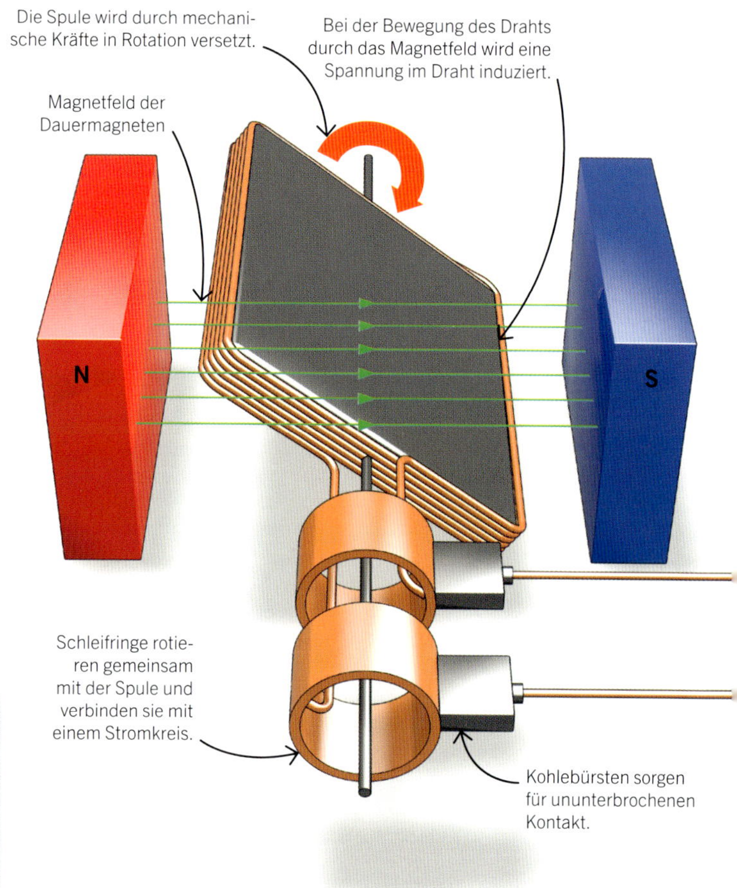

Auf einen Blick

- Generatoren erzeugen mithilfe elektromagnetischer Induktion aus kinetischer Energie Strom.
- Die in einer Generatorspule induzierte Spannung ändert sich kontinuierlich, während die Spule rotiert.
- Es gibt Generatoren für Wechselstrom und solche für Gleichstrom.

Wechselstromgeneratoren

Ein Wechselstromgenerator besitzt eine große Drahtspule, die in einem Magnetfeld rotiert. Bei der Rotation wird im Draht ein Strom induziert. Nach jeder halben Drehung kehrt sich das Magnetfeld der Spule um, sodass sich auch die Stromrichtung umkehrt. Ein Strom mit wechselnder Richtung wird Wechselstrom genannt.

Wechselstrom erzeugen

Ein Oszilloskop (s. S. 115) zeigt, dass sich die induzierte Spannung bei der Rotation einer Drahtspule in einem Wechselstromgenerator kontinuierlich ändert. Die Spannung wird maximal, wenn die Spule parallel zum Magnetfeld orientiert ist, während sie auf Null abfällt, wenn sie senkrecht zum Magnetfeld steht. Der Strom ändert die Richtung, wenn sich das Magnetfeld der Spule umkehrt, wodurch die Spannung von positiv zu negativ wechselt.

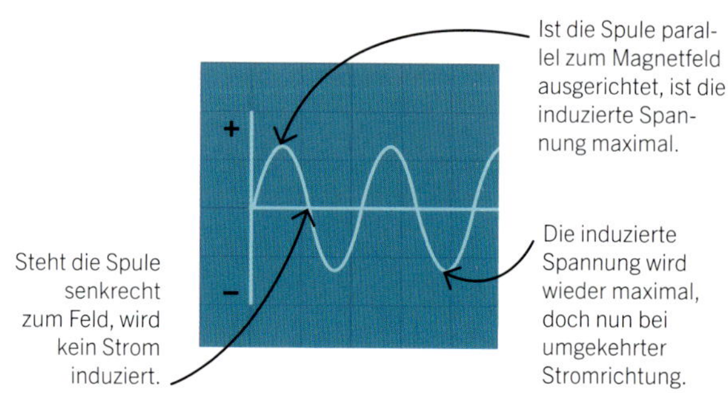

Gleichstromgeneratoren
Viele elektrische Geräte benötigen Gleichstrom, d. h. Strom, der immer in dieselbe Richtung fließt. Wenn ein Generator über einen Spaltringkommutator mit dem äußeren Stromkreis verbunden ist, werden jedes Mal, wenn sich der Strom in der Spule umkehrt, die Verbindungen vertauscht. Als Folge fließt der Strom im äußeren Stromkreis immer in dieselbe Richtung, anstatt sich nach jeder halben Drehung umzukehren. Solch ein Generator wird als Gleichstromgenerator bezeichnet.

Die Spule wird durch mechanische Kräfte in Rotation versetzt.

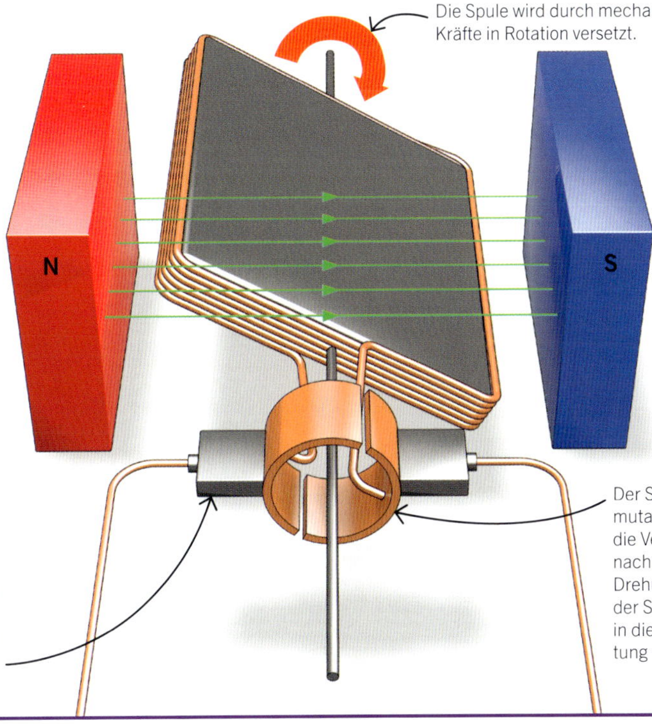

Der Spaltringkommutator vertauscht die Verbindungen nach jeder halben Drehung, sodass der Strom immer in dieselbe Richtung fließt.

Kohlebürsten stellen den elektrischen Kontakt zwischen dem Spaltring und dem Stromkreis her.

Gleichstrom erzeugen

Im Gegensatz zu Wechselstromgeneratoren erzeugen Gleichstromgeneratoren Gleichstrom. Ein Oszilloskop zeigt, dass die Spannung während jeder halben Drehung der Spule ansteigt und abfällt, doch immer positiv bleibt, da sich die Stromrichtung nicht ändert.

Die Spannung bleibt positiv.

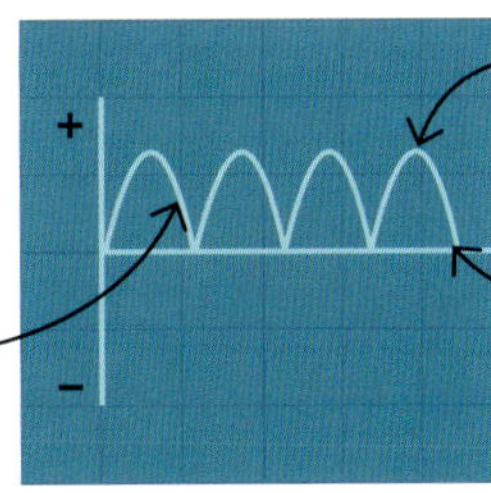

Die Spannung ist am größten, wenn die Spule parallel zum Feld ausgerichtet ist.

Die Spannung ist am geringsten, wenn die Spule senkrecht zum Feld steht.

Kraftwerksgeneratoren

Die gigantischen Generatoren in Kraftwerken verwenden anstelle von Dauermagneten Elektromagneten, da diese ein viel stärkeres Magnetfeld erzeugen können. Anstatt die Stromquelle zu verwenden, um eine Spule in einem Magneten in Rotation zu versetzen, rotieren bei ihnen Elektromagneten in riesigen Kupferspulen. Dieses Bild zeigt eine im Bau befindliche Spule.

Wenn der Generator fertig ist, werden Elektromagneten im Inneren eingebaut sein.

Lautsprecher und Mikrofone

Lautsprecher und Kopfhörer (die eigentlich auch nur kleine Lautsprecher sind) nutzen das Motorprinzip, um einen sich ändernden Strom in Schallwellen umzuwandeln. Mikrofone tun genau das Gegenteil: Sie wandeln Schallwellen mittels elektromagnetischer Induktion in einen sich ändernden Strom um.

Auf einen Blick

- ✓ **Lautsprecher wandeln mithilfe des Motorprinzips einen veränderlichen Strom in Schallwellen um.**
- ✓ **Mikrofone wandeln mittels elektromagnetischer Induktion Schallwellen in einen veränderlichen Strom um.**

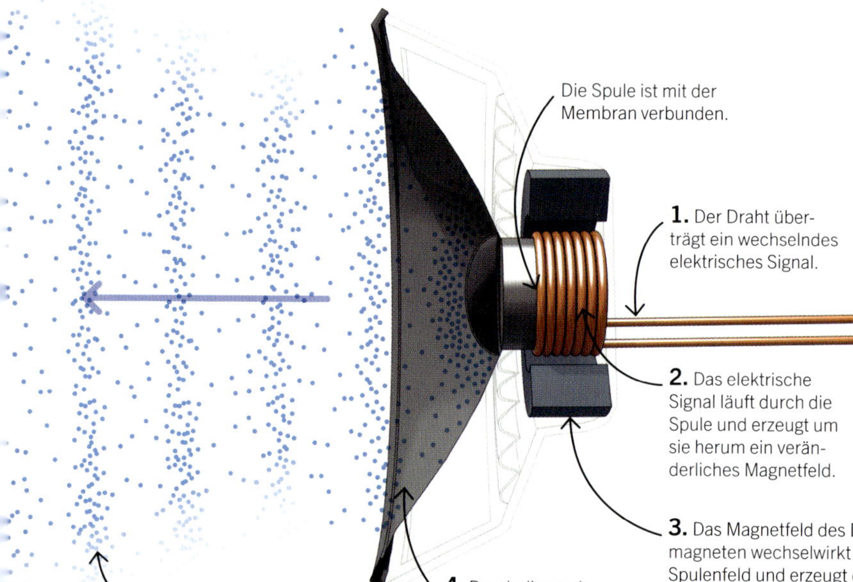

Lautsprecher

Die Hauptbestandteile eines Lautsprechers sind eine große, schwingungsfähige Membran, eine mit dem Membransockel verbundene Drahtspule und ein Dauermagnet um die Spule. Ein veränderlicher Strom läuft durch die Spule und erzeugt ein veränderliches Magnetfeld, das mit dem Feld des Dauermagneten wechselwirkt und die Membran in Schwingung versetzt. Die schwingende Membran erzeugt Luftdruckschwankungen, d. h. Schallwellen (s. S. 114).

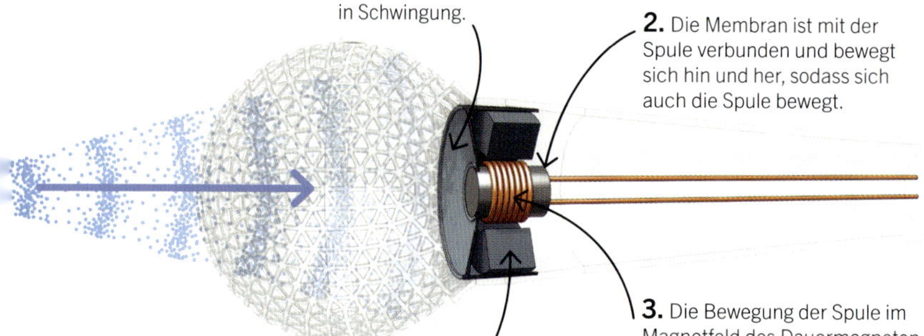

Mikrofone

Ein Mikrofon hat ähnliche Bauteile wie ein Lautsprecher – eine Membran, eine mit der Membran verbundene Spule und ein Dauermagnet, doch sie arbeiten genau umgekehrt. Sie wandeln Luftdruckschwankungen (Schallwellen) mithilfe elektromagnetischer Induktion in ein veränderliches elektrisches Signal um (s. S. 205).

Transformatoren

Ein Transformator (kurz: Trafo) ist eine Vorrichtung, die mittels elektromagnetischer Induktion die Stromstärke und die Spannung eines elektrischen Stroms verändert. Mit enorm großen Trafos reduziert man Energieverluste bei der Langstreckenübertragung von Strom, und kleinere befinden sich in vielen elektrischen Geräten zu Hause. Transformatoren funktionieren nur mit Wechselstrom.

Auf einen Blick

- ✓ **Ein Transformator (kurz: Trafo) ändert die Spannung einer Wechselstromquelle.**
- ✓ **Aufwärtstransformatoren erhöhen die Spannung, Abwärtstransformatoren verringern sie.**
- ✓ **Die Ausgangsspannung hängt vom Verhältnis der Windungszahlen der beiden Spulen ab.**
- ✓ **Bei einem Trafo mit einem Wirkungsgrad von 100 % ist die Ausgangs- gleich der Eingangsleistung.**

Wie Transformatoren funktionieren
Trafos bestehen aus zwei Drahtspulen (Primär- und Sekundärspule), die um einen Eisenkern gewickelt sind. Der Wechselstrom in der Primärspule erzeugt ein Magnetfeld, das viele Male pro Sekunde die Richtung wechselt. Dies induziert in der Sekundärspule einen Wechselstrom. Da die Spulen unterschiedlich viele Windungen haben, führt dies zu einer Spannungsänderung.

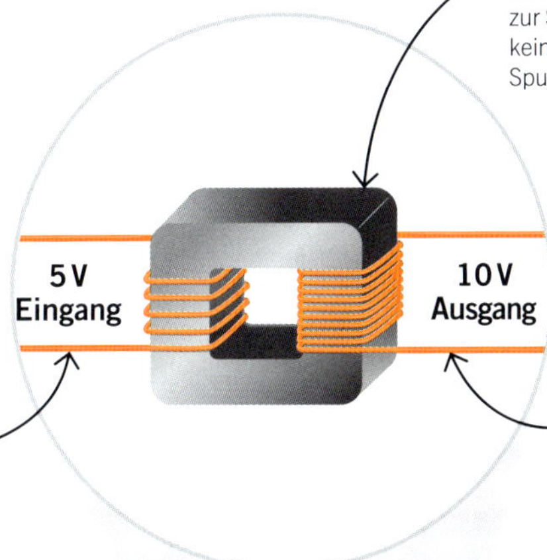

1. Wird der Primärspule ein Wechselstrom zugeführt, erzeugt sie ein magnetisches Wechselfeld.

2. Der Eisenkern konzentriert das Magnetfeld und führt es zur Sekundärspule. Er leitet keinen Strom zwischen den Spulen.

3. Das magnetische Wechselfeld induziert in der Sekundärspule einen Wechselstrom. Die Sekundärspule besitzt doppelt so viele Windungen wie die Primärspule, sodass sich die Spannung verdoppelt.

Das Netzteil dieses Fotoapparats beherbergt nicht nur einen Transformator, sondern wandelt auch Wechselstrom in Gleichstrom um.

Spannung berechnen

Die von einem Transformator geleistete Spannungsänderung hängt von den Windungszahlen der beiden Spulen ab. Das Verhältnis der Spannungen von Primär- und Sekundärspule ist genauso groß wie das Verhältnis der Windungszahlen.

$$\frac{\text{Spannung an der Primärspule (V)}}{\text{Spannung an der Sekundärspule (V)}} = \frac{\text{Windungszahl der Primärspule}}{\text{Windungszahl der Sekundärspule}}$$

$$\frac{U_p}{U_s} = \frac{N_p}{N_s}$$

(N_p ← Primärspule; N_s ← Sekundärspule)

Transformatorrechnungen

Frage 1

Ein Fernsehgerät ist an die 230-V-Netzversorgung angeschlossen, benötigt aber nur 46 V. Die Sekundärspule seines Transformators hat 200 Windungen. Wie viele Windungen hat die Primärspule?

Antwort 1

$$\frac{U_p}{U_s} = \frac{N_p}{N_s}$$

$$\frac{230\,\text{V}}{46\,\text{V}} = \frac{N_p}{200\,\text{Windungen}}$$

$$5 = \frac{N_p}{200\,\text{Windungen}}$$

$$N_p = 5 \cdot 200\,\text{Windungen} = 1000\,\text{Windungen}$$

Frage 2

Ein Aufwärtstransformator außerhalb eines Kraftwerks hat eine Primärspule mit 3200 Windungen und eine Sekundärspule mit 51 200 Windungen. Die Spannung an der Primärspule beträgt 25 kV (25 000 V). Wie groß ist die Spannung des Stroms, den der Transformator liefert?

Antwort 2

$$\frac{U_p}{U_s} = \frac{N_p}{N_s}$$

$$\frac{25\,000\,\text{V}}{U_s} = \frac{3200\,\text{Windungen}}{51\,200\,\text{Windungen}}$$

$$\frac{25\,000\,\text{V}}{U_s} = 0{,}0625$$

$$U_s = \frac{25\,000\,\text{V}}{0{,}0625} = 400\,000\,\text{V} = 400\,\text{kV}$$

Eingangs- und Ausgangsleistung

Energie kann weder erzeugt noch vernichtet werden. Daher ist die Ausgangsleistung eines Transformators mit einem Wirkungsgrad von 100 % gleich seiner Eingangsleistung. Da Leistung = Spannung · Stromstärke gilt, kann man die Beziehung zwischen Primärspannung bzw. -stromstärke und Sekundärspannung bzw. -stromstärke eines Trafos gemäß der folgenden Gleichung schreiben. (Reale Trafos haben immer gewisse Energieverluste, z. B. aufgrund von Widerstand, sodass ihr Wirkungsgrad kleiner als 100 % ist.)

$$\text{Spannung an der Primärspule (V)} \cdot \text{Stromstärke in der Primärspule (A)} = \text{Spannung an der Sekundärspule (V)} \cdot \text{Stromstärke in der Sekundärspule (A)}$$

$$U_p \cdot I_p = U_s \cdot I_s$$

(Primärspule → U_p; Sekundärspule → I_s)

Die Leistungsgleichung anwenden

Frage

Die Spannung an der Sekundärspule eines Transformators ist 12 V und die Stromstärke 0,8 A. Die Stromstärke in der Primärspule ist 0,04 A. Berechne die Spannung an der Primärspule.

Antwort

$$U_p \cdot I_p = U_s \cdot I_s$$

$$U_p \cdot 0{,}04\,\text{A} = 12\,\text{V} \cdot 0{,}8\,\text{A}$$

$$U_p = \frac{12\,\text{V} \cdot 0{,}8\,\text{A}}{0{,}04\,\text{A}} = 240\,\text{V}$$

Materie

Aggregatzustände

Alle Materie besteht aus Milliarden von winzigen Teilchen. Festkörper, Flüssigkeiten und Gase besitzen unterschiedliche Eigenschaften, da die Teilchen in ihnen unterschiedlich angeordnet sind

Auf einen Blick

- ✓ Materie besteht aus Milliarden winziger Teilchen.
- ✓ Die Teilchen in einem Festkörper werden in einer festen Anordnung eng zusammengehalten.
- ✓ Die Teilchen in einer Flüssigkeit sind nahe beieinander, können sich jedoch bewegen.
- ✓ Die Teilchen in Gasen sind weit voneinander entfernt und die Kräfte zwischen ihnen eher schwach.

Festkörper
Die Teilchen in einem Festkörper werden durch starke Kräfte in einer festen Anordnung eng zusammengehalten. Daher halten Festkörper ihre Form und sind nur schwer komprimierbar (zusammendrückbar).

Gold — Teilchen in einem Festkörper

Flüssigkeiten
Die Teilchen in einer Flüssigkeit befinden sich eng beieinander, doch die zwischen ihnen wirkenden Kräfte sind kleiner als bei Festkörpern. Deshalb können Flüssigkeiten gegossen werden und die Form des Gefäßes annehmen. Sie sind jedoch ebenfalls schwer komprimierbar.

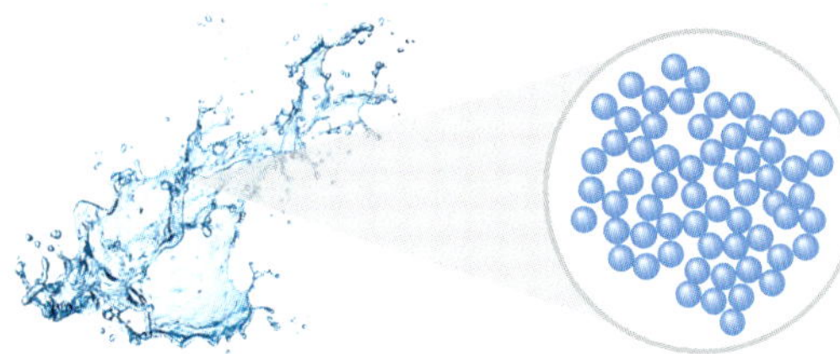

Wasser — Teilchen in einer Flüssigkeit

Gase
Die Teilchen in Gasen sind weit voneinander entfernt und zwischen ihnen wirken nur sehr schwache Kräfte. Gase dehnen sich aus, um ihre Gefäße auszufüllen, und sind leicht komprimierbar.

Ioddampf — Teilchen in einem Gas

Massenerhaltung

Wenn ein Eiswürfel schmilzt, sind seine Teilchen danach anders angeordnet. Doch es sind immer noch dieselben Teilchen vorhanden, sodass die Masse des Wassers genauso groß ist wie die Masse des Eises. Man sagt, dass die Masse erhalten ist. Dasselbe geschieht, wenn Wasser verdampft und gasförmig wird oder wenn der Wasserdampf wieder zur Flüssigkeit kondensiert.

Zustandsänderungen

Fest, flüssig und gasförmig sind drei Aggregatzustände von Materie. Jeder Zustand hat seine charakteristischen Eigenschaften und ein Stoff kann von einem Zustand in den anderen übergehen. Die Änderung des Aggregatzustands ist kein chemischer, sondern ein physikalischer Prozess, da keine chemischen Reaktionen dabei ablaufen.

Auf einen Blick

- ✓ **Materie kann im festen, flüssigen und gasförmigen Aggregatzustand vorliegen.**
- ✓ **Die drei Aggregatzustände von Wasser heißen Eis, Wasser und Wasserdampf.**
- ✓ **Wasserdampf ist ein unsichtbares Gas. Wolken am Himmel und die Schwaden über einem siedenden Kessel bestehen aus winzigen Wassertröpfchen.**

Aggregatzustand ändern
Wasser kann in drei Aggregatzuständen vorliegen: als Festkörper (Eis), Flüssigkeit und Gas (Wasserdampf). Die Temperatur, bei der Wasser siedet, heißt Siedepunkt. Die Temperatur, bei der Wasser gefriert, heißt Gefrierpunkt.

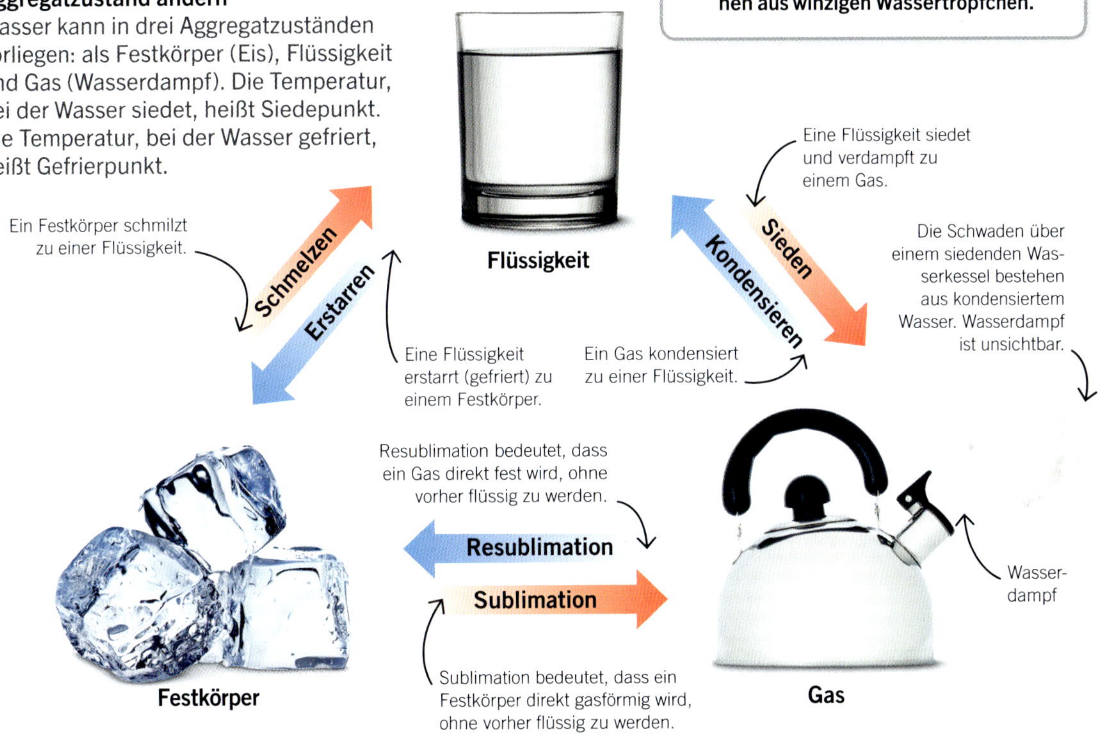

Wolken und Wasserdampf

Wasserdampf ist ein unsichtbares Gas. Die weißen Wolken, die wir oft Wasserdampf nennen, bestehen tatsächlich aus vielen winzigen, flüssigen Wassertropfen, die in der Luft schweben.

Der Wasserdampf aus einem Wasserkessel ist unsichtbar. Beim Abkühlen kondensiert er zu Wolken aus Flüssigkeitströpfchen.

Die Wolken am Himmel bestehen aus Wassertropfen oder winzigen Eiskristallen.

Atmen Menschen oder Tiere an einem kalten Tag aus, kondensiert der Wasserdampf im Atem zu Flüssigkeitströpfchen, die man als Nebel sehen kann.

Teilchen in Bewegung

Teilchen in Fluiden (Flüssigkeiten und Gasen) sind ständig in Bewegung. Daher breiten sie sich allmählich von Bereichen mit hoher Konzentration zu Bereichen mit niedriger Konzentration aus. Diesen Prozess nennt man Diffusion. Die Teilchenbewegung verursacht ebenso die Brownsche Bewegung – die zufällige Zitterbewegung von kleinen Materiepartikeln (z. B. Staubkörnern), die in Luft oder im Wasser schweben.

Auf einen Blick

- ✓ Teilchen in Fluiden (Flüssigkeiten und Gasen) sind ständig in Bewegung.
- ✓ Die Teilchenbewegung führt dazu, dass sich verschiedene Fluide durch Diffusion vermischen.
- ✓ Stoffe diffundieren von Orten hoher Konzentration zu Orten niedriger Konzentration.

Diffusion

Diffusion ist die Ursache dafür, dass sich unterschiedliche Flüssigkeiten oder Gase allmählich vermischen, so wie in der Luft versprühtes Parfüm. Ein leichter Wind verteilt den Geruch schnell, doch selbst bei Windstille verteilt er sich. Dies geschieht, da die Teilchen in Fluiden ständig in Bewegung sind. Ein Stoff breitet sich von einem Ort, an dem er konzentriert vorkommt, zu Orten aus, an denen er weniger stark konzentriert ist.

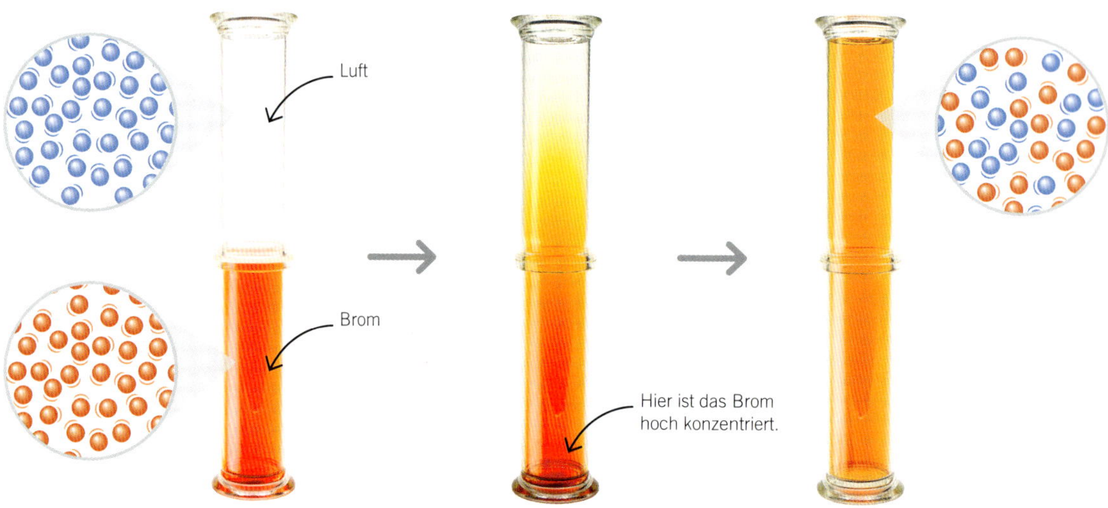

1. Zwei Glaszylinder, einer mit Brom und einer mit Luft gefüllt, werden mit einer Glastrennscheibe dazwischen aufeinandergestellt.

2. Wenn die Trennwand entfernt wird, diffundiert Brom in die Luft und Luft ins Brom.

3. Schließlich sind die Gase durch Diffusion gleichmäßig durchmischt.

Brownsche Bewegung

Hast du schon einmal Staubflusen bemerkt, die in einem Lichtstrahl tanzen? Hauptursache für diese Bewegung sind Luftströmungen, doch Staub- und Rauchpartikel zittern selbst in stillstehender Luft. Dieser Effekt wird als Brownsche Bewegung bezeichnet, nach dem schottischen Wissenschaftler Robert Brown, der ihn 1827 entdeckte. Erst 1905 fand Albert Einstein die Erklärung: Die Staubkörner werden ständig von schnellen Luftteilchen getroffen, sodass sie sich zufällig bewegen.

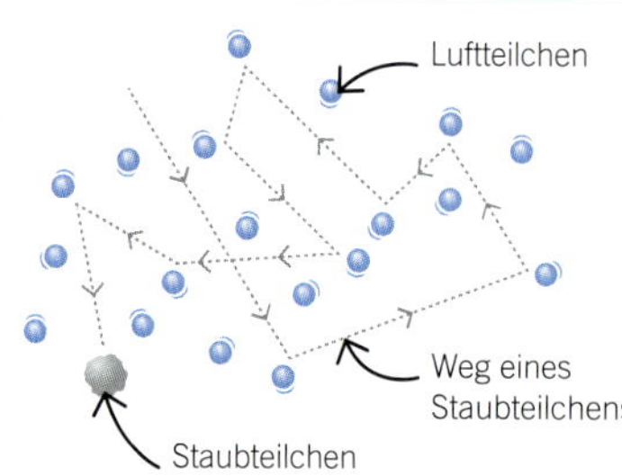

Wärmeausdehnung

Wie sich Teilchen bewegen, hängt von ihrer Temperatur ab. Wenn sich ein Stoff erwärmt, bewegen sich die Teilchen darin schneller. Dadurch braucht der Stoff mehr Platz – er dehnt sich aus.

Ausdehnung bei Festkörpern
Im Gegensatz zu Gas- und Flüssigkeitsteilchen, die sich unabhängig voneinander bewegen, haben die Teilchen in Festkörpern feste Plätze. Sie sind jedoch nicht bewegungslos – sie schwingen ständig (bewegen sich hin und her). Wenn sich Festkörper erwärmen, schwingen die Teilchen schneller und weiter, sodass sich der Festkörper ausdehnt.

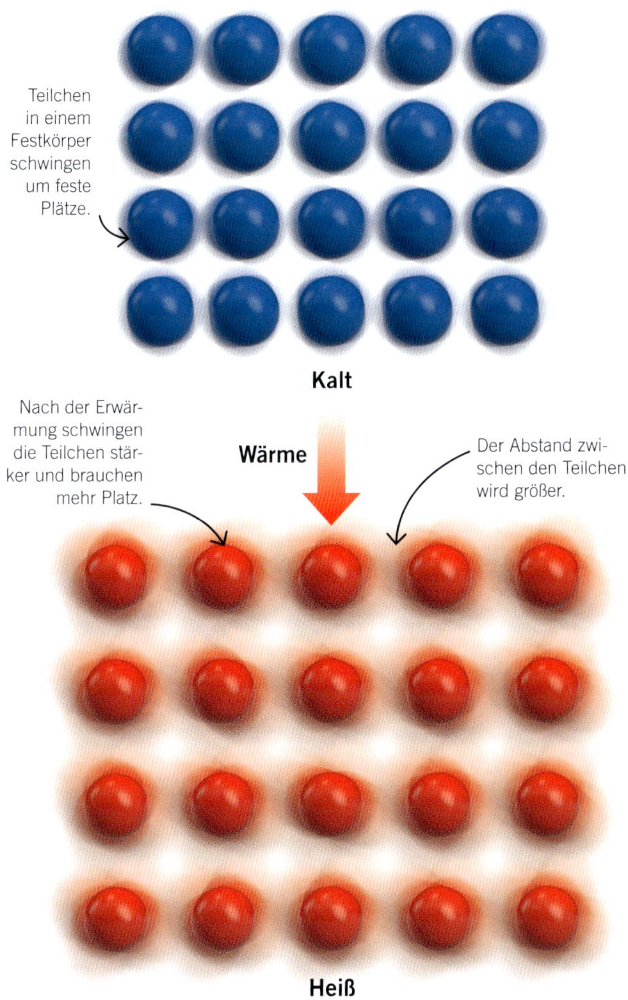

Auf einen Blick

- ✓ In Festkörpern schwingen die Teilchen, in Fluiden schwirren sie umher.
- ✓ Ist ein Stoff wärmer, schwingen oder bewegen sich die Teilchen schneller.
- ✓ Stoffe dehnen sich bei Erwärmung aus und ziehen sich bei Abkühlung zusammen.

Thermische Ausdehnung

Die Ausdehnung von Materialien bei Erwärmung wird als thermische Ausdehnung bezeichnet. Sie kann nützlich sein, doch manchmal auch störend.

Heißluftballons besitzen einen Brenner zum Erwärmen der Luft im Ballon. Die heiße Luft dehnt sich aus, sodass sie weniger dicht als die Außenluft ist. Dadurch steigt der Ballon auf.

Thermometer nutzen die thermische Ausdehnung von Flüssigkeiten zur Temperaturmessung. Wenn die Flüssigkeit im Vorratsgefäß heißer wird, dehnt sie sich im dünnen Glasrohr im Thermometer aus.

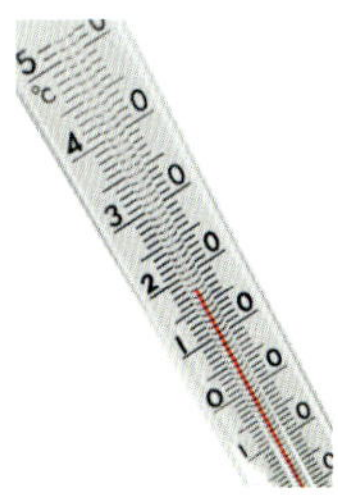

Dehnungsfugen ermöglichen es Brücken, sich bei Hitze leicht auszudehnen und bei Kälte zusammenzuziehen. Ohne diese beweglichen Fugen könnten die durch Ausdehnung bzw. Kontraktion wirkenden Kräfte das Bauwerk verbiegen oder brechen.

Dichte

Wir halten Metall für schwerer als Holz, doch das stimmt nicht immer. Das Gewicht eines Körpers hängt sowohl von seiner Größe ab als auch davon, woraus er besteht, sodass ein kleines Stück Metall weniger wiegt als ein großes Stück Holz. Bei der Dichte werden Materialien verglichen, indem man angibt, wie viel Masse ein bestimmtes Volumen enthält.

Auf einen Blick

- **Die Dichte eines Stoffes ist seine Masse bezogen auf ein bestimmtes Volumen.**
- **Die Dichte eines Stoffes hängt von der Masse seiner Teilchen ab und davon, wie dicht sie gepackt sind.**
- **Bei Erwärmung dehnen sich Stoffe aus und werden weniger dicht.**

Dichte und Teilchen

Ein Ziegelstein und ein Schwamm haben ungefähr dasselbe Volumen, doch der Ziegelstein wiegt viel mehr, da er viel dichter ist. Der Ziegelstein besitzt mehr Masse als der Schwamm, weil er weniger Lufteinschlüsse hat und aus Elementen mit größerer Atommasse besteht.

Der Ziegelstein wiegt mehr, da er eine größere Masse besitzt.

Der Schwamm hat weniger Masse, aber ein vergleichbares Volumen – er ist weniger dicht.

Wasser und Eis

Bei den meisten Stoffen nähern sich die Teilchen beim Erstarren an, d. h. dass derselbe Stoff als Festkörper dichter als als Flüssigkeit ist. Wasser verhält sich jedoch sehr ungewöhnlich. Wenn es gefriert, verbinden sich die Teilchen auf eine Weise miteinander, die sie weiter voneinander entfernt, sodass Eis weniger dicht als kaltes Wasser ist. Darum schwimmen Eiswürfel in einem Getränk und Eisberge im Meer.

Dichte und Aggregatzustand

Wird ein Stoff erwärmt, dehnt er sich aus, sodass sein Volumen zunimmt. Da seine Masse dabei gleich bleibt, nimmt seine Dichte ab. Änderungen des Aggregatzustands (z. B. Schmelzen oder Verdampfen) beeinflussen auch die Dichte. Der Grund ist, dass die Teilchen weniger dicht gepackt sind, wenn ein Stoff schmilzt und zu Flüssigkeit wird oder zu einem Gas verdampft.

Die Teilchen in Festkörpern sind üblicherweise dicht gepackt, sodass Festkörper dichter als Flüssigkeiten oder Gase sind.

Die Teilchen in Flüssigkeiten sind üblicherweise weniger dicht gepackt als in Festkörpern, so dass Flüssigkeiten weniger dicht als Festkörper sind.

Die Teilchen in einem Gas verteilen sich, wodurch Gase eine sehr niedrige Dichte besitzen.

Dichte bestimmen

Die Dichte eines Stoffes ist der Quotient aus seiner Masse und seinem Volumen. Bei einer Flüssigkeit kann man die Dichte leicht berechnen, doch bei einem Festkörper muss man zuerst das Volumen bestimmen. Man kann dies auf zwei Arten tun, je nachdem, ob es sich um einen Festkörper mit unregelmäßiger oder regelmäßiger Form handelt.

Auf einen Blick

- ✓ **Die Dichte eines Stoffes ist der Quotient aus der Masse und dem Volumen.**
- ✓ **Zur Berechnung der Dichte eines Festkörpers muss man zuerst das Volumen bestimmen.**
- ✓ **Mit einem Überlaufgefäß misst man das Volumen unregelmäßiger Körper.**

Die Verdrängungsmethode
Um die Dichte eines unregelmäßigen Körpers zu messen, verwendet man ein besonderes Gefäß, ein sogenanntes Überlaufgefäß. Fülle das Überlaufgefäß bis gerade unter die Tülle mit Wasser. Tauche den unregelmäßigen Körper ins Wasser. Das Volumen des Körpers entspricht dem Volumen des verdrängten Wassers. Lege den Körper auf eine Waage, um seine Masse zu bestimmen, und rechne die Dichte mit der nachfolgenden Gleichung aus.

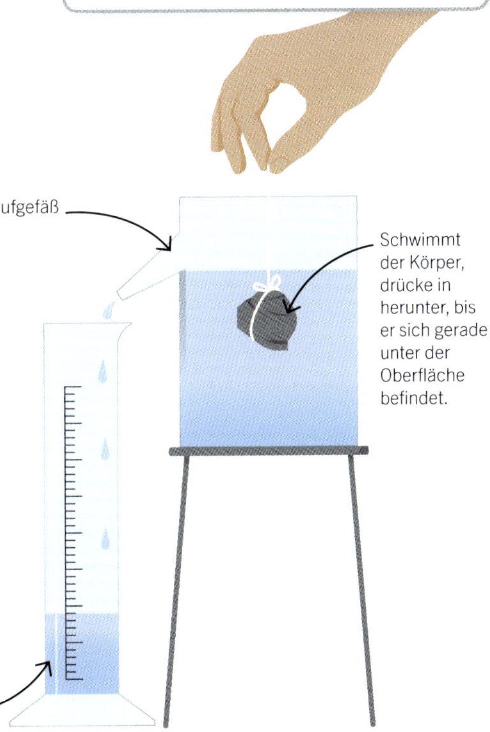

$$\text{Dichte (kg/m}^3\text{)} = \frac{\text{Masse (kg)}}{\text{Volumen (m}^3\text{)}}$$

$$\rho = \frac{m}{V}$$

Das Formelzeichen für die Dichte ist der griechische Buchstabe Rho.

Dichte eines regelmäßigen Körpers

Um die Dichte eines regelmäßigen Körpers zu berechnen, muss man zuerst das Volumen kennen. Bei einem Würfel oder Quader braucht man einfach nur die Kantenlängen abzumessen und das Volumen mit der Formel Volumen = Länge · Breite · Höhe zu berechnen. Dann misst man die Masse mit der Waage und berechnet die Lösung mit der Formel für die Dichte.

Frage
Eisen hat eine Dichte von ca. 8000 kg/m³. Wie groß ist die Masse eines Eisenwürfels mit der Kantenlänge 5 m?

Antwort

1. Rechne zuerst das Volumen des Würfels aus.
   $\text{Volumen} = 5\,\text{m} \cdot 5\,\text{m} \cdot 5\,\text{m}$
   $= 125\,\text{m}^3$
2. Löse die Dichtegleichung nach der Masse auf.
   $\text{Masse} = \text{Dichte} \cdot \text{Volumen}$
   $= 8000\,\text{kg/m}^3 \cdot 125\,\text{m}^3$
   $= 1\,000\,000\,\text{kg}$

Innere Energie

Teilchen in Körpern sind immer in Bewegung – entweder schwingen sie hin und her (in Festkörpern) oder sie bewegen sich getrennt umher (in Flüssigkeiten und Gasen). Wenn man einen Körper erwärmt, erhalten die Teilchen kinetische Energie und bewegen sich schneller. Die gesamte kinetische und potenzielle Energie aller Teilchen eines Körpers bildet seine innere Energie (thermische Energie).

Auf einen Blick

- ✓ Erwärmen überträgt kinetische Energie auf die Teilchen eines Körpers: Sie werden schneller.
- ✓ Die innere (thermische) Energie eines Körpers besteht aus der gesamten kinetischen und potenziellen Energie aller seiner Teilchen.
- ✓ Temperatur und innere Energie sind nicht dasselbe.
- ✓ Die Temperatur eines Körpers ist ein Maß für die mittlere kinetische Energie seiner Teilchen.

Innere Energie und Temperatur

Die innere Energie eines Körpers ist nicht dasselbe wie seine Temperatur. Die Temperatur ist ein Maß für die mittlere kinetische Energie der Teilchen – je schneller sich die Teilchen bewegen, umso höher die Temperatur. Doch die Temperatur ist kein Maß für die gesamte innere Energie eines Körpers. Ein großer Körper kann mehr innere Energie speichern als ein kleiner, selbst wenn seine Temperatur niedriger ist.

Abkühlung durch Verdunstung

Warum fühlt sich ein nasses Handtuch kalt an? Die Teilchen im Wasser sind ständig in Bewegung, doch nicht alle sind gleich schnell. Wenn Wasser verdunstet, entweichen die schnellsten Teilchen. Die übrig gebliebenen Teilchen haben daher eine niedrigere mittlere Geschwindigkeit. Da die Temperatur von der mittleren Teilchengeschwindigkeit abhängt, fällt die Temperatur des verbleibenden Wassers – das Handtuch wird kalt.

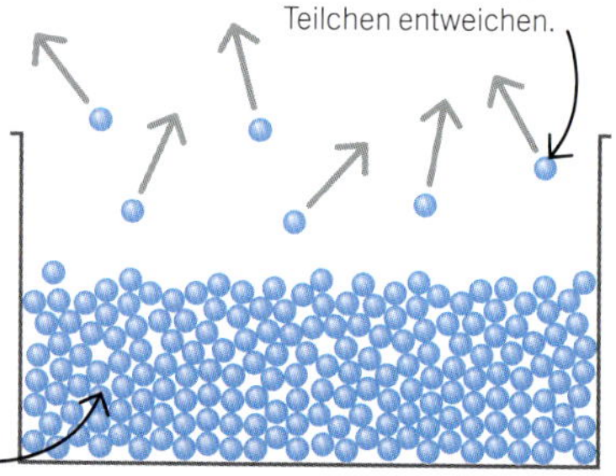

Spezifische Wärmekapazität

Die Energiemenge, die zum Erhitzen eines Körpers benötigt wird, unterscheidet sich von Stoff zu Stoff. Man benötigt beispielsweise fast 10-mal so viel Energie, um Wasser um 1 °C zu erwärmen als dieselbe Masse Eisen. Man sagt, dass Wasser eine höhere spezifische Wärmekapazität hat als Eisen.

Auf einen Blick

- ✓ Verschiedene Stoffe benötigen unterschiedlich viel Energie, damit sich ihre Temperatur um denselben Betrag erhöht.
- ✓ Die spezifische Wärmekapazität eines Stoffes ist die Energiemenge in Joule, die man zur Erhöhung der Temperatur um 1 °C für 1 kg des Stoffes benötigt.

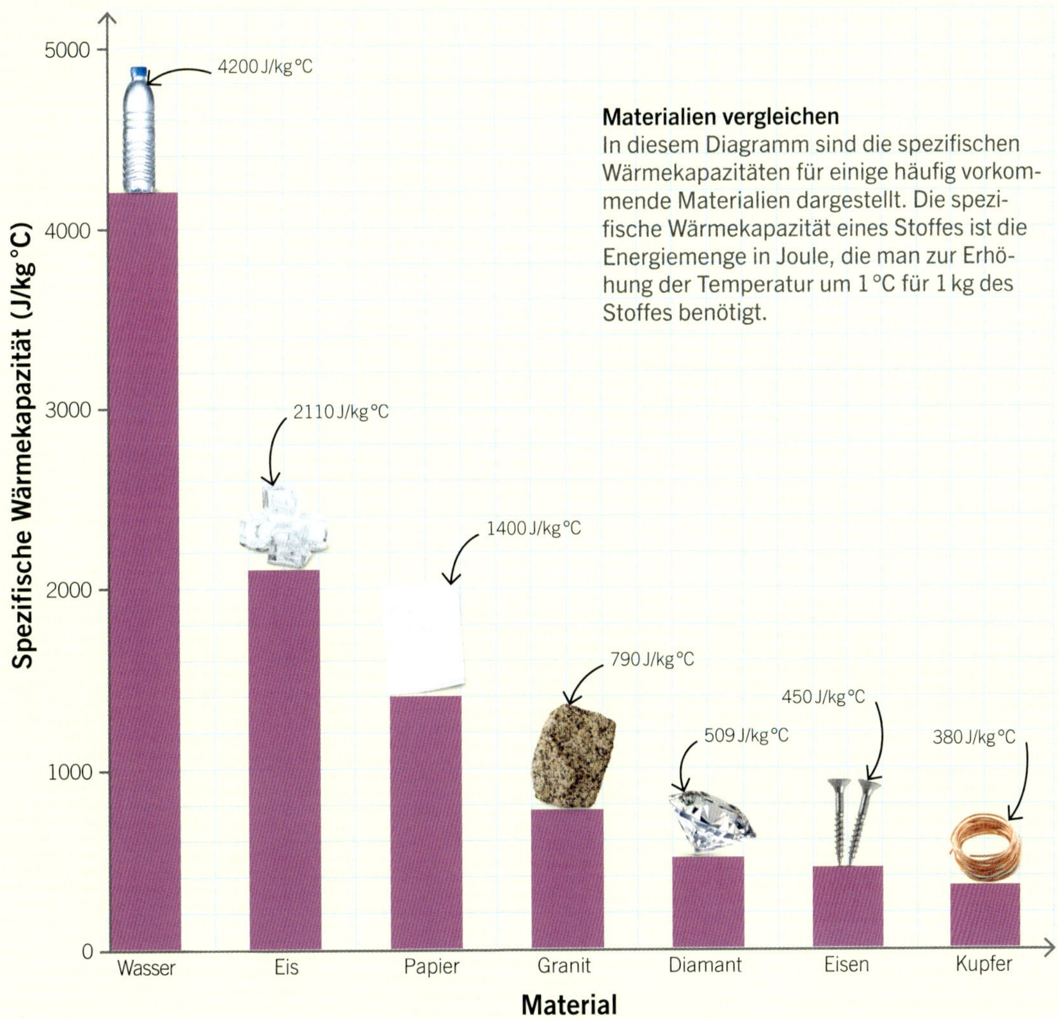

Materialien vergleichen
In diesem Diagramm sind die spezifischen Wärmekapazitäten für einige häufig vorkommende Materialien dargestellt. Die spezifische Wärmekapazität eines Stoffes ist die Energiemenge in Joule, die man zur Erhöhung der Temperatur um 1 °C für 1 kg des Stoffes benötigt.

Gleichung für die spezifische Wärmekapazität
Die nachfolgende Formel gibt an, wie man mit der spezifischen Wärmekapazität eines Stoffes die zur Erhöhung der Temperatur benötigte Energie berechnen kann.

Änderung der thermischen Energie (J) = Masse (kg) · spezifische Wärmekapazität (J/kg °C) · Temperaturänderung (°C)

$$\Delta E = m \cdot c \cdot \Delta T$$

Das dreieckige Symbol ist der griechische Buchstabe Delta. Er steht für eine Änderung der Größe.

Das ist Einheit des spezifischen Wärmekapazität.

Temperaturänderung berechnen

Frage
Diese Tasse enthält 300 g (0,3 kg) Tee. Wenn das Leitungswasser zur Zubereitung des Tees 7 °C kalt war und die spezifische Wärmekapazität von Wasser 4200 J/kg °C beträgt, wie viel Energie wurde benötigt, um das Wasser zum Sieden zu bringen?

Antwort
1. Berechne zunächst die Temperaturänderung (ΔT):
   $\Delta T = 100\,°C - 7\,°C = 93\,°C$.
2. Rechne dann die Änderung der vom Wasser gespeicherten inneren Energie (ΔE) aus:
   $\Delta E = m \cdot c \cdot \Delta T$
   $= 0{,}3\,kg \cdot 4200\,J/kg\,°C \cdot 93\,°C$
   $= 117\,180\,J$
   $\approx 120\,kJ$ (zwei signifikante Stellen)

Seewinde

Wenn du in Küstennähe wohnst, ist dir wahrscheinlich aufgefallen, dass der Wind an sonnigen Tagen oft vom Meer aufs Land weht. Die Ursache hierfür ist die niedrigere spezifische Wärmekapazität des Landes im Vergleich zum Meer. Wenn die Sonne scheint, wird zum Erwärmen des Landes weniger Energie benötigt als für das Meer, sodass sich das Land schneller erwärmt und die darüber befindliche Luft erhitzt. Die wärmere Luft über dem Land steigt in einem Konvektionsstrom (s. S. 48) auf und kühlere Luft vom Meer fließt nach.

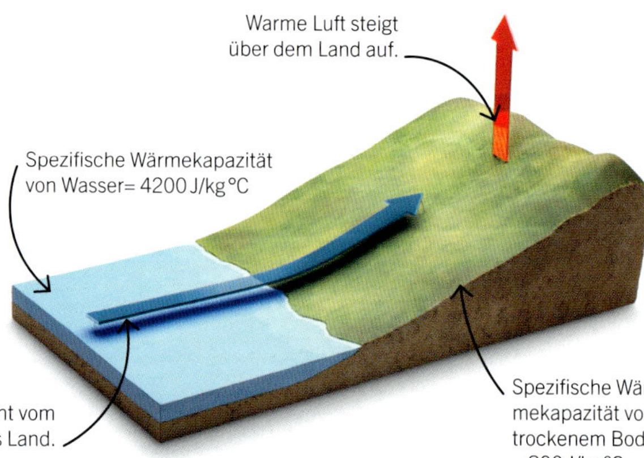

Spezifische Wärme-kapazität bestimmen

Durch Messen der Energie, die zum Erwärmen einer bekannten Masse um eine bestimmte Temperatur benötigt wird, kann man die spezifische Wärmekapazität bestimmen. Die Genauigkeit des Ergebnisses hängt davon ab, wie viel Energie während des Versuchs an die Umgebung abgegeben wird.

Auf einen Blick

- ✓ Die spezifische Wärmekapazität wird durch die Messung der Energie bestimmt, die zur Temperaturerhöhung einer bekannten Masse eines Stoffes benötigt wird.
- ✓ Die Apparatur muss wärmegedämmt werden, um die Energieabgabe an die Umgebung zu verringern.

Spezifische Wärmekapazität von Aluminium

Auf dieser Seite wird beschrieben, wie man die spezifische Wärmekapazität eines 1-kg-Zylinders Aluminium misst, doch man kann dieselbe Methode auch für andere Massen oder Metalle verwenden. Das Metall wird mit einem elektrischen Heizgerät erhitzt und die verbrauchte elektrische Energie wird mit einem Energiemessgerät gemessen. Die Durchführung und die Ergebnisse finden sich auf der nächsten Seite.

Aufsicht durch Lehrkraft erforderlich

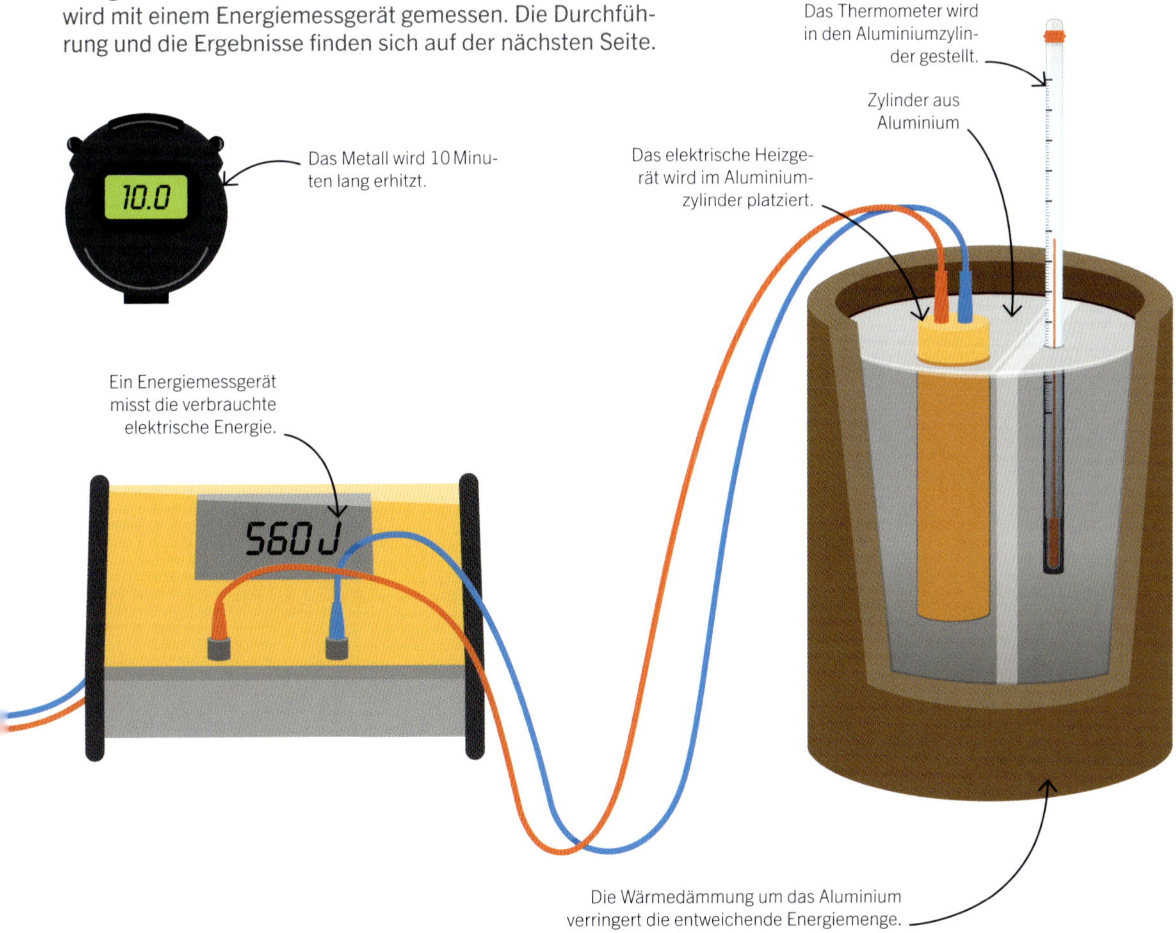

Durchführung

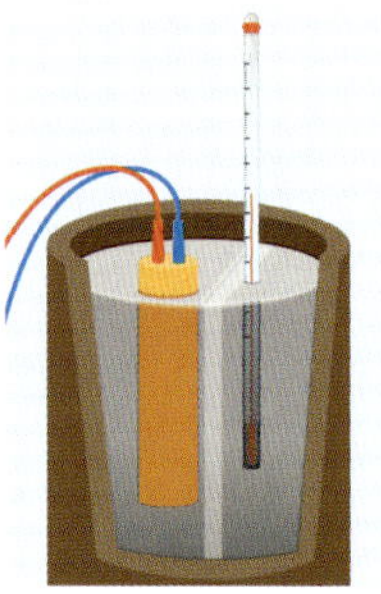

1. In den Aluminiumzylinder wurden zwei Löcher gebohrt. Platziere das elektrische Heizgerät in die große und das Thermometer in die kleine Öffnung. Gib etwas Öl in die Thermometeröffnung, um die Wärmeleitung zwischen Metall und Thermometer zu verbessern.

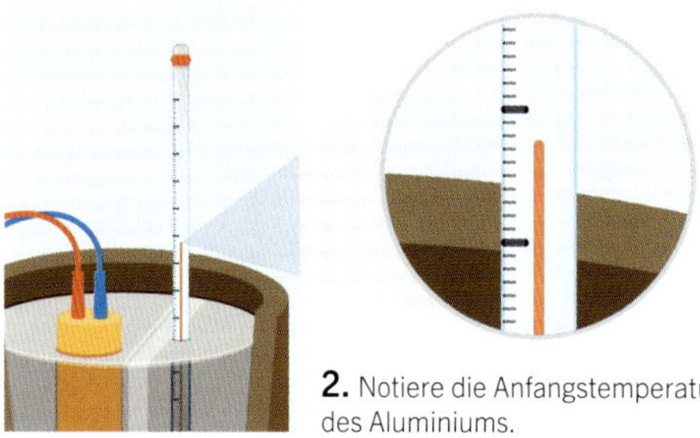

2. Notiere die Anfangstemperatur des Aluminiums.

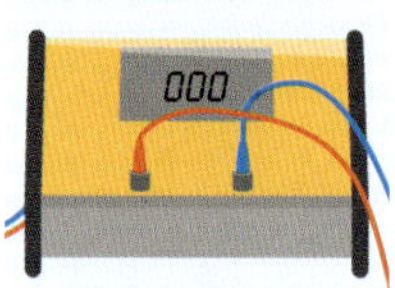

3. Stelle das Energiemessgerät auf Null und schalte dann das Heizgerät an.

4. Stelle das Heizgerät nach 10 Minuten ab.

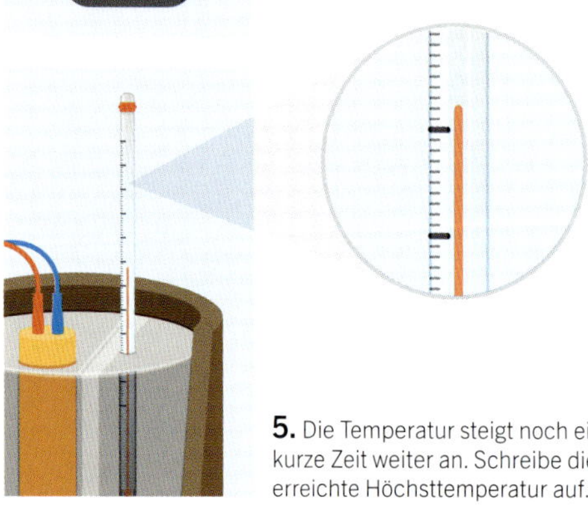

5. Die Temperatur steigt noch eine kurze Zeit weiter an. Schreibe die erreichte Höchsttemperatur auf.

Ergebnisse

1. Notiere deine Messwerte in einer Tabelle wie dieser.

Masse des Aluminiums	1 kg
Anfangstemperatur	18 °C
Höchsttemperatur	42 °C
Übertragene Energie	22 313 J

2. Berechne die Temperaturänderung:
$\Delta T = 42\,°C - 18\,°C = 24\,°C$

3. Berechne nun mit der Gleichung auf Seite 220 die spezifische Wärmekapazität.
Löse die Formel nach c auf:

$$\Delta E = m \cdot c \cdot \Delta T$$

$$c = \frac{\Delta E}{m \cdot \Delta T} = \frac{22\,313\,\text{J}}{1\,\text{kg} \cdot 24\,°\text{C}} = 930\,\text{J/kg}\,°\text{C}$$

Evaluation

Man kann die Genauigkeit der Messung nachprüfen, indem man das Ergebnis mit der tatsächlichen spezifischen Wärmekapazität von Aluminium vergleicht, die 897 J/kg °C beträgt. Sicherlich ist ein Teil der Energie während des Versuchs in die Umgebung entwichen, sodass der für die Berechnung verwendete Energiewert vermutlich zu hoch war und damit auch der Wert für die spezifische Wärmekapazität von Aluminium. Man könnte die Genauigkeit des Versuchs verbessern, indem man den Metallblock mit einer Wärmedämmung abdeckt, mit Aussparungen für die Drähte und das Thermometer.

Aufheizkurven

Normalerweise steigt die Temperatur eines Stoffes, wenn man Energie zuführt. Doch wenn Festkörper schmelzen oder Flüssigkeiten sieden, nehmen sie Energie ohne Temperaturänderung auf. Dieses Experiment untersucht, was geschieht, wenn man Eis durch Erwärmen zum Schmelzen bringt. Die Ergebnisse bilden eine sogenannte Aufheizkurve.

Eis erwärmen

Ein Thermometer wird in ein Reagenzglas mit zerstoßenem Eis gestellt, das wiederum in ein Becherglas mit heißem Wasser gestellt wird. Die Temperatur wird in regelmäßigen Abständen notiert, bis das Eis vollständig geschmolzen ist.

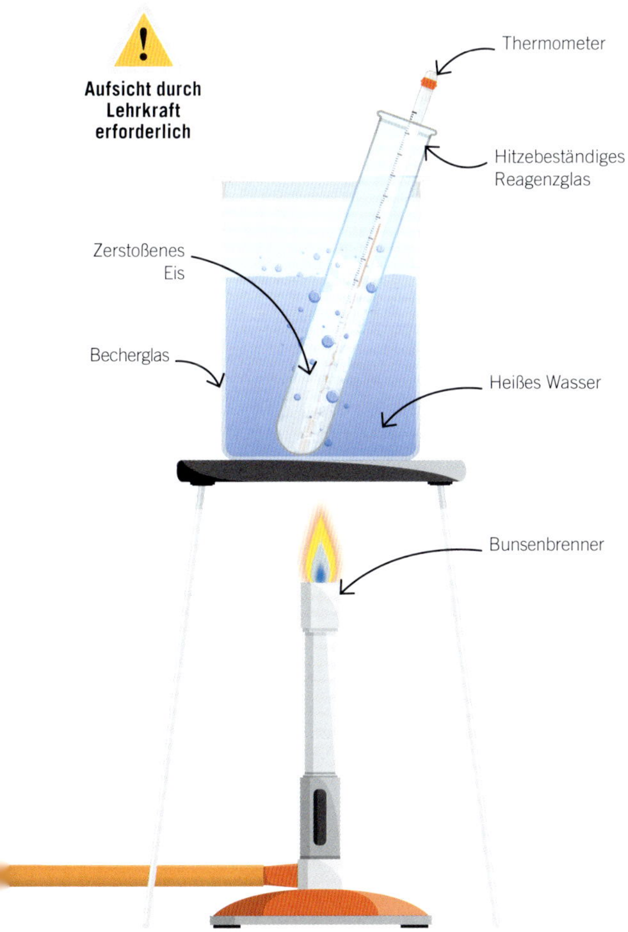

Durchführung

1. Fülle ein hitzebeständiges Reagenzglas zur Hälfte mit Eis und stelle ein Thermometer hinein. Notiere die Eistemperatur.

2. Stelle das Reagenzglas in ein Becherglas mit heißem Wasser. Halte das Wasser mit einem Bunsenbrenner warm.

3. Protokolliere nach jeder Minute die Eistemperatur. Schreibe den Zeitpunkt auf, wenn die Temperatur 0 °C erreicht und das Eis zu schmelzen beginnt.

4. Notiere die Zeit, bei der das Eis vollständig geschmolzen ist. Protokolliere die Temperatur weitere drei Minuten.

Ergebnisse

Trage deine Ergebnisse in ein Liniendiagramm mit der Temperatur als y-Achse und der Zeit als x-Achse ein. Sobald du das Reagenzglas mit Eis ins Wasserbad stellst, steigt die Temperatur. Daher hat der erste Teil der Kurve eine positive Steigung. Ist die Temperatur 0 °C, beginnt das Eis zu schmelzen und die Temperatur bleibt konstant, obwohl weiterhin Energie vom heißen Wasser übertragen wird. Diese Energie, die als latente Wärme bezeichnet wird, schmilzt das Eis, erhöht jedoch die Temperatur nicht, sodass der mittlere Teil der Kurve flach ist. Wenn alles Eis geschmolzen ist, steigt die Temperatur wieder.

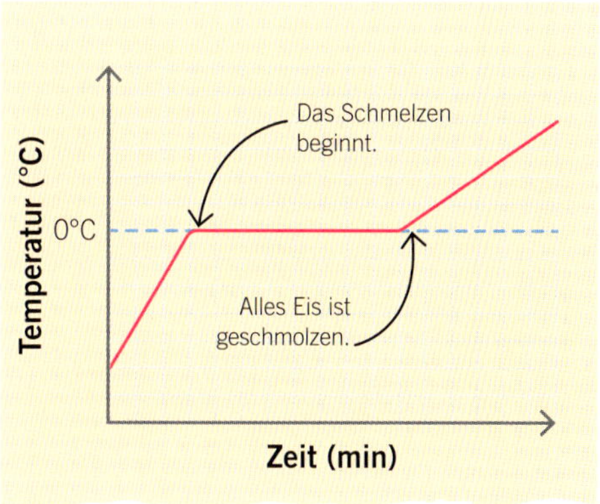

Temperatur und Zustandsänderungen

Um einen Stoff zum Schmelzen oder Sieden zu bringen, wird Energie benötigt. Diese Energie wird latente Wärme genannt. Wenn ein Gas kondensiert oder eine Flüssigkeit erstarrt, wird die latente Wärme wieder frei.

Aufheiz- und Abkühlkurven

Im nachfolgenden Diagramm ist dargestellt, wie sich die Temperatur eines Stoffes bei Änderungen des Aggregatzustands ändert. Wenn ein Stoff schmilzt oder siedet, wird die zugeführte Energie dazu genutzt, die Kräfte zwischen den Teilchen zu überwinden. Daher bleibt die Temperatur konstant und die Kurve ist waagerecht. Wenn ein Gas kondensiert oder eine Flüssigkeit erstarrt (gefriert), setzt die Bildung von Bindungen Energie frei und hält so die Temperatur konstant.

Auf einen Blick

- ✓ Wenn ein Stoff erhitzt wird, bleibt seine Temperatur beim Schmelzen oder Sieden konstant.
- ✓ Wenn ein Stoff abgekühlt wird, bleibt seine Temperatur beim Kondensieren oder Erstarren konstant.
- ✓ Latente Wärme ist die Energie, die bei Änderungen des Aggregatzustandes aufgenommen oder abgegeben wird.
- ✓ Verdunstung kann bei jeder Temperatur an der Oberfläche einer Flüssigkeit stattfinden.

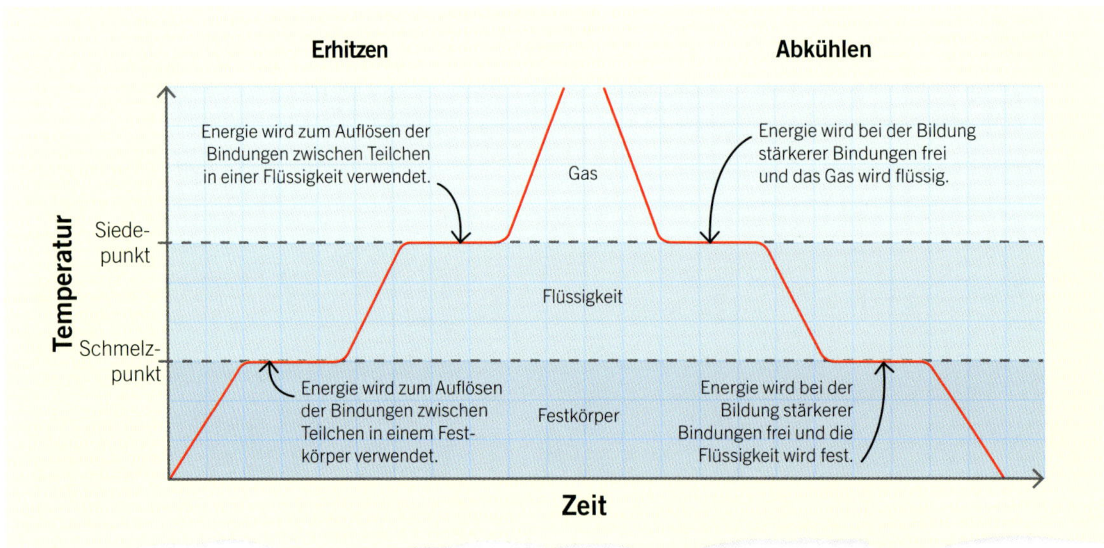

Verdunsten und sieden

Verdunstung kann bei jeder Temperatur an der Oberfläche einer Flüssigkeit stattfinden. Pfützen trocknen z. B. aus, obwohl die Wassertemperatur niemals den Siedepunkt erreicht. Beim Sieden wird Wasser so schnell gasförmig, dass sich viele Blasen innerhalb der Flüssigkeit bilden. Diese Blasen bestehen nicht aus Luft, sondern Wasserdampf.

Berechnungen mit latenter Wärme

Die latente Wärme ist die Energie, die benötigt wird, um ohne Temperaturänderung einen Festkörper in eine Flüssigkeit (Schmelzwärme) oder eine Flüssigkeit in ein Gas (Verdampfungswärme) umzuwandeln. Im umgekehrten Fall, wenn ein Gas kondensiert oder eine Flüssigkeit erstarrt, wird die latente Wärme wieder frei.

Auf einen Blick

- ✓ Die latente Wärme ist die Energie, die zur Umwandlung eines Festkörpers in eine Flüssigkeit oder einer Flüssigkeit in ein Gas benötigt wird.
- ✓ Dieselbe Energiemenge wird bei der umgekehrten Zustandsänderung frei.
- ✓ Die spezifische latente Wärme ist die Energie, die zur Zustandsänderung von 1 kg eines Stoffe bei einer konstanten Temperatur benötigt wird. Ihre Einheit ist J/kg.

Schmelzwärme
Die folgende Gleichung gibt an, wie viel Energie zum Schmelzen von Eis mit bekannter Masse (ohne Temperaturänderung) nötig ist. In der Gleichung kommt eine Größe namens spezifische latente Wärme vor: die benötigte Energiemenge für die Zustandsänderung von 1 kg eines Stoffes. Im Beispiel unten wird die spezifische Schmelzwärme von Wasser verwendet. Jede Substanz hat eine andere Schmelz- bzw. Verdampfungswärme.

Energie für eine Zustandsänderung (J) = Masse (kg) · spezifische latente Wärme (J/kg)

$$E = m \cdot L$$

Zum Schmelzen eines Iglus mit einer Masse von 750 kg braucht man beispielsweise:

Energie für die Zustandsänderung (J) = 750 kg · 334 000 J/kg

= 250 500 000 J ≈ 251 MJ

An Wasserdampf verbrühen

Sei vorsichtig, wenn deine Hand in die Nähe der Tülle eines siedenden Wasserkessels kommt. Du könntest dich verbrühen. Wasserdampf verursacht schlimme Verbrühungen, u. a. da er beim Kondensieren latente Wärme abgibt. Die Verdampfungswärme ist viel größer als die Schmelzwärme, denn es kostet mehr Energie, die Teilchen vollständig voneinander zu trennen und eine Flüssigkeit in ein Gas umzuwandeln, als einen Festkörper in eine Flüssigkeit.

Frage
Wie viel Energie wird frei, wenn 1 g Wasserdampf kondensiert? Die spezifische Verdampfungswärme von Wasser beträgt 2 256 000 J/kg.

Antwort
Rechne zuerst die Masse in Kilogramm um: 1 g = 0,001 kg

Freigesetzte Energie = $m \cdot L$

= 0,001 kg · 2 256 000 J/kg

= 2256 J

Druck

Druck auf eine Fläche

Wenn man auf einen Körper drückt, kann sich die Kraft über die ganze Hand verteilen oder in der Fingerspitze konzentriert sein. Druck ist ein Maß dafür, wie stark eine Kraft durch die Fläche konzentriert ist, auf die sie wirkt. Was bei der Einwirkung einer Kraft auf einen Körper geschieht, kann vom Druck abhängen.

Auf einen Blick

- Druck ist Kraft pro Fläche.
- Die Wirkung einer Kraft auf eine Fläche hängt vom ausgeübten Druck ab.
- Die Einheit für den Druck ist Pascal (Pa), das einer Kraft von 1 N pro Quadratmeter entspricht.

Druck erhöhen

Wenn man einen Ballon mit dem Finger drückt, wird er gequetscht, doch wenn man dieselbe Kraft mit einer Nadel ausübt, zerplatzt er. Die Nadelspitze hat eine extrem kleine Oberfläche, sodass dieselbe Kraft einen viel höheren Druck erzeugt. Man kann den Druck mit der unten stehenden Formel berechnen. Druck ist Kraft pro Fläche und wird in der Einheit Pascal (Pa) gemessen: 1 Pa ist eine auf einer Fläche von 1 m^2 ausgeübte Kraft von 1 N.

$$\text{Druck (Pa)} = \frac{\text{Kraft (N)}}{\text{Fläche (m}^2\text{)}}$$

$$p = \frac{F}{A}$$

Druck berechnen

Frage

Ein Koffer mit einem Gewicht von 15 N wird auf ein Bett gelegt. Er ist 0,8 m lang und 0,5 m breit. Wie viel Druck übt er auf das Bett aus?

Antwort

Berechne zuerst die Fläche in Quadratmetern:

$A = 0{,}8\,\text{m} \cdot 0{,}5\,\text{m}$
$= 0{,}4\,\text{m}^2$

Rechne nun die Lösung mit der Druckgleichung aus.

$$p = \frac{F}{A} = \frac{15\,\text{N}}{0{,}4\,\text{m}^2} = 37{,}5\,\text{Pa}$$

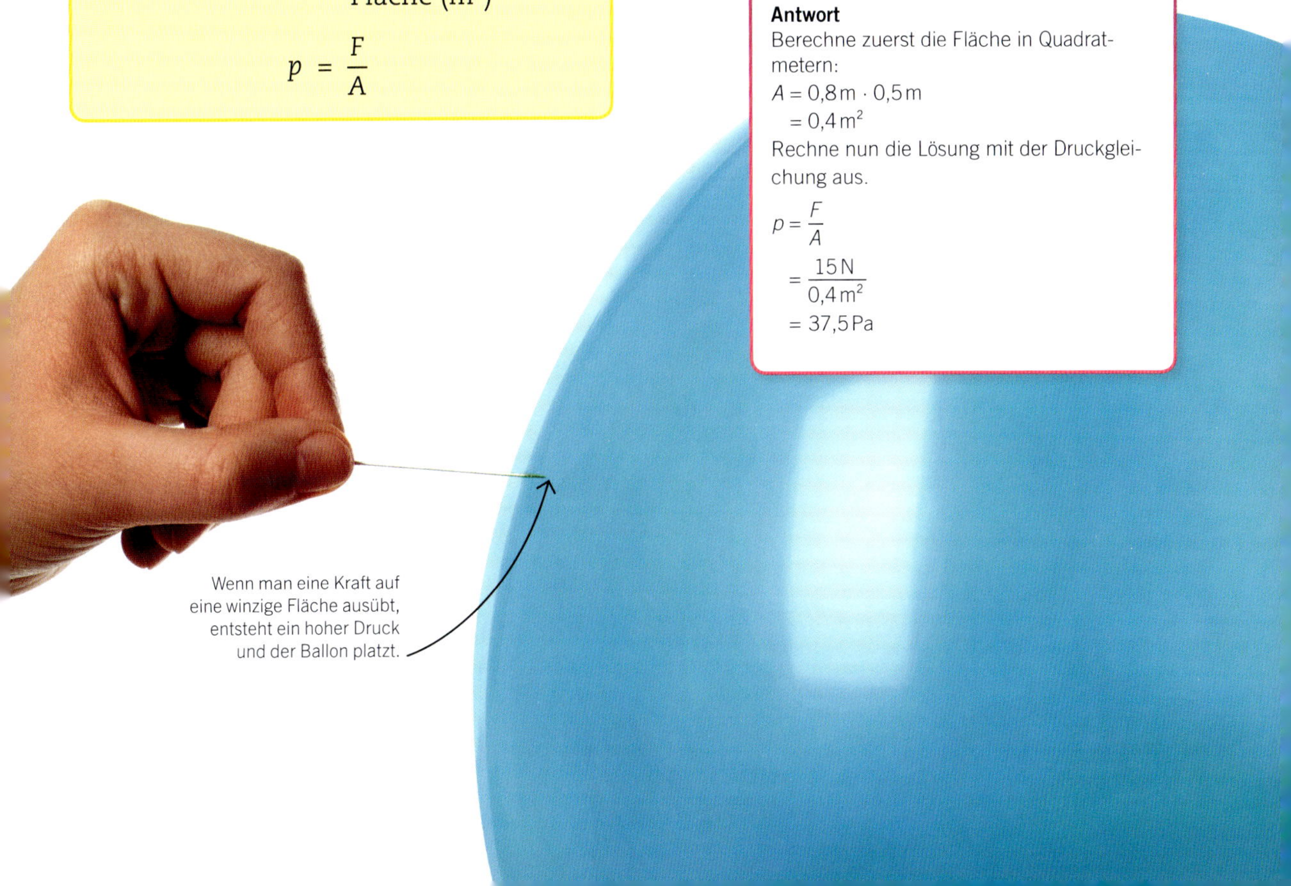

Wenn man eine Kraft auf eine winzige Fläche ausübt, entsteht ein hoher Druck und der Ballon platzt.

Luftdruck

Die Atmosphäre ist die Luftschicht, die die Erde umgibt. Der Luftdruck ist der Druck auf die Erdoberfläche aufgrund des Gewichts der Atmosphäre. Er ist bei niedriger Höhe über dem Meeresspiegel am größten und fällt mit steigender Höhe über dem Boden ab.

Auf einen Blick

- ✓ **Der Luftdruck ist der Druck auf die Erdoberfläche aufgrund des Gewichts der Luft in der Atmosphäre.**
- ✓ **Der Luftdruck fällt mit steigender Höhe.**

Was ist Luftdruck?
Wenn man ein mit Pappe abgedecktes Glas Wasser umdreht, fällt die Karte nicht herunter, da sie vom Luftdruck festgehalten wird. Luftteilchen fliegen unentwegt umher, mit Geschwindigkeiten von Hunderten bis Tausenden Kilometern pro Stunde. Dabei prallen sie von allem, was sie treffen, wieder ab und erzeugen so Druck. Obwohl wir den Luftdruck weder sehen noch spüren können, wirkt er immer und von allen Seiten auf uns.

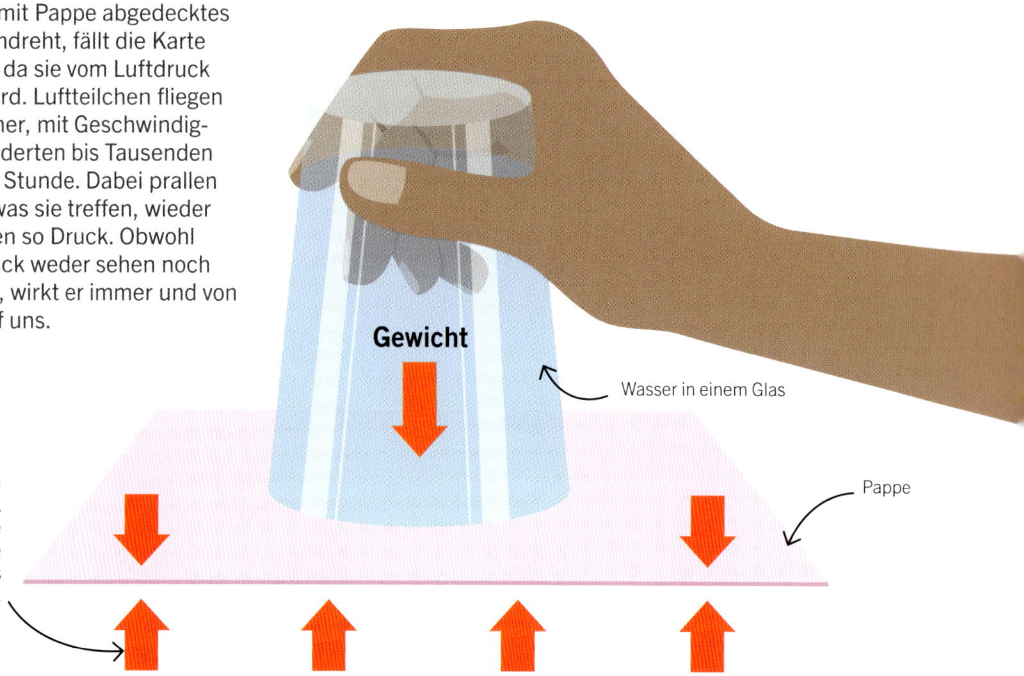

Druck und Höhe

Wenn man einen Berg besteigt, fällt der Luftdruck mit steigender Höhe. Denn der Druck wird vom Gewicht der Atmosphäre hervorgerufen und je höher man steigt, umso weniger Luft ist über einem. Mit steigender Höhe nimmt auch die Dichte der Luft ab, sodass das Atmen schwerer fällt. Der Grund ist, dass Gase, anders als Flüssigkeiten, kompressibel (zusammendrückbar) sind. Der höhere Druck auf Meereshöhe drückt die Luft auf ein geringeres Volumen zusammen als der niedrigere Druck in großer Höhe.

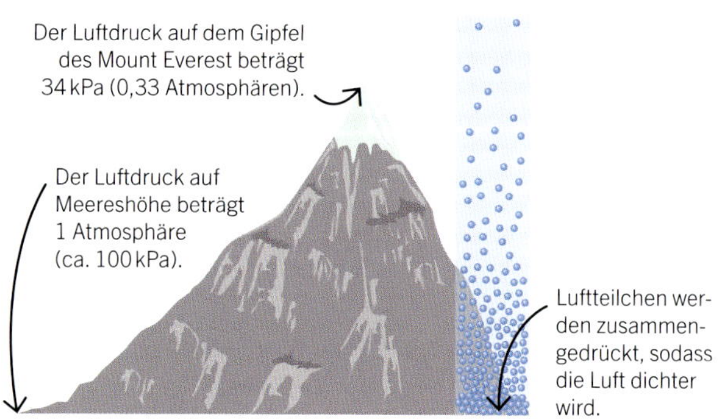

Druck in Flüssigkeiten

Der Druck auf einen Körper in einer Flüssigkeit wird vom Gewicht der Flüssigkeitssäule über ihm verursacht. Der Druck in Flüssigkeiten hängt von Tiefe und Dichte ab: Er ist bei größerer Tiefe und dichteren Flüssigkeiten größer.

Auf einen Blick

- ✓ **Der Druck in einer Flüssigkeit nimmt mit steigender Tiefe und Dichte zu.**
- ✓ **Der Gesamtdruck unter Wasser ist die Summe aus Wasser- und Luftdruck.**

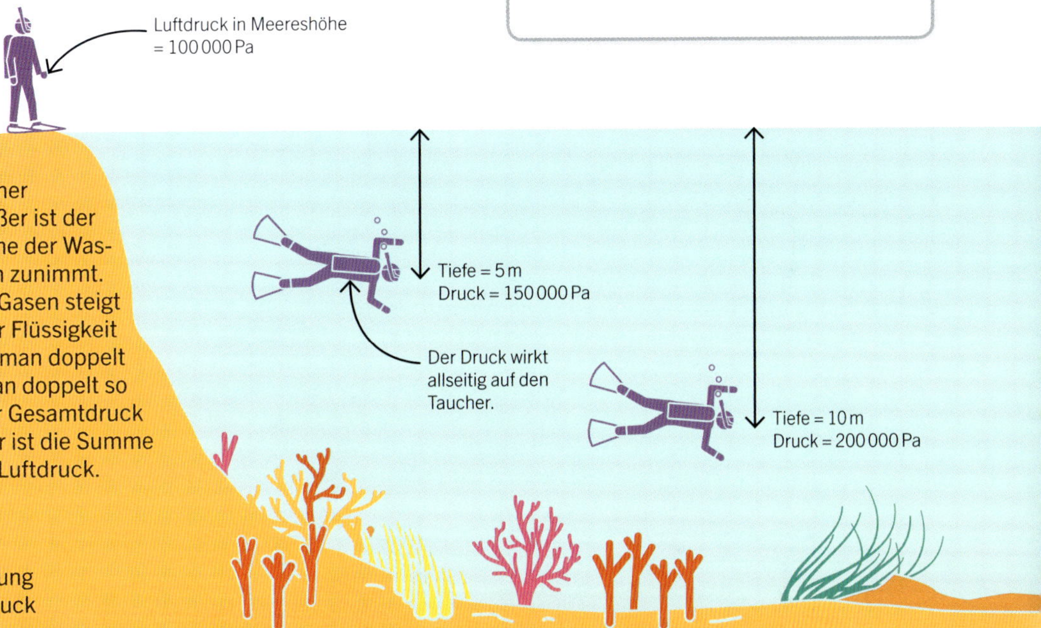

Tiefe und Druck
Je tiefer ein Taucher taucht, umso größer ist der Druck, da die Höhe der Wassersäule über ihm zunimmt. Im Gegensatz zu Gasen steigt der Druck in einer Flüssigkeit linear an: Taucht man doppelt so tief, erfährt man doppelt so hohen Druck. Der Gesamtdruck auf einen Taucher ist die Summe aus Wasser- und Luftdruck.

Druckgleichung
Mit dieser Gleichung kann man den Druck auf einen Körper in einer Flüssigkeit berechnen. Die Höhe der Flüssigkeit über dem Körper ist *h*, die Dichte der Flüssigkeit ρ und *g* die Gravitationsfeldstärke (10 N/kg an der Erdoberfläche).

$$\text{Druck (Pa)} = \text{Höhe (m)} \cdot \text{Dichte (kg/m}^3\text{)} \cdot \text{Gravitationsfeldstärke (N/kg)}$$

$$P = h \cdot \rho \cdot g$$

Druck durch die Flüssigkeit

Das Formelzeichen für die Dichte ist der griechische Buchstabe Rho.

Druck berechnen

Frage
Die Dichte von Wasser ist 1000 kg/m³. Berechne den Gesamtdruck auf einen Pinguin, der zum Fischefangen 30 m tief taucht, wenn der Luftdruck auf Meereshöhe 100 000 Pa beträgt.

Antwort
Berechne zunächst den Wasserdruck in 30 m Tiefe.
$P = 30\,\text{m} \cdot 1000\,\text{kg/m}^3 \cdot 10\,\text{N/kg}$
$= 300\,000\,\text{Pa}$
Für die Lösung addiere dann den Luftdruck in Meereshöhe.
Gesamtdruck $= 300\,000\,\text{Pa} + 100\,000\,\text{Pa}$
$= 400\,000\,\text{Pa} = 400\,\text{kPa}$

Schwimmen und sinken

Äpfel schwimmen an der Wasseroberfläche, Erdbeeren sinken ab, doch Fische und Delfine tun nichts von beidem. Ob ein Körper schwimmt oder sinkt, hängt von den auf ihn wirkenden Kräften ab.

Auf einen Blick

- ✓ Ein Körper erfährt in einer Flüssigkeit eine aufwärts gerichtete Kraft, die man statischen Auftrieb nennt.
- ✓ Der statische Auftrieb ist so groß wie das Gewicht der verdrängten Flüssigkeit.
- ✓ Ist der statische Auftrieb größer als das Gewicht des Körpers, schwimmt er.

Statischer Auftrieb

Da der Druck mit steigender Wassertiefe zunimmt, erfährt ein untergetauchter Körper an seiner Unterseite einen größeren Druck als an der Oberseite. Dieser Unterschied führt insgesamt zu einer aufwärts gerichteten Kraft, dem statischen (oder hydrostatischen) Auftrieb. Ist der Auftrieb größer als das Gewicht des Körpers, schwimmt er. Ist der Auftrieb kleiner als das Gewicht, sinkt er. Sind sie gleich, so schwebt er.

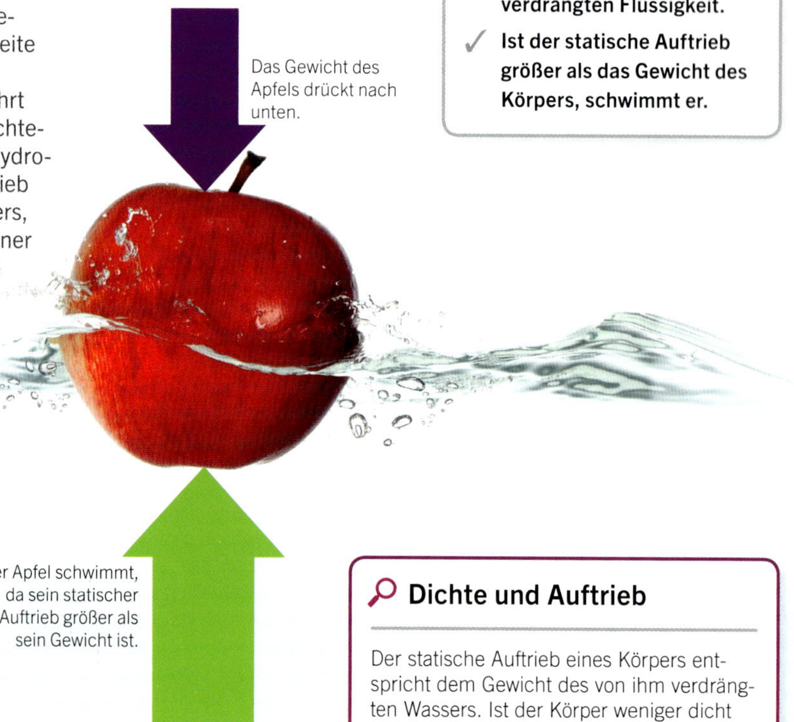

Dichte und Auftrieb

Der statische Auftrieb eines Körpers entspricht dem Gewicht des von ihm verdrängten Wassers. Ist der Körper weniger dicht als Wasser, wiegt das verdrängte Wasser mehr als der Körper, sodass der Auftrieb das Gewicht des Körpers übertrifft und er schwimmt. Entsprechend sinkt er, wenn er dichter als Wasser ist. Stahl hat eine höhere Dichte als Wasser, doch ein Schiff aus Stahl schwimmt, da es viel Luft enthält, sodass die Gesamtdichte kleiner als bei Wasser ist. Deshalb sinken Schiffe mit einem Gewicht von einer halben Millionen Tonnen nicht.

Barometer und Manometer

Barometer und Manometer sind Instrumente, mit denen man den Druck in Fluiden (Flüssigkeiten und Gasen) messen kann. Barometer messen den Luftdruck, Manometer die Druckdifferenz zwischen zwei Gasen.

Auf einen Blick

- ✓ Barometer messen den Luftdruck.
- ✓ Manometer messen die Druckdifferenz zwischen zwei Gasen.

Barometer

Es gibt verschiedene Arten von Barometern. Ein Goethe-Barometer oder Wetterglas (s. u.) besteht aus einem Glasgefäß, das zur Hälfte mit Wasser gefüllt ist und eine lange, offene Tülle besitzt. Wenn der Luftdruck steigt, sinkt das Wasserniveau in der Tülle. Luftdruckänderungen können dazu benutzt werden, Wetteränderungen vorherzusagen, da hoher Luftdruck meist gutes Wetter bringt, während niedriger Luftdruck mit wechselhaftem Wetter verbunden ist.

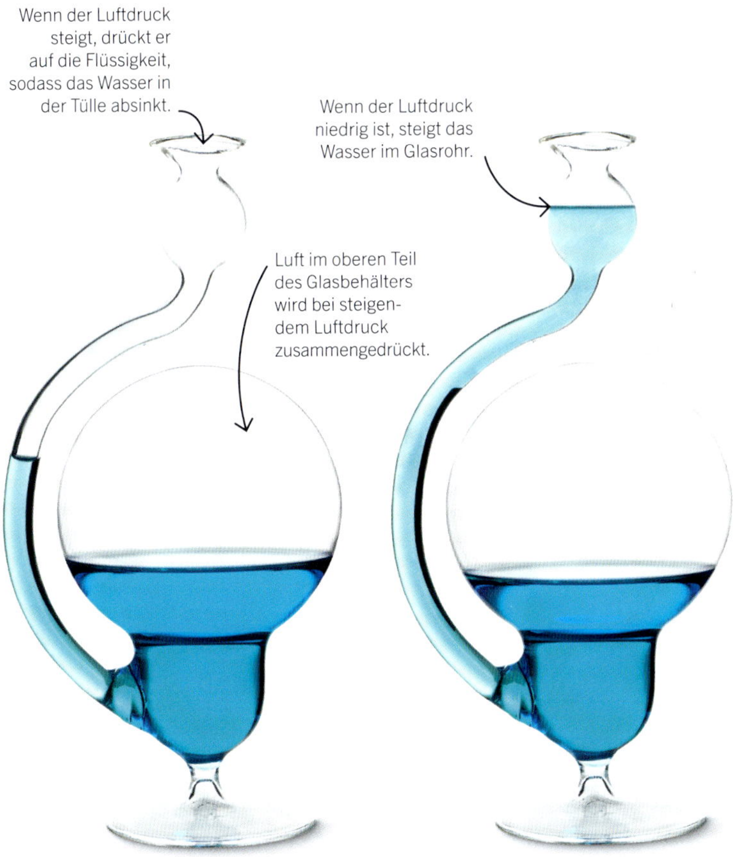

Höherer Druck **Niedrigerer Druck**

Manometer

Das einfachste Manometer ist ein teilweise mit Flüssigkeit gefülltes U-Rohr. Ist das Manometer mit nichts verbunden, wirkt der Luftdruck auf beide Oberflächen und die Flüssigkeit steht auf beiden Seiten gleich hoch. Übt man auf eine Seite einen Gasdruck aus, verschiebt sich die Flüssigkeit auf die andere Seite.

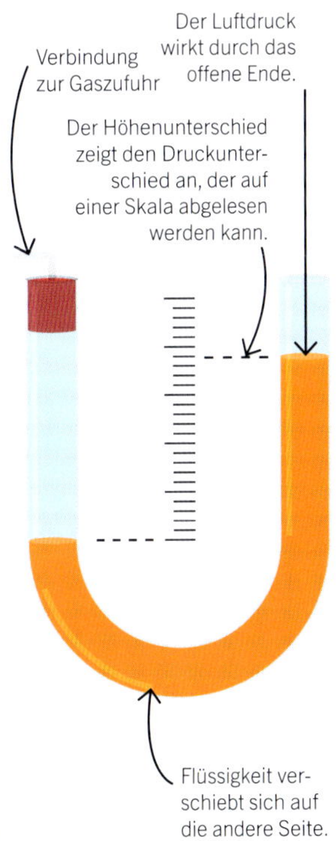

Druck in Gasen

Ein Gas besteht aus Teilchen, die sich ungeordnet bewegen und dabei miteinander und mit anderen Körpern zusammenstoßen. Dadurch entsteht Druck.

Eingeschlossenes Gas

Wenn Gas in einem Behälter eingeschlossen ist, stoßen die Gasteilchen unentwegt an die Wände des Behälters und üben winzige Kräfte aus, die insgesamt Druck erzeugen. Je mehr Gasteilchen sich im Behälter befinden, umso größer ist die Anzahl der Stöße und damit der Druck. Deshalb steigt der Druck in einem Fahrradreifen, wenn er aufgepumpt wird. Steigt die Temperatur eines Gases, erhöht sich die Geschwindigkeit der Teilchen, wodurch der Druck steigt, da die Teilchen härter und häufiger auf die Behälterwände aufprallen.

Auf einen Blick

- **Ein in einem Behälter eingeschlossenes Gas übt Druck aus, da die Gasteilchen auf die Behälterwände stoßen.**
- **Steigt die Temperatur eines Gases, erhöht sich die Teilchengeschwindigkeit und damit der Druck.**
- **Die theoretische Temperatur, bei der alle Teilchen in einem Gas in Ruhe sind, nennt man absoluten Nullpunkt.**
- **Die Kelvinskala (K) zur Messung der Temperatur beginnt am absoluten Nullpunkt.**

Absoluter Nullpunkt

Die Temperatur eines Stoffes ist ein Maß für die mittlere kinetische Energie seiner Teilchen. Je schneller sich die Teilchen bewegen, umso mehr kinetische Energie besitzen sie und umso höher ist die Temperatur. Die niedrigste theoretisch mögliche Temperatur ist der Punkt, an dem alle Teilchen vollständig in Ruhe sind. Diese Temperatur wird als absoluter Nullpunkt bezeichnet und liegt auf der Celsius-Temperaturskala bei –273 °C. Der absolute Nullpunkt ist außerdem der Anfangspunkt der Kelvin-Temperaturskala. Eine Erhöhung um 1 K ist genauso groß wie um 1 °C.

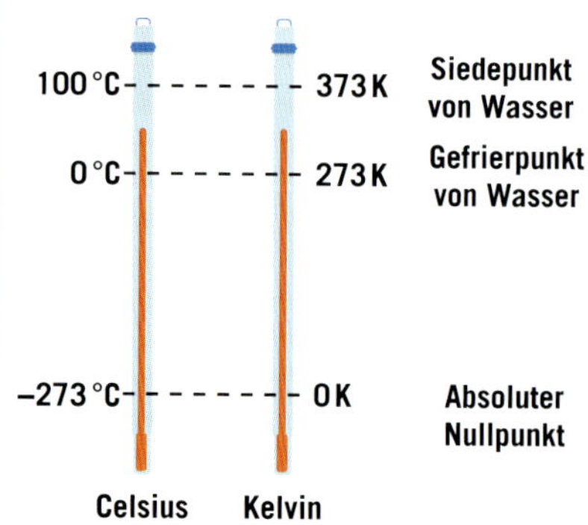

Druck und Volumen

Der von einem Gas auf seinen Behälter ausgeübte Druck hängt vom Volumen des Behälters ab. Ohne Temperaturänderung bewirkt das Zusammendrücken eines Gases auf ein kleineres Volumen eine Druckerhöhung. Kann sich das Gas auf ein größeres Volumen verteilen, verringert sich der Druck.

Auf einen Blick

- **Die Vergrößerung des Volumens eines Gases bei konstanter Temperatur verringert seinen Druck.**
- **Die Verringerung des Volumens eines Gases bei konstanter Temperatur erhöht seinen Druck.**

Volumen ändern
Gase üben Druck auf ihre Behälter aus, da die Gasteilchen unaufhörlich auf die Behälterwände aufprallen. Der Druck ist die Gesamtkraft aller Teilchen pro Quadratmeter Fläche der Behälterwand. Vergrößert man das Volumen des Behälters, erhalten die Gasteilchen mehr Raum, sodass es pro Quadratmeter zu weniger Stößen und damit zu einem niedrigeren Druck kommt. Die Verringerung des Volumens hat den gegenteiligen Effekt, sodass sich der Druck erhöht.

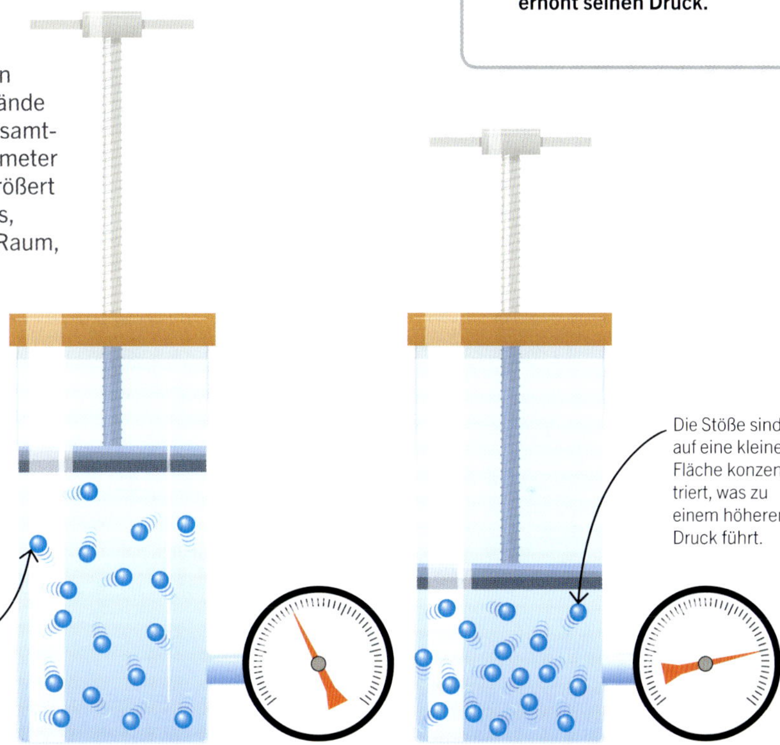

Druckänderungen berechnen

Vergrößert sich entweder der Druck oder das Volumen, verringert sich jeweils die andere Größe. Man sagt, dass die Größen umgekehrt proportional zueinander sind. Daher ist ihr Produkt konstant.

Druck vorher — Druck nachher

$$p_1 \cdot V_1 = p_2 \cdot V_2$$

Frage
Ein Behälter enthält $0{,}25\,m^3$ Luft bei einem Druck von 100 000 Pa. Ein Kolben wird heruntergedrückt, der das Volumen der eingeschlossenen Luft auf $0{,}1\,m^3$ verringert. Wenn die Temperatur konstant bleibt, wie groß ist der neue Druck?

Antwort
Stelle die Gleichung nach dem neuen Druck (p_2) um:

$$p_2 = \frac{p_1 \cdot V_1}{V_2}$$

$$= \frac{100\,000\,\text{Pa} \cdot 0{,}25\,\text{m}^3}{0{,}1\,\text{m}^3}$$

$$= 250\,000\,\text{Pa} = 250\,\text{kPa}$$

Druck und Temperatur

Temperatur ist ein Maß für die mittlere Geschwindigkeit, mit der sich Teilchen bewegen. Wenn die Temperatur eines Gases ansteigt, bewegen sich die Gasteilchen schneller, sodass der Druck steigt. Je höher oder niedriger die Temperatur, umso höher oder niedriger der Druck.

Auf einen Blick

- ✓ **Durch eine Temperaturänderung eines Gases bei konstantem Volumen ändert sich der Gasdruck.**
- ✓ **Beim Erhitzen eines Gases steigt der Druck und beim Abkühlen sinkt er ab.**

Gas erhitzen
Wenn sich ein Gas erwärmt, gewinnen die Teilchen kinetische Energie hinzu und werden schneller. Ist das Gas in einem Behälter eingeschlossen und das Volumen ändert sich nicht, stoßen die Teilchen häufiger und fester aufeinander und auf die Behälterwände. Das führt zu einer stärkeren Kraft auf das Behälterinnere und damit zu höherem Druck.

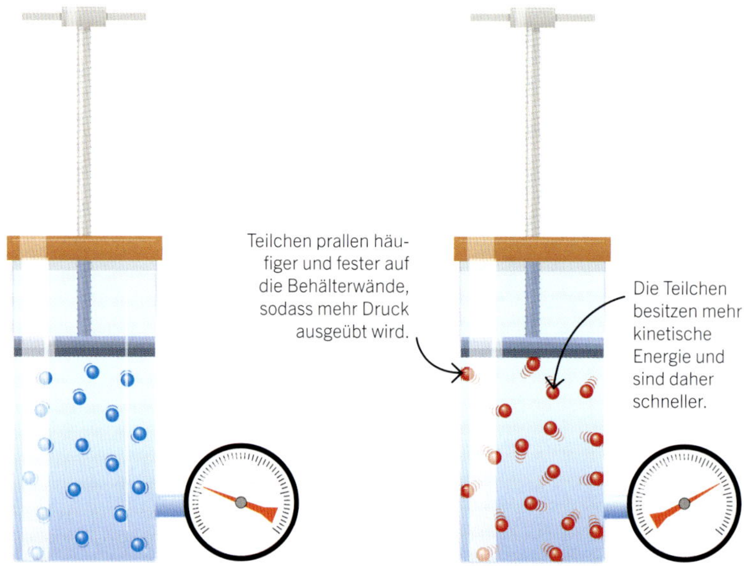

Niedrige Temperatur | **Hohe Temperatur**

Druckänderungen berechnen

Die unten stehende Gleichung gibt an, wie Temperatur und Druck eines Gases bei konstantem Volumen miteinander zusammenhängen. Verdoppelt sich die Temperatur, verdoppelt sich auch der Druck, d. h. Druck und Temperatur verhalten sich direkt proportional zueinander. Die Gleichung funktioniert nur mit Temperaturen in Kelvin.

$$\frac{p_1}{T_1} = \frac{p_2}{T_2}$$

Druck vorher (p_1), Druck nachher (p_2), Temperatur in Kelvin (T_1, T_2)

Frage
Ein verschlossener Glaszylinder ist mit Luft gefüllt. An einem heißen Tag steigt die Lufttemperatur von 20 °C auf 32 °C an. Wenn der Luftdruck zu Beginn 100 000 Pa beträgt, wie hoch wird er?

Antwort
Rechne zunächst die Temperaturen in Kelvin um, indem du 273 addierst
20 + 273 = 293 K
32 + 273 = 305 K

Löse dann die Formel nach p_2 auf:

$$p_2 = \frac{p_1 \cdot T_2}{T_1}$$

$$= \frac{100\,000\,\text{Pa} \cdot 305\,\text{K}}{293\,\text{K}}$$

$= 104\,096\,\text{Pa} \approx 104\,\text{kPa}$ (3 signifikante Stellen)

Arbeit und Temperatur

Wenn Energie durch eine Kraft übertragen wird, sagt man, dass die Kraft Arbeit verrichtet. Beim Aufpumpen eines Fahrradreifens wird Arbeit an dem eingeschlossenen Gas verrichtet, sodass seine innere Energie größer wird, wodurch sich die Temperatur erhöht.

Auf einen Blick

- ✓ Wird Arbeit an einem Gas verrichtet, nimmt seine innere Energie zu.
- ✓ Wird Arbeit an einem Gas verrichtet, steigt seine Temperatur.

Ein Gas verrichtet Arbeit

An einem Gas kann nicht nur Arbeit verrichtet werden, es kann auch selbst Arbeit an anderen Körpern verrichten. Bei einem Verbrennungsmotor (Benzinmotoren in PKW) führt die Ausdehnung heißer Gase in einer abgeschlossenen Kammer zu einem Druckanstieg. Dadurch wird ein Kolben heruntergedrückt, der Kraft auf eine rotierende Welle (Kurbelwelle) überträgt.

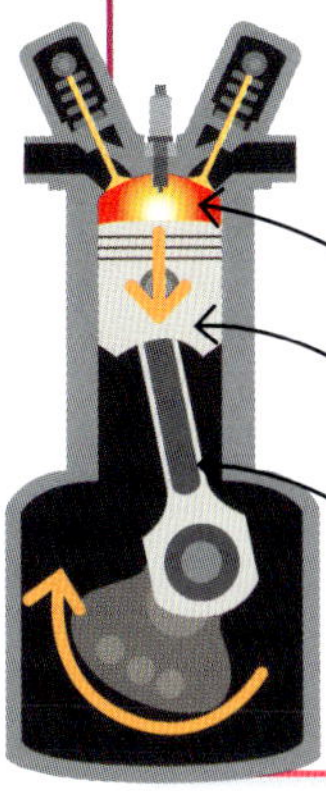

Pumpwirkung

In der Physik bezieht sich das Wort „Arbeit" auf die Energie, die beim Wirken einer Kraft auf einen Körper übertragen wird (s. S. 55). Die übertragene Energie wird als verrichtete Arbeit bezeichnet. Wenn man einen Fahrradreifen aufpumpt, übt die Pumpe eine Kraft auf die Luft aus und überträgt dabei kinetische Energie auf die Luftteilchen. Die Luftteilchen bewegen sich schneller, sodass die Temperatur im Reifen steigt.

Atome und Radioaktivität

Atomaufbau

Lange Zeit hielten Wissenschaftler Atome für die kleinsten Bausteine der Materie. Doch Atome können noch weiter in drei kleinere Teilchen zerlegt werden: Protonen, Neutronen und Elektronen. Protonen und Neutronen bilden den Atomkern im Zentrum des Atoms. Außerhalb davon befinden sich noch winzigere Teilchen, die Elektronen.

Auf einen Blick

- ✓ Atome bestehen aus drei Arten von Teilchen: Protonen, Neutronen und Elektronen.
- ✓ Protonen und Neutronen sind aneinander gebunden und bilden den Atomkern.
- ✓ Elektronen befinden sich in der Atomhülle auf getrennten Energieniveaus.
- ✓ Protonen besitzen eine positive und Elektronen eine negative Ladung. Neutronen sind elektrisch ungeladen.

Das Innere des Atoms

Im Zentrum des Atoms befindet sich der Atomkern, in dem die Protonen und Neutronen sehr nah beieinander sind. Im Vergleich zum gesamten Atom ist der Kern winzig: Wäre ein Atom so groß wie ein Fußballstadion, wäre der Kern nicht größer als ein Fußball. Doch der Kern ist ungeheuer dicht und enthält fast die gesamte Masse des Atoms.

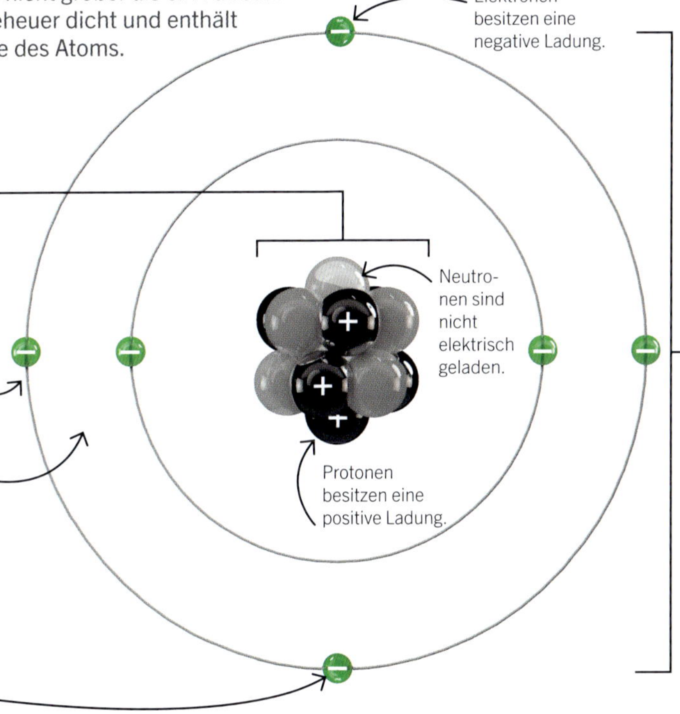

Teilcheneigenschaften

Protonen und Neutronen tragen fast die gesamte Masse des Atoms und haben fast dieselbe Masse (hier als relative Masse angegeben). Protonen und Elektronen sind ungleichnamig geladen und ziehen sich an.

	Ladung	Masse	Ort
Proton	+1	1,0073	Im Atomkern
Neutron	0	1,0087	Im Atomkern
Elektron	−1	0,0005	In der Atomhülle

Elemente und Isotope

Reinstoffe, die nur aus einer Sorte Atome bestehen, z. B. Gold oder Sauerstoff, werden als Elemente bezeichnet. Während alle Atome eines Elements immer dieselbe Anzahl Protonen im Kern (Ordnungszahl oder Kernladungszahl) haben, kann die Anzahl der Neutronen unterschiedlich sein. Atome desselben Elements mit unterschiedlicher Anzahl an Neutronen nennt man Isotope.

Auf einen Blick

- ✓ **Nur aus einer Sorte Atome bestehende Reinstoffe nennt man Elemente.**
- ✓ **Die Anzahl der Protonen in einem Atom ist seine Ordnungs- oder Kernladungszahl.**
- ✓ **Die Gesamtzahl an Protonen und Neutronen in einem Atom wird Massen- oder Nukleonenzahl genannt.**
- ✓ **Isotope sind Arten eines Elements mit unterschiedlicher Massenzahl.**

Kohlenstoffisotope
Das Element Kohlenstoff besitzt 6 Protonen im Kern, aber eine unterschiedliche Anzahl an Neutronen. Die Gesamtzahl an Protonen und Neutronen wird Massen- oder Nukleonenzahl genannt. Es existieren drei natürlich vorkommende Kohlenstoffisotope mit den Massenzahlen 12, 13 und 14. Die chemischen Eigenschaften sind bei allen drei gleich, doch sie unterscheiden sich in anderen Eigenschaften, beispielsweise Masse und Radioaktivität.

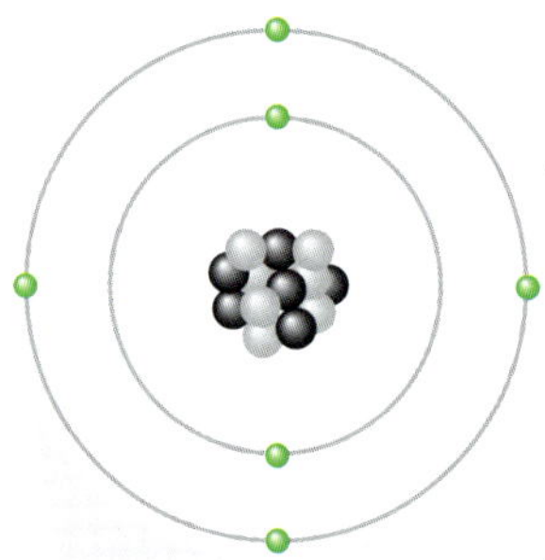

Man schreibt Isotopennamen, indem man den Namen oder das Symbol des Elements mit nachfolgender Massenzahl angibt.

Kohlenstoff-13 macht ca. 1 % des weltweiten Kohlenstoffvorkommens aus. Es besitzt 6 Protonen und 7 Neutronen.

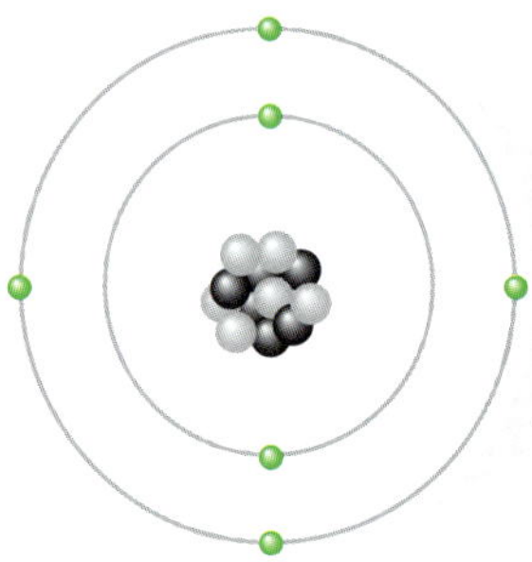

Kohlenstoff-12 besitzt 6 Protonen und 6 Neutronen. Es ist das häufigste Kohlenstoffisotop, das fast 99 % des natürlich vorkommenden Kohlenstoffs ausmacht.

Diamant (eine Form von Kohlenstoff)

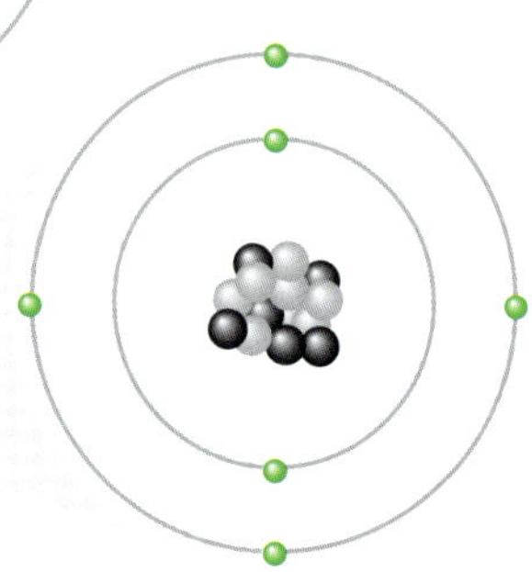

Kohlenstoff-14 ist das seltenste und schwerste Kohlenstoffisotop. Es besitzt 6 Protonen und 8 Neutronen und ist radioaktiv.

Isotopensymbole

Anstatt den Namen eines Isotops vollständig auszuschreiben, kann man es als Symbol schreiben. Kohlenstoff-14 wird z. B. durch das Symbol $^{14}_{6}C$ dargestellt. Dadurch wird klar, dass es 6 Protonen und insgesamt 14 Protonen und Neutronen enthält. Die Neutronenzahl kann man bestimmen, indem man die Ordnungszahl von der Massenzahl subtrahiert (14 - 6 = 8 Neutronen).

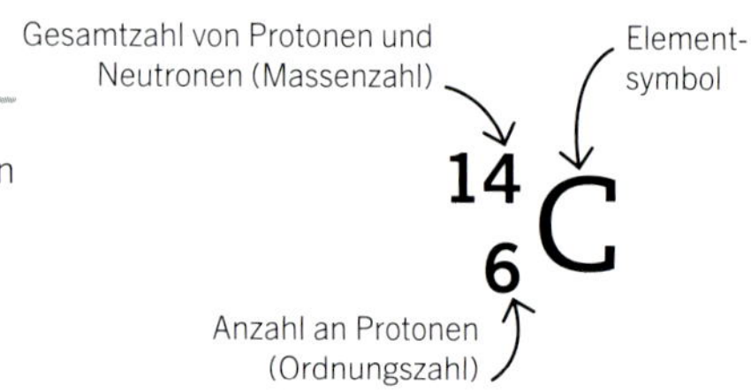

Atommodelle

Während der vergangenen 200 Jahre haben sich die Modelle weiterentwickelt, die wir zur Darstellung der Atome verwenden, da Wissenschaftler immer mehr über sie herausgefunden haben.

Auf einen Blick

- ✓ Das wissenschaftliche Atommodell hat sich im Laufe der Zeit geändert.
- ✓ Das Goldfolienexperiment hat gezeigt, dass die Masse des Atoms in seinem Kern konzentriert ist.

1. Daltonsche „Billardkugel“ Das erste neuzeitliche Atommodell wurde vom englischen Chemiker John Dalton entwickelt. Er hielt Atome für massive unteilbare Kugeln.

2. Thomsons „Rosinenkuchen“ Der britische Physiker J. J. Thomson entdeckte 1904 das Elektron. Er schlug das Rosinenkuchenmodell vor, bei dem die negativ geladenen Elektronen in einer positiv geladenen Kugel verteilt sind.

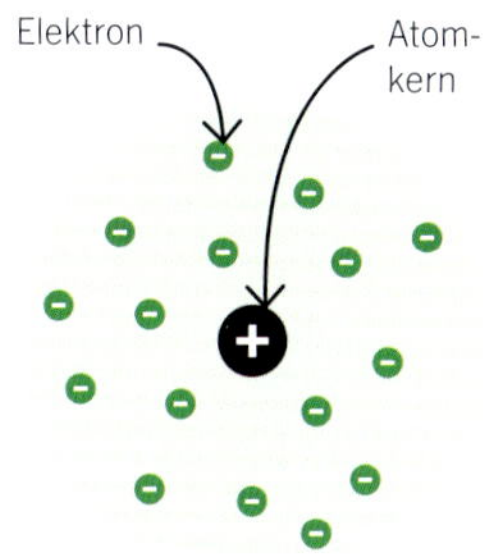

3. Rutherfordsches Modell Der britische Physiker Ernest Rutherford schlug ein Atommodell vor, bei dem ein positiv geladener Kern im Zentrum von einer Elektronenwolke umgeben ist. Später entdeckte er die Protonen, die positiv geladenen Teilchen im Atomkern.

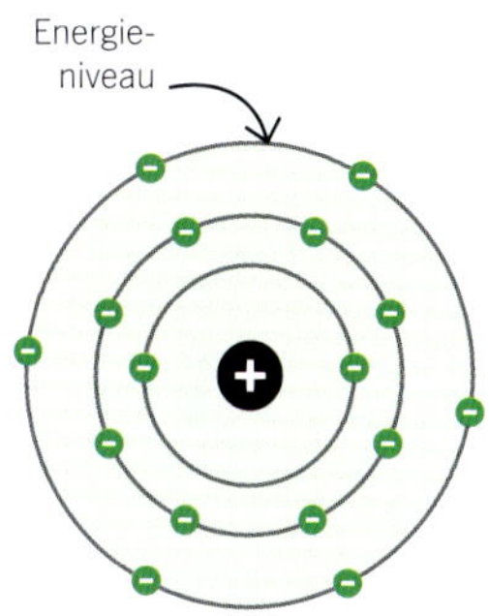

4. Bohrsches Modell Der dänische Physiker Niels Bohr schlug ein Atommodell vor, bei dem die Elektronen auf festen Energieniveaus angeordnet sind, die er sich als Bahnen um den Kern dachte. Damit konnte man erklären, warum Atome nur bestimmte Lichtwellenlängen absorbieren oder emittieren. Heute verstehen wir die Energieniveaus abstrakter.

Entdeckung des Atomkerns

Anfang des 20. Jahrhunderts führten Forscher ein Experiment zur Überprüfung des Rosinenkuchenmodells durch. Als sie eine dünne Goldfolie mit positiv geladenen Teilchen (Alphateilchen) beschossen, flogen die meisten geradlinig durch die Folie, doch einige wurden in zufällige Richtungen gestreut, von einer positiven Ladung abgestoßen. Die Ergebnisse legten nahe, dass Atome nur einen sehr kleinen Bereich positiver Ladung haben, den die meisten Alphateilchen nicht getroffen hatten. Also mussten Atome im Wesentlichen leer und der größte Teil ihrer Masse in einem kleinen, positiv geladenen Atomkern konzentriert sein.

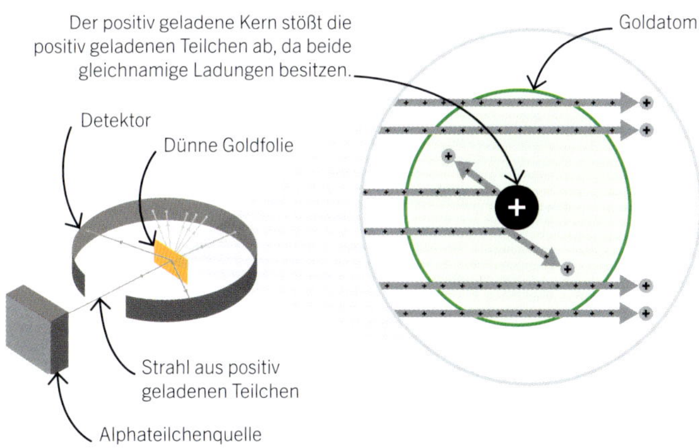

Radioaktiver Zerfall

Einige Atome sind instabil, d. h. sie zerfallen und senden hochenergetische Teilchen oder Wellen aus, die man allgemein Strahlung nennt. Solche Atome nennt man radioaktiv. Die Abgabe von Strahlung bei radioaktiven Atomen heißt radioaktiver Zerfall. Dadurch kann aus einem instabilen ein stabilerer Atomkern entstehen. Radioaktiver Zerfall ist ein zufälliger Prozess: Es ist unmöglich vorherzusagen, wann ein bestimmtes Atom zerfällt.

Auf einen Blick

- ✓ Instabile Atomkerne zerfallen und senden Strahlung aus.
- ✓ Radioaktiver Zerfall ist zufällig.
- ✓ Durch radioaktiven Zerfall kann sich ein Atomkern in ein anderes Element verwandeln.
- ✓ Radioaktive Strahlung kann mit einem Gerät namens Geiger-Müller-Zählrohr nachgewiesen werden.

Strahlung nachweisen

Die von einem radioaktiven Material abgegebene Strahlung kann man mit einem Gerät namens Geiger-Müller-Zählrohr nachweisen, das auf das Material gerichtet wird. Die Rate, mit der die Kerne zerfallen, wird Aktivität genannt und in der Einheit Becquerel (Bq) gemessen. Ein Becquerel bedeutet, dass im Mittel ein Atom pro Sekunde im Material zerfällt.

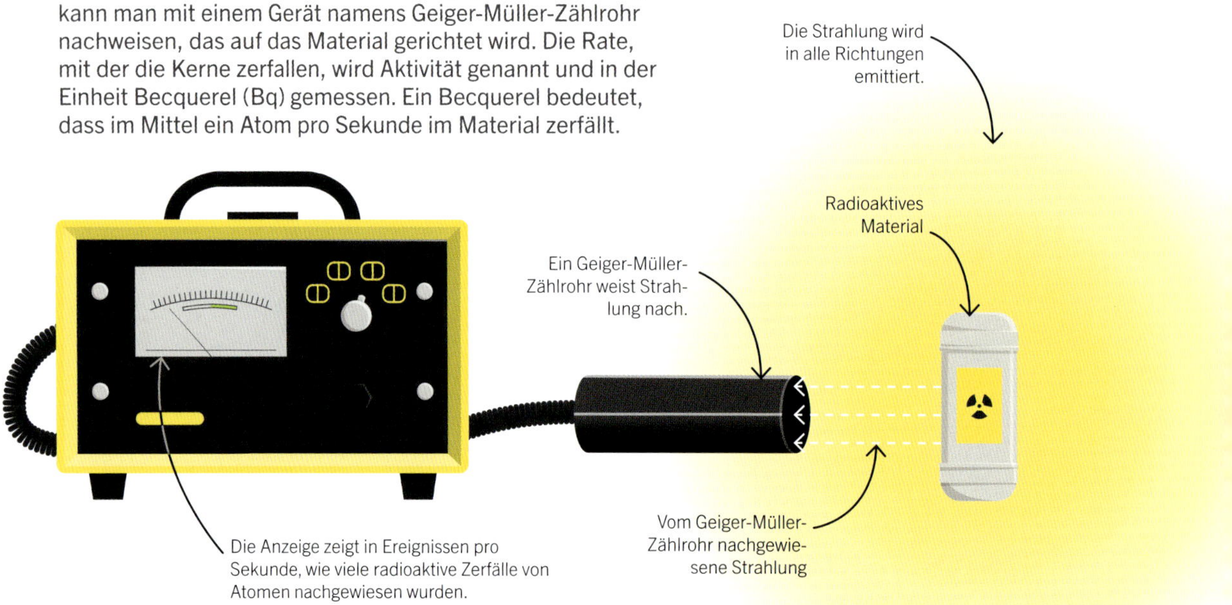

Bildung neuer Elemente

Bei manchen Arten des radioaktiven Zerfalls wandeln sich die instabilen Atome von einem Element in ein anderes um. Wenn beispielsweise Uran-238 zerfällt, sendet es ein sogenanntes Alphateilchen aus, das aus zwei Protonen und zwei Neutronen besteht. Da der übrig gebliebene Atomkern zwei Protonen weniger hat, ist es nun das Element Thorium.

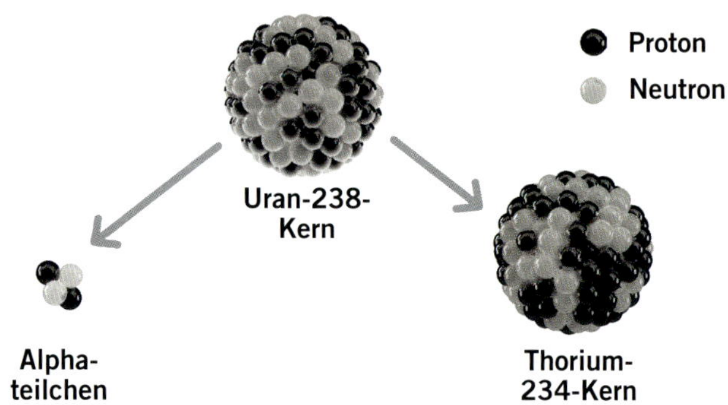

Verschiedene Strahlungsarten

Wenn radioaktive Atome zerfallen, senden sie Strahlung aus. Es gibt fünf Arten von Strahlung, die von radioaktiven Atomkernen emittiert wird: Alphateilchen, Betateilchen, Positronen, Neutronen und Gammastrahlung. Man bezeichnet sie alle als ionisierende Strahlung, da sie Elektronen aus Atomen herausschlagen können, die damit zu geladenen Teilchen (Ionen) werden.

Auf einen Blick

- ✓ Es gibt fünf Arten ionisierender Strahlung, die von radioaktiven Atomkernen emittiert wird: Alphateilchen, Betateilchen, Positronen, Neutronen und Gammastrahlung.
- ✓ Die meisten Strahlungsarten, die von radioaktiven Atomkernen emittiert werden, bestehen aus Teilchen. Gammastrahlung hingegen ist eine Art elektromagnetischer Strahlung.

Alpha-(α)-Strahlung
Alphastrahlung besteht aus Alphateilchen – zwei Neutronen und zwei Protonen (ein Heliumkern). Sie ist stark ionisierend, kann jedoch nicht weit in Materialien eindringen. Sogar ein Blatt Papier, ein paar Zentimenter Luft oder menschliche Haut können sie abschirmen.

Beta-(β)-Strahlung
Betastrahlung besteht aus schnellen Elektronen, die von einem instabilen Atomkern bei der Umwandlung von Neutronen in Protonen emittiert werden. Sie ist nicht so stark ionisierend wie Alphastrahlung, hat jedoch eine höhere Durchschlagskraft. Sie kann eine kurze Strecke durch Luft zurücklegen und Papier durchdringen, wird jedoch von einem dünnen Aluminiumblech abgestoppt.

Gamma-(γ)-Strahlung
Gammastrahlen sind wie Licht oder Radiowellen eine Form elektromagnetischer Strahlung. Sie sind nur schwach ionisierend, dringen jedoch viel stärker in Materialien ein als Alpha- oder Beta-Strahlung. Mehrere Zentimeter Blei oder mehrere Meter Beton oder Wasser sind nötig, um Gammastrahlung abzuschirmen.

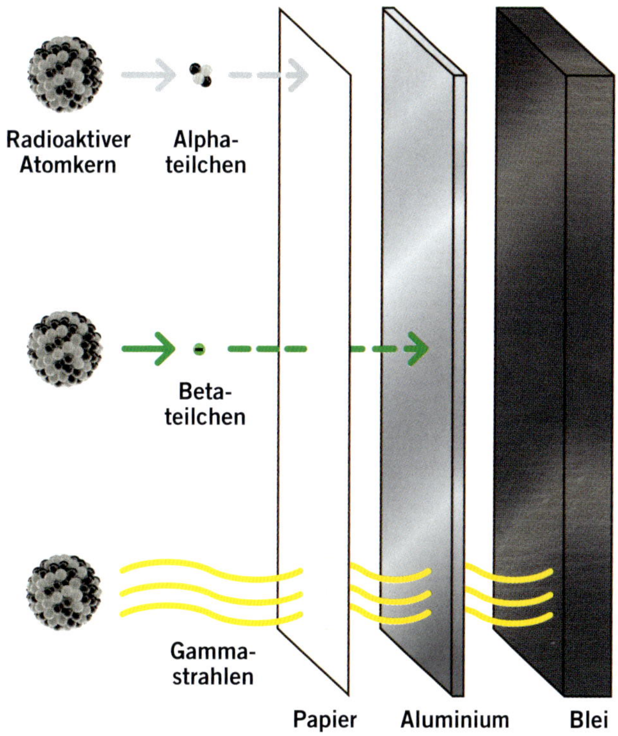

Ionisierende Strahlung

Jede Form ionisierender Strahlung kann Elektronen aus Atomen herausschlagen. Da Elektronen negativ geladen sind, hat ein Atom nach dem Verlust eines Elektrons eine positive Restladung und wird deshalb zum Ion (geladenes Atom). Ionisierende Strahlung ist gefährlich, da sie lebendes Gewebe schädigen kann.

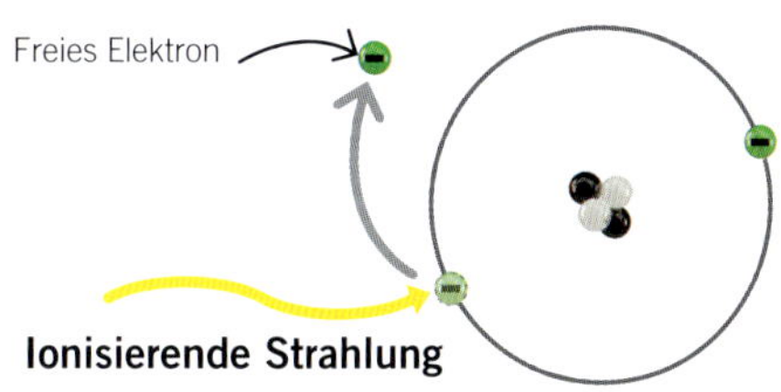

Kernreaktionsgleichungen

Bei einem radioaktiven Zerfall kann sich die Zahl der Protonen und Neutronen in einem Atom ändern, wodurch sich das Atom in ein anderes Element verwandelt. Die Änderungen können durch eine Kernreaktionsgleichung beschrieben werden.

Auf einen Blick

- Kernreaktionsgleichungen beschreiben die Änderungen während des radioaktiven Zerfalls eines Atoms.
- Eine Kernreaktionsgleichung muss ausgeglichen sein.
- Die Kernladungszahl gibt die Anzahl der Protonen in einem Atomkern an.
- Die Massenzahl ist die Gesamtsumme der Protonen und Neutronen in einem Atomkern.

Kernladungszahl und Massenzahl
Die Kernladungszahl (Protonenzahl) eines Atoms gibt die Anzahl der Protonen in seinem Kern an. Die Gesamtzahl an Protonen und Neutronen wird Massen- oder Nukleonenzahl genannt. Kohlenstoffatome haben z. B. 6 Protonen und meist 6 Neutronen, sodass ihre Kernladungszahl 6 und ihre Massenzahl 12 ist.

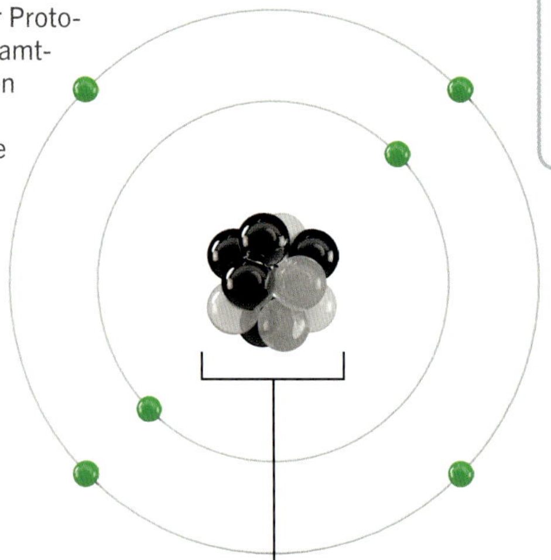

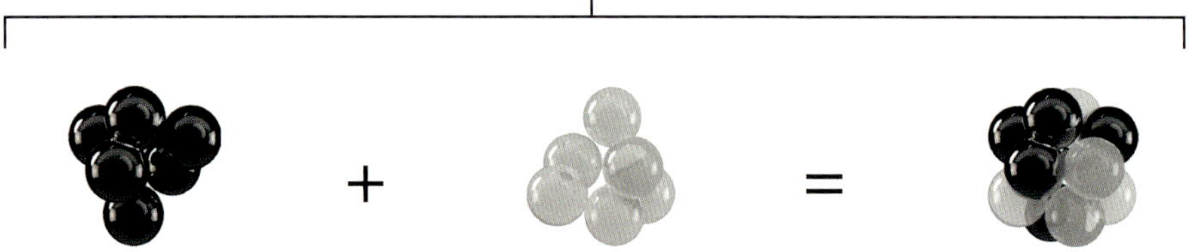

Kernladungszahl (Anzahl der Protonen)	+	Neutronenzahl	=	Massenzahl (Protonen + Neutronen)
6		6		12

Symbole in Kernreaktionsgleichungen

In Kernreaktionsgleichungen werden die Kernladungszahl und die Massenzahl als kleine Zahlen links neben das Elementsymbol geschrieben.

Massenzahl → 12; Kernladungszahl → 6

$$^{12}_{6}C$$

Alphazerfall

Ein Alphateilchen besteht aus zwei Protonen und zwei Neutronen. Wenn ein Atom, z. B. Uran, ein Alphateilchen aussendet, sinkt die Kernladungszahl um 2 und die Massenzahl um 4. Durch die Änderung der Protonenanzahl wird das Atom zu einem anderen Element (beispielsweise wird Uran zu Thorium). Die Kernreaktionsgleichung für diese Änderung muss ausgeglichen sein, d. h. die Gesamtsumme der Massenzahlen muss auf beiden Seiten der Gleichung gleich sein. Dasselbe gilt auch für die Kernladungszahlen.

Die Massenzahlen müssen auf beiden Seiten der Gleichung ausgeglichen sein (238 = 234 + 4).

$$^{238}_{92}\mathrm{U} \longrightarrow {}^{234}_{90}\mathrm{Th} + {}^{4}_{2}\mathrm{He}$$

Die Kernladungszahlen müssen auf beiden Seiten ausgeglichen sein (92 = 90 + 2).

Das Alphateilchen wird als Heliumkern geschrieben.

Uran → Thorium + Alphateilchen

Betazerfall

Beim Betazerfall wandelt sich im Kern ein Neutron in ein Proton um und emittiert dabei ein sehr schnelles Elektron, das man Betateilchen nennt. Die Kernladungszahl erhöht sich um 1, doch die Massenzahl bleibt gleich (der Kern verliert zwar ein Proton, gewinnt aber ein Neutron). Wie beim Alphazerfall müssen auch die Kernreaktionsgleichungen für den Betazerfall ausgeglichen sein.

Ein Betateilchen wird mit einer –1 geschrieben, da es eine negative Ladung hat – die entgegengesetzte Ladung zur positiven Ladung der Protonen.

$$^{14}_{6}\mathrm{C} \longrightarrow {}^{14}_{7}\mathrm{N} + {}^{0}_{-1}\mathrm{e}$$

Sechs Protonen

Sieben Protonen

Kohlenstoff → Stickstoff + Betateilchen

Halbwertszeit

Radioaktiver Zerfall ist ein zufälliger Prozess – es ist unmöglich vorherzusagen, wann ein bestimmter Atomkern zerfällt. Da jedoch eine Probe eines radioaktiven Materials so viele Atome enthält, kann man vorhersagen, welcher Bruchteil der Atome in einer bestimmten Zeit zerfallen wird. Die Zeitspanne, in der die Hälfte der Atome in einer Probe zerfällt, heißt Halbwertszeit des Isotops.

Auf einen Blick

- **Die Halbwertszeit ist die Zeit, in der die Hälfte der instabilen Atome in einer radioaktiven Probe zerfällt.**
- **Verschiedene Isotope haben unterschiedliche Halbwertszeiten.**

Zerfallskurve

Nach einer Halbwertszeit beträgt die Anzahl radioaktiver Atome die Hälfte der Ausgangszahl. Nach zwei Halbwertszeiten ist die Zahl auf ein Viertel abgefallen, nach drei Halbwertszeiten auf ein Achtel usw., bis irgendwann kaum noch radioaktive Atome übrig sind. Dieser Prozess kann als sogenannte Zerfallskurve in einem Diagramm dargestellt werden. Die Halbwertszeiten verschiedener Isotope sind ganz unterschiedlich, von Bruchteilen einer Nanosekunde bis zu Billionen mal mehr als das Alter des Universums.

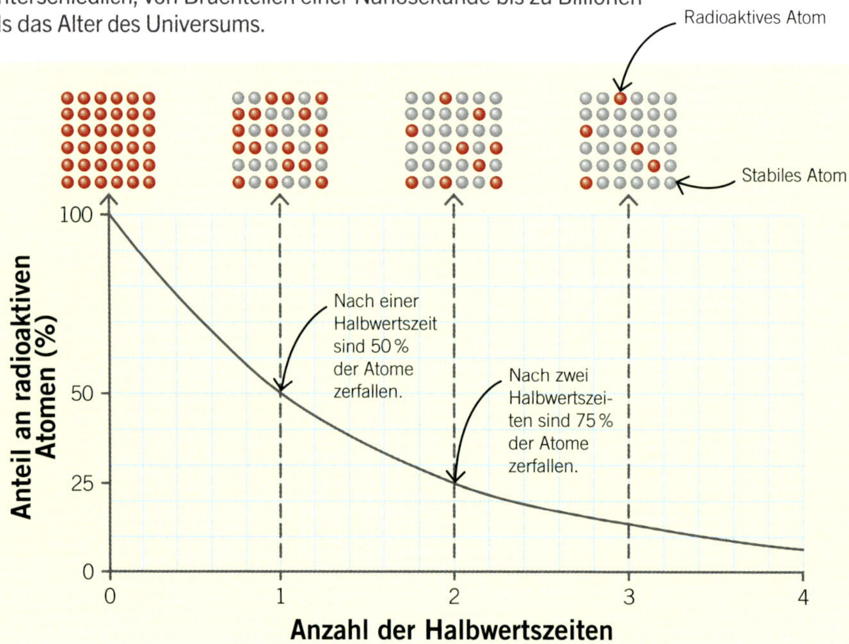

Radioaktiven Zerfall berechnen

Frage

Das radioaktive Isotop Iod-131 hat eine Halbwertszeit von 8 Tagen. Wenn man eine Probe von 20 g 24 Tage lang liegen lässt, wie viel Iod-131 ist dann übrig?

Antwort

Start: 20 g
Nach 8 Tagen (1 Halbwertszeit): 10 g
Nach 16 Tagen (2 Halbwertszeiten): 5 g
Nach 24 Tagen (3 Halbwertszeiten): 2,5 g

Hintergrundstrahlung

Hintergrundstrahlung ist überall. Dabei handelt es sich um Strahlung sowohl von natürlichen Quellen, z. B. Erdboden, Gestein und Weltraum, als auch von künstlichen Quellen, etwa medizinischen Behandlungsgeräten. Meist ist Hintergrundstrahlung unschädlich.

Quellen für Hintergrundstrahlung
Die größte Quelle für Hintergrundstrahlung ist Radongas, das im Erdboden vorkommt. Radon kann gesundheitsschädlich sein, wenn es in Häuser eindringt und dort eingeschlossen ist. Zudem wird die Erde kontinuierlich mit kosmischer Strahlung von der Sonne und den Sternen bombardiert. Ungefähr 20 % der Hintergrundstrahlung stammt aus künstlichen Quellen wie medizinischen Behandlungsgeräten, Atomwaffentests, Kohlekraftwerken oder Atomunfällen.

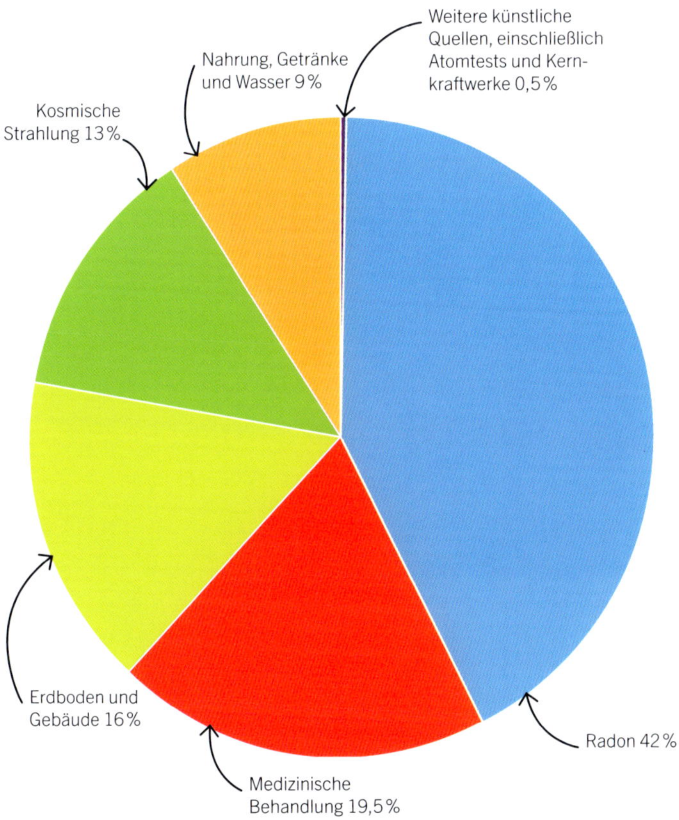

Schätzung der weltweiten Quellen für Hintergrundstrahlung

Auf einen Blick

- ✓ Hintergrundstrahlung ist die in der Umwelt vorhandene Strahlung.
- ✓ Hintergrundstrahlung stammt aus unterschiedlichen natürlichen und künstlichen Quellen.
- ✓ Die vorhandene Hintergrundstrahlung muss bei Messung der Aktivität eines radioaktiven Materials mit einbezogen werden.

Strahlungsniveaus

Das Niveau der Hintergrundstrahlung unterscheidet sich von Ort zu Ort. Daher erhalten Menschen mit bestimmten Berufen und Lebensstilen höhere Dosen. Piloten und Astronauten sind kosmischer Strahlung stärker ausgesetzt, da sie von der Erdatmosphäre weniger geschützt sind als Menschen auf der Erdoberfläche. Zur Überwachung der Hintergrundstrahlung benutzen Wissenschaftler ein Geiger-Müller-Zählrohr. Bei der Messung der Aktivität eines radioaktiven Materials wird die gemessene Hintergrundstrahlung abgezogen, um die wahre Radioaktivität des Materials zu erhalten.

Geiger-Müller-Zählrohr

Gefahren radioaktiver Strahlung

Ionisierende Strahlung kann schädlich sein. Radioaktive Stoffe, wie sie z. B. in Krankenhäusern oder Kernkraftwerken eingesetzt werden, muss man mit größter Vorsicht handhaben, verwenden und lagern, um Schäden durch Strahlenexposition oder Kontamination zu verhüten.

Auf einen Blick

- **Ionisierende Strahlung kann schädlich sein, da sie Zellen zerstören und Krebs auslösen kann.**
- **Kontamination tritt auf, wenn radioaktives Material in oder auf den Körper einer Person gelangt.**
- **Ist eine Person radioaktivem Material außerhalb des Körpers ausgesetzt, spricht man von Strahlenexposition.**

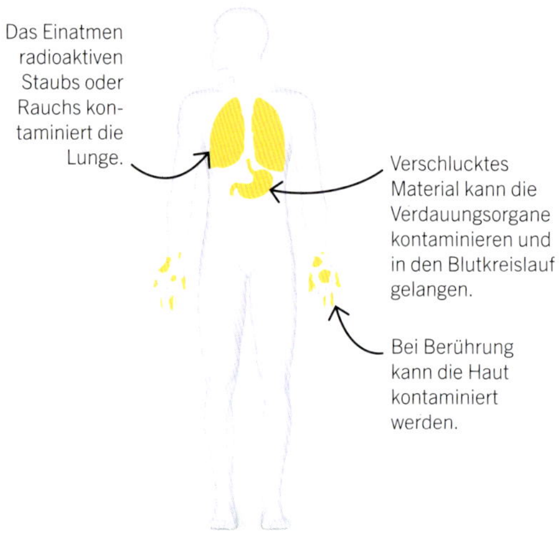

Kontamination

Radioaktive Kontamination tritt auf, wenn radioaktives Material in den menschlichen Körper oder auf Haut oder Haar gelangt. Einmal im Körper, kann es nur schwer wieder entfernt werden und gibt immer weiter ionisierende Strahlung ab, die Zellen zerstören oder krebserregende Mutationen in der DNA verursachen kann.

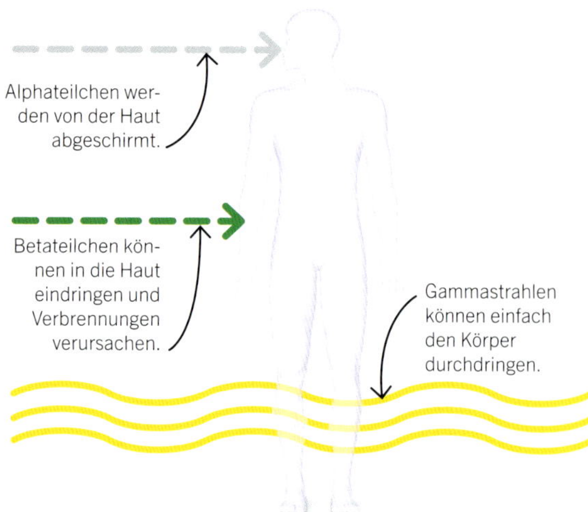

Strahlenexposition

Bei Strahlenexposition ist eine Person radioaktivem Material außerhalb des Körpers ausgesetzt. Dies kann wie bei Kontamination zur Zerstörung von Zellen oder zu Krebs führen. Körper werden dadurch nicht selbst radioaktiv. Strahlenexposition wird durch Schutzschirme abgeschirmt und hört auf, sobald die radioaktive Quelle entfernt wird.

Sich schützen

Bei der Arbeit mit radioaktivem Material kann man sich vor allem auf drei Arten schützen. Welche Vorsichtsmaßnahmen ergriffen werden, hängt von der Halbwertszeit des Materials und der Art der ausgesendeten Strahlung ab. Quellen mit einer kurzen Halbwertszeit sind am gefährlichsten, da sie in kurzer Zeit riesige Mengen Strahlung freisetzen.

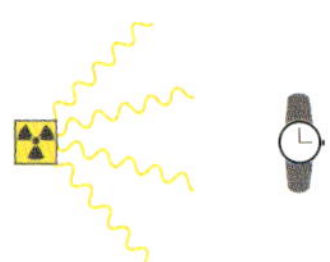

Je kürzer man sich in der Nähe einer radioaktiven Quelle aufhält, umso geringer ist die Strahlungsdosis.

Je größer der Abstand zur radioaktiven Quelle ist, umso geringer ist die Strahlendosis.

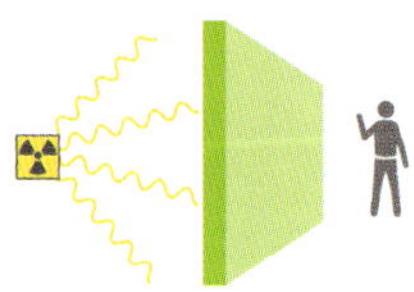

Abschirmung von Strahlung umfasst Handschuhe und Gesichtsmasken für Alphastrahlung bis zu Bleitrennwänden für Gammastrahlen.

Radioaktive Isotope verwenden

Ionisierende Strahlung nutzt man für viele Zwecke im Haushalt und in der Industrie, u. a. in der Lebensmittelsicherheit und der Produktion. Die Eigenschaften verschiedener radioaktiver Isotope (wie die Eindringtiefe) bestimmen, für welche Anwendungen sie geeignet sind.

Rauchmelder

Rauchmelder enthalten Americium-241, ein radioaktives Isotop mit einer Halbwertszeit von 460 Jahren. Es emittiert Alphastrahlung, die Luftteilchen ionisiert und damit elektrisch auflädt. Dadurch wird ein Stromkreis im Rauchmelder geschlossen und es fließt Strom. Dringt Rauch in den Rauchmelder ein, haften Rauchteilchen an den Ionen und verringern den Strom, sodass der Alarm ausgelöst wird.

Alarm aus

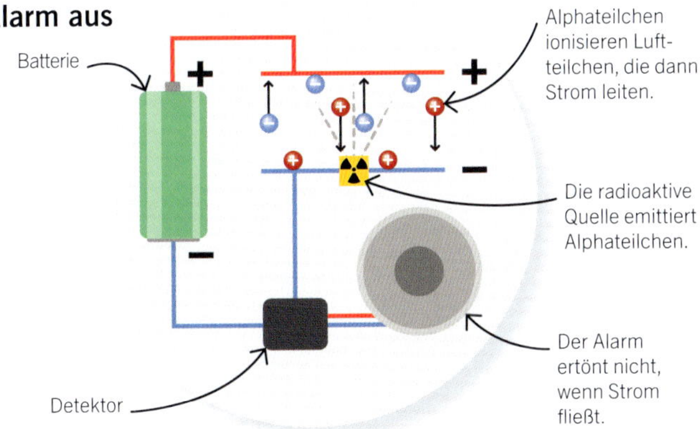

Alarm an

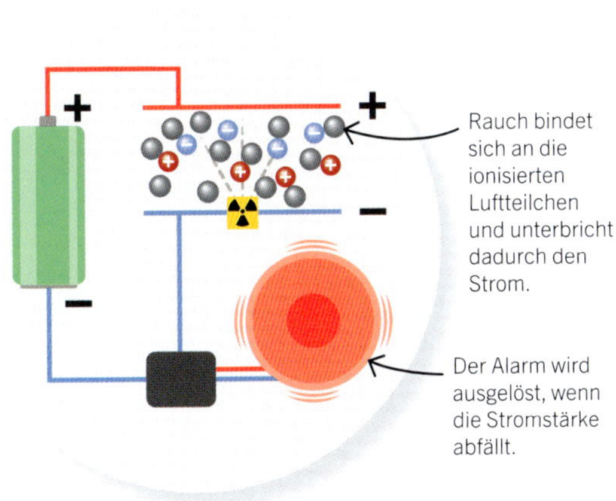

Auf einen Blick

- ✓ Ionisierende Strahlung wird im Haushalt und in der Industrie eingesetzt.
- ✓ Bei einigen Rauchmeldern werden Alphastrahlungsquellen verwendet.
- ✓ In Papierfabriken wird die Papierdicke mit Betastrahlung kontrolliert.
- ✓ Mit Gammastrahlung bestrahlt man medizinische Geräte und manche Lebensmittel.

Weitere Verwendungen

Papierdicke messen
Mit Betastrahlung wird in Papierfabriken die Papierdicke gemessen. Je dicker das Papier, umso weniger Strahlung dringt hindurch auf einen Detektor, der dann ein Signal an eine Maschine sendet, die die Papierdicke anpasst.

Lebensmittel bestrahlen
Lebensmittel können durch Gammastrahlung haltbar gemacht werden. Die hochenergetischen Strahlen töten Mikroorganismen im Essen ab, sodass es nicht so schnell verdirbt. Der Geschmack wird dadurch nicht beeinträchtigt.

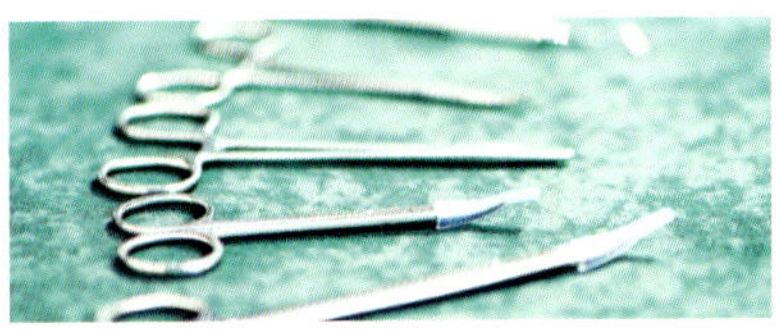

Geräte sterilisieren
In Krankenhäusern wird chirurgisches Besteck mit Gammastrahlung sterilisiert, sodass es sicher bei Operationen verwendet werden kann.

Nuklearmedizin

In Krankenhäusern werden radioaktive Stoffe sowohl zur Diagnose als auch zur Behandlung von Krankheiten eingesetzt. Bei der Szintigrafie und der Positronenemissionstomografie (PET) wird ein radioaktives Material in den Körper eingebracht, um Bilder zu erzeugen. Bei der Strahlentherapie werden radioaktive Stoffe zum Zerstören von Krebszellen genutzt.

Krankheiten diagnostizieren
Mithilfe radioaktiver Isotope, die Gammastrahlen aussenden, werden Krankheiten diagnostiziert. Dazu wird dem Patienten eine radioaktive Substanz, ein sogenannter Tracer, injiziert. Dieser reichert sich in bestimmten Körpergegenden an und gibt beim Zerfall Gammastrahlen ab, die von einer Gammakamera nachgewiesen wird. Das hier gezeigte Bild zeigt beispielsweise, wie sich das Isotop Technetium-99m in krebsbefallenen Knochen anreichert.

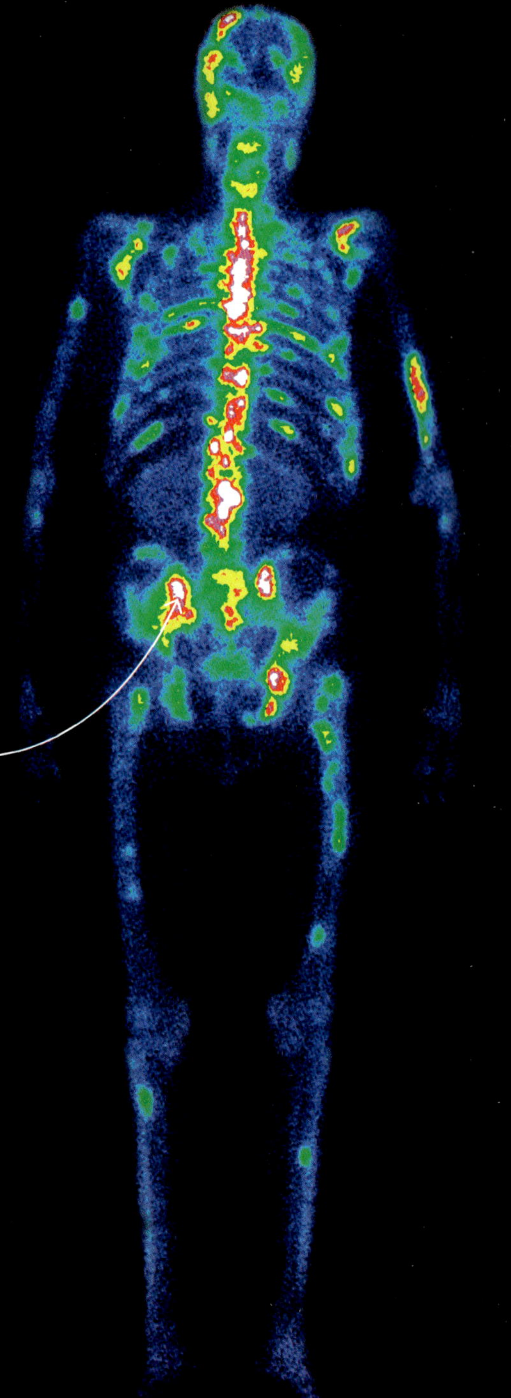

Auf einen Blick

- Ärzte setzen Strahlung zur Diagnose und Therapie von Krankheiten ein.
- PET (Positronenemissionstomografie) ist ein bildgebendes Verfahren, das mithilfe radioaktiver Isotope, die sich an andere Moleküle anlagern, aktives Gewebe im Körper sichtbar macht.
- Bei der Strahlentherapie werden radioaktive Stoffe zur Zerstörung von Krebszellen genutzt.
- Strahlung kann innerlich und äußerlich angewendet werden.

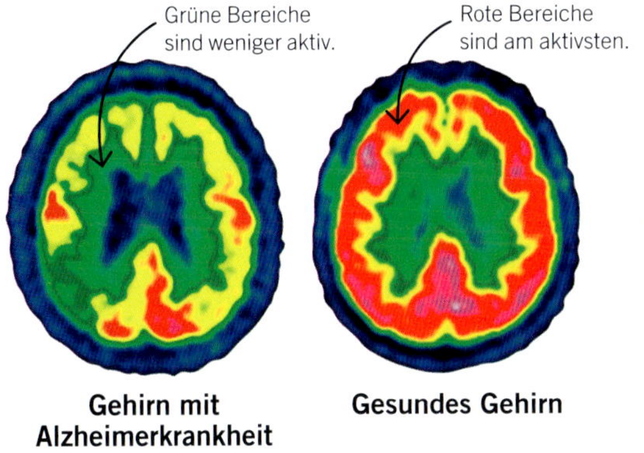

Positronenemissionstomografie

Bei der Positronenemissionstomografie (PET) verwenden Ärzte radioaktive Isotope, die sich an andere Moleküle anlagern, um aktive Bereiche des Körpers hervorzuheben. So lagert sich das Isotop Fluor-18 an Zuckermoleküle an und betont dadurch Gewebe, das aktiv Blutzucker verbraucht. So können aktive Tumoren oder Organe, die weniger aktiv als üblich sind, identifiziert werden, z. B. ein von der Alzheimerkrankheit befallenes Gehirn.

Externe Strahlentherapie

Bei der externen Strahlentherapie werden eng gebündelte Strahlen, die den Körper durchdringen, unter vielen unterschiedlichen Winkeln auf Krebszellen gerichtet. Alle Strahlen schneiden sich am Ort des Tumors, sodass die Krebszellen eine hohe Dosis erhalten, während die umgebenden Bereiche mit gesundem Gewebe jeweils nur von einem einzigen Strahl getroffen werden.

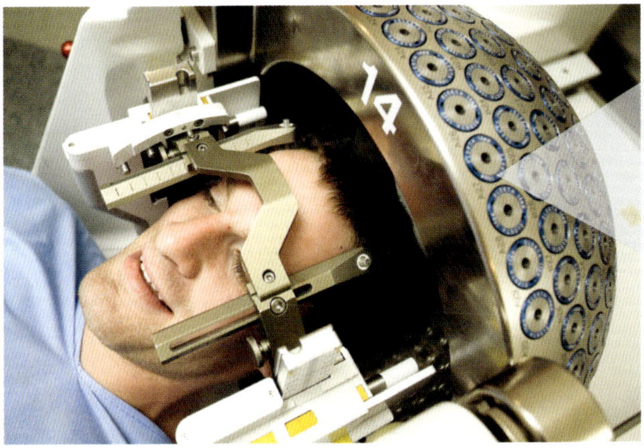

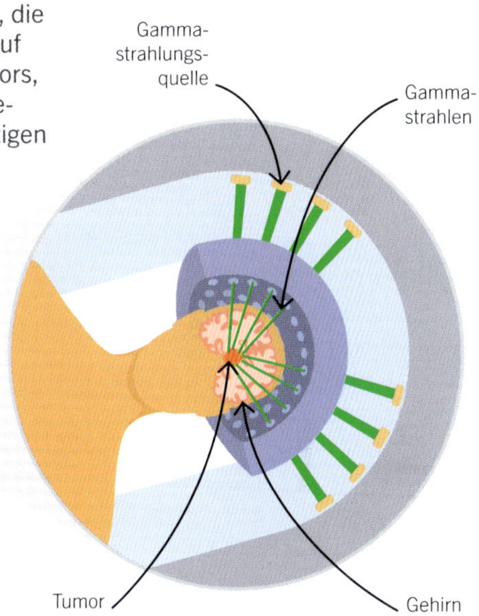

Interne Strahlentherapie

Bei der internen Strahlentherapie wird in den Körper eine Strahlenquelle neben einen Tumor implantiert. Dadurch ist nur der Bereich unmittelbar in der Nähe betroffen, sodass der Rest des Körpers der Strahlung nur minimal ausgesetzt ist. Radioaktive Isotope, die Strahlung mit kurzer Reichweite emittieren (Alphastrahlung), sind ideal für diese Behandlungsmethode.

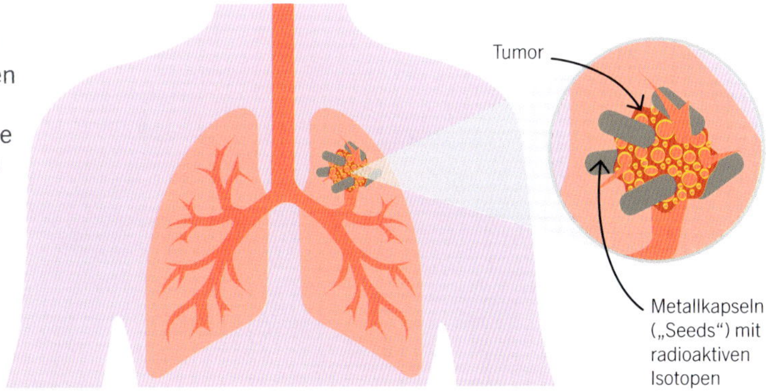

Kernspaltung

Bei der Kernspaltung wird ein Atomkern unter Freisetzung einer sehr großen Energiemenge in kleinere Kerne zerlegt. Diese Energie kann zur Stromerzeugung in Kernkraftwerken oder zum Antrieb von Raumfahrzeugen oder U-Booten genutzt werden.

Auf einen Blick

- Kernspaltung ist die Zerlegung eines instabilen Atomkerns in zwei oder mehrere kleinere Kerne.
- Kernspaltung tritt meist auf, wenn ein schwerer instabiler Atomkern ein Neutron absorbiert.
- Bei der Kernspaltung werden große Energiemengen als Gammastrahlung und Wärme frei.
- Bei einer Kettenreaktion bewirken die bei einer Kernspaltung abgegebenen Neutronen weitere Spaltprozesse.

Spaltung von Uran

Kernspaltung wird im Normalfall von einem Neutron verursacht, das mit einem instabilen Atomkern zusammenstößt. In Kernkraftwerken wird Uran-235 verwendet, ein natürlich vorkommendes Uranisotop. Es zerbricht in die Atomkerne zweier anderer Elemente und gibt dabei Energie und zwei oder drei Neutronen ab.

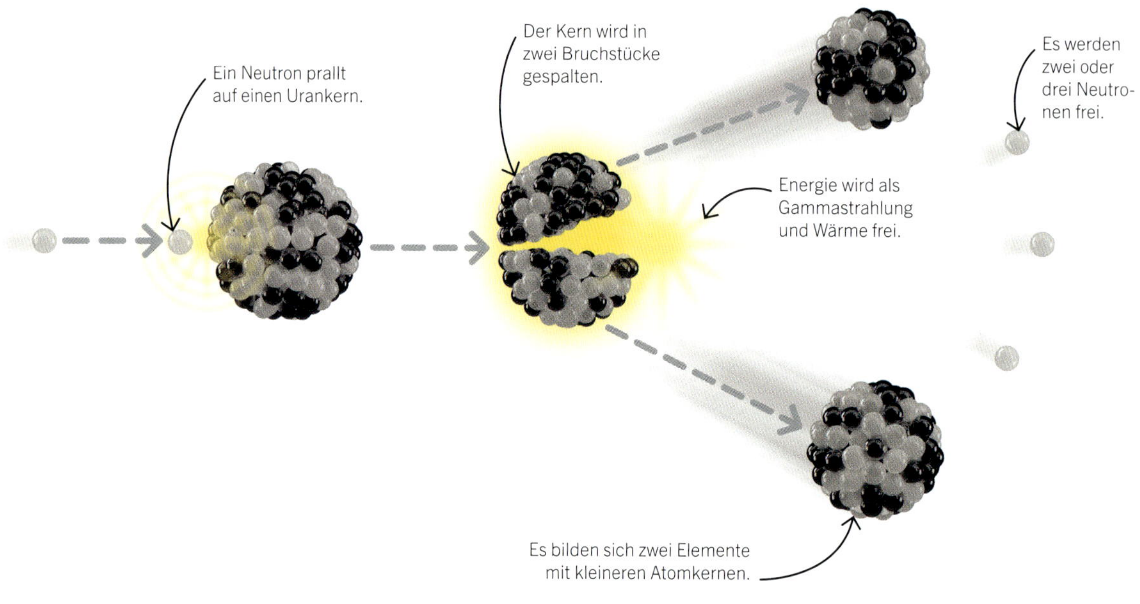

Energie aus Kernspaltung

Durch die Spaltung von Uran werden riesige Energiemengen frei – Millionen mal mehr, als wenn man dieselbe Menge Kohle verbrennen würde. Diese Energie stammt von dem winzigen Massenanteil des ursprünglichen Atomkerns, der in Energie umgewandelt wird.

Kettenreaktionen

Eine nukleare Kettenreaktion besteht aus einer Reihe von Spaltreaktionen, die jeweils von den Neutronen einer vorherigen Spaltreaktion ausgelöst werden. Unkontrollierte Kernreaktionen, wie etwa bei Atombomben, können zu einer explosionsartigen Freisetzung riesiger Energiemengen führen.

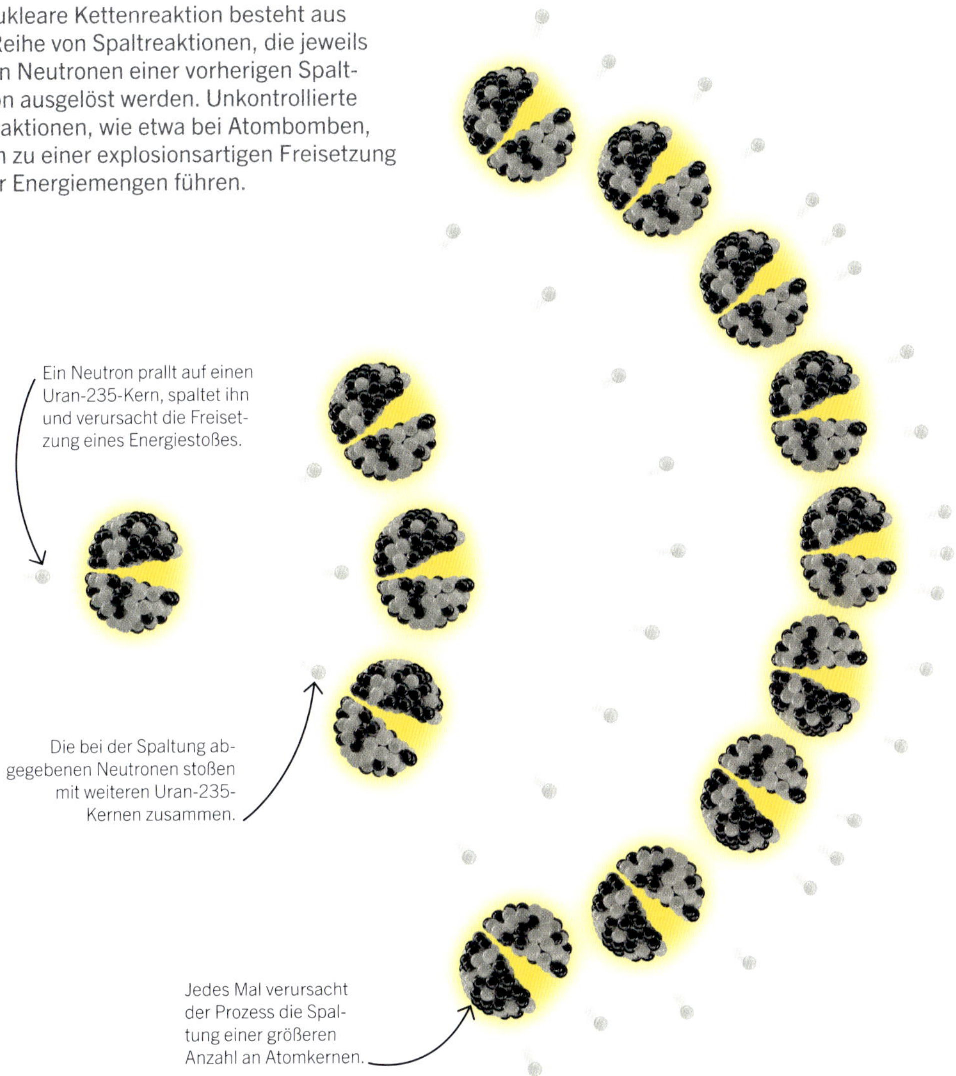

Kontrollierte Kettenreaktionen

Nukleare Kettenreaktionen können sich aufbauen, abklingen oder stabil bleiben, je nachdem wie viele Spaltprozesse von den Produkten der vorherigen Spaltung ausgelöst werden. Führt im Durchschnitt jede Spaltreaktion nur zu einer weiteren, ergibt sich eine stabile (kontrollierte) Kettenreaktion. In Kernkraftwerken wird die Kettenreaktion kontrolliert, indem Regelstäbe in den Reaktorkern eingefahren werden. Diese absorbieren Neutronen und verlangsamen so die Reaktion.

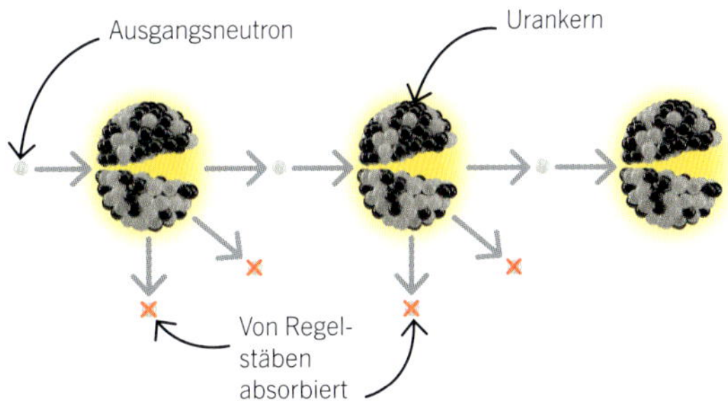

Kernkraft

Unter Kernkraft versteht man die Stromerzeugung mithilfe von Kernspaltung als Energiequelle. Kernkraftwerke erzeugen weltweit etwa 10 % des Stroms. Die Nutzung von Kernenergie bedeutet weniger Verbrauch fossiler Brennstoffe.

Auf einen Blick

- ✓ **Kernkraftwerke nutzen die Energie aus der Kernspaltung zur Erzeugung von Wärme und Elektrizität.**
- ✓ **Kernkraftwerke erzeugen keine Kohlenstoffdioxidemissionen.**
- ✓ **Kernkraftwerke erzeugen gefährlichen radioaktiven Abfall, der sicher entsorgt werden muss.**

Kernreaktor

Ein Kernreaktor enthält radioaktives Uran in Form von Brennstäben. Werden diese nahe zueinander gebracht, wird eine Kettenreaktion ausgelöst, durch die große Energiemengen frei werden. Die Energie bringt Wasser zum Sieden und es entsteht Dampf, der Generatoren antreibt. Die Reaktion wird dadurch geregelt, dass Regelstäbe in den Reaktorkern ein- und ausgefahren werden. Diese absorbieren Neutronen und verlangsamen so die Reaktion.

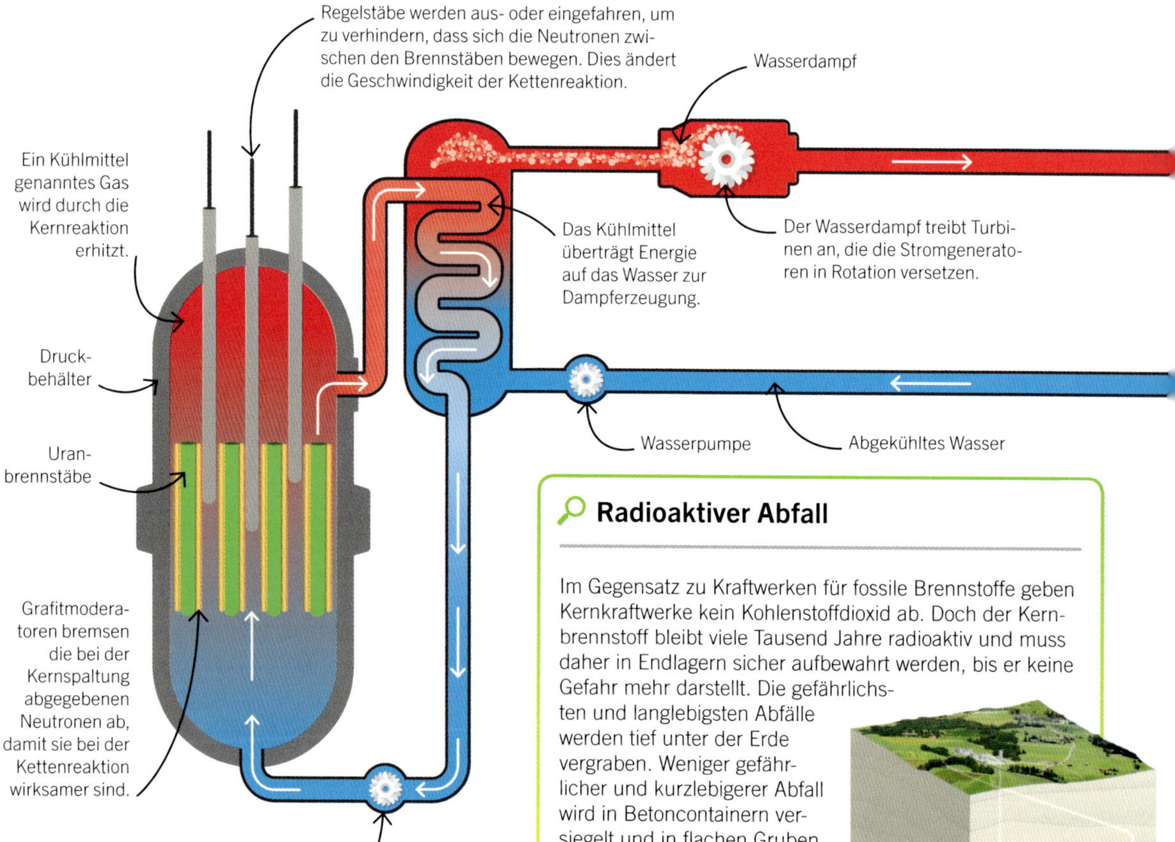

Radioaktiver Abfall

Im Gegensatz zu Kraftwerken für fossile Brennstoffe geben Kernkraftwerke kein Kohlenstoffdioxid ab. Doch der Kernbrennstoff bleibt viele Tausend Jahre radioaktiv und muss daher in Endlagern sicher aufbewahrt werden, bis er keine Gefahr mehr darstellt. Die gefährlichsten und langlebigsten Abfälle werden tief unter der Erde vergraben. Weniger gefährlicher und kurzlebigerer Abfall wird in Betoncontainern versiegelt und in flachen Gruben vergraben.

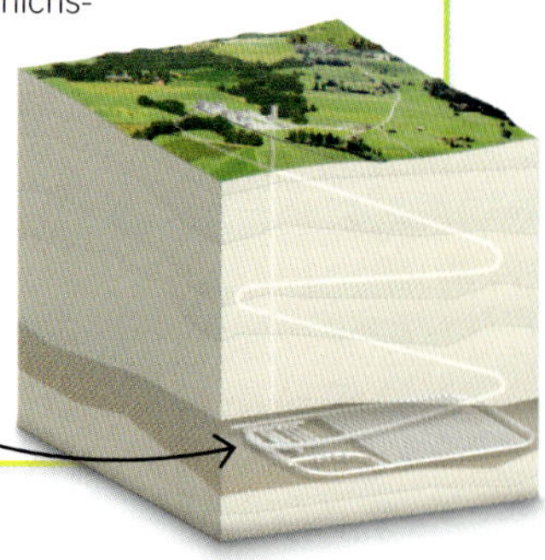

Der gefährlichste Atomabfall wird tief unter der Erde vergraben.

Kernfusion

Kernfusion ist der Prozess, der die Sonne mit Energie versorgt. Dabei verschmelzen zwei oder mehr Atomkerne zu einem schwereren Kern. Wissenschaftler und Ingenieure arbeiten daran, diese Energiequelle zur Stromerzeugung nutzbar zu machen.

Auf einen Blick

- ✓ **Bei der Kernfusion werden Atomkerne zusammengepresst und verschmelzen zu einem schwereren Kern.**
- ✓ **Bei der Kernfusion wird eine kleine Menge an Masse in Energie umgewandelt.**
- ✓ **Zur Einleitung der Fusion sind extrem große Hitze und hoher Druck nötig.**

Wasserstofffusion

Bei der Kernfusion werden die Kerne zweier Atome durch sehr hohe Temperaturen und Drücke zusammengepresst. Bei der hier dargestellten Reaktion verschmelzen die Wasserstoffisotope Deuterium (Wasserstoff-2) und Tritium (Wasserstoff-3) zu einem Heliumkern. Der neu entstandene Heliumkern und das frei gewordene Neutron haben etwas weniger Masse als die beiden Wasserstoffkerne. Dieser Massenverlust wird in Energie umgewandelt.

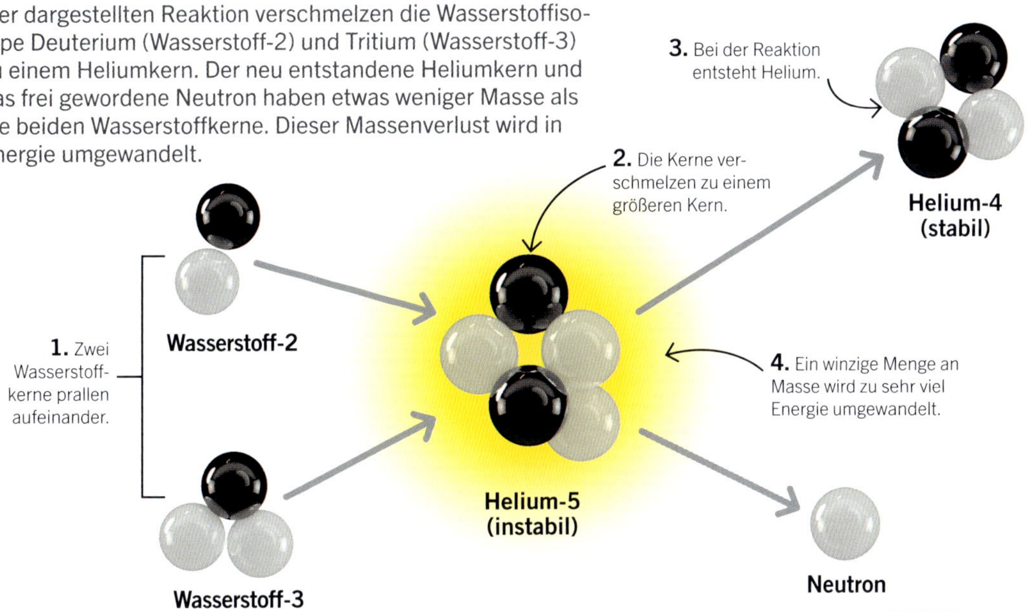

Kernfusion nutzbar machen

Da Atomkerne positiv geladen sind und einander abstoßen, kann Kernfusion nur dann stattfinden, wenn die Kerne zur Überwindung der Abstoßung ganz eng zusammengepresst werden. Deshalb findet Kernfusion nur bei extrem hohen Temperaturen und Drücken statt, etwa im Inneren von Sternen. Diese Anforderungen machen es sehr schwierig, einen Fusionsreaktor zu bauen, bei dem die Fusion gezündet und aufrecht erhalten werden kann. Wissenschaftler, die an Versuchsfusionsreaktoren forschen, können die Fusion mithilfe sehr starker Magnetfelder zum Einschluss der heißen Materie kurze Zeit aufrechterhalten. Doch zurzeit verbraucht der Betrieb des Reaktors noch mehr Energie, als er produziert.

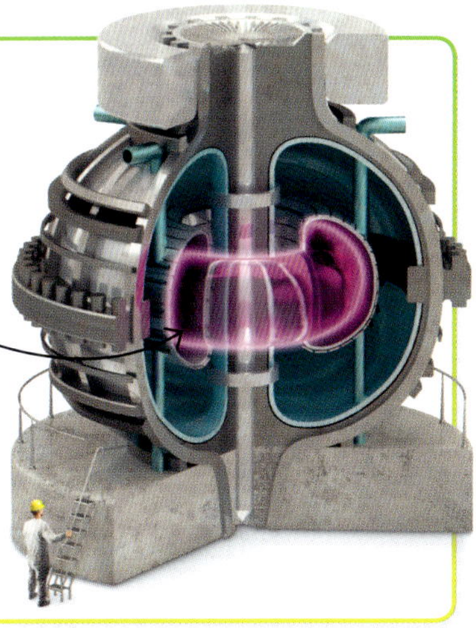

Im Kern dieses Fusionsreaktors wird die heiße Materie durch ringförmige Magnetfelder (Donutform) eingeschlossen.

Weltraum

Aufbau der Erde

Untersuchungen seismischer Wellen von Erdbeben (s. S. 123) ergaben, dass das Erdinnere aus unterschiedlichen Schalen besteht. Während schwerere Elemente, z. B. Metalle, im Zentrum des Planeten konzentriert sind, bilden leichtere Materialien, z. B. Gestein, die äußeren Schalen.

Im Inneren der Erde

Das Erdinnere besteht aus vier Schalen: dem inneren Kern, dem äußeren Kern, dem Mantel und der Kruste. Die Kruste und der oberste Teil des Mantels sind miteinander verbunden und bilden eine starre Struktur, die Lithosphäre genannt wird und in Bereiche unterteilt ist, die tektonische Platten heißen. Diese driften im Laufe der Zeit sehr langsam und ändern dabei die Gestalt der Kontinente und Ozeane.

Der innere Kern ist eine sehr heiße Kugel aus Eisen und Nickel, die aufgrund des hohen Drucks dennoch fest ist.

Der äußere Kern besteht hauptsächlich aus schmelzflüssigem Eisen. Die Ströme in diesem Fluid erzeugen das Erdmagnetfeld.

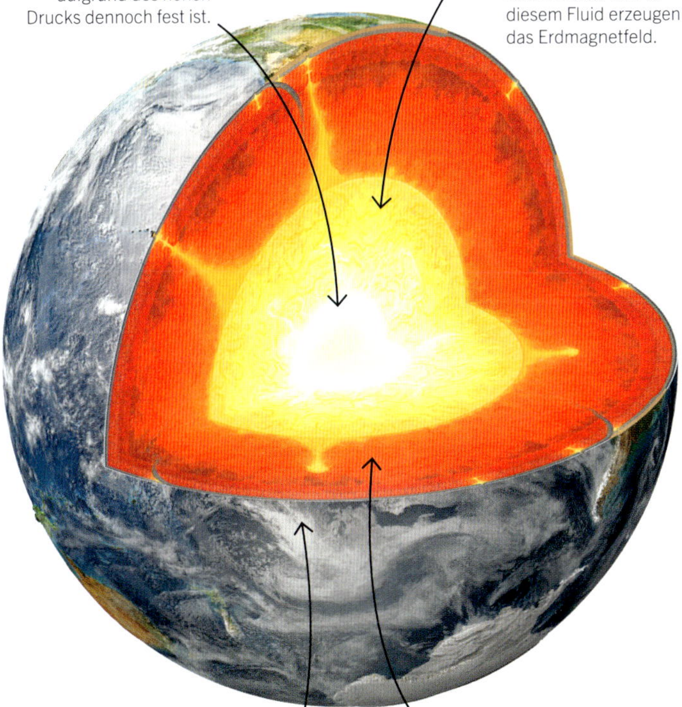

Die Kruste ist eine dünne äußere Schicht aus Felsgestein. Die Kruste und der oberste Teil des Erdmantels bilden die Lithosphäre.

Der Mantel ist eine Gesteinsschicht, die etwa zwei Drittel der Erdmasse ausmacht. Er ist im Wesentlichen fest, kann jedoch über lange Zeiträume fließen.

Auf einen Blick

- **Das Erdinnere hat vier getrennte Schalen: den inneren Kern, den äußeren Kern, den Mantel und die Kruste.**
- **Die Kruste und der oberste Teil des Mantels bilden eine starre Struktur aus tektonischen Platten, die sich mit der Zeit langsam bewegen.**
- **Die Atmosphäre ist eine Schicht aus Gasen, die von der Schwerkraft eingefangen wurden.**

Die Atmosphäre

Die Erdatmosphäre ist eine Gasmischung, die von der Schwerkraft festgehalten wird, und in Schichten mit ausgeprägten Eigenschaften unterteilt ist. Sie ist nach oben nicht klar abgegrenzt, sondern geht allmählich in den Weltraum über.

Exosphäre
Dies ist die äußerste und bei weitem größte Schicht. Aus ihr können Gasmoleküle ins All entweichen.

Thermosphäre
Die Internationale Raumstation umkreist die Erde in dieser Schicht.

Mesosphäre
Hier verglühen Meteore (Sternschnuppen).

Stratosphäre
Ozongas in dieser Schicht absorbiert schädliches UV-Licht von der Sonne. Verkehrsflugzeuge fliegen in der unteren Stratosphäre.

Troposphäre
In dieser Schicht spielt sich das Wetter ab.

Jahreszeiten

Die Erde braucht 365 Tage – also ein Jahr –, um die Sonne einmal zu umkreisen. Der Kreislauf der Jahreszeiten geschieht, da die Drehachse der Erde geneigt ist. Als Folge erhalten die der Sonne zugeneigten Teile des Planeten täglich mehr Sonnenlicht als die von der Sonne abgeneigten.

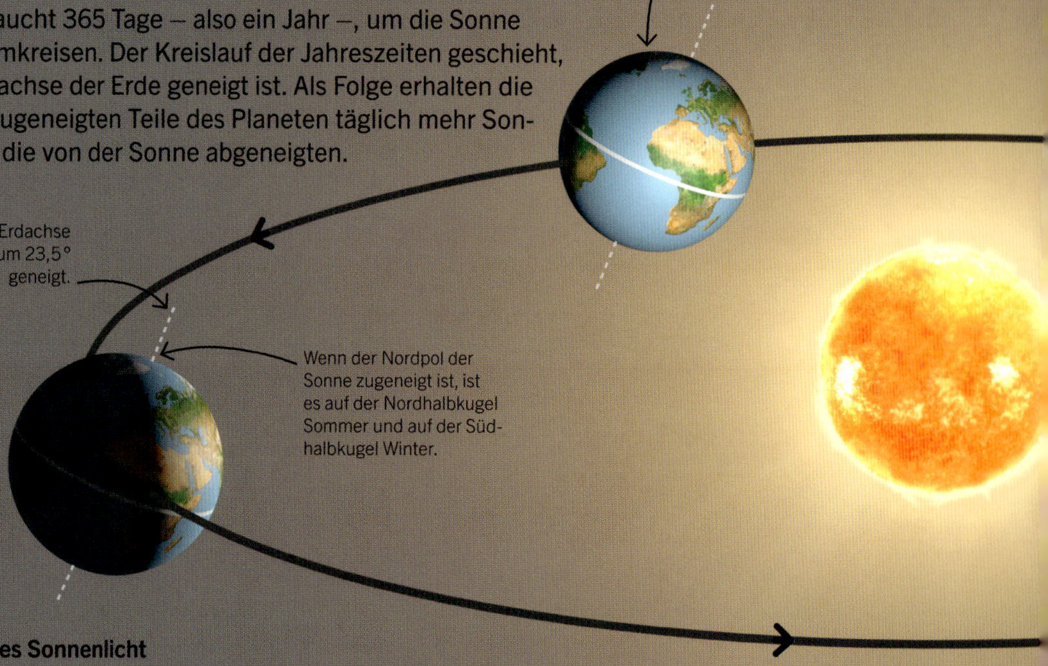

Veränderliches Sonnenlicht
Die Drehachse der Erde hat das ganze Jahr über denselben Winkel. Die Halbkugel, die der Sonne zugeneigt ist, erlebt längere Tage und eine stärkere Erwärmung durch die Sonne, während die abgeneigte Halbkugel kürzere Tage und weniger Erwärmung erfährt.

Die Bahn der Sonne

Zur Sommersonnenwende ist die Sonne am längsten sichtbar und steht viel höher am Himmel als im Winter. Dieses Zeitrafferfoto eines Ortes auf der Nordhalbkugel macht die tägliche Bewegung der Sonne am Himmel zur Sommer- (oben) und Wintersonnenwende (unten) sichtbar. Dazwischen sieht man ihre Himmelsbahn zur Frühlings- und Herbsttagundnachtgleiche – den beiden Tagen im Jahr, an dem Tag und Nacht gleich lang sind.

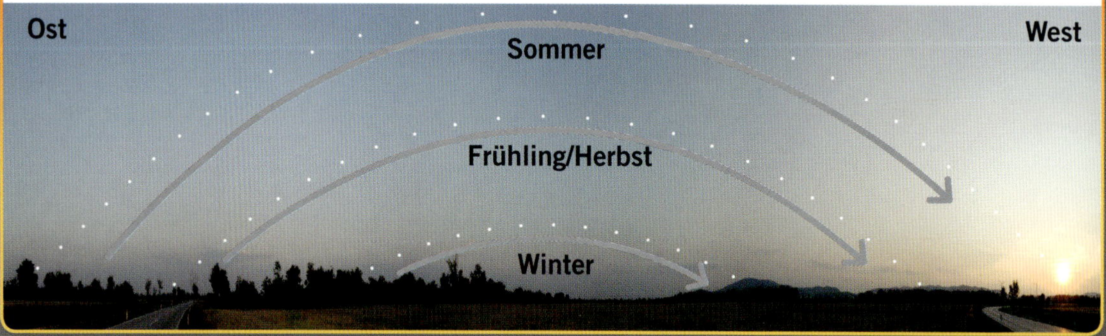

Auf einen Blick

- Der Kreislauf der Jahreszeiten geschieht, da die Erdachse geneigt ist.
- Wenn der Nordpol der Sonne zugeneigt ist, ist es Sommer auf der Nordhalbkugel.
- Wenn der Südpol der Sonne zugeneigt ist, ist es Sommer auf der Südhalbkugel.

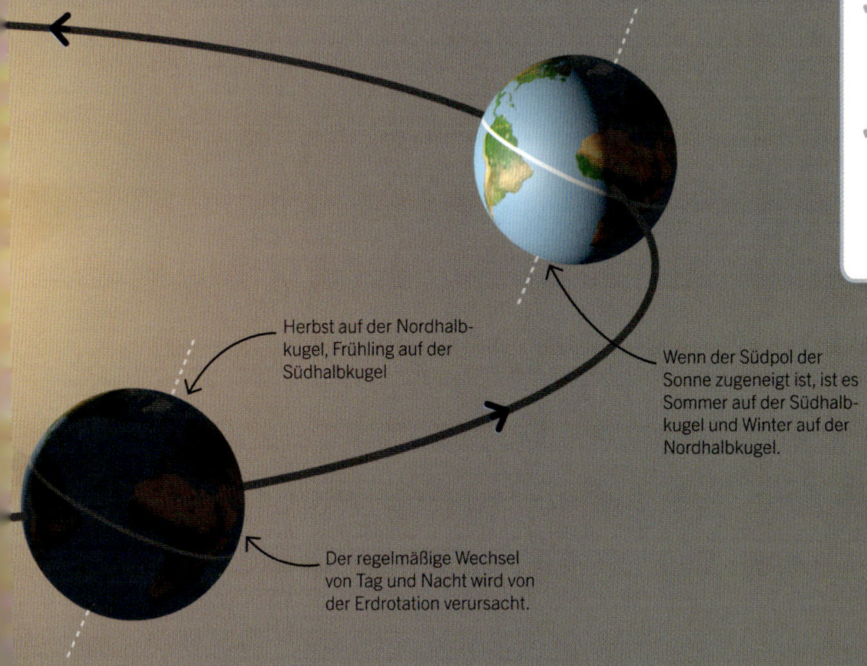

Sonnenwärme

Da die Erde eine Kugel ist, trifft das Sonnenlicht im Norden und Süden in einem Winkel auf die Erdoberfläche auf, sodass sich die Sonnenenergie über eine größere Fläche verteilt. Daher wärmt die Sonne mittags im Winter viel weniger als im Sommer und in tropischen Ländern ist es meistens viel wärmer als in Ländern, die weiter vom Äquator entfernt sind.

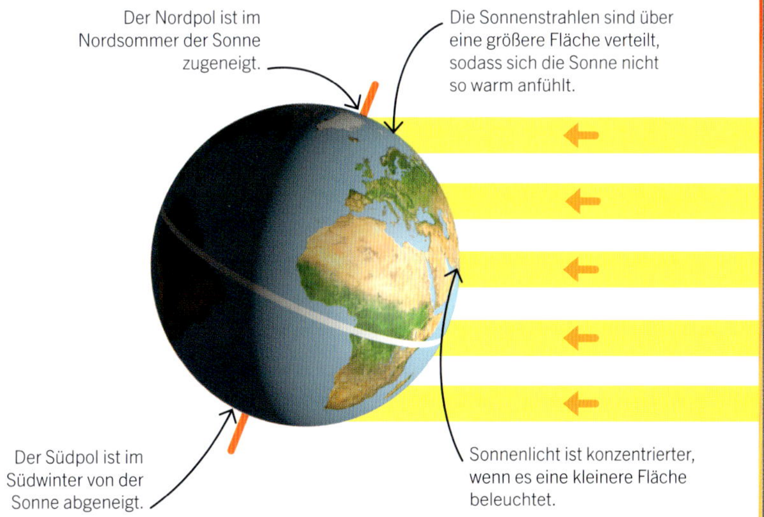

Sonnensystem

Das Sonnensystem ist der Bereich des Weltraums, der von der Schwerkraft der Sonne beeinflusst wird. Es besteht aus acht größeren Planeten (einschließlich der Erde), aus den sie umkreisenden Monden und aus unzähligen kleineren Himmelskörpern wie Zwergplaneten, Asteroiden und Kometen. All diese Körper werden durch die Schwerkraft der Sonne auf Umlaufbahnen gehalten.

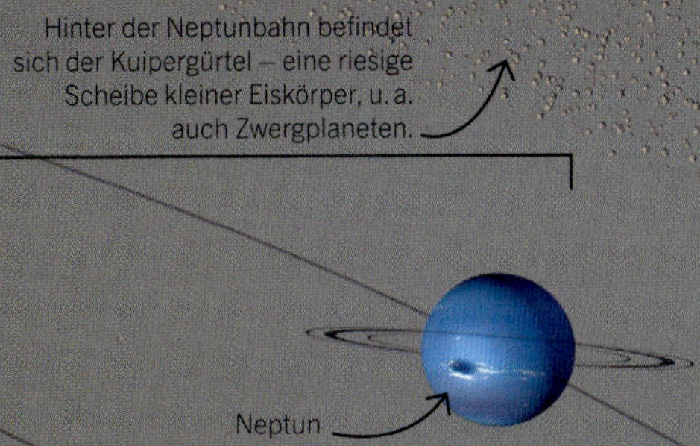

Auf einen Blick

- ✓ Die Schwerkraft der Sonne hält Körper im Sonnensystem auf ihren Umlaufbahnen.
- ✓ Planeten sind große, kugelförmige Körper, die einen Stern umkreisen und ihre Umlaufbahnen von anderem Material freihalten. Es gibt acht Planeten im Sonnensystem.
- ✓ Monde (natürliche Satelliten) sind große Körper, die Planeten umkreisen.
- ✓ Asteroiden sind kleine Gesteinskörper, die sich vor allem zwischen Mars und Jupiter befinden.

Die Planeten
Planeten sind große, kugelförmige Körper, die einen Stern umkreisen und massereich genug sind, um ihre Bahnen von anderem Material freizuhalten. Die vier innersten sind Gesteinsplaneten – feste Kugeln aus Gestein und Metall. Die Planeten des äußeren Sonnensystems sind viel größer und weiter voneinander entfernt. Sie alle besitzen dichte Gasatmosphären (einschließlich Wasserstoff und Helium), ein Ringsystem und umkreisende Monde.

Kleinere Himmelskörper

Pluto

Zwergplaneten
Körper, die genug Masse besitzen, um eine Kugelform auszubilden, aber nicht genug, um ihre Umlaufbahnen von anderem Material freizuhalten, werden Zwergplaneten genannt. Pluto ist der bekannteste Zwergplanet.

Komet Lovejoy

Kometen
Kometen bestehen aus einer Mischung aus Gestein und Eis. Sie haben lang gezogene, elliptische Bahnen und entwickeln in Sonnennähe häufig leuchtende Schweife.

Asteroid Ida

Asteroiden
Asteroiden sind meist unregelmäßig geformte Körper aus Gestein und Metall, die von der Planetenentstehung übrig geblieben sind. Die meisten Asteroiden umkreisen die Sonne zwischen der Mars- und der Jupiterbahn.

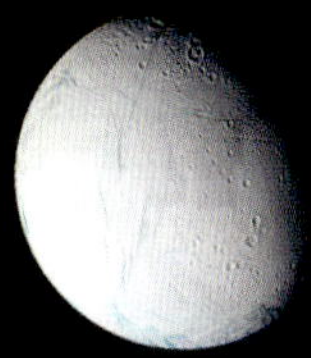

Enceladus

Monde
Monde sind große Körper, die Planeten umkreisen und auch als natürliche Satelliten bezeichnet werden. Es gibt mehr als 200 Monde im Sonnensystem, von denen die meisten die Riesenplaneten umkreisen.

Der Mond

Der Mond ist ein natürlicher Erdsatellit und umkreist unseren Planeten alle 27,3 Tage. Er ist nicht selbstleuchtend, dennoch können wir ihn sehen, da er das Licht der Sonne reflektiert.

Auf einen Blick

- ✓ Der Mond ist ein natürlicher Erdsatellit.
- ✓ Alle 29,5 Tage durchläuft der Mond eine Abfolge von Mondphasen.
- ✓ Die Gezeiten werden hauptsächlich von der anziehenden Schwerkraft des Mondes auf die Erdozeane verursacht.

Mondphasen
Alle 29,5 Tage durchläuft der Mond eine Abfolge von Phasen, wenn wir unterschiedliche von der Sonne beleuchtete Bereiche seiner Oberfläche sehen. Wenn der Mond genau zwischen Erde und Sonne steht, kann man ihn von der Erde aus nicht sehen. Das wird Neumond genannt. Befindet er sich, von der Sonne gesehen, auf der entgegengesetzten Seite der Erde, sehen wir die ganze Mondscheibe beleuchtet. Dann ist Vollmond. Wir sehen immer dieselbe Seite des Mondes, da Gezeitenkräfte, die von der Erde auf den Mond ausgeübt werden, die Rotationsdauer des Mondes in Jahrmillionen verlangsamt haben, bis sie genauso lang war wie die Dauer einer Erdumkreisung. Darstellung von der Nordhalbkugel der Erde aus gesehen:

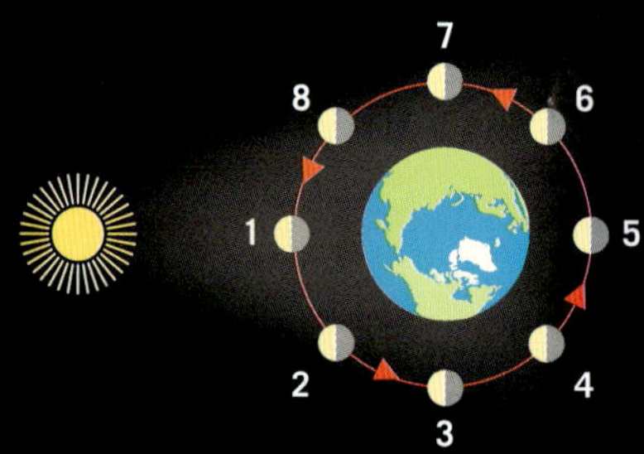

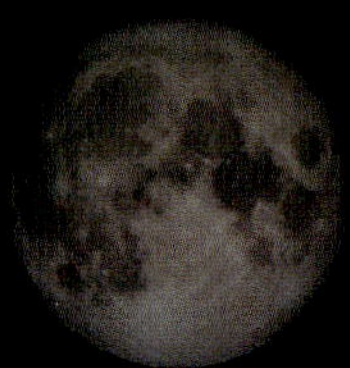
1. Neumond

2. Zunehmende Sichel

3. Zunehmender Halbmond

4. Zunehmender Dreiviertelmond

5. Vollmond

6. Abnehmender Dreiviertelmond

7. Abnehmender Halbmond

8. Abnehmende Sichel

Gezeiten

Die Gezeiten der Meere werden vor allem von der Mondschwerkraft verursacht. Diese ist am stärksten auf der dem Mond zugewandten Seite der Erde, da sie etwas näher ist. Diese Kraft zieht das Meer in Richtung Mond und verursacht eine kleine Beule. Auf der entgegengesetzten Erdseite, an der die Mondschwerkraft am geringsten ist, lässt die Trägheit das Wasser sich in der entgegengesetzten Richtung ausbeulen, während es versucht, sich geradlinig zu bewegen. Daher gibt es zweimal pro Tag Flut.

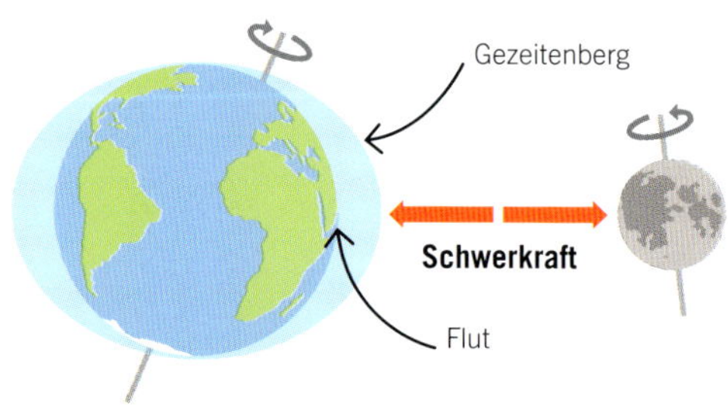

Finsternisse

Finsternisse entstehen, wenn Erde, Sonne und Mond im Weltraum in einer Reihe stehen. Wenn sich der Mond genau zwischen Sonne und Erde befindet, wirft er einen Schatten auf die Erde und erzeugt eine Sonnenfinsternis. Bei einer Mondfinsternis wirft die Erde einen Schatten auf den Mond.

Auf einen Blick

- ✓ Finsternisse entstehen, wenn Erde, Mond und Sonne in einer Reihe stehen.
- ✓ Bei einer Sonnenfinsternis wirft der Mond einen Schatten auf die Erde.
- ✓ Bei einer Mondfinsternis wirft die Erde einen Schatten auf den Mond.

Sonnenfinsternis
Steht der Mond genau zwischen Sonne und Erde und wirft dadurch einen Schatten auf einen Teil der Erdoberfläche, entsteht eine Sonnenfinsternis. Obwohl der Mond viel kleiner als die Sonne ist, ist er der Erde viel näher und kann die Sonne deshalb vollständig abdecken. Totale Sonnenfinsternisse sind jeweils nur auf einem kleinen Teil der Erde sichtbar.

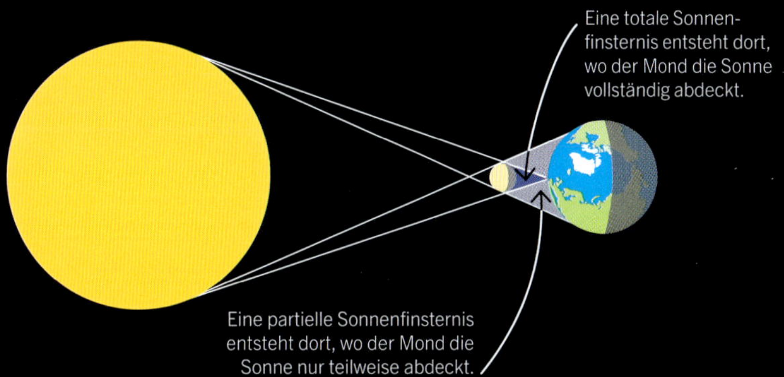

Mondfinsternis
Mondfinsternisse treten bei Vollmond auf, wenn der Mond durch den Erdschatten wandert. Manchmal tritt nur ein Teil des Mondes in den Erdschatten ein, doch wenn der Mond ganz eintaucht, kann er rötlich scheinen. Denn Licht, das von der Erdatmosphäre gebrochen wird, kann die Mondoberfläche immer noch erreichen.

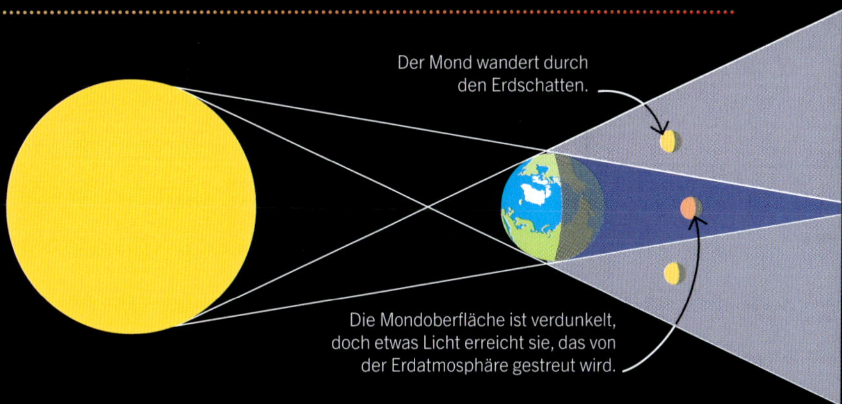

Die Sonnenatmosphäre

Bedeckt der Mond die Sonne bei einer totalen Sonnenfinsternis vollständig, können Astronomen die lichtschwache äußere Atmosphäre der Sonne sehen – die Korona. Sie erstreckt sich über Millionen von Kilometern in den Weltraum, ist jedoch sonst nur schwer zu beobachten, da sie vom gleißenden Licht der Sonne überstrahlt wird.

Umlaufbahnen

Die Planeten des Sonnensystems bewegen sich um die Sonne, da sie von der Schwerkraft gefangen sind. Die Bahnen der Planeten um die Sonne oder der Monde um die Planeten nennt man Umlaufbahnen.

Auf einen Blick

- Eine Umlaufbahn ist die Bahn eines Körpers um einen anderen herum.
- Körper bewegen sich aufgrund der Schwerkraft auf Umlaufbahnen.
- Umlaufbahnen können kreisförmig oder elliptisch sein.
- Bei einer Kreisbahn ist der Betrag der Geschwindigkeit des Körpers konstant, doch die Richtung der Bewegung ändert sich ständig.

Gestalt von Umlaufbahnen

Die Umlaufbahnen der Planeten des Sonnensystems sind annähernd kreisförmig. Die Schwerkraft der Sonne stellt die Zentripetalkraft (s. S. 96) dar, die sie davon abhält, in einer geraden Linie davonzufliegen. Kleinere Körper, z. B. Kometen, besitzen stark elliptische Bahnen. Ihre Geschwindigkeit nimmt in Sonnennähe zu.

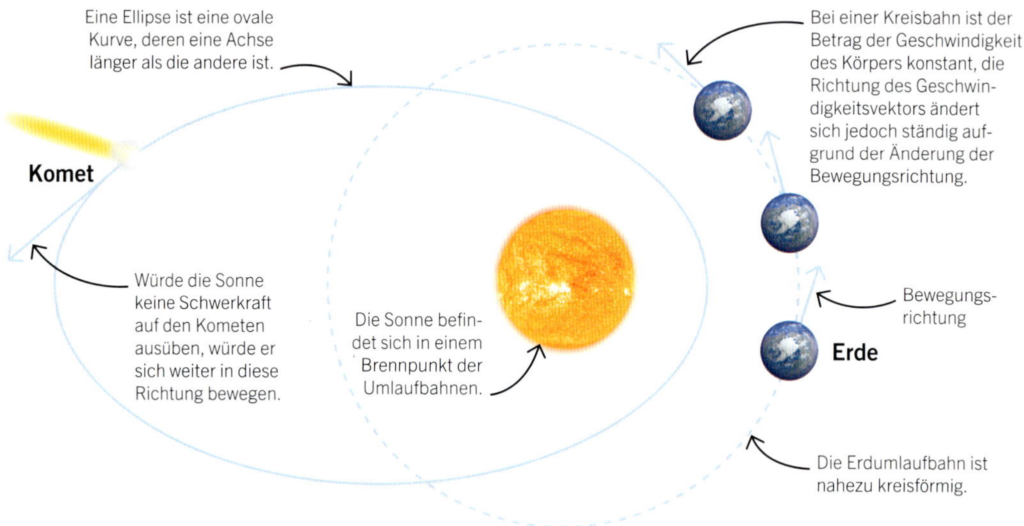

Arten von Umlaufbahnen

Künstliche Satelliten werden auf unterschiedliche Umlaufbahnen gebracht, je nachdem, welchem Zweck sie dienen. Häufig kommen geostationäre und polare Umlaufbahnen vor.

Geostationäre Umlaufbahnen

Geostationäre Satelliten kreisen über dem Äquator und benötigen für eine Umkreisung genau 23 Stunden und 56 Minuten, genauso lange wie die Erde für eine Umdrehung. Das bedeutet, dass sie immer exakt über demselben Punkt der Erde bleiben. Geostationäre Umlaufbahnen werden für Wetter- und Kommunikationssatelliten verwendet.

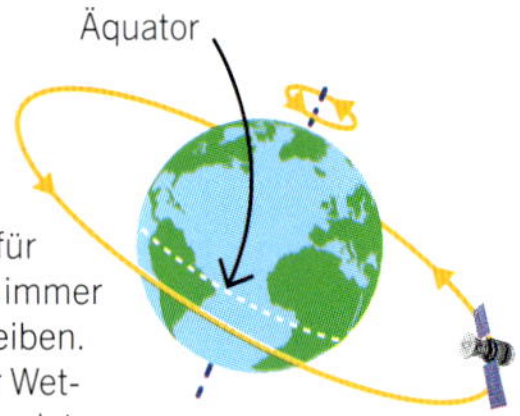

Polare Umlaufbahnen

Satelliten mit polaren Umlaufbahnen umkreisen den Planeten von Pol zu Pol. Da sich die Erde unter ihnen dreht, überfliegen sie bei jeder Umkreisung verschiedene Teile des Planeten. Polare Umlaufbahnen werden bei Erdbeobachtungssatelliten verwendet.

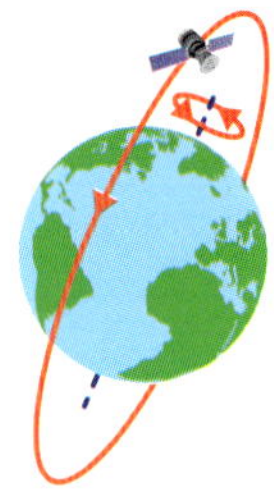

Galaxien

Eine Galaxie ist eine rotierende Gruppe von Sternen, die von der Schwerkraft zusammengehalten werden. Im Universum könnte es bis zu zwei Billionen Galaxien geben aus jeweils Milliarden oder Billionen von Sternen. Riesige Entfernungen liegen zwischen Galaxien und zwischen den Sternen in den Galaxien.

Galaxientypen

Galaxien unterteilt man nach der Gestalt in mehrere Typen, u. a. Spiral- und Balkenspiralgalaxien, linsenförmige, elliptische und irreguläre Galaxien. Die Sonne ist Teil der Milchstraße, einer Balkenspiralgalaxie (eine Spiralgalaxie mit einem geraden Balken aus Sternen im Zentrum). Alle Sterne am Nachthimmel gehören zur Milchstraße. Diese Grafik gibt einen Eindruck, wie sie von außen aussehen könnte.

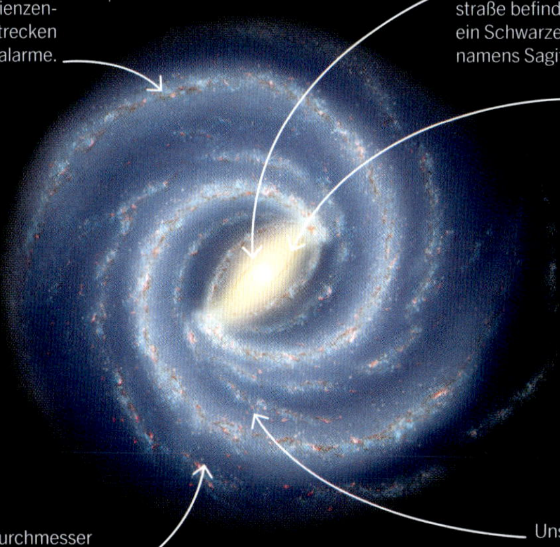

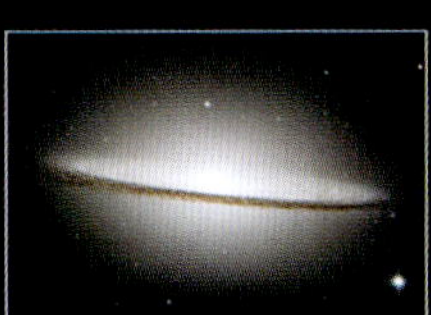

Linsenförmige Galaxien sind wie Spiralgalaxien scheibenförmig mit einem zentralen „Bulge“ (Ausbuchtung), besitzen jedoch keine Spiralarme.

Elliptische Galaxien sind wie eine zerdrückte Kugel geformt. Die Sterne in elliptischen Galaxien sind im Schnitt älter als bei anderen Galaxientypen.

Irreguläre Galaxien haben keine bestimmte Form und keine Spiralarme. Etwa ein Viertel aller Galaxien sind vom irregulären Typ.

Auf einen Blick

- Galaxien sind von der Schwerkraft zusammengehaltene Sterngruppen.
- Es gibt u. a. Spiral- und Balkenspiralgalaxien sowie linsenförmige, elliptische und irreguläre Galaxien.
- Unser Sonnensystem liegt in der Milchstraßengalaxie.

Ausmaß des Universums

Die Entfernungen im All sind so groß, dass man sie in Lichtjahren misst. Ein Lichtjahr ist die Entfernung, die Licht in einem Jahr zurücklegt: ca. 9,5 Billionen km.

Die Sonne ist 8 Lichtminuten von der Erde entfernt.

Der uns nächste Stern, Proxima Centauri, ist 4,2 Lichtjahre entfernt.

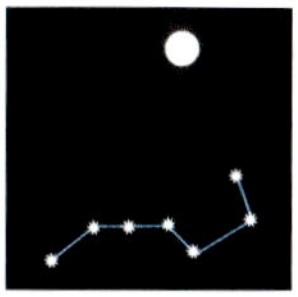

Der Polarstern ist 320 Lichtjahre entfernt.

Wir sind 26 000 Lichtjahre vom Zentrum der Milchstraße entfernt.

Die Andromedagalaxie, die uns am nächsten ist, ist 2,5 Millionen Lichtjahre entfernt.

Weltraumbeobachtung

Vor allem durch das Auffangen des sichtbaren Lichts und anderer Strahlung, die die Erde aus weiter Entfernung erreicht, gewinnen wir Erkenntnisse über das Universum. Teleskope sind Instrumente, die diese Strahlung sammeln und Bilder erzeugen, die heller und detaillierter sind, als das mit dem bloßem Auge möglich ist.

Auf einen Blick

- **Astronomen nutzen verschiedenartige Teleskope für unterschiedliche Arten elektromagnetischer Strahlung von Objekten im All.**
- **Einige Teleskope werden in den Weltraum gebracht, damit man schärfere Bilder erhält.**

Teleskope

Unser Verständnis des Universums hat sich dank leistungsstarker Teleskope im Lauf des vergangenen Jahrhunderts gewandelt. Frühe Astronomen mussten das Gesehene zeichnen, doch heutzutage nehmen Kameras Bilder auf und man nutzt Computer zur Analyse. Astronomen verwenden sowohl Teleskope auf der Erde als auch im Weltraum, um Strahlung im ganzen elektromagnetischen Spektrum zu erfassen und zu erforschen.

Der Arecibo-Hauptspiegel hatte einen Durchmesser von 305 m.

Die gekrümmte Form des Parabolspiegels fokussierte Radiowellen.

Teleskope auf der Erde
Erdgestützte Teleskope wie das Arecibo-Observatorium in Puerto Rico können viel größer als Weltraumteleskope sein, da sie nicht ins All geschossen werden müssen. Radioteleskope wie Arecibo benötigen riesige schüsselförmige Parabolspiegel als Antennen, da Radiowellen eine viel größere Wellenlänge als sichtbares Licht besitzen. (Arecibo ist Ende 2020 eingestürzt, wohl nach Sturmschäden.)

Dieses Bild der „Säulen der Schöpfung" im Adlernebel wurde aus Digitalaufnahmen des Hubbleteleskops erzeugt.

Mehrere Spiegel im Inneren reflektieren das Licht auf einen Detektor.

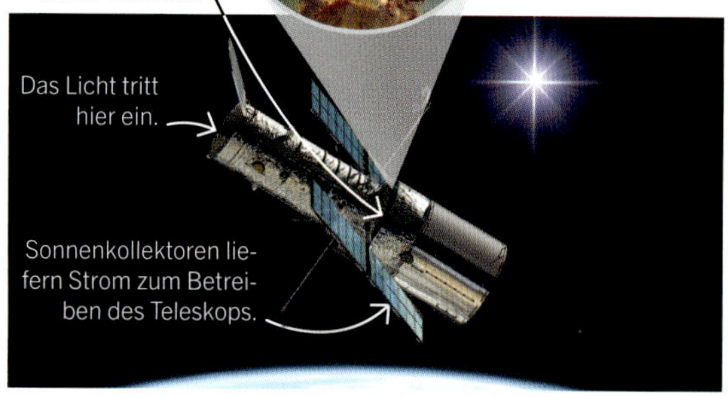

Weltraumteleskope
Das Hubble-Weltraumteleskop (HST) verwendet wie die meisten modernen Teleskope Spiegel anstatt von Linsen, um das Licht zu sammeln und zu fokussieren. Teleskope, die die Erde wie Hubble umkreisen, können den Weltraum ohne störende Wolken und Staub in der Atmosphäre beobachten und Strahlungsarten nachweisen, die von der Erdatmosphäre absorbiert werden, z. B. Infrarotstrahlung.

Unsichtbare Strahlung

Sterne und andere Objekte im All geben Strahlung aus dem gesamten elektromagnetischen Spektrum ab. Durch Untersuchungen bei verschiedenen Frequenzen können Astronomen mehr über diese Objekte erfahren. Hier sieht man den Krebsnebel – die leuchtenden Überreste eines explodierten Sterns – bei verschiedenen Frequenzen.

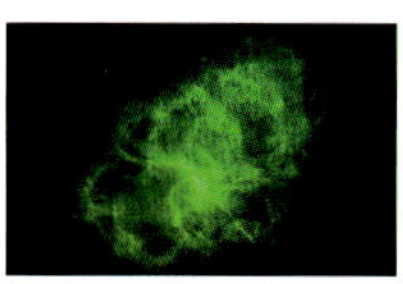

Radiowellen

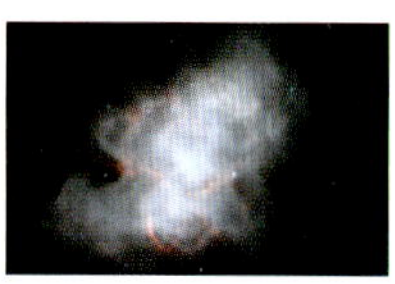

Infrarotstrahlen

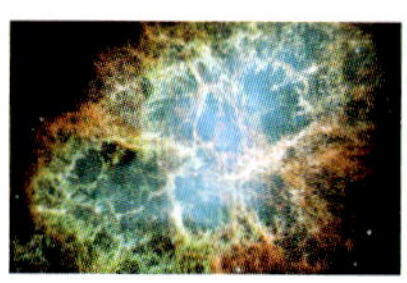

Sichtbares Licht

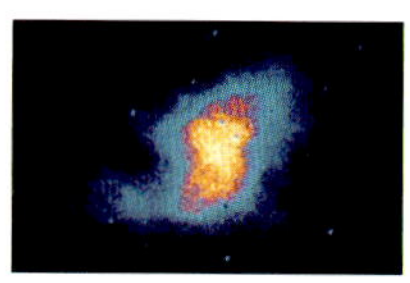

Ultraviolette Strahlen

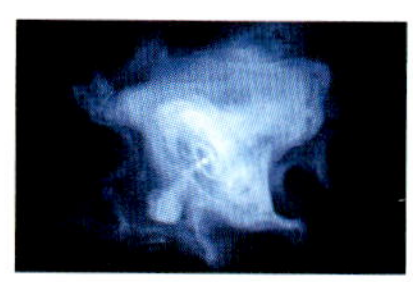

Röntgenstrahlen

Rotverschiebung

Wenn Astronomen das Licht von weit entfernten Galaxien analysieren, stellen sie fest, das seine Wellenlänge etwas länger als bei Licht von näher gelegenen Objekten ist. Dieser Unterschied, der mit bloßem Auge nicht erkennbar ist, wird von einem Effekt namens Rotverschiebung verursacht und beweist, dass das Universum expandiert.

Bewegtes Licht
Lichtwellen von sich entfernenden Objekten haben eine etwas größere Wellenlänge. Je schneller sich das Objekt fortbewegt, umso stärker nimmt die Wellenlänge zu. Dank dieser Rotverschiebung erkannte man, dass sich die fernsten Galaxien am schnellsten von uns fortbewegen. Das beweist, dass das ganze Universum auf eine Weise expandiert, die die Urknalltheorie stützt (s. S. 267).

Auf einen Blick

- ✓ Rotverschiebung ist die Zunahme der Wellenlänge von Licht ferner Galaxien, die sich von uns fortbewegen.
- ✓ Untersuchungen zur Rotverschiebung ergeben, dass sich die am weitesten entfernten Galaxien am schnellsten fortbewegen.
- ✓ Die beobachtete Rotverschiebung liefert den Nachweis, dass das Universum expandiert, und bestätigt die Urknalltheorie.

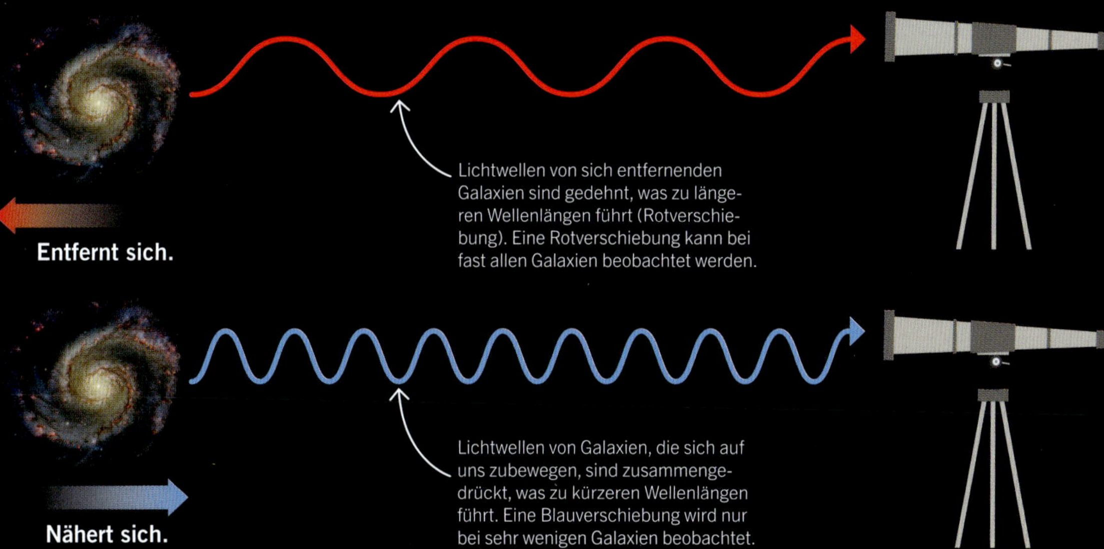

Sternenlicht erforschen

Astronomen erforschen das Licht der Sterne und Galaxien mithilfe einer Spektroskopie genannten Methode. Bei einer Form der Spektroskopie hat das sichtbare Licht eines Sterns deutlich erkennbare schwarze Lücken, da chemische Elemente in den Sternen oder im All bestimmte Wellenlängen absorbieren oder blockieren. Durch die Rot- und manchmal auch Blauverschiebung verschieben sich diese Linien. Um wie viel sie sich verschieben, zeigt, wie schnell sich ein Stern oder eine Galaxie auf uns zu- oder von uns wegbewegt. Die Rotverschiebung beeinflusst jede Art elektromagnetischer Strahlung, nicht nur sichtbares Licht.

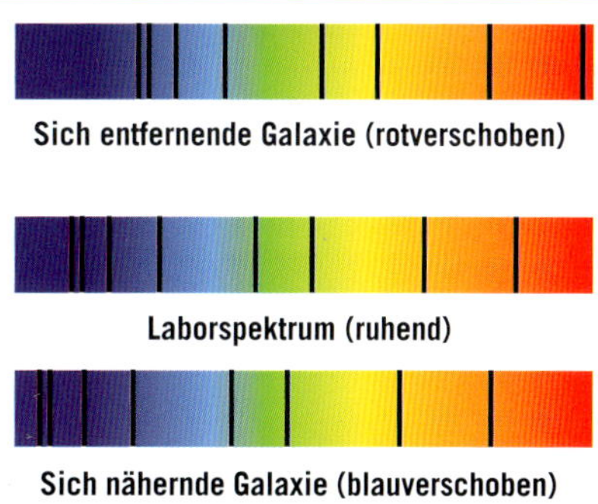

Expandierendes Universum

Durch Analyse des Lichts von Sternen und Galaxien kann man feststellen, ob sie sich von uns weg- oder auf uns zubewegen. 1929 fanden US-Astronomen, u. a. Edwin Hubble, heraus, dass sich die meisten Galaxien mit einer Geschwindigkeit von uns fortbewegen, die proportional zu ihrer Entfernung ist. Dies nennt man Hubble-Lemaître-Gesetz.

Ausdehnung des Raumes

Hubbles Entdeckung bewies, dass sich das Universum ausdehnt. Astronomen nehmen an, dass sich die Galaxien nicht deshalb schnell von uns entfernen, weil sie sich durch den Raum bewegen, sondern weil sich der Raum selbst ausdehnt. Messungen der Ausdehnungsgeschwindigkeit deuten darauf hin, dass das beobachtbare Universum vor ungefähr 13,8 Milliarden Jahren mit dem Urknall begann.

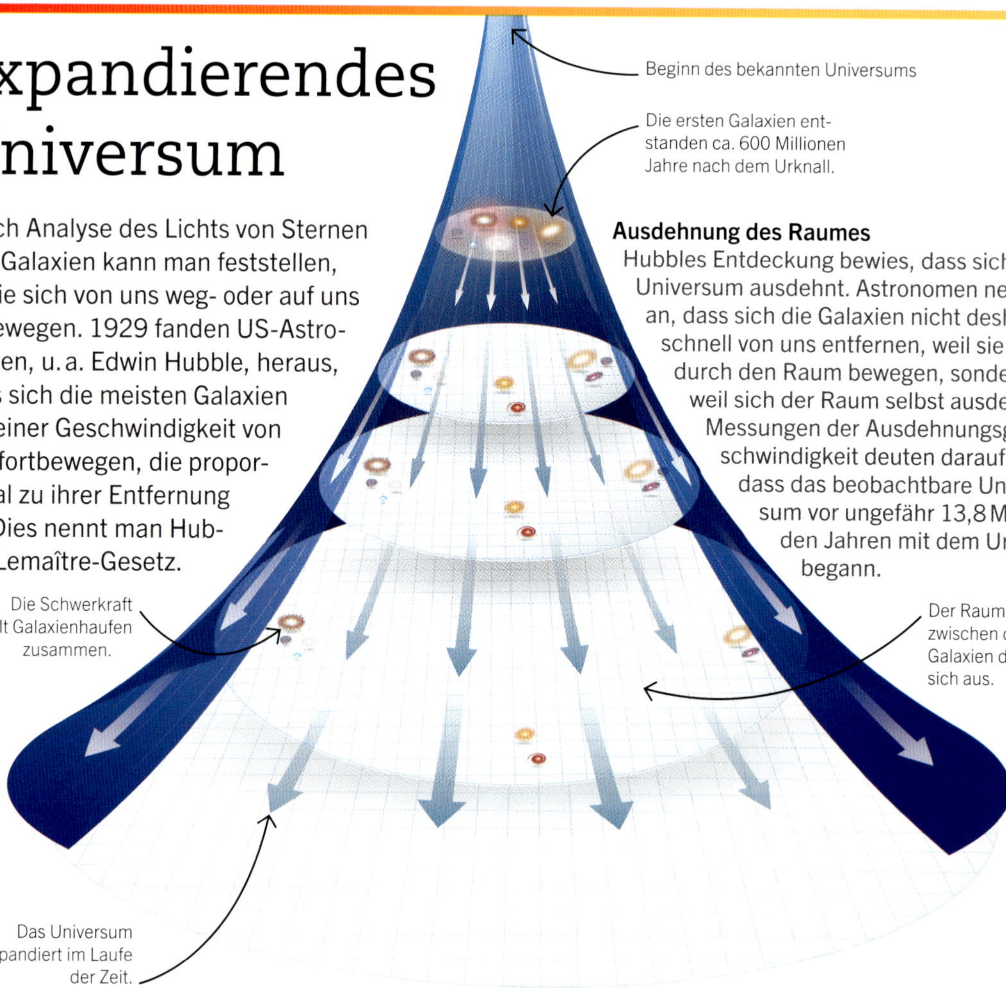

Auf einen Blick

- ✓ **Die meisten Galaxien entfernen sich von uns.**
- ✓ **Die Geschwindigkeit, mit der sich Galaxien entfernen, erhöht sich proportional zu ihrer Entfernung von uns.**
- ✓ **Hubbles Beobachtungen beweisen, dass das Universum expandiert, und stützen die Urknalltheorie.**

Dunkle Materie und Dunkle Energie

Messungen des Lichts von Supernovae in fernen Galaxien lassen vermuten, dass das Universum beschleunigt expandiert. Man nimmt an, dass die Beschleunigung von einer unbekannten Energiequelle, der sogenannten Dunklen Energie, getrieben wird. Außerdem müssten die Galaxien mehr Masse enthalten, als wir sehen bzw. direkt beobachten. Denn die sichtbare Masse reicht nicht aus, um die Bewegung von Sternen und Galaxien richtig zu erklären. Diese bisher unentdeckte Masse wird Dunkle Materie genannt.

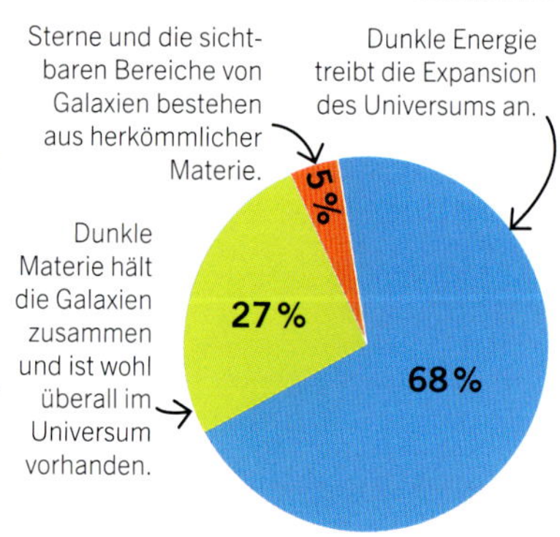

Inhalt des Universums

Urknall oder stationärer Zustand?

Es gibt zwei unterschiedliche Theorien, um die Expansion des Universums zu erklären. Die Urknalltheorie besagt, dass die Ausdehnung in einem einzigen Punkt ihren Anfang nahm. Die Theorie des stationären Zustands nimmt an, dass etwas ständig Materie erzeugt und das Weltall zur Ausdehnung bringt.

Auf einen Blick

- ✓ Die Urknalltheorie besagt, dass das Universum vor 13,8 Milliarden Jahren in einem einzigen Punkt begann und sich seitdem ständig ausdehnt.
- ✓ Die Theorie des stationären Zustands nimmt an, dass unaufhörlich Materie erzeugt wird, um das wachsende Universum auszufüllen.
- ✓ Die Urknalltheorie ist die derzeit anerkannte Theorie, die Theorie des stationären Zustands gilt als falsch.

Die Urknalltheorie

Nach der Urknalltheorie begann sich vor 13,8 Milliarden Jahren der Raum plötzlich aus einem einzigen Anfangspunkt aus auszudehnen. Alle Materie und Energie, die je im Universum vorhanden sein würde, war von Anfang an da. Während das Universum expandierte, verteilten sich Materie und Energie immer weiter. Die meisten Forschungsergebnisse stützen die Urknalltheorie.

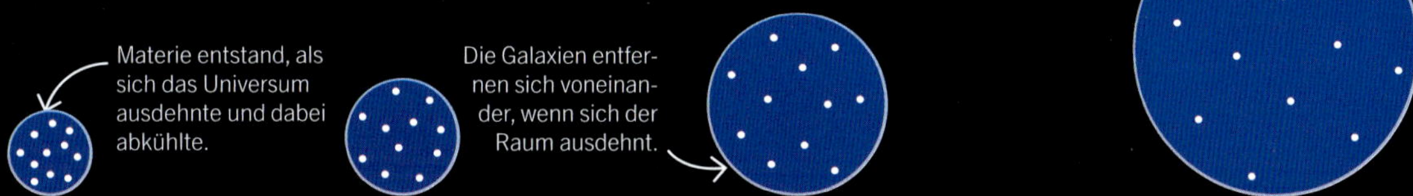

Theorie des stationären Zustands

Diese alternative Theorie, die Mitte des 20. Jahrhunderts vorgeschlagen wurde, geht davon aus, dass das Universum schon immer existierte und sich ständig ausdehnt, während neue Materie entsteht. Doch wissenschaftliche Beobachtungen stützen diese Theorie nicht, sodass sie heutzutage als falsch angesehen wird.

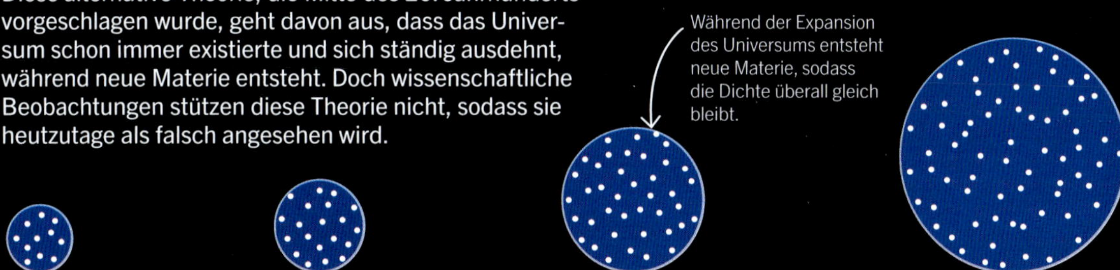

Kosmische Mikrowellenhintergrundstrahlung

1964 entdeckten zwei Radioastronomen ein schwaches Radiosignal aus allen Richtungen des Himmels. Sie erkannten, dass sie die Strahlung des Urknalls aufgefangen hatten, die nun im ganzen Weltall dünn verteilt ist. Die Existenz dieser Energie war von der Urknalltheorie, jedoch nicht von der Theorie des stationären Zustands vorhergesagt worden. Daher untermauerte ihre Entdeckung die Urknalltheorie.

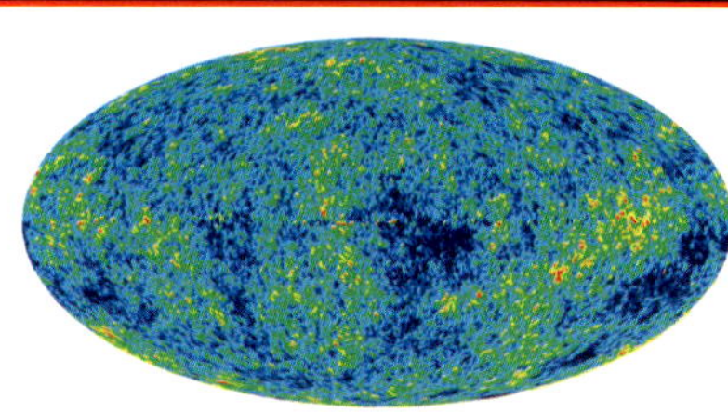

Kosmische Mikrowellenhintergrundstrahlung

Lebenszyklen von Sternen

Sterne entstehen in riesigen Wolken aus Gas und Staub, die sich aufgrund ihrer Schwerkraft so lange zusammenziehen, bis Kernfusionsreaktionen einsetzen. Der Lebenszyklus eines Sterns, während er altert und seinen Brennstoff aufbraucht, hängt von seiner Masse ab.

Auf einen Blick

- ✓ Sterne entstehen aus Gas- und Staubwolken, die Nebel genannt werden.
- ✓ Planeten bilden sich aus den Überresten der Sternentstehung.
- ✓ Die Lebensphasen eines Sterns hängen von seiner Masse ab.

Unterschiedliche Leben

Diese Abbildung stellt die typischen Lebenszyklen für massereiche Sterne (oben) und für Sterne mit ähnlich großer Masse wie unsere Sonne (unten) dar. Massereiche Sterne leuchten hell, verbrauchen ihren Brennstoff schnell und sterben in einer spektakulären Explosion. Kleinere Sterne verbrauchen ihren Brennstoff langsam und leuchten länger, bevor sie sich im Alter aufblähen und dann verglühen.

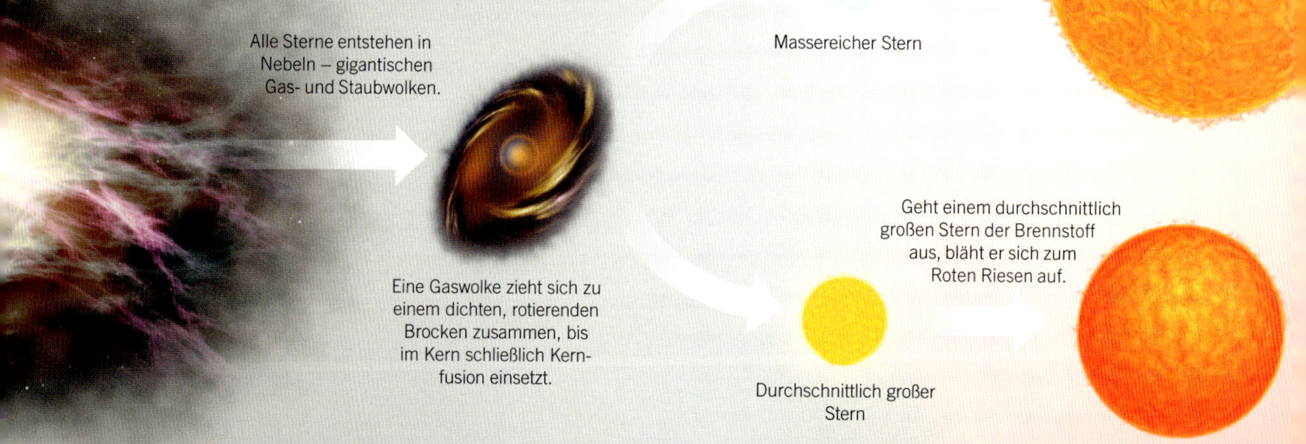

Gleichgewicht eines Sterns

Sterne leuchten so lange stabil, wie das Gleichgewicht zwischen ihrer eigenen, nach innen gerichteten Schwerkraft und dem nach außen gerichteten Strahlungsdruck der Fusionsreaktionen im Kern anhält. Geht der Brennstoff eines Sterns langsam zu Ende, sind die Kräfte nicht mehr im Gleichgewicht und der Stern verändert sich, manchmal sogar drastisch und heftig.

Normaler Stern
Bei einem sonnenähnlichen Stern sind die nach innen gerichtete Schwerkraft und der nach außen gerichtete Druck vom Kern im Gleichgewicht.

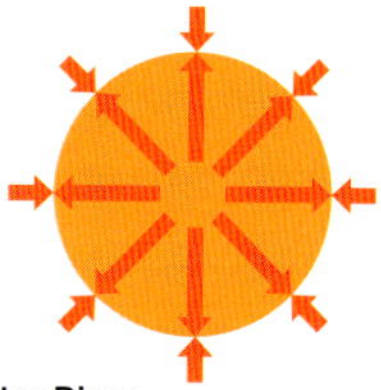

Roter Riese
Bei einem alternden Stern erhitzt sich der Kern und die Kräfte geraten außer Gleichgewicht. Der Stern bläht sich so lange auf, bis wieder Gleichgewicht besteht. Er ist jetzt ein Riesenstern.

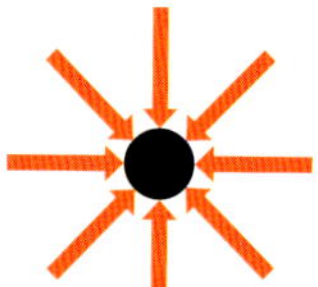

Schwarzes Loch
Wenn den massereichsten Sternen der Brennstoff ausgeht, übertrifft die Schwerkraft bei weitem den Kerndruck, sodass der Stern zu einem Schwarzen Loch zusammenfällt.

Sternentstehung

Sterne entstehen in gewaltigen interstellaren Gas- und Staubwolken, sogenannten Nebeln. Wird ein Nebel gestört, z. B. durch die Schockwelle einer Sternenexplosion, kann ein Teil durch die Schwerkraft zu einem dichten, rotierenden Brocken kollabieren. Mit zunehmender Dichte erhöht sich die Schwerkraft des Brockens, sodass er weitere Materie anzieht, und der Kern erhitzt sich. Schließlich ist der Kern so dicht und heiß, dass Kernfusion einsetzt, die den Stern zum Leuchten bringt. Die übrig gebliebene Materie umkreist den Stern als Staub- und Gasscheibe, aus der sich Planeten und andere Körper bilden.

Wenn ein Überriese keinen Brennstoff mehr hat, fällt er plötzlich in sich zusammen und explodiert dann in einer sogenannten Supernova.

Die Überreste des Kerns können sich zu einem unvorstellbar dichten, schnell rotierenden Stern von der Größe einer Stadt zusammenziehen. Die gesamte Materie wird zu Neutronen zusammengepresst. Daher nennt man solche Sterne Neutronensterne.

Die Kerne der massereichsten Sterne kollabieren zu einem Schwarzen Loch – einem Gebiet mit so großer Schwerkraft, dass nicht einmal Licht entweichen kann.

Wenn der nukleare Brennstoff im Kern eines durchschnittlich großen Sterns verbraucht ist, stößt er seine äußeren Gasschichten in den Weltraum ab und kollabiert zu einem heißen Stern mit Erdgröße, den man Weißen Zwerg nennt.

Am Ende könnte sich der Stern zu einer Kohlenstoffkugel abkühlen, die weder Licht noch Wärme aussendet – einem Schwarzen Zwerg. Da die Entstehung so lange dauert, nimmt man an, dass es bisher keine gibt.

Elemente entstehen

Sterne bestehen vor allem aus Wasserstoff, dem einfachsten Element. Sie leuchten aufgrund der Kernfusion (s. S. 253): Wasserstoffkerne werden zu größeren Atomkernen wie Helium zusammengepresst und setzen dabei Energie frei. Man nennt das „Wasserstoffbrennen". Am Ende des Sternenlebens ist der Wasserstoff im Kern verbraucht und die Fusion anderer Elemente beginnt. In sonnenähnlichen Sternen wird Helium zu Kohlenstoff umgewandelt und in massereicheren Sternen entstehen schwerere Elemente wie Stickstoff, Sauerstoff und Eisen. Explodieren massereiche Sterne als Supernova, entstehen noch schwerere Elemente und verteilen sich durch die Explosion im Weltraum, wo sie neue Nebel bilden. Viele der chemischen Elemente in unserem Körper sind so entstanden.

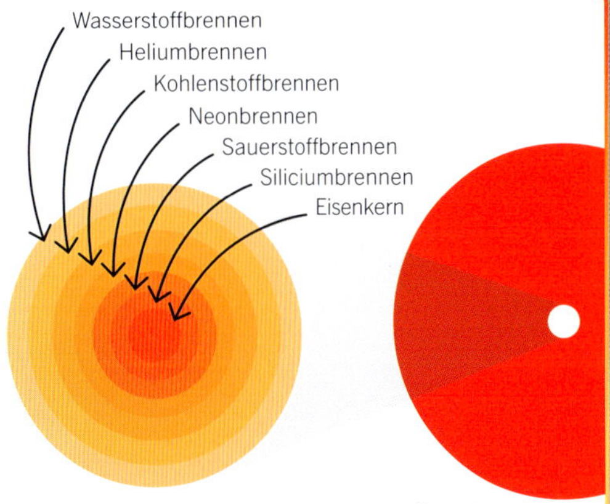

Kern **Ein Überriese**

Sterne klassifizieren

Sterne sehen mit bloßem Auge wie stecknadelkopfgroße Lichter aus, doch Astronomen verwenden das von ihnen ausgesendete Licht, um die Temperatur, den Abstand zur Erde, den Durchmesser und die Masse zu berechnen. Diese Eigenschaften werden zur Einteilung der Sterne und zur Berechnung ihres Alters und ihrer Lebensdauer benutzt.

Auf einen Blick

- ✓ Die Farbe des Lichts eines Sterns zeigt seine Temperatur an.
- ✓ Die scheinbare Helligkeit gibt an, wie hell ein Stern von der Erde aus erscheint.
- ✓ Die absolute Helligkeit gibt an, wie hell ein Stern in einer Standardentfernung von der Erde erscheinen würde.
- ✓ In einem Hertzsprung-Russell-Diagramm ist die Temperatur der Sterne über ihrer Helligkeit aufgetragen.

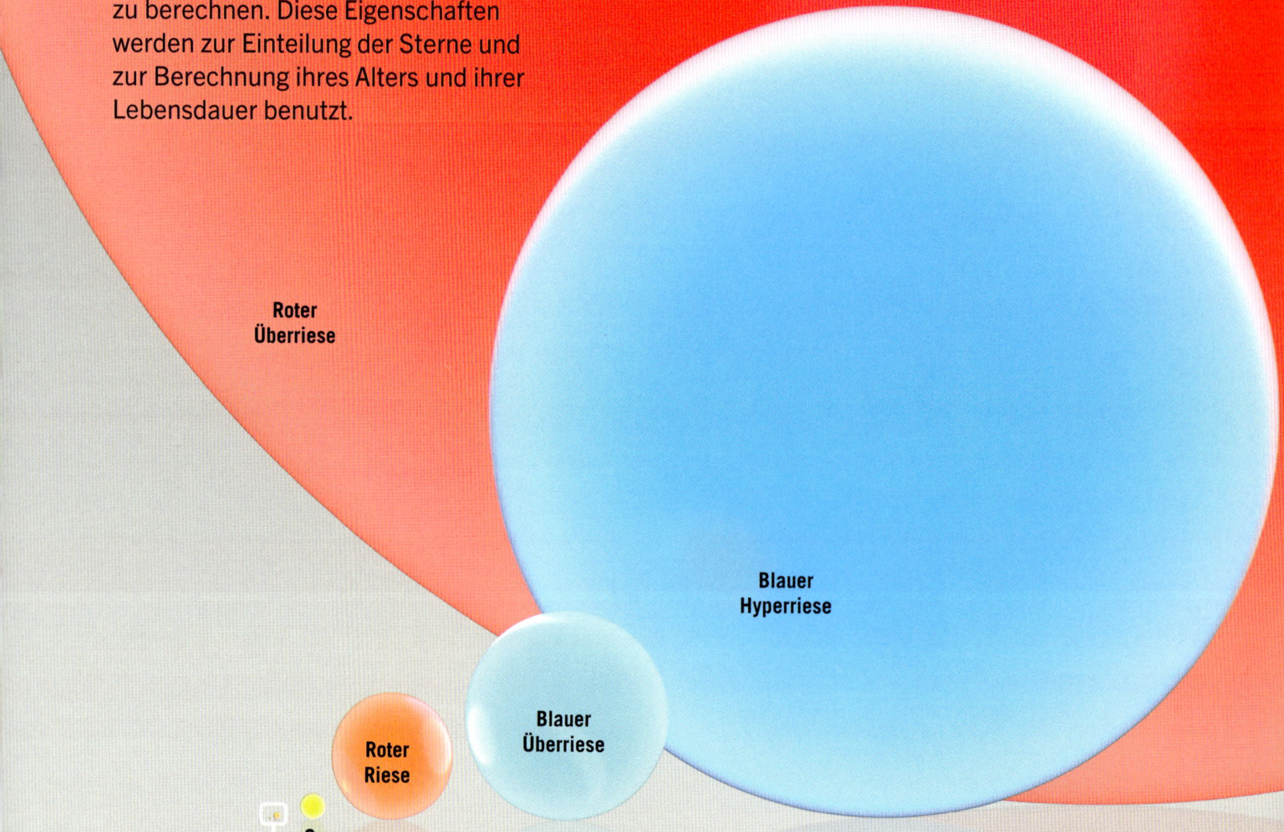

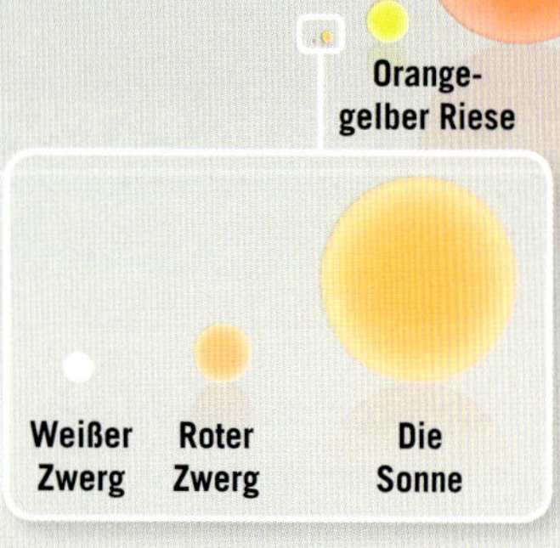

Sternengröße
Sterne haben ganz unterschiedliche Größen, von Neutronensternen, nicht größer als eine Stadt, aber mit mehr Masse als die Sonne, bis zu Über- und Hyperriesen, deren Volumen Millionen bis Milliarden Mal größer als das der Sonne ist. Die Eigenschaften eines Sterns hängen vor allem von seiner Masse ab. Je massereicher ein Stern ist, umso heißer, heller und blauer ist er die meiste Zeit seines Lebens, doch umso kürzer ist seine Lebensdauer. Denn massereiche Sterne verbrennen ihren nuklearen Brennstoff schneller.

Farbe und Temperatur

Jeder Körper emittiert bei jeder Temperatur Strahlung. Wenn die Temperatur des Körpers steigt, nimmt die ausgesandte Strahlungsmenge zu, doch das Strahlungsmaximum verschiebt sich zu kleineren Wellenlängen. Daher ändert sich das Licht eines sehr heißen Körpers bei steigender Temperatur von rot glühend zu weiß glühend. Astronomen bestimmen mit diesem Zusammenhang die Oberflächentemperatur von Sternen. Kühlere Sterne emittieren stärker rotes Licht und heißere Sterne blaues Licht.

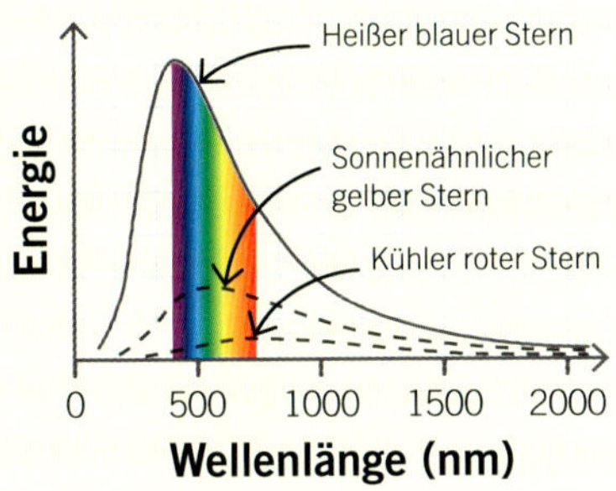

Hertzsprung-Russell-Diagramm

Vor ungefähr 100 Jahren entdeckten der dänische Astronom Ejnar Hertzsprung und der US-amerikanische Astronom Henry Russell unabhängig voneinander ein Muster in den Eigenschaften der Sterne. Trägt man in einem Diagramm die Helligkeit der Sterne über ihrer Temperatur auf, entsteht eine charakteristische Struktur, die die Lebensphasen der Sterne widerspiegelt. Die meisten Sterne bevölkern ein diagonales Band, die sogenannte Hauptreihe. Sie besitzen ein vergleichsweise geringes Volumen und verbrennen Wasserstoff im Kern. Andere Sterne, z. B. alternde Riesensterne, denen der Brennstoff ausgeht, befinden sich in Bereichen abseits der Hauptreihe.

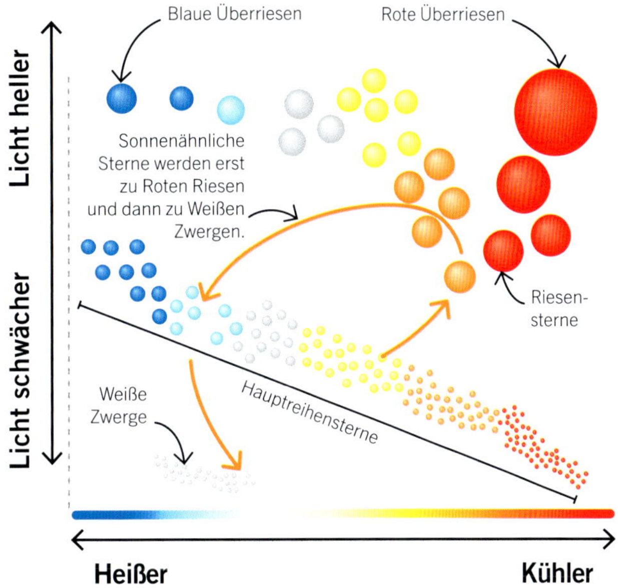

Helligkeit

Man kann die Helligkeit eines Sterns auf zwei Arten angeben. Unter der scheinbaren Helligkeit versteht man, wie hell ein Stern von der Erde aus aussieht, doch das kann irreführend sein, da weiter entfernte Sterne lichtschwächer erscheinen. Die absolute Helligkeit ist ein standardisiertes Maß dafür, wie hell alle Sterne von derselben Entfernung (32,6 Lichtjahre) aus leuchten würden.

Diese beiden Sterne sehen am Nachthimmel gleich hell aus, doch in Wirklichkeit ist Stern A heller, aber weiter entfernt.

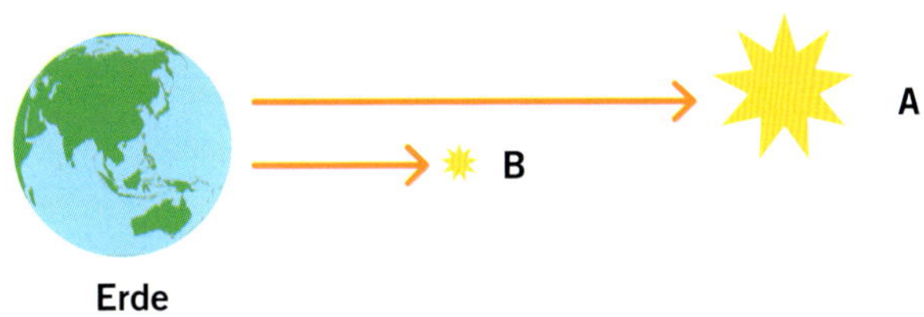

Glossar

Abgeschlossenes System System, in das weder Materie noch Energie hinein- oder hinausgelangen kann. *Siehe auch* Geschlossenes System, System.

Abhängige Variable Bei einem Experiment gemessene Variable.

Absolute Helligkeit Helligkeit eines Sterns bei Beobachtung aus einer Standardentfernung. Damit vergleicht man die Helligkeit von Sternen unabhängig von ihrer Entfernung zur Erde.

Absoluter Nullpunkt Niedrigste mögliche Temperatur, bei der alle Atome in Ruhe sind. Bei der Kelvin- bzw. der Celsiustemperaturskala liegt er bei 0 K bzw. -273 °C.

Absorptionsspektrum Muster aus dunklen Linien in einem Spektrum von Licht nach dem Durchgang durch ein Gas, z. B. die äußeren Schichten eines Sterns. Die Linien zeigen die vom Gas absorbierten Lichtwellenlängen an, die für die im Stern vorhandenen Elemente charakteristisch sind.

Aerodynamisch In Bezug auf die Art, wie Luft über Körper strömt. Häufig ist damit eine glatte Form gemeint, die den Luftwiderstand verringert.

Aggregatzustände Verschiedene Erscheinungsformen von Materie, z. B. Festkörper, Flüssigkeit und Gas.

Alphateilchen Teilchen aus zwei Neutronen und zwei Protonen (Heliumkern), das beim radioaktiven Zerfall einiger Atomkerne emittiert wird.

Alphazerfall Radioaktiver Zerfall, bei dem ein Atomkern ein Alphateilchen abgibt.

Ampere (A) Einheit der elektrischen Stromstärke.

Amperemeter Gerät zur Messung der elektrischen Stromstärke.

Amplitude Maximale Auslenkung einer Welle aus ihrer Mittellage, d. h. die Höhe des Wellenbergs über der Mittellinie bzw. die halbe Höhe von Wellenberg zu Wellental.

Anhalteweg Zurückgelegter Weg zwischen dem Punkt, an dem der Fahrer eine Gefahr erkennt, und dem Stillstand des Fahrzeugs. Anhalteweg = Reaktionsweg + Bremsweg.

Arbeit Übertragene Energie, wenn eine Kraft einen Körper in eine bestimmte Richtung bewegt. Die Einheit ist Joule (J).

Asteroid Gesteinskörper, der die Sonne umkreist und vor allem im Asteroidengürtel zwischen Mars und Jupiter vorkommt.

Asteroidengürtel Gebiet mit zahlreichen Asteroiden zwischen den Umlaufbahnen von Mars und Jupiter. Jupiters starke Schwerkraft verhindert die Entstehung neuer Gesteinsplaneten aus den Asteroiden.

Atmosphäre Gasschicht, die einen Planeten umgibt.

Atom Kleinster Bestandteil eines Elements, mit den chemischen Eigenschaften des Elements. Es besteht aus Protonen, Neutronen und Elektronen.

Atomenergie *Siehe* Kernenergie.

Atomkern Mittelpunkt eines Atoms, der aus Protonen und Neutronen besteht und den Großteil der Masse des Atoms enthält.

Auftrieb *Siehe* Dynamischer Auftrieb, Statischer Auftrieb.

Ausgleichsgerade Durch gestreute Datenpunkte in einem Diagramm gezeichnete Gerade, die so nah wie möglich an die Punkte kommt und mit deren Hilfe man den Zusammenhang zwischen der unabhängigen und der abhängigen Variablen erkennen kann.

Ausgleichskurve Glatte Kurve durch die Punkte in einem Diagramm, die vielen Punkten so nah wie möglich kommt. *Siehe auch* Ausgleichsgerade.

Ausreißer Datenpunkt, der nicht ins Muster der anderen Punkte passt. Meist sind Ausreißer Fehler, doch manchmal können sie etwas Unerwartetes über ein System offenbaren. Im Idealfall wird der Ausreißer bei einer Wiederholung des Versuchs nachgemessen.

Batterie 1. Galvanische Zelle, d. h. Vorrichtung zur Speicherung von Energie, die als Bestandteil eines geschlossenen Stromkreises einen elektrischen Strom erzeugt.
2. Mehrere in Reihe geschaltete galvanische Zellen.

Becquerel (Bq) Einheit für den radioaktiven Zerfall. 1 Bq bedeutet, dass im Mittel ein Atomkern pro Sekunde in der untersuchten Probe zerfällt.

Berührungslose Kraft Jede Kraft mit Fernwirkung, u. a. Gravitation, Magnetismus und Coulombkraft.

Beschleunigung Zeitliche Änderung des Geschwindigkeitsvektors, d. h. schneller werden, langsamer werden oder die Richtung ändern. Sie ist eine Vektorgröße mit der Einheit m/s^2.

Betateilchen Sehr schnelles Elektron, das beim radioaktiven Zerfall einiger Atomkerne emittiert wird.

Betazerfall Radioaktiver Zerfall, bei dem ein Atomkern ein Betateilchen abgibt.

Bindung Kraft zwischen Atomen oder Molekülen, die sie zusammenhält. Bindungen werden bei chemischen Reaktionen gebildet oder gespalten.

Biobrennstoff (Biokraftstoff) Brennstoff aus vor Kurzem lebenden Pflanzen oder tierischen Bestandteilen, z. B. Ethanol-Kraftstoff aus Zuckerrohr. Wächst der Biobrennstoff genauso schnell nach, wie er geerntet wird, gilt er als erneuerbar.

Brechung Ablenkung einer Welle, die beim Übergang von einem Medium zum anderen schneller bzw. langsamer wird. Lichtbrechung lässt einen in Wasser stehenden Stab am Eintauchpunkt abgeknickt erscheinen.

Bremsweg Zurückgelegter Weg eines Fahrzeugs vom Punkt, an dem die Bremse betätigt wurde, bis zum Stillstand.

Brennpunkt Punkt, im dem bei einer Sammellinse parallele Lichtstrahlen fokussiert werden bzw. von dem parallele Lichtstrahlen nach dem Durchgang durch eine Zerstreuungslinse zu kommen scheinen.

Brennweite Abstand zwischen Brennpunkt und Mittelpunkt einer Linse.

Celsius Temperaturskala, die auf dem Gefrierpunkt (0 °C) und dem Siedepunkt (100 °C) von Wasser auf Meereshöhe beruht.

Chemikalie Element oder Verbindung, vor allem, wenn durch industrielle Prozesse erzeugt oder gewonnen. Beispiele: Wasser, Eisen, Kochsalz und Sauerstoff.

Chemische Energie In den Bindungen zwischen Atomen gespeicherte Energie, die bei einer chemischen Reaktion frei werden kann, z. B. als Wärme und Licht. Nahrungsmittel, Brennstoffe und Batterien speichern chemische Energie.

Chemische Reaktion Prozess, bei dem Stoffe durch die Bildung und Spaltung chemischer Bindungen in neue Stoffe umgewandelt werden.

Coulomb (C) Einheit der elektrischen Ladung. Ein Coulomb ist die Ladungsmenge, die in einer Sekunde bei einer Stromstärke von einem Ampere bewegt wird.

Coulombkraft Kraft auf ein geladenes Teilchen in einem elektrischen Feld.

Daten Bei einem Experiment gesammelte Informationen.

Dichte Masse (Materiemenge) eines Stoffes pro Volumeneinheit. Einheiten sind kg/m^3 oder g/cm^3.

Diffuse Reflexion Reflexion von Licht an einer unebenen Oberfläche in zufällige Richtungen.

Diffusion Vermischen von Substanzen durch die ungeordnete Bewegung ihrer Teilchen.

Diode Elektronisches Bauelement, das Strom nur in einer Richtung durchlässt.

Diskrete Variable Variable, die nur bestimmte Werte annehmen kann, z. B. die Monate eines Jahres. *Siehe auch* Stetige Variable.

Drehachse (Drehpunkt) Punkt, um den sich ein Körper dreht.

Drehmoment Drehwirkung einer Kraft, z. B. wenn ein Schraubenschlüssel eine Schraubenmutter dreht. Produkt aus Kraft und zugehörigem Hebelarm (senkrechter Abstand der Kraft vom Drehpunkt). Die Einheit ist das Newtonmeter (Nm).

Drehpunkt *Siehe* Drehachse.

Druck Kraft pro Fläche. Der Druck, den eine Person auf den Boden ausübt, ist gleich dem Gewicht dividiert durch die Gesamtfläche der Schuhsohlen und Absätze. Die Einheit ist N/m^2 oder Pascal (Pa) mit $1\,Pa = 1\,N/m^2$.

Dunkle Energie Bisher kaum verstandene Kraft, die der Schwerkraft entgegengerichtet ist und die Expansion des Universums bewirkt. Das Universum besteht zu ca. zwei Dritteln aus Dunkler Energie.

Dunkle Materie Unsichtbare Materie, die nur durch ihre Schwerkraftwirkung auf sichtbare Materie nachgewiesen werden kann. Galaxien werden u. a. durch Dunkle Materie zusammengehalten.

Durchschnittsgeschwindigkeit Quotient aus dem zurückgelegten Gesamtweg und der dazu benötigten Zeit. *Siehe auch* Momentangeschwindigkeit.

Dynamischer Auftrieb Nach oben gerichtete Kraft auf einen Flügel bei der Bewegung durch die Luft.

Ebene Flache (nicht gekrümmte) Oberfläche.

Einfallender Strahl Lichtstrahl, der in eine Linse eintritt oder auf einen Spiegel auftrifft.

Einfallswinkel Winkel zwischen einfallendem Lichtstrahl und Lot.

Elastisch Eigenschaft eines Körpers, der nach einer Dehnung oder Stauchung wieder in seine ursprüngliche Form zurückkehrt.

Elastische Energie (Formänderungsenergie) In einem gedehnten oder gestauchten Material gespeicherte Energie aus der bei der Verformung verrichteten Arbeit.

Elastischer Stoß Stoß ohne Verlust kinetischer Energie zwischen Körpern, die nach dem Aufprall wieder in ihre ursprüngliche Form zurückkehren.

Elastizitätsgrenze Maximalwert, um den ein Material gedehnt oder gestaucht werden kann und bei dem es noch in seine ursprüngliche Form zurückkehrt.

Elektrische Leistung Menge elektrischer Energie, die pro Sekunde in andere Energiearten umgewandelt wird. Die Einheit ist das Watt (W).

Elektrischer Strom Fluss von geladenen Teilchen, z. B. Elektronen oder Ionen.

Elektrisches Feld Gebiet um ein geladenes Teilchen (z. B. Elektron oder Ion), in dem auf andere geladene Teilchen eine Kraft wirkt.

Elektrische Stromstärke Maß für die Stärke des Stromflusses. Die Einheit ist Ampere (A).

Elektrizität Auswirkungen der Anwesenheit und/oder Bewegung einer elektrischen Ladung.

Elektromagnet Drahtspule, die magnetisch wird, wenn sie von Strom durchflossen wird.

Elektromagnetische Induktion Prozess, bei dem eine Spannung in einem Leiter induziert wird, wenn sich dieser durch ein magnetisches Feld bewegt. Ist der Leiter Teil eines Stromkreises, fließt dort ein Strom.

Elektromagnetische Strahlung Form von Energie, die sich als Transversalwelle mit Lichtgeschwindigkeit im Vakuum ausbreiten kann.

Elektromagnetisches Spektrum *Siehe* Spektrum (elektromagnetisch), Sichtbares Spektrum.

Elektron Eines der drei Hauptteilchen in einem Atom (mit dem Proton und dem Neutron). Es hat eine negative Ladung.

Elektronenschale Eine der Schichten, in der die Elektronen außerhalb des Atomkerns angeordnet sind.

Element Reinstoff, der nicht durch chemische Reaktionen in andere Stoffe zerlegt werden kann, z. B. Kohlenstoff, Wasserstoff und Sauerstoff.

Ellipse Ovale Form (abgeflachter Kreis).

Endgeschwindigkeit Maximale Geschwindigkeit eines frei fallenden Körpers, wenn die Kraft durch den Luftwiderstand mit der nach unten gerichteten Schwerkraft im Gleichgewicht steht. Ist z. B. der Luftwiderstand auf einen Fallschirmspringer genauso groß wie sein Körpergewicht, beschleunigt er nicht weiter und fällt mit Endgeschwindigkeit.

Endliche Ressource (nicht erneuerbare Ressource) Ressource, die irgendwann aufgebraucht sein wird, z. B. Kohle, Erdöl oder Erdgas.

Energie Fähigkeit, Arbeit zu leisten. Energie kann auf verschiedene Arten gespeichert und übertragen werden. Sie kann z. B. in den Chemikalien einer Batterie gespeichert und durch Elektrizität übertragen werden, wenn die Batterie Teil eines Stromkreises ist. Die Einheit der Energie ist Joule (J).

Energieerhaltungssatz Physikalisches Gesetz, das besagt, dass Energie weder erzeugt noch vernichtet, sondern nur gespeichert oder übertragen werden kann.

Energieressourcen Nutzbare Energiespeicher oder -quellen.

Erderwärmung Anstieg der mittleren Temperatur der Erdatmosphäre, verursacht durch ansteigenden Treibhausgasgehalt. Eine der Hauptursachen ist die Verbrennung fossiler Brennstoffe, die das Treibhausgas Kohlenstoffdioxid freisetzen.

Erdleiter Mit dem Metallgehäuse eines Elektrogeräts, z. B. eines Wasserkochers, verbundener Draht. Steht bei einem Kurzschluss das Gehäuse unter Strom, fließt sofort ein starker Strom durch den Erdleiter ab, sodass eine Sicherung ausgelöst wird und das Gerät wieder sicher ist.

Erneuerbare Energie Nicht versiegende Energiequelle, z. B. Sonnenlicht, Wellen- oder Windkraft.

Fallbeschleunigung Beschleunigung eines frei fallenden Körpers aufgrund der Schwerkraft (ohne Reibung). Auf der Erde ca. $9{,}8\,m/s^2$, häufig aufgerundet auf $10\,m/s^2$.

Federkonstante Maß für die Steifigkeit einer Feder und meist mit dem Buchstaben *D* bezeichnet. Je größer die Federkonstante, umso mehr Kraft ist zur Verlängerung der Feder nötig. Die Einheit ist N/m.

Feld Gebiet, in dem eine berührungslose Kraft, z. B. Schwerkraft oder Magnetismus, eine Wirkung besitzt.

Feldlinien Linien zur Darstellung eines Kraftfelds, die die Richtung der wirkenden Kraft anzeigen. Das Feld ist dort am stärksten, wo die Linien am engsten beieinanderliegen.

Fluid Stoff, der fließen kann, z. B. ein Gas oder eine Flüssigkeit.

Flüssig Aggregatzustand zwischen fest und gasförmig, bei dem die Teilchen verschoben werden können, aber nahe beieinander bleiben und sich gegenseitig anziehen.

Fossiler Brennstoff Brennstoff, der aus den versteinerten Überresten von Lebewesen gewonnen wird, z. B. Kohle, Erdöl und Erdgas.

Fotowiderstand (LDR) Komponente, deren Widerstand in vorhersehbarer Weise ansteigt oder abfällt, wenn sich die absorbierte Lichtmenge ändert. LDRs werden bei Regelkreisen verwendet, z. B. zum automatischen Einschalten der Straßenbeleuchtung bei Einbruch der Dunkelheit.

Freikörperbild Diagramm, in dem alle auf einen Körper wirkenden Kräfte durch Pfeile dargestellt werden, die in Richtung der Kraft zeigen.

Frequenz Anzahl der Wellen, die einen Punkt in einer Sekunde passieren. Die Einheit ist Hertz (Hz).

g Maß für die Stärke des Schwerkraftfeldes, das auf der Erde 9,8 N/kg beträgt, sodass frei fallende Körper bei Abwesenheit von Luftwiderstand mit $9{,}8\,m/s^2$ beschleunigen.

Galaxie Große Ansammlung von Sternen und Wolken aus Gas und Staub, die durch die Schwerkraft zusammengehalten werden.

Gammastrahlen Elektromagnetische Strahlung mit den höchsten Energien, den höchsten Frequenzen und den kürzesten Wellenlängen, die von Kernen zerfallender radioaktiver Atome emittiert wird.

Gammazerfall Radioaktiver Zerfall, bei dem ein Atomkern Gammastrahlung emittiert – eine gefährliche, hochenergetische Art elektromagnetischer Strahlung.

Gasförmig Aggregatzustand, bei dem die Teilchen weit voneinander entfernt sind und sich ungeordnet und schnell umherbewegen.

Geerdet Ein Elektrogerät ist geerdet, wenn es mit einem Erdleiter verbunden ist.

Gefrierpunkt Temperatur, bei der eine Flüssigkeit in den festen Zustand übergeht. Der Wert ist genauso hoch wie der Schmelzpunkt des Festkörpers.

Geiger-Müller-Zählrohr (GM-Zählrohr) Gerät zum Nachweis und zur Messung von Strahlung, das aus zwei Platten mit hoher elektrischer Spannung besteht. Ionisierende Strahlung lässt einen Funken zwischen den Platten überspringen, der von der Schalttechnik des Geräts nachgewiesen wird.

Generator Maschine, die elektrischen Strom aus mechanischer Bewegung erzeugt, meist durch Rotation einer Drahtspule in einem Magnetfeld. Es gibt Generatoren für Gleich- und Wechselstrom.

Geostationäre Umlaufbahn Ein Satellit auf einer geostationären Umlaufbahn befindet sich über dem Äquator, bewegt sich in Drehrichtung der Erde und benötigt ca. 24 Stunden für einen Erdumlauf. Für einen Beobachter auf der Erde scheint der Satellit am Himmel stillzustehen.

Geozentrisches Weltbild Weltbild mit der Erde als Mittelpunkt des Universums.

Geschlossenes System System, das Materie weder erhält noch abgibt. Doch Energie kann hinein- oder hinausgelangen. *Siehe auch* abgeschlossenes System, System.

Geschwindigkeit Maß dafür, wie schnell ein Körper ist und in welche Richtung er sich bewegt. Die Geschwindigkeit ist eine Vektorgröße, bei der der Betrag dem in einer bestimmten Zeit zurückgelegten Weg entspricht. Die Einheit ist m/s oder km/h.

Getriebe Mechanische Geräte, z. B. ineinandergreifende Zahnräder, die die Drehwirkung einer Kraft vergrößern oder verkleinern. Durch Getriebe können sich Maschinen, z. B. Autos, schneller (doch mit weniger Kraft) oder langsamer (doch mit mehr Kraft) bewegen.

Gewicht Kraft, die jeder massebehaftete Körper aufgrund der Gravitation erfährt. Da das Gewicht eine Kraft ist, ist die Einheit Newton (N).

Gleichgewicht Zustand der Ausgeglichenheit bei physikalischen Kräften oder in einer chemischen Gleichung.

Gleichstrom Elektrischer Strom, der nur in eine Richtung fließt. *Siehe auch* Wechselstrom.

Gravitation (Schwerkraft) Anziehungskraft zwischen allen Körpern mit Masse. Die Erdschwerkraft hält unsere Füße am Boden und lässt Gegenstände herunterfallen, wenn wir sie loslassen.

Gravitationsfeld (Schwerkraftfeld) Einen Körper mit Masse umgebender Raum, in dem ein anderer massebehafteter Körper eine anziehende Kraft (Schwerkraft) erfährt.

Gravitationsfeldstärke Kraft, mit der ein Gravitationsfeld eine Masse von 1 kg anzieht. Die Einheit ist N/kg. *Siehe auch* Fallbeschleunigung.

Gravitationskonstante (G) Winzige Zahl, die für Gravitationsberechnungen benötigt wird. Ihre Kleinheit drückt aus, dass die Gravitation eine sehr schwache Kraft ist, die nur bei sehr massereichen Körpern ein wahrnehmbares Gravitationsfeld erzeugt.

Grenzwinkel Bei einem Einfallswinkel größer als dem Grenzwinkel tritt Totalreflexion anstatt von Brechung auf.

Halbleiter Material, das sich zum Teil wie ein elektrischer Leiter (z. B. ein Metall) und zum Teil wie ein Isolator (z. B. Glas) verhält. In den meisten elektronischen Schaltkreisen werden Halbleiter verwendet.

Halbwertszeit Zeitspanne, in der die Radioaktivität in einer Probe auf die Hälfte des Ausgangswerts abgefallen ist, d. h. Zeitspanne, in der die Hälfte der radioaktiven Atome in der Probe zerfallen ist.

Hauptreihenstern Stern in der Mitte seines Lebens (z. B. unsere Sonne), der Licht emittiert, indem er durch Kernfusion Wasserstoff zu schwereren Elementen wie Helium umwandelt.

Heliozentrisches Weltbild Weltbild mit der Sonne als Zentrum des Sonnensystems.

Hertz (Hz) SI-Einheit der Frequenz. Ein Hertz bedeutet eine Periode (eine vollständige Welle) pro Sekunde.

Hintergrundstrahlung Uns ständig umgebende Strahlung mit niedriger Intensität, die teilweise von radioaktiven Stoffen in Gestein und anderen Materialien in unserer Umgebung, teilweise aus dem Weltraum (kosmische Strahlung) stammt.

Hookesches Gesetz Gesetz, das besagt, dass die Verformung (Dehnung oder Stauchung) eines Materials proportional zur angelegten Kraft ist, und das bis zur Elastizitätsgrenze gültig ist. Jenseits davon kehrt das Material bei Entfernen der Kraft nicht wieder in seine ursprüngliche Form zurück.

Hypothese Fundierte Vermutung oder Idee, wie etwas funktioniert. Wissenschaftler überprüfen ihre Hypothesen durch Experimente.

Impuls Neigung eines Körpers, in Bewegung zu bleiben. Produkt aus Masse und Geschwindigkeit des Körpers. Die Einheit ist kg m/s.

Impulserhaltungssatz Physikalisches Gesetz, das besagt, dass der Gesamtimpuls eines Systems vor und nach einem Stoß konstant bleibt, solange keine äußeren Kräfte auf das System einwirken.

Industrialisierung Weitverbreitete industrielle Entwicklung in einem Land, die oft zum Anwachsen der Städte und zum Bau von Straßen- und Eisenbahnnetzen führt.

Induzierter Magnet Stoff, der zeitweise magnetisch wird, wenn er in ein Magnetfeld gebracht wird. Der Eisenkern eines Elektromagneten ist ein induzierter Magnet, solange der Elektromagnet eingeschaltet ist.

Inelastischer Stoß Stoß, bei dem kinetische Energie verloren geht und die zusammenstoßenden Körper dauerhaft verformt bleiben, z. B. ein Fahrzeugzusammenstoß. *Siehe auch* Elastischer Stoß.

Infrarotstrahlung Elektromagnetische Strahlung mit niedrigerer Frequenz und längerer Wellenlänge als sichtbares Licht, die Wärme überträgt und z. B. bei Fernbedienungen genutzt wird.

Infraschall Schall mit Frequenzen unter ca. 20 Hz, die für das menschliche Ohr zu tief zum Hören sind.

Innere Energie Gesamte kinetische und potenzielle Energie aller Teilchen in einem System.

Instabiles Isotop Isotop, dessen Atomkerne mit einer gewissen Wahrscheinlichkeit zerfallen und dabei Strahlung freisetzen werden.

Interferenz Prozess, bei dem sich zwei oder mehr Wellen vereinigen und dabei entweder gegenseitig verstärken oder auslöschen.

Ion Atom oder Molekül, das ein oder mehrere Elektronen gewonnen oder verloren hat und dadurch elektrisch geladen ist.

Ionisierende Strahlung (radioaktive oder elektromagnetische) Strahlung mit genügend hoher Energie, um Elektronen aus den äußeren Schalen der Atome zu entfernen und dadurch Ionen zu erzeugen.

Isolator Material, das die Übertragung von Wärme, Elektrizität oder Schall verringert oder verhindert.

Isotope Arten eines Elements mit unterschiedlicher Neutronenzahl, aber gleicher Protonenzahl im Atomkern.

Joule (J) Einheit der Energie, entspricht der Arbeit, die eine Kraft von 1 N über eine Strecke von 1 m in Richtung der Kraft verrichtet.

Kelvin (K) Temperaturskala, die am absoluten Nullpunkt (–273 °C) beginnt. Die Einheit ist Kelvin (K). Eine Zu- oder Abnahme um 1 K ist genauso groß wie um 1 °C.

Kernbrennstoff Brennstoff für Kernreaktoren. Am häufigsten wird angereichertes Uran (Uran-235) verwendet, doch bei einigen Reaktoren auch z. B. Plutonium oder Thorium.

Kernenergie (Atomenergie) 1. Energie, die in den Bindungen zwischen den Neutronen und Protonen in einem Atomkern gespeichert ist und bei einer Kernfusion oder -spaltung freigesetzt werden kann.
2. In Kernkraftwerken erzeugte Elektrizität.

Kernfusion Prozess, bei dem Atomkerne unter Energiefreisetzung zu schwereren Atomkernen verschmelzen. Die Fusion von Wasserstoff- zu Heliumkernen versorgt Sterne wie die Sonne mit Energie.

Kernkraftwerk Kraftwerk, bei dem bei Kernspaltungsreaktionen freigesetzte Energie zur Stromerzeugung genutzt wird. Mit dieser Energie wird Wasser zum Sieden gebracht und so Dampf erzeugt, der dann Stromgeneratoren antreibt.

Kernladungszahl (Protonenzahl, Ordnungszahl) Anzahl der Protonen im Kern eines Atoms. Jedes Element hat eine andere Kernladungszahl.

Kernreaktionsgleichung Beschreibt, ähnlich wie eine chemische Reaktionsgleichung, die Änderungen, die bei Kernreaktionen wie Kernspaltung, Kernfusion und radioaktivem Zerfall auftreten.

Kernspaltung Prozess, bei dem sich ein Atomkern unter Energiefreisetzung in zwei kleinere Kerne aufspaltet.

Kettenreaktion Chemische oder Kernreaktion, die weitere gleichartige Reaktionen auslöst. Unkontrollierte Kettenreaktionen können Explosionen verursachen.

Kilowatt (kW) Einheit für Leistung, entspricht 1000 Watt.

Kilowattstunde (kWh) Energieeinheit, die von Energieversorgern in der Stromrechnung verwendet wird. 1 kWh ist die übertragene Energie, wenn ein Gerät mit 1 kW Leistung 1 Stunde benutzt wird, und entspricht 3 600 000 Joule.

Kinetische Energie Eine Energieform, die ein Körper aufgrund seiner Bewegung besitzt und die mit der Geschwindigkeit und der Masse des Körpers zunimmt.

Klima Wettermuster an einem bestimmten Ort in einem typischen Jahr.

Klimawandel Langzeitänderungen der Wettermuster auf der Erde. *Siehe auch* Erderwärmung.

Knautschzone Sicherheitseinrichtung, bei der Fahrzeugteile so konstruiert sind, dass sie sich bei einem Zusammenstoß verformen. Dadurch braucht das Fahrzeug mehr Zeit zum Abbremsen, sodass ernsthafte Verletzungen weniger wahrscheinlich werden.

Komet Masse aus Eis und Gestein auf einer elliptischen Umlaufbahn um die Sonne. Ein Teil des Staubs kann einen von der Sonne weggerichteten Schweif ausbilden.

Kompass Instrument mit einer kleinen, frei drehbaren magnetischen Nadel, die sich immer parallel zum Erdmagnetfeld ausrichtet.

Kompression Stauchung.

Kondensation Änderung des Aggregatzustands von gasförmig zu flüssig.

Konkavlinse *Siehe* Zerstreuungslinse.

Konstante Unveränderliche Größe, die in Gleichungen durch einen Buchstaben repräsentiert wird und meist für eine physikalische Eigenschaft steht, z. B. wie leicht sich eine Feder dehnen lässt (Federkonstante).

Kontaktkraft Kraft, die durch direkten Kontakt übertragen wird, z. B. Luftwiderstand, Reibung und Zugkraft.

Kontamination Tritt auf, wenn unerwünschte, häufig giftige Stoffe in ein System gelangen, z. B. radioaktives Material in den menschlichen Körper. *Siehe auch* Strahlenexposition.

Kontrolliert (Versuch) Wissenschaftliches Experiment, bei dem sich nur die unabhängige und die abhängige Variable ändern.

Kontrollvariable Variable, die bei einem Experiment konstant gehalten werden muss, damit die Auswirkung der Veränderung der unabhängigen Variable auf die abhängige Variable erkennbar wird, z. B. wenn man bei einem Versuch, bei dem die Temperatur von abkühlendem Wasser gemessen wird, die Raumtemperatur konstant hält.

Konvektion Wärmeübertragung durch ein Fluid (Flüssigkeit oder Gas), verursacht von Teilchen, die von heißeren, weniger dichten Bereichen aufsteigen bzw. von kühleren, dichteren Bereichen absinken.

Konvexlinse *Siehe* Sammellinse.

Konzentration Maß für die Teilchenmenge einer Substanz bei Mischung mit einer anderen Substanz, z. B. ist die Konzentration von Kohlenstoffdioxid in der Luft derzeit (Jahr 2021) etwa 420 ppm (420 Teilchen pro 1 Million Luftteilchen).

Korrelation Beziehung zwischen zwei Variablen, sodass sich bei Änderung der einen Variable die andere auf vorhersehbare Weise verändert. Korrelation heißt nicht zwangsläufig, dass die Änderung der einen Variable die Änderung der anderen verursacht.

Kosmische Mikrowellenhintergrundstrahlung Schwache, das ganze Universum erfüllende Mikrowellenstrahlung, bei der es sich wahrscheinlich um vom Urknall übrig gebliebene Energie handelt.

Kosmische Strahlung Hochenergetische Teilchen, z. B. Elektronen und Protonen, die sich mit nahezu Lichtgeschwindigkeit durch den Weltraum bewegen.

Kraft Schub oder Zug, der die Geschwindigkeit, Richtung oder Form eines Körpers ändern kann. Die Kraft ist eine Vektorgröße mit der Einheit Newton (N).

Kräftegleichgewicht Zustand, bei dem die auf einen Körper wirkenden Kräfte eine resultierende Kraft von 0 Newton ergeben. Die Kräfte auf einen Radfahrer sind z. B. im Gleichgewicht, wenn die vorwärts gerichtete Kraft vom Treten genauso groß wie die Kräfte aufgrund von Luftwiderstand und Reibung sind.

Kraftfeld Bereich, in dem eine Kraft nachgewiesen werden kann.

Kraftkomponente Anteil einer Kraft, der in einer bestimmten Richtung wirkt. Beim Schieben einer Schubkarre bewegt z. B. ein Teil der Schubkraft die Karre vorwärts (waagerecht) und ein Teil aufwärts (senkrecht) und hebt sie dabei an.

Kruste (Erde) Dünne, starre äußere Oberfläche der Erde, die aus Gestein besteht.

Kurzsichtig Unfähig, ferne Objekte scharf zu sehen. Kurzsichtigkeit kann durch eine Brille mit Zerstreuungslinsen korrigiert werden.

Ladung (elektrische) Grundlegende Eigenschaft mancher Teilchen, z. B. Elektronen oder Protonen, durch die sie eine Kraft in einem elektromagnetischen Feld erfahren. Es gibt positive und negative Ladungen. Gleichnamige Ladungen stoßen sich ab, ungleichnamige ziehen sich an.

Lageenergie Potenzielle Energie eines Körpers aufgrund seiner Masse und Position (meist Höhe) in einem Gravitationsfeld. Durch Hochheben wird die von einem Körper gespeicherte Lageenergie größer.

Last Gesamtkraft, die auf einen Körper drückt oder der Bewegung eines Körpers entgegengerichtet ist, z. B. das Gewicht eines schweren Materials in einer vollgeladenen Schubkarre.

Latente Wärme Bei einer Änderung des Aggregatzustands bei konstanter Temperatur übertragene Energie. Latente Energie wird absorbiert, wenn Eis schmilzt oder Wasser siedet, wird jedoch frei, wenn Dampf kondensiert oder Wasser gefriert.

LED (Leuchtdiode) Elektrische Komponente, die den Strom nur in einer Richtung durchlässt und Licht ausstrahlt, wenn ein Strom durch sie fließt.

Leistung Maß dafür, wie schnell Energie übertragen wird. Eine Glühbirne mit einer Leistung von 100 W wandelt pro Sekunde 100 J elektrische Energie in Wärme- und Lichtenergie um. Die Einheit der Leistung ist Watt (W).

Leiter Material, durch den Wärme oder elektrischer Strom leicht fließen kann.

Leitung Bewegung von Wärme oder elektrischem Strom durch ein Material.

Licht Für das menschliche Auge sichtbare elektromagnetische Strahlung. Weißes Licht ist eine Mischung aus allen Farben des Regenbogens, die zusammen das sichtbare Spektrum ergeben. Manche Wissenschaftler verwenden den Ausdruck „sichtbares Licht“ für Strahlung, die unsere Augen wahrnehmen kann, und „Licht“ für jede Art elektromagnetischer Strahlung.

Lichtjahr Entfernungseinheit in der Astronomie, die der Strecke entspricht, die das Licht in einem Jahr zurückgelegt, d. h. 9,46 Billionen km ($9{,}46 \cdot 10^{15}$ m).

Lichtschranke Gerät, das bewegte Körper beim Durchgang zwischen einer Lichtquelle und einem Lichtsensor registriert und dadurch präzise Messungen der benötigten Zeit ermöglicht.

Linear Beziehung zwischen zwei Variablen, bei der die zugehörige Kurve eine Gerade ist. Ein Material, das dem Hookeschen Gesetz gehorcht, weist z. B. eine lineare Beziehung zwischen der angelegten Kraft und der Verlängerung auf.

Linse Gekrümmtes, durchsichtiges Stück Kunststoff oder Glas, das Licht mittels Brechung ablenkt.

Longitudinalwelle Welle, bei der die Teilchen in Ausbreitungsrichtung der Welle hin- und herschwingen.

Lösung Mischung, in der die Moleküle oder Ionen eines Stoffes in einer Flüssigkeit verteilt sind, z. B. Salzwasser.

Lot Im Winkel von 90° zur Ebene eines Spiegels oder einer Linse gezeichnete Linie. Der Einfallswinkel von Lichtstrahlen wird von dieser Linie aus gemessen. Das Lot nennt man auch die Normale auf die Ebene.

Luftdruck Kraft, mit der die Atmosphäre auf 1 Quadratmeter der Erdoberfläche drückt, verursacht durch das Gewicht der darüberliegenden Luft. Die Einheit ist Pascal (Pa), wobei gilt: $1\,Pa = 1\,N/m^2$.

Luftwiderstand Kraft, die der Bewegung von Körpern in der Luft entgegengerichtet ist. Ursache sind hauptsächlich Stöße mit Luftteilchen.

Magnet Körper, der ein Magnetfeld erzeugt.

Magnetfeld Raum um einen Magneten, in dem dieser magnetische Materialien beeinflussen kann. Die Stärke des Magnetfelds nimmt mit zunehmender Entfernung vom Magneten ab.

Magnetismus Eigenschaft mancher Stoffe, vor allem Eisen, gleichartige Stoffe anzuziehen oder abzustoßen.

Magnetpole 1. Zwei Enden eines Magneten, die man Nord- und Südpol nennt.
2. Die beiden Punkte auf der Erde, auf die sich eine Kompassnadel ausrichtet.

Mantel (Erde) Großer Bereich des Erdinneren zwischen äußerem Kern und Kruste, der aus Gestein besteht.

Masse Materiemenge in einem Körper, die in Gramm, Kilogramm oder Tonnen angegeben wird. Masse und Gewicht sind nicht dasselbe. Das Gewicht ist die Schwerkraft der Erde auf den betrachteten massebehafteten Körper.

Massenzahl (Nukleonenzahl) Gesamtzahl aller Protonen und Neutronen in einem Atomkern.

Materie Alles, das Masse besitzt und Raum einnimmt.

Medium Materie, in der sich eine Welle ausbreitet.

Megawatt (MW) Große Einheit für Leistung, die häufig in Zusammenhang mit Stromerzeugung verwendet wird. 1 MW entspricht 1 Million Watt (10^6 W).

Mikrowellen Elektromagnetische Wellen mit Wellenlängen größer als bei Infrarotstrahlung und kleiner als bei Radiowellen. Mikrowellen werden manchmal als eine Art Radiowellen angesehen.

Molekül Materieteilchen, das aus zwei oder mehr fest aneinander gebundenen Atomen besteht.

Momentangeschwindigkeit Geschwindigkeit, mit der sich ein Körper zu einem bestimmten Zeitpunkt bewegt. Tachometer in PKW zeigen die Momentangeschwindigkeit an. *Siehe auch* Durchschnittsgeschwindigkeit.

Motor Maschine, die Elektrizität und Magnetismus zur Erzeugung von Bewegung (meist Drehbewegung) verwendet.

Nebel Riesige Staub- und Gaswolke im Weltraum, in der neue Sterne entstehen können.

Neutron Eines der beiden Hauptteilchen im Atomkern, das elektrisch ungeladen ist und eine relative Masse von 1 hat.

Newton (N) Einheit der Kraft.

Newtonmeter (Nm) Einheit des Drehmoments einer Kraft.

Nicht linear Beziehung zwischen zwei Variablen, deren grafische Darstellung keine Gerade ist. Verdoppelt man z. B. die Stromstärke bei einem elektrischen Gerät, vervierfacht sich seine Leistung.

Normale *Siehe* Lot.

Normalkraft Komponente einer Kontaktkraft, die im 90°-Winkel zur betrachteten Oberfläche wirkt.

Normdarstellung (wissenschaftliche Notation) Methode zur Abkürzung sehr großer oder kleiner Zahlen. Die signifikanten Stellen werden mit einem Dezimalkomma nach der ersten Stelle geschrieben, gefolgt von der Zehnerpotenz, mit der sie multipliziert werden müssen. Die Lichtgeschwindigkeit mit ca. 300 000 000 m/s kann man als $3{,}0 \cdot 10^8$ m/s schreiben.

Nukleon Proton oder Neutron, d. h. jedes Teilchen im Atomkern.

Nukleonenzahl *Siehe* Massenzahl.

Nullleiter Draht, der den Stromkreis in einem Netzstromkreis vervollständigt und normalerweise auf 0 Volt liegt.

Ohm (Ω) Einheit des elektrischen Widerstands.

Oszilloskop Messinstrument, das elektrische Signale auf einem Bildschirm anzeigt und häufig zur grafischen Darstellung von Wellen, z. B. Schallwellen, verwendet wird.

Parallelschaltung (Stromkreise) Parallel geschaltete Komponenten sind nebeneinander in parallelen Stromzweigen geschaltet, anstatt hintereinander (in Reihe).

Pascal (Pa) Einheit des Drucks. 1 Pa entspricht einer Kraft von 1 N auf eine Fläche von $1\,m^2$.

PET-Gerät Bildgebendes medizinisches Gerät zur Darstellung von Prozessen im Körper und damit zur Krankheitsdiagnose. PET steht für Positronenemissionstomografie.

Phasenleiter Draht in einem Netzstromkreis, der den elektrischen Strom führt.

Physik Wissenschaftliche Erforschung von Kraft, Bewegung, Materie und Energie.

Plattentektonik Theorie, die Vulkane, Erdbeben und weitere geologische Phänomene erklärt. Sie besagt, dass die Erdoberfläche in große Platten unterteilt ist, die sich gegeneinander bewegen können.

Potenzialdifferenz (Spannung) Unterschied des elektrischen Potenzials zwischen zwei Punkten und der Anstoß dafür, dass elektrischer Strom fließen kann. Die Einheit ist Volt (V).

Potenzielle Energie In der Gestalt oder Lage eines Körpers gespeicherte Energie. Lageenergie ist die Energie, die ein Körper durch seine Höhe im Schwerefeld hat. Elastische Energie wird in Körpern bei Dehnung, Stauchung oder Verdrehung gespeichert.

Prisma Dreieckiger Keil aus Glas oder anderem durchsichtigen Material, der weißes Licht in ein Farbspektrum zerlegt.

Proportional Beziehung zwischen zwei Variablen, deren zugehörige Kurve eine Ursprungsgerade ist. Multipliziert man die eine Variable mit einer Zahl, wird die andere mit derselben Zahl multipliziert, d.h. bei Verdoppelung der einen verdoppelt sich auch die andere Zahl.

Proportionalitätsgrenze Dehnt man ein Material über diesen Punkt hinaus, ist das Hookesche Gesetz nicht mehr gültig. Der Zusammenhang zwischen Kraft und Verlängerung ist nicht mehr linear (Gerade), sondern nicht linear (gekrümmte Kurve).

Proton Eines der beiden Hauptteilchen im Atomkern, das eine relative Masse von 1 und eine Ladung von +1 hat.

Protonenzahl *Siehe* Kernladungszahl.

Radioaktiv Stoff, der instabile Atomkerne enthält, die zu kleineren Kernen zerfallen und dabei ionisierende Strahlung freisetzen.

Radiowellen Form elektromagnetischer Strahlung mit der längsten Wellenlänge, niedrigsten Frequenz und niedrigsten Energie, die u.a. zur Nachrichtenübertragung und bei Radar verwendet wird.

Reaktionsweg Zurückgelegter Weg eines Fahrzeugs zwischen dem Punkt, an dem der Fahrer eine Gefahr erkennt, und dem Punkt, an dem er die Bremse betätigt. Er hängt von der Reaktionszeit des Fahrers ab.

Reelles Bild Bild, das bei der Bündelung von Lichtstrahlen auf einer Oberfläche, z.B. einer Leinwand, entsteht. *Siehe auch* Virtuelles Bild.

Reflexionsgesetz Besagt, dass bei Licht, das von einem ebenen Spiegel reflektiert wird, der Einfallswinkel gleich dem Reflexionswinkel ist.

Reflexionswinkel Winkel zwischen reflektiertem Lichtstrahl und Lot.

Reibung Kraft, die die Bewegung von miteinander in Kontakt stehenden Körpern hemmt oder stoppt.

Reihenschaltung (Stromkreise) Bezeichnung für Komponenten, die in einem elektrischen Stromkreis hintereinander geschaltet sind. Durch jede Komponente fließt dieselbe Stromstärke. *Siehe auch* Parallelschaltung.

Relative Masse Masse eines Teilchens oder Moleküls in Bezug auf ein Zwölftel der Masse eines Kohlenstoff-12-Atoms und nützliche Größe bei der Arbeit mit sehr kleinen Massen. Kohlenstoff-12 wird aus Bequemlichkeit und historischen Gründen als Bezugsgröße verwendet. Die relative Masse von Protonen und Neutronen ist fast genau 1.

Reproduzierbar (Versuch) Ein Experiment ist reproduzierbar, wenn eine andere Person den Versuch nach derselben Methode, aber mit anderen Hilfsmitteln durchführt und dasselbe Ergebnis erhält.

Resultierende Kraft (Resultierende) Einzelkraft, die sich ergibt, wenn man die auf einen Körper wirkenden Kräfte unter Berücksichtigung ihrer Richtungen addiert, und die dieselbe Wirkung besitzt.

Röntgenstrahlen Elektromagnetische Strahlung mit hohen Energien und Frequenzen und sehr kurzer Wellenlänge. Sie durchdringen die meiste Materie, sodass sie zur Bildgebung von Knochen und Zähnen dienen können.

Roter Riese Stern in seiner späten Lebensphase, wenn aller Wasserstoff im Kern zu Helium umgewandelt ist, der Kern kollabiert ist und sich die äußeren Bereiche stark abgekühlt und ausgedehnt haben.

Roter Überriese Alternder Stern, vergleichbar einem Roten Riesen, aber sehr viel größer. Die größten Sterne im Universum.

Rotverschiebung Die wahrnehmbare Dehnung von Lichtwellen von weit entfernten Galaxien zu längeren Wellenlängen. Sie ist der klare Beweis, dass sich diese Galaxien von uns und voneinander entfernen und dass sich das Universum ausdehnt.

Sammellinse (Konvexlinse) In der Mitte nach außen gekrümmte Linse, bei der sich parallele Strahlen nach der Brechung im Brennpunkt treffen.

Sankey-Diagramm Diagramm, bei dem Pfeile verschiedener Dicke die in ein System fließende Energiemenge sowie die das System verlassende nutzbare bzw. verlorene Energie darstellen. Zur Darstellung der Energieeffizienz und Berechnung des Wirkungsgrades von Elektrogeräten.

Schall Wellenart, die sich in Materie ausbreitet und dabei abwechselnd Teilchen zusammendrückt und auseinanderzieht. Schallwellen in Luft werden vom menschlichen Ohr wahrgenommen.

Scheinbare Helligkeit Gibt an, wie hell ein Stern von der Erde aus erscheint. *Siehe auch* Absolute Helligkeit.

Schmelzpunkt Temperatur, bei der ein Festkörper flüssig wird. Der Wert ist genauso hoch wie der Gefrierpunkt der Flüssigkeit.

Schmelzsicherung Sicherheitseinrichtung in elektrischen Stromkreisen, die einen dünnen Draht enthält, der bei zu hohem Stromfluss schmilzt und so den Stromkreis unterbricht.

Schmierung Verwendung von Öl oder anderen Schmiermitteln zur Verringerung der Reibung.

Schwerkraft *Siehe* Gravitation.

Schwerpunkt Punkt eines Körpers, in dem seine gesamte Masse konzentriert zu sein scheint. Man kann einen Bleistift auf der Hälfte der Länge balancieren, da sich dort sein Schwerpunkt befindet.

Schwingung Schnelle, regelmäßige Hin- und Herbewegung. Musikinstrumente erzeugen Schallwellen mithilfe von Schwingungen.

Seismische Welle Sich durch die Erde ausbreitende Welle aufgrund eines Erdbebens, eines Vulkanausbruchs, einer starken Explosion oder anderen Quelle.

Selbstleuchtend Körper, der sein eigenes Licht emittiert, z.B. eine Kerze, eine Taschenlampe oder ein Stern.

Sichtbares Spektrum Bereich elektromagnetischer Wellen, den wir sehen können. Das sichtbare Spektrum wird in sieben Farben unterteilt: Rot, Orange, Gelb, Grün, Blau, Indigo und Violett.

SI-Einheiten International vereinbarte Standardeinheiten für physikalische Messgrößen, z.B. das Kilogramm für die Masse. SI ist die Abkürzung für „Système International".

Signifikante Stellen Anzahl der Stellen (Ziffern), die ein Experimentator bei einer Messung für genau hält. Stoppt man z.B. die Zeit eines 100-Meter-Sprinters von Hand mit einer Stoppuhr, sollte man keine Hundertstelsekunden angeben, da ein Mensch nicht so genau sein kann. In diesem Fall sind drei signifikante Stellen ausreichend (zwei für Sekunden und eine für Zehntelsekunden).

Skalar Größe, die nur einen Betrag, aber keine Richtung besitzt, z.B. Masse und Temperatur. *Siehe auch* Vektor.

Sonar Verfahren zum Aufspüren von unter Wasser befindlichen Objekten durch Aussendung von Schallwellen und Auswertung der Echos.

Spaltringkommutator Vorrichtung in Elektromotoren, die die Richtung des elektrischen Stroms in der rotierenden Spule nach jeder halben Drehung umkehrt, sodass die elektromagnetische Kraft die Spule immer in dieselbe Richtung antreibt.

Spannung *Siehe* Potenzialdifferenz.

Spannungsteiler Schaltung, bei der in Reihe geschaltete Widerstände steuern, wie viel Spannung ein paralleler Zweig des Stromkreises erhält. Einer der Widerstände ist meist ein Fotowiderstand oder Thermistor.

Spektrum (elektromagnetisch) Gesamter Wellenlängenbereich elektromagnetischer Strahlung von Gammastrahlen (Wellenlängen kürzer als ein Atom) bis zu Radiowellen (Wellenlängen von zum Teil vielen Kilometern). Das sichtbare Spektrum ist der Bereich, den unsere Augen wahrnehmen können.

Spezifische latente Wärme Energiemenge, die bei einer Aggregatzustandsänderung von 1 kg eines Stoffes ohne Temperaturänderung aufgenommen oder abgegeben wird. Die Einheit ist J/kg. *Siehe auch* Latente Wärme.

Spezifische Wärmekapazität Energie, die zum Erhitzen von 1 kg eines Stoffes um 1 °C nötig ist. Dieselbe Energiemenge wird frei, wenn 1 kg des Stoffes um 1 °C abkühlt. Die Einheit ist J/kg °C.

Spiegelnde Reflexion Reguläre Reflexion von Licht an einer glatten Oberfläche, z. B. einem Spiegel.

Statische Elektrizität Auf einem Körper festgehaltene elektrische Ladung, die durch Gewinn oder Verlust von Elektronen verursacht wird.

Statischer Auftrieb Aufwärts gerichtete Kraft, die von einer Flüssigkeit oder einem Gas auf einen darin befindlichen Körper ausgeübt wird.

Stehende Welle Entstehende Welle, wenn eine Welle mit ihrer eigenen Reflexion interferiert. Das Ergebnis sind unbewegliche Wellenberge und -täler. Die in den Schallkörpern und Saiten musikalischer Instrumente entstehenden Wellen sind stehende Wellen.

Steigung Steilheit einer Kurve. Die Steigung wird bestimmt, indem man den senkrechten Abstand von zwei Punkten der Kurve durch den waagerechten Abstand dieser Punkte dividiert.

Stern Massereiche Kugel aus glühendem Gas, in der durch Kernfusion große Mengen elektromagnetischer Strahlung erzeugt werden. Durch die Fusionsprozesse in Sternen entstehen fast alle chemischen Elemente des Periodensystems.

Stetige Variable Variable, die jeden beliebigen Wert (innerhalb bestimmter Grenzen) annehmen kann und nicht auf ganze Zahlen beschränkt ist, z. B. die Größe einer Person. *Siehe auch* Diskrete Variable.

Strahlenexposition Einwirkung ionisierender Strahlung auf Lebewesen oder Stoffe.

Strahlengang Grafische Darstellung von Lichtstrahlen und wie sie von Linsen oder Spiegeln beeinflusst werden.

Strahlentherapie Verwendung radioaktiver Stoffe zur Krebsbehandlung durch Zerstörung von Krebsgewebe. Die Radioaktivität wird auf einen sehr kleinen Körperbereich fokussiert, sodass die gesunde Umgebung nur minimal geschädigt wird.

Strahlung Elektromagnetische Welle oder Teilchenstrahl aus einer radioaktiven Quelle.

Strom *Siehe* Elektrischer Strom.

Stromkreis Pfad, durch den elektrischer Strom fließen kann.

Stromlinienförmig So geformt, dass der Luft- oder Wasserwiderstand verringert wird. Stromlinienförmige Körper sind meist schmal und besitzen glatte, sich verjüngende Formen.

Subatomares Teilchen Teilchen, das kleiner als ein Atom ist, z. B. Proton, Neutron oder Elektron.

Sublimation Aggregatzustandsänderung von fest direkt zu gasförmig, ohne flüssig zu werden.

Supernova Durch den Kollaps eines massereichen Sterns verursachte Explosion, die viele Milliarden Mal heller als die Sonne leuchten kann. Durch die riesigen Energien der Supernovas können durch Kernfusion schwerere Elemente als Eisen entstehen.

System Umgebung, in der untersuchte physikalische Phänomene vorkommen. Bei der Untersuchung von Gasen könnte man z. B. einen Zylinder und einen Kolben als System wählen, zur Untersuchung des Klimawandels den ganzen Planeten.

Systematischer Fehler Experimenteller Fehler, der typischerweise von fehlerhafter Ausrüstung verursacht wird, z. B. von einer Waage mit nicht richtig eingestelltem Nullpunkt. Dieser nicht zufällige Fehlertyp führt dazu, dass alle Messungen um denselben Betrag abweichen.

Teilchen Grundlegende Bausteine, aus denen alle Stoffe zusammengesetzt sind, z. B. Atome oder Moleküle. Subatomare Teilchen, z. B. Protonen, sind kleiner als Atome.

Temperatur Maß dafür, wie heiß oder kalt etwas ist, und für die mittlere kinetische Energie der Teilchen in einem System (jedoch nicht für die gesamte innere Energie). Einheiten sind °C (Grad Celsius) oder K (Kelvin).

Tesla (T) Einheit der magnetischen Flussdichte. Steht in enger Beziehung zur Magnetfeldstärke.

Thermistor Bauteil, dessen Widerstand sich mit der Temperatur ändert.

Totalreflexion Lichtreflexion in einem Medium wie Glas oder Wasser, wenn der Einfallswinkel größer als ein bestimmter Grenzwinkel ist, der zu einem Brechungswinkel von mehr 90° führt. Mithilfe von Totalreflexion wird Licht in Lichtwellenleitern gehalten.

Träge Masse Maß dafür, wie schwierig es ist, die Geschwindigkeit (Betrag und/oder Richtung) eines Körpers zu ändern.

Trägheit Neigung eines Körpers, sich geradlinig fortzubewegen oder in Ruhe zu bleiben, bis eine Kraft auf ihn wirkt.

Transformator Gerät, das mithilfe elektromagnetischer Induktion die Spannung einer Wechselstromversorgung erhöht oder erniedrigt.

Transversalwellen Wellen, bei der die Teilchen des Mediums senkrecht zur Ausbreitungsrichtung der Welle schwingen, z. B. Wellen auf dem Wasser.

Treibhauseffekt Art und Weise, in der Gase wie Kohlenstoffdioxid Wärme in der Erdatmosphäre festhalten. Der Anstieg dieser Gase führt zur Erderwärmung.

Treibhausgase Gase wie Kohlenstoffdioxid und Methan, die die von der Erdoberfläche abgegebenen Wärmestrahlen absorbieren und das Entweichen der Energie in den Weltraum verhindern.

Turbine Maschine mit Schaufeln (wie ein Ventilator), die bei Hindurchströmen von Luft oder einer Flüssigkeit rotiert. Turbinen treiben die Generatoren in Kraftwerken an.

Übersichtig (weitsichtig) Unfähig, nahe Objekte scharf zu sehen. Übersichtigkeit kann durch eine Brille mit Sammellinsen korrigiert werden.

Ultraschall Schall mit Frequenzen über 20000 Hz, die zu hoch für das menschliche Ohr sind.

Ultraviolettes Licht (UV) Elektromagnetische Strahlung mit einer kürzeren Wellenlänge als sichtbares Licht. Höherenergetische UV-Strahlung ist ionisierend und verursacht Sonnenbrand oder sogar Hautkrebs. UV-Strahlung wird zur Sicherheitskennzeichnung und Desinfektion benutzt.

Umlaufbahn Bahn eines Körpers um einen anderen, massereicheren Körper, z. B. die Bahn der Erde um die Sonne.

Unabhängige Variable Variable in einem Experiment, die gezielt verändert wird, damit ihr Effekt auf die abhängige Variable gemessen werden kann.

Ungleichgewicht (Kräfte) Kräfte, die nicht im Gleichgewicht sind, erzeugen eine resultierende Kraft auf einen Körper und bewirken damit eine Beschleunigung oder Verformung (Stauchung oder Dehnung).

Universum Gesamter Weltraum und alles, was sich darin befindet.

Uran Radioaktives Element, das als Brennstoff in Kernkraftwerken oder als aktive Komponente bei Atombomben verwendet wird.

Urknall Ereignis, von dem man annimmt, dass das Universum damit vor ca. 13,8 Milliarden Jahren begonnen hat, wobei es sich rapide aus einer Singularität (einem einzelnen Punkt) ausgedehnt hat.

Vakuum Raum ohne Materie.

Variable Bei einem Experiment veränderliche Größe. Variablen können unabhängig (was man verändert), abhängig (was man misst) oder Kontrollvariablen (was konstant gehalten werden muss) sein.

Vektor Größe mit Betrag und Richtung, z. B. eine Kraft. *Siehe auch* Skalar.

Verbindung Stoff aus zwei oder mehr Elementen, deren Atome aneinander gebunden sind.

Verdampfung Änderung des Aggregatzustands von flüssig zu gasförmig (Dampf).

Verdrängung Beiseiteschieben eines Mediums durch einen im Medium befindlichen Körper, z. B. das Ansteigen des Wassers in der Wanne, wenn jemand sich hineinlegt.

Verschiebung Geradliniger Abstand zwischen zwei Punkten in einer bestimmten Richtung (Vektorgröße). Die Einheit ist Meter (m) oder Kilometer (km).

Verzögerung (negative Beschleunigung) Langsamer werden.

Virtuelles Bild Bild, das dort entsteht, wo sich die Lichtstrahlen zu treffen scheinen, z. B. eine Reflexion im Spiegel. Virtuelle Bilder können nicht auf einen Schirm projiziert werden.

Volt (V) Einheit der Potenzialdifferenz (Spannung).

Voltmeter Gerät zur Messung der Potenzialdifferenz (Spannung).

Volumen Raum, den ein Körper einnimmt. Die Einheiten sind m^3 oder cm^3.

Wärme Energie, die in der Bewegung der Atome gespeichert ist (bei Festkörpern Schwingungen) und durch Wärmeleitung, Konvektion und Infrarotstrahlung übertragen werden kann.

Wärmebild Bild, das mithilfe von Infrarotstrahlung anstatt von sichtbarem Licht erzeugt wurde. Farben repräsentieren die Temperatur. Heißere Körper sind meist röter, kältere blauer dargestellt.

Wasserwiderstand Kraft, die der Bewegung von Körpern im Wasser Widerstand entgegensetzt und wie der Luftwiderstand immer entgegengesetzt zur Bewegungsrichtung des Körpers wirkt.

Watt (W) Einheit für Leistung. 1 Watt = 1 Joule pro Sekunde.

Wechselstrom Elektrischer Strom, der seine Richtung in regelmäßigen Zeitintervallen umkehrt. *Siehe auch* Gleichstrom.

Weg-Zeit-Diagramm Kurve, die einen zurückgelegten Weg darstellt, mit dem Weg auf der y-Achse (senkrecht) und der Zeit auf der x-Achse (waagerecht). Die Steigung der Kurve in einem beliebigen Punkt ist die Momentangeschwindigkeit zu der Zeit.

Weißer Zwerg Sehr heiße, kleine und dichte Überreste eines toten Sterns.

Welle Regelmäßige Schwingungen, die sich schnell durch Materie oder den Weltraum ausbreiten, z. B. Schall und Licht.

Wellenlänge Abstand zwischen zwei aufeinanderfolgenden Wellenbergen oder zwei aufeinanderfolgenden Wellentälern.

Widerstand Ein Maß dafür, wie sehr ein Material dem elektrischen Stromfluss entgegenwirkt. Die Einheit ist Ohm (Ω).

Wiederholbar (Versuch) Ein Experiment ist wiederholbar, wenn sich dasselbe Ergebnis ergibt, wenn dieselbe Person die gleiche Messung mit denselben Hilfsmitteln wiederholt.

Wirkungsgrad Maß (meist in Prozent) dafür, wie viel der dem System zugeführten Energie in nutzbringende Energie umgewandelt wird.

Zentripetalkraft Anziehende Kraft, die Körper zur Bewegung auf eine gekrümmte oder kreisförmige Bahn zwingt, z. B. die Zugkraft in einem Seil, wenn man einen schweren Körper daran im Kreis schwingt.

Zerfall (radioaktiver) Prozess, bei dem der Atomkern eines radioaktiven Atoms spontan ionisierende Strahlung emittiert und häufig in ein anderes Element umgewandelt wird.

Zerstreuungslinse (Konkavlinse) In der Mitte nach innen gekrümmte Linse, bei der sich parallele Strahlen nach der Brechung aufweiten (divergieren).

Zug Ziehen Kräfte in entgegengesetzter Richtung an einem Körper, steht er unter Zug.

Zustandsänderung Wechsel zwischen zwei Aggregatzuständen (fest, flüssig, gasförmig).

Zwergplanet Kleiner, planetenähnlicher Körper mit genug Masse, um durch seine eigene Schwerkraft kugelförmig zu werden, aber nicht genug, um den ihn umgebenden Raum von anderen Körpern freizuhalten.

Zylinderspule (Solenoid) Zylinderförmige Drahtspule, die bei Stromdurchfluss zum Magneten wird.

Schaltzeichen

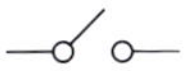
Schalter offen (aus)

Schalter geschlossen (an)

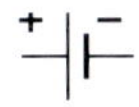
Galvanische Zelle

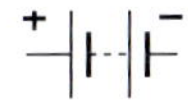
Batterie

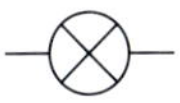
Glühbirne

Widerstand

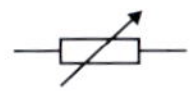
Regelwiderstand

Thermistor

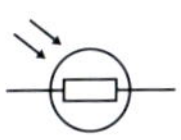
Fotowiderstand

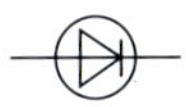
Diode

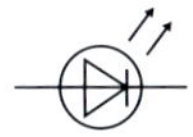
LED (Leuchtdiode)

Schmelzsicherung

A

Amperemeter

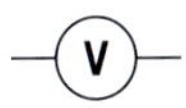
Voltmeter

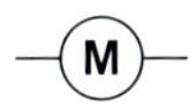
Motor

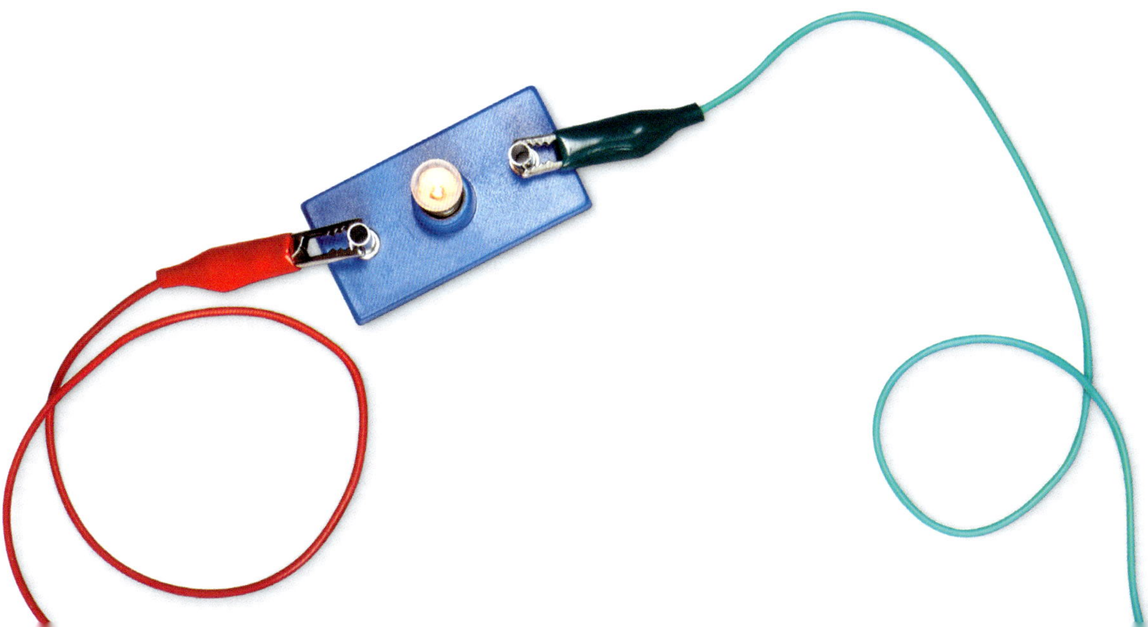

Register

Fett gedruckte Seitenzahlen beziehen sich auf Haupteinträge.

F

G

M

N

O

PQ

R

Dank und Bildnachweis

Der Verlag dankt folgenden Personen für ihre Hilfe bei der Herstellung dieses Buches: Nayan Keshan und Sai Prasanna für redaktionelle Unterstützung; Mansi Agrawal, Tanisha Mandal, Baibhav Parida und Lauren Quinn für Hilfe beim Design; Peter Bull und Sanya Jain für Illustrationen; Neeraj Bhatia, Vijay Kandwal, Nityanand Kumar, Mohd Rizwan, Jagtar Singh und Vikram Singh für CTS-Assistenz; Harish Aggarwal, Suhita Dharamjit, Priyanka Sharma und Saloni Singh für den Buchumschlag und Helen Peters für das Register.

Der Verlag dankt folgenden Personen und Institutionen für die freundliche Genehmigung zum Abdruck von Fotos: (Abkürzungen: o = oben, u = unten, m = Mitte, g = ganz, l = links, r = rechts)

1 Getty Images: Yamada Taro (m). **4 Getty Images / iStock:** E+ / ThomasVogel (ul). **5 Science Photo Library:** Dr Keith Wheeler (u). **6 Science Photo Library:** (um). **7 Dorling Kindersley:** Stephen Oliver (u). **12 Alamy Stock Photo:** Photo12 / Ann Ronan Picture Library (mlo); Science History Images / Photo Researchers (um). **Getty Images:** Popperfoto (ur). **Science Photo Library:** (mr); Royal Astronomical Society (mo). **13 Alamy Stock Photo:** imageBROKER / Markus Keller (ur); Stocktrek Images, Inc. / Roth Ritter (mro/Andromeda); Science History Images (um). **Dorling Kindersley:** Science Museum, London (ml). **NASA:** JPL-Caltech (mro); ROSAT, MPE (gor); JPL-Caltech / UCLA (gor). **Science Photo Library:** Dr Eli Brinks (gmro). **14 Alamy Stock Photo:** Hemis.fr / Francis Leroy (mro); mikecranephotography.com (mlo). **Dreamstime.com:** Jim Parkin (mru). **Science Photo Library:** Cristina Pedrazzini (mlu). **15 Dreamstime.com:** Diadis (ml); Zhang Liwei (mr); Alf Ribeiro (mlu); Flavio Massari (mru). **16 NOAA:** (mro). **17 Alamy Stock Photo:** sciencephotos (mro). **Dorling Kindersley:** Science Museum, London (um). **Dreamstime.com:** Robert Davies (mo); Svetlana Zhukova (m); Yury Shirokov (ur). **Getty Images / iStock:** SchulteProductions (mr). **20 Dreamstime.com:** Bizhan33 (ur). **21 Alamy Stock Photo:** Suchanon Sukjam (ml, mlu). **Dreamstime.com:** Maxim Sergeenkov (mlu/Lineal, ul). **Getty Images / iStock:** didecs (ur). **22 UNSCEAR:** UNSCEAR 2008 Report Vol. I Sources And Effects Of Ionizing Radiation United Nations, Scientific Committee On The Effects Of Atomic Radiation (mr). **29 123RF.com:** Maria Tkach (ml, mlo). **Dorling Kindersley:** Dave King / The Science Museum (mru). **32 123RF.com:** olivierl (mr). **Getty Images / iStock:** E+ / ThomasVogel (ml). **34 Alamy Stock Photo:** PhotosIndia.com LLC (mu); Science History Images / Photo Researchers (mlu); Andrew Zarivny (ur). **Dreamstime.com:** Konstantin Shaklein (mo). **Getty Images:** Corbis / VCG / Beau Lark (m); Moment / Sean Gladwell (ml). **Getty Images / iStock:** studiocasper (mlo). **35 Getty Images:** Photodisc / Creative Crop (ul). **36 Alamy Stock Photo:** Cultura Creative (RF) / Mischa Keijser (ul). **Dreamstime.com:** Johan Larson (mlu). **Getty Images / iStock:** E+ / Mlenny (mlo). **37 Alamy Stock Photo:** Hemis.fr / Francis Leroy (mlo). **Dreamstime.com:** Bborriss (mlu). **Shutterstock.com:** Gary Saxe (gol). **38 Dreamstime.com:** Hypermania37 (m); Peejay645 (mr). **Getty Images / iStock:** rancho_runner (ml). **40 Smil, V. 2017. Energy Transitions. Praeger.:** bp Statistical Review of World Energy 2020. / © BP p.l.c. (m). **41 Dreamstime.com:** Afxhome (m); Chukov (mu). **42 Alamy Stock Photo:** Eye Ubiquitous / Paul Seheult (m). **43 Science Photo Library:** Tony Mcconnell (mu). **46 Alamy Stock Photo:** NASA Image Collection (ur). **49 Alamy Stock Photo:** David Wall (u). **50-51 Dreamstime.com:** Julian Addington-barker (m). **51 Dreamstime.com:** Destina156 (ur). **54 Science Photo Library:** Giphotostock (gor). **55 Dreamstime.com:** Paul Prescott / Paulprescott (ml). **56 Getty Images / iStock:** E+ / Abeleao (m, mr). **57 Getty Images / iStock:** 3DSculptor (u). **58 Dreamstime.com:** Wesley Abrams (u). **59 Dreamstime.com:** Saletomic (ur). **61 Getty Images / iStock:** Peter_Horvath (u). **69 Alamy Stock Photo:** Malcolm Haines (go). **73 Dreamstime.com:** Greg Epperson (gor). **76 Alamy Stock Photo:** parkerphotography (u). **78 Alamy Stock Photo:** James Smith (m). **79 NASA:** JPL-Caltech / MSSS (um). **Science Photo Library:** Martyn F. Chillmaid (r). **81 123RF.com:** Pumidol Leelerdsakulvong / lodimup (mro). **Dreamstime.com:** Jrtmedia (mro/Dose). **84 Dreamstime.com:** Lukawo (m). **85 Dreamstime.com:** A-papantoniou (l). **86 Science Photo Library:** (ml). **87 Alamy Stock Photo:** imageBROKER / Norbert Eisele-Hein (u). **88 Alamy Stock Photo:** LJSphotography (ml). **89 Dorling Kindersley:** Ben Morgan (ur). **Dreamstime.com:** Brad Calkins (mr); Andrei Kuzmik (mo); Nevinates (m); Joao Virissimo (ml). **90 Dorling Kindersley:** Gerard Brown / Pedal Pedlar (ur). **Dreamstime.com:** Tuja66 (m). **91 Dreamstime.com:** Igor Yegorov (ul). **92 Dreamstime.com:** Warrengoldswain (m). **93 NASA:** NASA Earth Observatory (mr). **94 NASA:** GSFC / Arizona State University (mr); NASA Earth Observatory (ml). **96 Getty Images:** Moment / Photo by cuellar (um); Ezra Shaw (m). **97 123RF.com:** Aleksei Sysoev (ul, mu). **99 Ariel Motor Company:** (u). **101 Dreamstime.com:** Chumphon Whangchom (gor). **102 Science Photo Library:** Gustoimages (m). **103 123RF.com:** Sebastian Kaulitzki (m). **105 © The State of Queensland 2019:** (u). **106 Alamy Stock Photo:** WENN Rights Ltd (u). **109 Alamy Stock Photo:** Bob Weymouth (u). **110-111 Alamy Stock Photo:** Cultura Creative (RF) / Oliver Furrer. **113 Dreamstime.com:** Le Thuy Do (mr). **114 Dreamstime.com:** Gualtiero Boffi (ml). **117 Getty Images:** Moment / Image Provided by Duane Walker. **121 Alamy Stock Photo:** agefotostock / Plus Pix (ur). **Science Photo Library:** Gustoimages (mlu). **122 123RF.com:** alexzaitsev (mo). **Dreamstime.com:** Kanok Sulaiman (mro). **123 Dreamstime.com:** Mopic (ml, mr). **124 Science Photo Library:** ER Degginger (m). **125 Science Photo Library:** Dr Keith Wheeler. **127 Dreamstime.com:** Mimagephotography (mr); Photographerlondon (ml). **Getty Images / iStock:** invizbk (mru). **131 Science Photo Library:** (m). **134 Alamy Stock Photo:** Zoonar GmbH / Sebastian Kaulitzki (mu). **135 Alamy Stock Photo:** Nature Picture Library / Alex Mustard (u). **Fotolia:** Andrey Eremin / mbongo (m). **137 Alamy Stock Photo:** sciencephotos (m). **138 Dreamstime.com:** Robert Davies (mlu/Brille). **Fotolia:** apttone (mlu). **146 Alamy Stock Photo:** Westend61 GmbH / Ulrich Hagemann. **147 Dreamstime.com:** Chumphon Whangchom (m). **Getty Images:** Moment / Photo by Benjawan Sittidech (um). **149 Fotolia:** Natallia Yaumenenka / eAlisa (mu). **Shutterstock.com:** biletskiyevgeniy.com (gor). **151 Dreamstime.com:** Itsmejust (ur). **153 123RF.com:** citadelle (gur); iarada (ml, mr); scanrail (mru); lanych (ur). **Dorling Kindersley:** Ben Morgan (um). **156 Science Photo Library:** GIPHOTOSTOCK (um). **157 Science Photo Library:** Giphotostock (mo). **161 Dreamstime.com:** Arsty (ml, mlu). **163 Dreamstime.com:** James Warren (u). **164 123RF.com:** iarada (mu, mu/selbes Bild). **165 Dreamstime.com:** Thomas Lenne (gor). **167 Dreamstime.com:** Kooslin (ul). **170 Dreamstime.com:** Kooslin (mlo); Vlabos (mlu). **171 Getty Images / iStock:** didecs (mr). **173 Getty Images:** The Image Bank / Michael Dunning (u). **174 Science Photo Library:** (ml). **175 Getty Images / iStock:** E+ / malerapaso (mu). **Science Photo Library:** Andrew Lambert Photography (ml). **177 Science Photo Library:** (gor); Andrew Lambert Photography (mr). **181 Dreamstime.com:** Atman (mr); Kirill Volkov (ml). **Getty Images / iStock:** E+ / Maica (um). **183 Dreamstime.com:** Fotoatelie (ul); Mphoto2 (ml); Msphotographic (mlu). **185 Dorling Kindersley:** Ben Morgan (m). **Dreamstime.com:** Georgii Dolgykh (mr); Gawriloff (m/Monitor); **Getty Images / iStock:** Chaidira (ur). **188 Dreamstime.com:** Oleksiy Boyko (mru). **Science Photo Library:** Martyn F. Chillmaid; Giphotostock (mr). **189 Science Photo Library:** Ted Kinsman (u). **191 Dreamstime.com:** Loraks (um). **Science Photo Library:** (mu). **192 Alamy Stock Photo:** Universal Images Group North America LLC / QAI Publishing (m). **193 Science Photo Library:** Jim Reed Photography. **194 Science Photo Library:** Andrew Lambert Photography (um). **196 Dreamstime.com:** Ilonashorokhova (mlu, mlu/ entgegengesetzter Magnet); Timawe (mr). **Getty Images:** Photographer's Choice RF / Gary S Chapman (gom). **197 Dorling Kindersley:** Stephen Oliver (m). **198 NASA:** NASA Earth Observatory (m). **200 Dreamstime.com:** Dan Van Den Broeke / Dvande (u). **Science Photo Library:** Turtle Rock Scientific / Science Source (gom, gor). **201 Science Photo Library:** Martin Bond (ur). **202 Science Photo Library:** Trevor Clifford Photography (ml, mr). **204 Science Photo Library:** MARTYN F. CHILLMAID (um). **207 Alamy Stock Photo:** ITAR-TASS News Agency (ur). **209 Science Photo Library:** Trevor Clifford Photography (u). **212 Dreamstime.com:** Bblood (mu); Kyoungil Jeon (mo); Okea (m); Mykola Davydenko (ur). **213 Dreamstime.com:** Andreykuzmin (mo); Valentyn75 (mlu); Romikmk (mru); Hasan Can Balcioglu (um/Wasserkessel); Rudy Umans (um); Russelljwatkins (ur). **215 Alamy Stock Photo:** Brilt (mru); Andrew Wilson (mr); David R. Frazier Photolibrary, Inc. (ur). **216 Dreamstime.com:** Norgal (mu); Petro Perutskyy (mlu); Santiaga (um). **218 123RF.com:** Mariusz Blach (mr). **Getty Images / iStock:** E+ / Mlenny (u). **219 Alamy Stock Photo:** D. Hurst (gmlu). **Dreamstime.com:** Flas100 (mlu); Somchai Somsanitangkul / Tank_isara (mlo); Jaroslaw Grudzinski / jarek78 (mru/Eisen). **Fotolia:** apttone (mru). **220 Getty Images / iStock:** didecs (gor); E+ / julichka (m). **224 Science Photo Library:** Turtle Rock Scientific (ur). **225 Dreamstime.com:** Geerati (m). **227 Dreamstime.com:** Chernetskaya (u). **230 Dreamstime.com:** Mr.siwabud Veerapaisarn (mru). **Getty Images:** Tomasz Melnicki (mlu); Yamada Taro (m). **231 Science Photo Library:** (ul, um). **232 Dorling Kindersley:** Gerard Brown / Pedal Pedlar (ul). **235 Alamy Stock Photo:** Science Photo Library (mu). **Dorling Kindersley:** Gary Ombler / Stuart's Bikes (ur). **238 Fotolia:** apttone (mu). **245 Science Photo Library:** Public Health England (ur). **UNSCEAR:** UNSCEAR 2008 Report Vol. I Sources And Effects Of Ionizing Radiation United Nations, Scientific Committee On The Effects Of Atomic Radiation (ul). **246 Dorling Kindersley:** Arran Lewis / Zygote (ml, mr). **U.S. Environmental Protection Agency:** (ur). **247 Depositphotos Inc:** microgen (mru). **Dreamstime.com:** Serg_velusceac (mr). **Science Photo Library:** Andrew Wheeler (mro). **248 Science Photo Library:** ISM (r). **249 Science Photo Library:** Astier - Chru Lille (ml); Centre Jean Perrin, ISM (gol). **250 Science Photo Library:** US Dept Of Energy (ur). **252 Swiss Federal Nuclear Safety Inspectorate ENSI.:** (ur). **253 Science Photo Library:** Claus Lunau (ur). **255 Dorling Kindersley:** Arran Lewis / NASA (ml). **256 Photo of Peter Wienerroither:** https://homepage.univie.ac.at/~pw (u). **259 Dreamstime.com:** Reinhold Wittich (mr). **Getty Images:** Stocktrek RF (mru/Enceladus). **NASA:** Johns Hopkins University Applied Physics Laboratory / Southwest Research Institute (mro); JPL / USGS (mru). **260 NASA:** GSFC / Arizona State University (m/8-mal verwendet). **261 Science Photo Library:** European Space Agency / Cesar / Observatorio Astrofisico Di Torino (ur). **262 Dreamstime.com:** Intrepix (mr, mro, mru). **NASA:** Soho - Eit Consortium / ESA (m). **263 NASA:** ESA and The Hubble Heritage Team (STScI / AURA) (mlu); JPL-Caltech (m); ESA / Hubble (mru); ESA und The Hubble Heritage Team (STScI / AURA) (mu). **264 Alamy Stock Photo:** Dennis Hallinan (mr). **Dreamstime.com:** Ivan Kokoulin (ml). **NASA:** ESA / ASU / J. Hester (um); ESA / Hubble and the Hubble Heritage Team (mro); JPL-Caltech / R. Gehrz (ul); (ur); CXC / SAO / F. Seward et al. (gur). **NRAO:** AUI (gul). **265 NASA:** ESA, S. Beckwith (STScI) and the Hubble Heritage Team (STScI / AURA) (ml, mlu). **266 NASA:** STSci / Ann Feild (ur). **267 NASA:** WMAP Science Team (ur). **269 NASA:** (gor). **271 from HyperPhysics by Rod Nave, Georgia State University:** (ml)

Alle anderen Abbildungen © Dorling Kindersley
Weitere Informationen unter:
www.dkimages.com